权威·前沿·原创

皮书系列为
"十二五""十三五""十四五"时期国家重点出版物出版专项规划项目

BLUE BOOK

智 库 成 果 出 版 与 传 播 平 台

成渝蓝皮书
BLUE BOOK OF CHENGDU AND CHONGQING

成渝地区双城经济圈
科技创新发展报告
（2023~2024）

ANNUAL REPORT ON DEVELOPMENT OF SCIENTIFIC AND TECHNOLOGICAL INNOVATION IN CHENGDU-CHONGQING ECONOMIC ZONE (2023-2024)

组织编写／教育部人文社会科学重点研究基地
　　　　　重庆工商大学成渝地区双城经济圈建设研究院
主　编／柏　群　廖元和
副主编／彭劲松　廖祖君　丁黄艳　刘　晗

社会科学文献出版社
SOCIAL SCIENCES ACADEMIC PRESS（CHINA）

图书在版编目(CIP)数据

成渝地区双城经济圈科技创新发展报告.2023~2024 / 柏群，廖元和主编；彭劲松等副主编. --北京：社会科学文献出版社，2024.4
（成渝蓝皮书）
ISBN 978-7-5228-3507-5

Ⅰ.①成… Ⅱ.①柏… ②廖… ③彭… Ⅲ.①科学研究事业-发展-研究报告-成都-2023-2024②科学研究事业-发展-研究报告-重庆-2023-2024 Ⅳ.①G322.71

中国国家版本馆 CIP 数据核字（2024）第 073354 号

成渝蓝皮书
成渝地区双城经济圈科技创新发展报告（2023~2024）

主　　编 / 柏　群　廖元和
副 主 编 / 彭劲松　廖祖君　丁黄艳　刘　晗

出 版 人 / 冀祥德
组稿编辑 / 恽　薇
责任编辑 / 冯咏梅
文稿编辑 / 孙玉铖
责任印制 / 王京美

出　　版 / 社会科学文献出版社·经济与管理分社（010）59367226
地址：北京市北三环中路甲 29 号院华龙大厦　邮编：100029
网址：www.ssap.com.cn

发　　行 / 社会科学文献出版社（010）59367028
印　　装 / 天津千鹤文化传播有限公司
规　　格 / 开　本：787mm×1092mm　1/16
　　　　　印　张：24　字　数：358 千字
版　　次 / 2024 年 4 月第 1 版　2024 年 4 月第 1 次印刷
书　　号 / ISBN 978-7-5228-3507-5
定　　价 / 188.00 元

读者服务电话：4008918866

▲ 版权所有 翻印必究

本书出版受以下单位及项目资助：

教育部人文社会科学重点研究基地重庆工商大学成渝地区双城经济圈建设研究院

重庆市研究阐释习近平新时代中国特色社会主义思想研究基地重庆工商大学成渝地区双城经济圈研究基地

重庆市新型重点智库重庆工商大学长江上游经济研究中心

重庆市人文社会科学重点研究基地重庆工商大学区域经济研究院

重庆工商大学成渝地区双城经济圈发展研究报告项目（蓝皮书系列）"揭榜挂帅"项目"成渝地区双城经济圈科技创新发展报告"（项目编号：2023JBGS01）

重庆市社会科学规划"成渝地区双城经济圈建设"重大项目"成渝地区现代流通网络建设研究"（项目编号：2022ZDSC09）

《成渝地区双城经济圈科技创新发展报告（2023~2024）》编委会

主　　编　柏　群　廖元和

副 主 编　彭劲松　廖祖君　丁黄艳　刘　晗

编　　委　（按姓氏笔画排序）
　　　　　王　芳　王撼宇　田坤明　朱　江　任　毅
　　　　　刘友忠　杨　竹　陈　涛　秦　瑶　高久鹏
　　　　　蒋云芳　程　伟　曾令果　雷　虹　熊艾伦

主要编撰者简介

柏　群　重庆工商大学党委常委、副校长，二级教授，硕士研究生导师，主要从事科技创新与产业发展等领域研究。主持重庆市社会科学规划重大项目、重庆市科委决策咨询与管理创新重点项目等省部级以上项目10余项。在《改革》等期刊上发表论文30余篇，出版专著4部，主编教材5部。获得重庆市发展研究奖、重庆市高等教育教学成果奖等省部级以上科研成果奖和教学成果奖7项。获得重庆市"十佳女园丁"、重庆市"高等学校教学管理先进个人"、重庆市"三八"红旗手标兵等荣誉称号。

廖元和　重庆工商大学原副校长，博士，二级研究员，博士研究生导师，重庆市区域经济学学术带头人，主要从事理论经济学和区域经济学研究。主持国家社会科学基金课题、国家科委课题等30余项。获得蒋一苇企业改革与发展学术基金奖、重庆市社会科学优秀成果奖一等奖等省部级以上科研奖26项。

彭劲松　重庆社会科学院城市与区域经济研究所所长，成渝地区双城经济圈战略研究中心负责人，研究员，硕士研究生导师，中国社会科学院"西部之光"访问学者，主要从事城市与区域发展、产业组织理论等领域研究。主持省部级以上课题10余项。在《改革》等学术期刊上发表论文40余篇，出版专著3部。获得省部级研究成果奖二等奖1项、三等奖10项。

撰写的 20 余项决策建议获得党和国家领导人，重庆市委、市政府、市政协主要领导的肯定性批示。

廖祖君　四川省社会科学院《社会科学研究》杂志社社长、常务副总编，博士，二级研究员，博士研究生导师，博士后合作导师，享受国务院政府特殊津贴专家，四川省学术和技术带头人，主要从事区域经济、农村经济等领域研究。主持国家级和省部级课题 10 余项，在《人民日报》《中国农村经济》等重要报刊上发表论文数十篇，独立、合作出版著作多部。获得省部级以上科研成果奖 10 余项。执笔的多份调研报告获得国务院和四川省主要领导同志的肯定性批示。

丁黄艳　重庆工商大学数学与统计学院社会经济统计系副主任，博士，副教授，硕士研究生导师，兼任中国社会科学院中国经济分析与预测调研基地副主任，主要从事区域经济发展与统计分析等领域研究。主持国家社会科学基金项目 1 项，主持其他各级课题 14 项。在《产业经济研究》《统计与信息论坛》等核心期刊上发表论文 10 余篇，出版专著、教材 5 部，获得第六届重庆市发展研究奖三等奖。

刘　晗　重庆工商大学产业经济研究院副院长，博士，硕士研究生导师，英国林肯大学访问学者，2021 年重庆巴渝学者计划青年学者，主要从事产业结构与区域经济发展等领域研究。在《管理世界》等期刊上发表论文 40 余篇，出版专著 4 部。主持国家社会科学基金项目 1 项、省部级以上项目 6 项。撰写决策建议并得到省部级领导肯定性批示 3 项。获得省部级以上科研成果奖、教学成果奖 4 项。

摘　要

在全面建设社会主义现代化国家新征程中，成渝地区双城经济圈肩负着建成具有全国影响力的科技创新中心的重要任务。2022年，成渝地区双城经济圈在科技创新发展相关领域取得了一系列成绩，有力地支撑了经济社会高质量发展。本报告因应国家战略需求，立足成渝地区双城经济圈实际，以科技创新发展为主线，研判科技创新发展态势及空间分布特征，分别从科技创新投入产出效率、科技创新发展比较优势、科技人才支撑和科技产业发展支持等维度，对成渝地区双城经济圈科技创新发展进行全方位解析。

本报告分为总报告、评价篇、区域篇、专题篇四个部分。总报告回顾总结了成渝地区双城经济圈建设成效及政策支持，分析了科技创新发展现状及特征，研判了科技创新未来发展趋势，总结出成渝地区双城经济圈科技创新发展势头强劲、"双核"引领区域科技创新水平不断提高，并在此基础上提出未来成渝地区双城经济圈科技创新发展机遇和挑战并存，须善抓发展优势、抢抓时代机遇、谨慎应对挑战、及时弥补劣势。评价篇承接总报告研究，构建科技创新发展评价指标体系，涵盖科技创新环境、科技活动投入、科技活动产出、科技产业化和科技促进经济社会发展5个一级指标，以及11个二级指标和27个三级指标，进而对成渝地区双城经济圈科技创新发展指数及分维度指标进行测算。区域篇基于评价篇测算的数据，比较分析重庆都市圈、成都都市圈、成渝地区双城经济圈北翼、成渝地区双城经济圈南翼的科技创新发展差异，总结出成渝地区双城经济圈不同区域科技创新发展水平具有一定差异，呈现了在重庆都市圈和成都都市圈带动下的"中心—外围"分布特征。专题篇是在总报告、评价篇和区域篇基础上，对成渝地区双城经济圈科技创新投入产出效率、科技创新发展比较优势、科技工作者发展现状和科技产业发展现状进行研究，测度科技创新投入产出效率变化趋势，析出不同区域科技创新发展比较优势，分析科技工作者队伍规模和结构，剖析科技产业发展的成功经验，总结出成渝地区双城经济圈科技创新投入产出效率在技术进步的引领下呈现提升态势，这对科技工作者数量的稳步增长起到了支撑作用，为科技产业发展提供了良好载体。

本报告研究结果显示：总体上看，成渝地区双城经济圈科技创新发展态势良好，已形成一定的科技创新区位优势，科技创新环境持续优化、科技活动投入不断加大、科技活动产出不断增多、科技产业化稳步增强、科技促进经济社会发展前景乐观，重庆和四川两个省域板块的科技创新发展程度大致相同，但不同城市之间的科技创新水平存在一定差距，呈现"橄榄型"分布特征；分区域看，重庆都市圈科技创新发展态势良好，半数以上市区的科技创新发展指数值高于成渝地区双城经济圈平均值，成都都市圈科技创新发展呈现"中心—外围"分布特征，成都市科技创新发展水平居成渝地区双城经济圈首位，成渝地区双城经济圈北翼、南翼的科技创新发展水平相对较低，同时，不同区域的科技创新投入产出效率及发展比较优势呈现差异化特征。成渝地区双城经济圈科技创新发展引领力来自党中央、国务院和川渝两地政府的政策助力，支撑力来自坚实的高新技术产业基础和强大的科技工作者队伍。未来，成渝地区双城经济圈科技创新发展既面临机遇，也存在挑战，应持续整合内部创新资源，增强科技创新辐射带动能力，努力建成西部科技创新增长极。

关键词： 科技创新　科技创新发展指标　科技工作者　科技产业　成渝地区双城经济圈

目 录

Ⅰ 总报告

B.1 成渝地区双城经济圈科技创新发展现状与趋势展望
（2023~2024） ………………………… 柏　群　廖元和 / 001
　　一　成渝地区双城经济圈发展历程 …………………………… / 002
　　二　成渝地区双城经济圈科技创新发展现状 ………………… / 013
　　三　成渝地区双城经济圈科技创新发展趋势展望 …………… / 024

Ⅱ 评价篇

B.2 成渝地区双城经济圈科技创新发展评价指标体系与测算方法
　　　………………………………………… 柏　群　丁黄艳 / 031

B.3 成渝地区双城经济圈科技创新发展综合指数评价
（2023~2024） ………………………… 彭劲松　陈元楠 / 048

B.4 成渝地区双城经济圈科技创新分维度指标评价
（2023~2024） ………………………… 丁黄艳　何虹润 / 057

Ⅲ 区域篇

B.5 重庆都市圈科技创新发展报告（2023~2024）
　　　　　　　　　　　　　　　　　　　廖元和　王一鸣 / 103

B.6 成都都市圈科技创新发展报告（2023~2024）
　　　　　　　　　　　　　　　　　　　廖祖君　李冰洁 / 130

B.7 成渝地区双城经济圈北翼科技创新发展报告
　　（2023~2024）……………………………… 刘　晗　赵婷婷 / 140

B.8 成渝地区双城经济圈南翼科技创新发展报告
　　（2023~2024）……………………………… 刘　晗　高　仪 / 157

Ⅳ 专题篇

B.9 成渝地区双城经济圈科技创新投入产出效率研究
　　　　　　　　　　　　　　　　　　　王　靖　彭宇佳 / 168

B.10 成渝地区双城经济圈科技创新发展比较优势研究
　　　　　　　　　　　　　　　　　　　丁黄艳　欧阳雨薇 / 188

B.11 成渝地区双城经济圈科技工作者发展现状研究
　　　　　　　　　　　　　　　　　　　柏　群　杨森媚 / 204

B.12 成渝地区双城经济圈科技产业发展现状研究
　　　　　　　　　　　　　　　　　　　柏　群　杨森媚 / 236

附录一
成渝地区双城经济圈科技创新发展监测值 …………………… / 260

附录二

成渝地区双城经济圈科技创新发展指数值及变化情况 …………… / 307

Abstract ……………………………………………………………… / 348
Contents ……………………………………………………………… / 351

皮书数据库阅读**使用指南**

总报告

B.1 成渝地区双城经济圈科技创新发展现状与趋势展望（2023～2024）

柏群 廖元和[*]

摘　要： 本报告回顾总结了成渝地区双城经济圈建设成效及政策支持，政策梳理和分析显示，在党中央、国务院和川渝两地政府政策助力下，得益于完善的顶层设计、充裕的资源投入、坚实的产业支撑以及跨区域的紧密合作，成渝地区双城经济圈建设成效显著，科技创新发展势头强劲，形成了科技创新区位优势。进一步分析表明，成渝地区双城经济圈科技创新发展与东部沿海地区相比还有一定差距，未来机遇和挑战并存，须善抓发展优势、抢抓时代机遇、谨慎应对挑战、及时弥补劣势。为此，应推动成渝地区双城经济圈建成西部地区的科技创新增长极、增强科技创新辐射带动作用、优化内部的创新资源。

---

[*] 柏群，重庆工商大学党委常委、副校长，二级教授，硕士研究生导师，主要研究方向为科技创新与产业发展；廖元和，重庆工商大学原副校长，博士，二级研究员，博士研究生导师，主要研究方向为理论经济学和区域经济学。

关键词： 科技创新　科技协同发展　成渝地区双城经济圈

一　成渝地区双城经济圈发展历程

（一）建设成效

1.成渝地区双城经济圈的建设意义

2020年1月3日，习近平总书记主持召开中央财经委员会第六次会议并发表重要讲话。会议指出，推动成渝地区双城经济圈建设，有助于在西部形成高质量发展的重要增长极，打造内陆开放战略高地，对于我国实现高质量发展具有重大意义。至此，成渝地区双城经济圈建设上升为国家级发展战略，符合区域协调发展战略的要求，发挥了中心城市作用，带动了中西部地区发展。2022年10月，党的二十大报告强调，促进区域协调发展，推动西部大开发形成新格局，推动成渝地区双城经济圈建设。

首先，成渝地区双城经济圈建设符合国家对新时代西部大开发形成新格局、实现新突破的迫切要求。长期以来，党中央和国务院致力于打造"一江一河三群（区）"区域协调发展新布局，涉及长江经济带发展、黄河流域生态保护和高质量发展、粤港澳大湾区建设、长三角一体化发展与京津冀协同发展等五大国家战略。但京津冀、粤港澳大湾区以及长三角等块状城市群经济单元，全部位于我国东部沿海地区，而长江经济带发展与黄河流域生态保护和高质量发展作为一个轴带型发展战略，虽然涉及我国的西部地区，但缺乏相对完整、具有强大腹地支撑作用的团状区域经济单元。在经历20年打基础、补短板、建平台的起步阶段，西部地区已经进入了转型升级发展的关键时期，必须尊重客观经济发展规律，进一步研究在西部扶持若干具有发展潜力的区域，先行发展、突破发展并引领区域发展。成渝地区双城经济圈在西部属于经济发展水平最高、科技创新能力最强、发展潜力最大的区域。在这样的背景下，推动成渝地区双城经济圈建设，符合我国经济高质量发展的客观要求，是在当今形势下推动区域优势互补、高质量协同发展的重要支撑，也是构建国内国际双循环相互促进的新发展格局的一项重要举措。这有利于在联结西部各地区、沟通国内国外中发挥重要作用，推动丝绸之路经济带和长江经济带有机融合发展；有利于引领西部内陆地区发展，实现全国经济增长，在西部形成高质量发展的重要增长极，提高西部经济的承载力；有利于打造西部内陆开放战略高地，积极参与全球经济竞争，最终形成全新的对外开放格局，即陆海内外联动、东西双向互济。

其次，建设成渝地区双城经济圈是筑牢国家政治经济长远稳定发展的"压舱石"的艰巨任务。近年来，全球政治经济动荡不安，贸易保护主义、单边主义、霸权主义等不断涌现，与我国相邻的不少国家和地区地缘政治潜在风险点不断增多，这对我国经济、能源、军事等安全产生了前所未有的压力。从国内情况来看，我国经济发展稳中有变、变中有忧，面临下行压力。成渝地区双城经济圈气候环境宜人、资源禀赋优良、综合承载力较强、开垦开发历史悠久，在长期的发展过程中，已经形成了相对完整、功能齐备、规模较大的空间地域单元，且地处四川盆地"腹心"，在历史上就是我国的战略大后方。在抗日战争、"三线"建设等历史时期，成渝地区在各个方面均发挥了重要的支撑和托底作用。推进以成渝地区双城经济圈为代表的优势区域率先发展、重点发展，有利于推动新时代西部大开发，为我国构建优势互补、高质量发展的区域经济布局提供新的战略空间支撑，有助于广大西部地区推进国土空间的主体功能优化，促进资源要素双向互济流动，并进一步提升西部地区参与国际竞争与合作的能力。新时代，大力推进成渝地区双城经济圈建设，持续提升成渝地区的经济发展水平和发展质量，将有效扩大我国区域由沿海向内陆发展的战略纵深，扩大和提升整个国民经济的回旋调整空间与发展韧性，为国家安全发展做出贡献。

最后，成渝地区双城经济圈在国家区域经济布局中的战略地位不断提升，带动中西部地区的发展。现如今，世界正处于百年未有之大变局，新一轮产业革命、科技革命正在持续深入推进，国际分工体系面临系统性的调整。在这样的大背景下，我国经济已经转向高质量发展的阶段，我国正在全面推进一系列重大战略,如长江经济带发展、西部大开发等。供给侧结构性改革和扩大内需战略也在稳步推进。这些举措给成渝地区的新发展带来了优势和机遇。中央财经委员会第六次会议提出了"使成渝地区成为具有全国影响力的重要经济中心、科技创新中心、改革开放新高地、高品质生活宜居地"等定位,极大地凸显了成渝地区双城经济圈在我国区域协调发展战略中不同于其他区域的独特而重要地位,极大地体现了中央对成渝地区的殷切希望:更好地支撑新时代西部大开发,更好地在共建"一带一路"和推进长江经济带发展中发挥示范作用。在国家层面提出的推进成渝地区双城经济圈建设,向外界清晰地传递了进一步推进成渝地区高质量发展的强大信号,必将极大地推动国家级科技、产业和基础设施等战略性资源向成渝地区加速倾向性布局,进而推动成渝地区更好地利用国内国际两个市场,集聚和整合人才、信息、资金、技术等核心要素,推动外部投资者加速跟进布局,有利于推动成渝地区协力构建面向东亚、南亚和欧洲全方位开放合作新格局,参与和融入全球城市网络体系竞争,提升成渝地区在国家区域协调发展战略中的地位。

2. 成渝地区双城经济圈的建设成效[①]

2020年以来,四川、重庆两省(市)认真贯彻落实党中央、国务院决策部署,积极建设成渝地区双城经济圈,实现稳中向好、稳中提质。

第一,经济总体实力不断提升。2021年,成渝地区双城经济圈的地区生产总值较上年增长了8.5%,达到73900亿元,占全国的比重由2019年的6.3%提升至6.5%,年均增速达6.2%,超过全国平均水平1.1个百分点。到了2022年,该经济圈的地区生产总值较上年增长了3.0%,为77600亿元,占西部内陆地区的30.2%,在全国的占比为6.4%。具体到各产业,第

[①] 《2021年成渝地区双城经济圈经济发展情况解读》,重庆市统计局网站,2022年4月1日,https://tjj.cq.gov.cn/zwgk_233/fdzdgknr/tjxx/sjjd_55469/202204/t20220401_10581361.html;《川渝协同持续深化 双圈建设提质增效——2022年成渝地区双城经济圈经济发展监测报告》,四川省统计局网站,2023年4月3日,https://tjj.sc.gov.cn/scstjj/c105849/2023/4/3/2b7d36d1029b4adf9c8e630ab58ed217.shtml。

一产业的增加值为6500亿元，在全国的占比为7.3%，较上年增长了4.2%，这一增长速度高出全国平均水平0.1个百分点。第二产业的增加值为29800亿元，在全国的占比为6.2%，较上年增长了3.8%，与全国平均水平持平。第三产业的增加值为41200亿元，在全国的占比为6.5%，较上年增长了2.2%。三次产业在地区生产总值中的占比分别为8.3%、38.5%和53.2%。第二产业在地区生产总值中的占比同比增加了0.3个百分点，而第三产业的这一占比则高出全国平均水平0.4个百分点。

第二，工业发展动能日益凸显。2021年，成渝地区双城经济圈工业总产值相较于上年增长了10%，增加了21300亿元，这一增长速度高出全国平均水平0.4个百分点。其中，制造业高质量发展成效初显，制造业占国内生产总值的比重较上年提高了0.7个百分点，达到24.8%，工业产业的质效逐步提高，规模以上工业企业盈利总额较上年增长了35.8%，达到了5589.6亿元。2022年，成渝地区双城经济圈的工业提高了产量与质量，两地合理利用优势资源，着力推动先进制造业如电子信息等的集群化与高质量发展，规模以上工业企业实现了77044.1亿元的营收，相较于上年增长了3.9%，获得了5916.5亿元的利润，相较于上年增长了6.3%，高出全国平均水平10.3个百分点。

第三，现代服务业进一步发展。2021年，成渝地区双城经济圈服务业总产值相较于上年增长了9.3%，增加了39500亿元，这一增长速度高出全国平均水平1.1个百分点。信息传输、信息技术等现代服务业增加值相较于上年增长了21.9%，餐饮、零售等受新冠疫情影响较大的行业的增加值相较于上年分别增长了17.1%、12.4%，社会消费品零售总额达到了34600亿元，增长了17.0%，这一增长速度高出全国平均水平4.5个百分点。2022年，成渝着力打造特色文化，推动将成渝建设成为国际消费的重点城市，目的在于形成独具巴蜀特色的国际消费目的地。截至2022年末，相应的建设成果已显露出来，社会消费品零售总额达到了34400亿元，占全国的比重为7.8%。此外，新型消费模式如网上消费实现了2377.2亿元的零售额，相较于上年增长了15.6%。

第四，投融资的能力稳步增强。2021年，四川、重庆间已建成和正在建设的高速公路通道有20条，其中成渝双核间直连高速大通道有4条，启动建设"东数西算"工程算力重庆枢纽节点，成渝地区电子信息先进制造集群入选全国第三批先进制造业集群，民间投资增长了9.9%。2022年，在成渝地区双城经济圈的金融机构有145700亿元的存款余额，同比增长了11.1%。与此同时，金融机构有131600亿元的贷款余额，相较于上年增长了12.3%。2022年，成渝地区双城经济圈有4828.4亿元的地方一般公共预算收入，有10295.0亿元的地方一般公共预算支出。政府在产业发展、公共服务等方面提供了强有力的支撑。

（二）政策梳理

1.成渝地区双城经济圈的总体战略

党中央、国务院出台制定了若干政策措施以支持成渝地区双城经济圈的建设，谋定成渝地区双城经济圈总体发展战略。

《中华人民共和国国民经济和社会发展第十四个五年规划和2035年远景目标纲要》明确重视西部大开发新格局的构建，实施区域协调发展战略，推进成渝地区双城经济圈建设，将其打造成为在全国范围内具有影响力的重要经济中心、科技创新中心、改革开放新高地、高品质生活宜居地，为成渝地区双城经济圈建设指明了总体战略目标。

《成渝地区双城经济圈建设规划纲要》根据成渝地区双城经济圈发展的"两中心两地"目标，提出成渝地区双城经济圈建设的重要任务。一是优化城市布局。突出重庆主城区和成都市的双核心作用，围绕双核心打造现代化的都市圈，以都市圈协同成渝地区双城经济圈两翼地区发展，同时做好各个功能区的城市层级构建。二是完善基础设施。合力加强水利基础设施建设，强化能源基础保障，加快网络基础设施现代化，建设交通一体化综合体系。三是共推产业体系现代化。发展现代、高效且独具特色的农业带，并推动制造业、服务业高质量发展，重视数字经济的快速发展。四是共建科技创新中心。着力打造在全国范围内影响力重大的科技创新中心，共同建设成渝综合性科学中心，提升资源配置效率和协同创新水平，优化政策环境。五是优化消费环境。打造友好、安全并且具有巴渝特色的高品质国际消费目的地，注重打造多元融合的消费模式。六是推进绿色发展。共同构建长江上游生态屏障，推动长江上游生态环境共同建设和共同保护，强化跨区协同治理，积极探索绿色转型发展的新路径。七是扩大对外开放。致力于打造内陆改革开放高地，加快畅通对外开放通道，推进相关平台建设，加强区域内外合作，营造优越的商业环境，激发市场主体活力，并探索经济区与行政区适度分离改革。八是强调城乡协同发展。共同促进城乡一体化发展，优化资源配置以实现公共资源的最佳利用，推动产业协同发展。九是完善公共服务。推动建设共享的公共服务体系，努力提供便利且标准的公共服务，整合各类如文化、教育和体育资源，促进卫生、养老等服务的融合，健全应急联动机制。

《国家综合立体交通网规划纲要》提出建设交通强国的重要任务，明确了加快包括成渝在内的高质量现代化国家综合立体交通网建设的目标，以支撑经济和社会更好更快地发展，具体举措包括：一是构建高效率国家综合立体交通网络，致力于优化国家综合立体交通布局，利用网络建设并加速推动国家综合立体交通网主骨架和国家综合交通枢纽系统的多层级一体化；二是推进多元化综合交通统筹融合发展，致力于促进各种运输方式的统筹融合发展，推动交通基础设施网络与运输服务网络、能源网络等的融合发展，促进跨区域交通运输的协调发展，推动交通与相关产业的深度融合；三是推动综合交通高质量发展，推动智慧、安全、绿色发展以及加强人文建设，提高治理能力。

《成渝共建西部金融中心规划》提出，结合成渝实际发展情况，将成渝地区建设成为为共建"一带一路"国家及地区提供各种服务的金融中心，立足西部，面向东、东南和南三个方位。为此，该规划提出以下主要任务。一是提升成渝金融体系竞争力。加快建立具有强竞争力的金融机构组织体系、培育法人金融机构、引进境内外金融机构、强化金融创新能力以及提高综合服务水平，规范成渝金融组织发展。二是推进区域金融市场一体化。优化成渝金融资源配置，加快金融市场一体化进程，加深与境内外金融市场的联系，优化服务，以打造西部股权投资基金发展高地，促进成渝保险业的共同发展。三是推动特色金融发展。推进金融改革，包括绿色金融、供应链金融以及贸易融资改革，探索更加行之有效的金融服务模式以支持金融服务乡村振兴。四是构建科技创新驱动的金融服务体系。开展创新驱动发展新引擎的打造行动，深化科技创新金融产品及服务创新，扩大科技创新企业的融资渠道，打造中国（西部）金融科技发展高地。五是构建内陆金融开放体系。构建金融开放体系以支持资本在全球更有效地配置，增强服务双循环能力，推进跨境使用人民币，审慎推进跨境资本和跨境金融业务管理。六是优化金融生态体系。完善金融管理制度，营造并持续优化金融发展环境，合理有效防范金融风险。七是推进西部金融基础设施互联互通。巩固金融中心建设底座，建设多功能开放账户体系与一体化支付体系，加强信用体系基础设施互联互通，安全推进金融统计数据共建共享，建立全国性金融交易所，支持金融机构设立成渝交易系统和数据备份中心。

《关于进一步支持西部科学城加快建设的意见》为支持成渝地区以"一城多园"模式加快建设西部科学城，打造具有全国影响力的科技创新中心，提出如下意见：一是凝聚国家级战略科技力量，共同打造国家级创新平台，建立高水平实验室体系，集中布局重大科技基础设施集群，联合共建重要创新平台，合作建设一流高校科研院所和新型研发机构；二是打造技术竞争优势，聚焦关键核心技术，提升战略性产业竞争优势，加大科技联合攻关的协同力度，共同开展关键核心技术攻关，共同塑造产业竞争新优势；三是深化科技体制机制改革，持续优化创新生态，集聚培养高端人才和创新团队，推动科技与金融深度融合，推动创新政策先行先试；四是强化区域交流合作，建设西部内陆开放新高地，加强创新高地合作共赢，加强国际科技交流合作。

2. 成渝地区双城经济圈的地方规划

重庆市和四川省深入贯彻落实党中央、国务院的指示精神，为确保成渝地区双城经济圈总体战略顺利落地实施，出台了一系列地方政策和规划。

《重庆四川两省市贯彻落实〈成渝地区双城经济圈建设规划纲要〉联合实施方案》为深入学习并贯彻落实习近平总书记关于推动成渝地区双城经济圈建设重要讲话精神，把成渝地区双城经济圈建成在全国范围内具有影响力的重要经济中心、科技创新中心、改革开放新高地、高品质生活宜居地，共同打造跨区协作的模板，打造带动全国高质量发展的重要增长极和新的动力源，提出如下举措。一是强化成渝地区双城经济圈的辐射带动作用。加速建设成渝地区双城经济圈，促进成渝都市圈的现代化，推动双核心城市相向协同发展，加强先行发展的辐射带动作用，促进渝西、渝东北、川南、川东北一体化融合发展，并带动其他地区蓬勃发展。二是优化基础设施。加强成渝两地水利、能源基础设施建设，完善交通基础设施，包括城市轨道交通、长江上游航运枢纽以及国际航空枢纽等，并推动各类基础设施网络化。三是共建产业发展高地。推动农业现代化建设，促进制造业高质量发展，提高服务业发展水平，共同推动现代产业数字化发展体系建设。四是打造重要的科技创新中心。共同建设在全国范围内影响力重大的科技创新中心，打造西部（重庆、成都）两大科学城，提高西部内陆地区科学创新发展能力。五是创建特色消费中心。共同打造高品质国际消费目的地，宣扬巴蜀特色文化，营造安全的消费环境。六是推进绿色发展。倡导绿色生产、生活方式，建设长江上游生态屏障，积极防控环境污染。七是扩大对外开放。完善开放制度，营造安全、高效的营商环境，加强与外部经济的沟通，积极疏通开放发展通道。八是推动城乡融合发展。推动城乡资源优化配置，促进城乡产业融合。九是完善公共服务。提高公共服务的高效性与便利性，促进教育、体育、文化等事业繁荣发展，加强公共安全保障。

《重庆都市圈发展规划》要求打造现代化城市都市圈，提升重庆的综合竞争力与发展能级，带动临近地区发展，包括以下几个方面。一是优化重庆都市圈布局，强化中心城区辐射带动作用，推动周边城市与中心城区同城化发展，辐射联动重庆都市圈周边区域发展。二是完善基础设施。加快构建现代基础设施网络，包括重庆都市圈立体交通系统、对外交通网络，以及能源和水安全保障。三是协同建设现代产业体系，共建国家重要先进制造业中心，共建现代服务业高地，加快数字经济创新发展，推动都市现代高效特色农业发展。四是共同提升科技创新水平，集中力量打造成渝综合性科学中心，发挥西部（重庆）科学城引领作用以营造良好创新生态。五是打造特色消费目的地，弘扬巴蜀文化，合力提升消费供给能力，推动文化旅游合作发展。六是共筑生态屏障，推动生态共建、共保，加强环境污染协同治理，以碳达峰、碳中和引领绿色低碳发展。七是提升开放合作水平，合力构建对外开放大通道，共享高水平开放平台，服务共建"一带一路"。八是深化体制机制改革，共建高标准市场体系，营造国际一流营商环境，健全城乡融合发展体制机制。九是促进公共服务共建共享，共享优质教育文化资源，打造健康都市圈，提升社会保障服务便利化水平，健全城市安全防控体系，完善社会治理体系。

《成都都市圈发展规划》提出打造带动全国高质量发展的重要增长极和新的动力源，主张推动支撑性工程、牵引性工程，打造具有国际竞争力和区域带动力的现代化都市圈，包括以下几个方面。一是优化都市圈发展布局，促进城镇协调发展，构建"两轴"打造"三带"，推动交界地带融合。二是加速推进基础设施同城同网，提高国际门户枢纽水平，完善都市圈立体交通系统，对市政设施进行统筹规划，保障水资源供给。三是协同提升创新能力，营造友好且富有活力的创新环境，提高科技创新水平并形成区域创新共同体。四是共同建设高端的现代产业集聚区，开展高能级的制造业生态圈培育行动，共同筑牢现代服务业高地，建设都市现代高效特色农业示范区，共建高效畅享智慧都市圈。五是扩大开放，构建全方位立体开放合作新格局，协同搭建开放合作平台，一体化推进更高水平对外开放。六是促进公共服务、教育资源以及医疗卫生资源等合理配置与便利共享，推动发展体育、文化事业，加强社会保障服务与社会治理。七是推动生态环境共保、共治，完善生态空间网络，联合防控环境污染，推动全面绿色低碳转型发展，并完善区域生态环境源头预防体系。八是深化体制机制改革，推动要素市场一体化改革，提升营商环境竞争力，协同促进城乡融合发展，开展成德眉资同城化综合试验。

《重庆市推动成渝地区双城经济圈建设行动方案（2023—2027年）》引导全市各级各部门在推动成渝地区双城经济圈建设上干出新业绩，提出了加快建设社会主义现代化新重庆的重要任务，包括以下几个方面。一是增强主城区引领作用。实施提升主城都市区极核引领行动，增强国家中心城市核心功能的承载能力，建设具备强劲带动力、辐射力的动力源，统筹城市规划。二是完善基础设施。推动基础设施网络现代化，推动国际性的综合交通枢纽城市建设，构建科学配备的城市智慧交通系统，完善安全高效的能源保障体系以及水利基础设施体系。三是构建现代化产业体系。打造特色优势农业，推动制造业高质量发展，创新构建优质服务业新体系，促进数字经济创新发展，打造产业发展良好生态。四是推进科技创新中心建设。加快西部（重庆）科学城建设，提高西部内陆创新水平、完善科技创新体系，营造一流的创新生态，加大科技开放合作力度，加强知识产权保护。五是打造国际消费目的地。打造高品质国际消费空间，汇聚全球优质消费资源，建设巴蜀文化旅游走廊，营造安全友好的消费环境，创新发展消费新场景。六是推进绿色发展。推动生态文明建设，注重生态系统保护，坚持开展生态环境质量改善行动，积极推进碳达峰、碳中和，开辟绿色转型发展新路径。七是构建高标准市场体系。推动勇做西部内陆省份改革探路先行者，推进数字政府建设及数字化应用，打造一流营商环境，推动国资企业及民营企业健康、高质量发展，推进行政区、经济区适度分离改革。八是推进对外开放工作。实施打造内陆开放高地行动，加快建设西部陆海新通道，积极推进"一带一路"建设，加大制度型开放力度，建设高水平的对外开放平台，推动开放型经济高质量发展，扩大中西部与国际的交往。九是推动城乡融合发展。持续推进乡村振兴工作，加快渝东北、渝东南现代化建设，完善协调发展机制。十是提升社会治理水平。实施惠民、富民行动，促进高质量充分就业，完善收入分配机制、社会保障体系，实施健康中国重庆行动，建设教育文化高水平城市。

3. 成渝地区双城经济圈的科技政策

无论是国家层面还是成渝两地，都在科技创新领域做出相应的策略部署，为共同建设在全国范围内具有影响力的科技创新中心提供政策支持。

在《成渝地区双城经济圈建设规划纲要》中，中共中央、国务院明确成渝地区坚定实施创新驱动发展战略，瞄准突破共性关键技术尤其是"卡脖子"技术，强化战略科技力量，深化新一轮全面创新改革试验，增强协同创新发展能力，增进与共建"一带一路"国家等的创新合作，合力打造科技创新高地，为构建现代产业体系提供科技支撑，提出成渝地区应通过以下举措共建具有全国影响力的科技创新中心：一是建设成渝综合性科学中心；二是优化创新空间布局；三是增强创新合作能力，促进创新链产业链的协同发展，推动区域合作创新；四是完善创新激励制度，注重高端创新人才引进，推进科技创新体制改革。

在《关于进一步支持西部科学城加快建设的意见》中，为支持成渝地区以"一城多园"模式加快建设西部科学城，提出如下发展意见：一是凝聚国家级战略科技力量，合作共建国家级创新平台，构建高水平实验室体系，集中布局重大科技基础设施集群，联合共建重大创新平台，合作建设一流高校科研院所和新型研发机构；二是专注于关键核心技术，增强战略性产业竞争优势，加大科技联合攻关的协同力度，协同开展关键核心技术攻关，协力塑造产业竞争新优势；三是推进科技体制机制改革，不断优化创新生态，集聚培养高端人才，打造创新团队，推动科技与金融深度融合，推动创新政策先试先行；四是加强区域合作交流，建设西部内陆开放新高地，加强创新高地合作共赢，深化与国际科技的交流。

在《重庆四川两省市贯彻落实〈成渝地区双城经济圈建设规划纲要〉联合实施方案》中，再次强调成渝地区共建具有全国影响力的科技创新中心，通过建设成渝综合性科学中心、共建西部科学城、提升协同创新能力、构建充满活力的创新生态，把成渝地区双城经济圈建成具有全国影响力的重要经济中心、科技创新中心、改革开放新高地、高品质生活宜居地。

在《重庆都市圈发展规划》中，为深入推进以大数据智能化引领的创新驱动发展，健全跨区域创新合作机制，共建开放型区域创新体系，使重庆都市圈成为更多重大科技成果诞生地、加快建成全国重要的科技创新策源地，提出了如下行动方案：一是集中力量共建成渝综合性科学中心；二是发挥西部（重庆）科学城引领作用，推动全域创新赋能，推动创新链产业链协同；三是营造良好创新生态，培养壮大创新人才队伍，推动全面创新改革，优化创新政策环境。

在《成都都市圈发展规划》中，强调加强建设高水平创新平台，合理利用、配置创新资源，建设紧密型、高质量的创新生态圈，为科技创新中心建设提供支撑，并提出了以下行动方案：一是增强科技创新策源能力，加快高水平综合性科学中心建设，打造高标准西部（成都）科学城；二是打造区域创新共同体，提升高等院校和科研院所创新能力，突出企业创新主体地位，联动推进创新创业；三是营造良好创新生态环境，合力打造创新人才聚集高地，加快科技管理体制改革突破，加强创新政策协同。

在《重庆市推动成渝地区双城经济圈建设行动方案（2023—2027年）》中，制定了到2027年，建成区域协同创新体系、科技创新能级跃升、科技创新中心核心功能形成等目标，提出了重庆市未来几年内的科技创新重要任务：一是着力建设西部（重庆）科学城，二是加快完善科技创新体系，三是提高科技创新水平，四是推进科技成果转化，五是扩大科技创新开放合作，六是强化知识产权保护，七是营造一流创新生态。

二 成渝地区双城经济圈科技创新发展现状

（一）现状特点

1.科技创新发展势头强劲

第一，研究与试验发展经费投入不断增加，奠定了成渝地区双城经济圈科技创新发展的资金基础。2022年，重庆市和四川省研究与试验发展经费分别投入686.6亿元和1215.0亿元，相较于2020年的526.8亿元和1055.3

亿元，分别增长了30.3%和15.1%，① 表现出成渝地区双城经济圈在科技创新资金投入上的强劲增长势头。科技创新发展离不开资金的持续投入，成渝地区双城经济圈不断加大研究与试验发展经费投入，有利于培育科技研发与转化的载体，有助于加快创新驱动经济发展的步伐，助推经济高质量发展。

第二，研究与试验发展经费整体投入强度不断提升，成渝地区双城经济圈的科技创新愈加受重视。2022年，成渝地区双城经济圈研究与试验发展经费整体投入强度为2.23%，相较于2020年的2.15%，提升了0.08个百分点，② 体现出成渝地区双城经济圈在研究与试验发展方面的资金投入比重有所提高。科技创新是提升国家核心竞争力的关键，科技创新重视度的提高有利于吸引更多的科研人才和资源，形成创新的生态系统，为科技创新提供更为丰富的条件，同时投入强度的提升能够推动产业结构的升级和调整，使经济更具有活力和竞争力。

第三，研究与试验发展人员的人均经费高于全国平均水平，奠定了成渝地区双城经济圈科技创新发展的人才基础。2022年，重庆市和四川省研究与试验发展人员的人均经费分别为53.3万元和53.5万元，相较于2020年的49.8万元和55.6万元，虽有降有升，但均高于全国平均水平，保证了研究与试验发展人员有足够的经费支持。科技创新需要人才驱动，人均经费的提升反映了国家对科技创新活动和从事研发工作的人才的高度重视，意味着可以提供更好的研发条件和资源，从而提升研发工作的效率和研发成果的质量，加速科技成果的转化和应用。

---

① 《2020年重庆市科技投入统计公报》，重庆市统计局网站，2021年10月9日，https：//tjj. cq. gov. cn/zwgk_233/fdzdgknr/tjxx/sjzl_55471/tjgb_55472/202110/t20211009_9788628. html；《2020年四川省科技经费投入统计公报》，四川省统计局网站，2021年9月24日，https：//tjj. sc. gov. cn/scstjj/c105897/2021/9/24/738574acd56a4c978202c89d1c18e24c. shtml；《2022年重庆市科技经费投入统计公报》，2023年9月20日，重庆市统计局网站，https：//tjj. cq. gov. cn/zwgk_233/fdzdgknr/tjxx/sjzl_55471/tjgb_55472/202309/t20230920_12354739. html；《2022年四川省科技经费投入统计公报》，四川省统计局网站，2023年9月20日，https：//tjj. sc. gov. cn/scstjj/c111705/2023/9/20/76cc3ece7e5e640468f77e11ef44e11b6. shtml。本部分涉及重庆市、四川省的数据皆来源于此。

② 《2022年成渝地区双城经济圈发展指数报告》，重庆市统计局网站，2024年3月27日，https：//tjj. cq. gov. cn/zwgk_233/fdzdgknr/tjxx/sjzl_55469/202403/t20240307_13012487. html。

2.形成科技创新区位优势

第一,研究与试验发展经费投入接近全国平均水平,且领先于西部其他地区。2022年,四川省研究与试验发展经费投入1215.0亿元,重庆市由于体量相对小,仅投入686.6亿元,与全国平均水平的992.9亿元相比,成渝地区研究与试验发展经费平均投入接近全国平均水平。同时,相较于甘肃省的144.1亿元、内蒙古自治区的209.5亿元、广西壮族自治区的217.9亿元以及西部其他地区的投入,① 成渝地区平均投入处于较高水平。综合来看,成渝地区双城经济圈在研究与试验发展经费投入方面表现较好,接近全国平均水平,并在西部地区处于领先地位,充分体现了其对科技创新的高度重视,也为未来的发展奠定了坚实基础。

第二,研究与试验发展经费投入强度虽落后于全国平均水平,但领先于西部其他地区。2022年,重庆市和四川省研究与试验发展经费投入强度分别为2.36%和2.14%,与全国平均投入强度的2.54%还存在一定差距。同时,相较于甘肃省的1.29%、内蒙古自治区的0.90%、广西壮族自治区的0.83%以及西部其他地区的投入强度,成渝地区的研究与试验发展经费投入强度较高。成渝地区的科技创新实力已成为西部地区的一面旗帜,也为全国科技发展贡献了重要力量。

3.与东部沿海地区仍有一定差距

第一,研究与试验发展经费投入远低于东部沿海地区。2022年,上海市研究与试验发展经费投入为1981.6亿元,浙江省为2416.8亿元,广东省为4411.9亿元,相比之下,重庆市和四川省研究与试验发展经费投入规模明显偏低,东部沿海地区在研究与试验发展经费投入方面展现出明显的优势。

第二,研究与试验发展经费投入强度落后于东部沿海地区。2022年,上海市研究与试验发展经费投入强度为4.44%,浙江省为3.11%,广东省

---

① 《2022年全国科技经费投入统计公报》,国家统计局网站,2023年9月18日,https://www.stats.gov.cn/sj/zxfb/202309/t20230918_1942920.html。本部分涉及全国省份的数据皆来源于此。

为3.42%，相比之下，重庆市和四川省研究与试验发展经费投入强度明显低于东部沿海地区。

这种差距主要源自地区间的经济发展不均衡以及科技创新能力的差异。东部沿海地区长期以来在经济发展和科技创新方面处于领先地位，拥有更为发达的产业体系和良好的创新生态。而成渝地区双城经济圈虽然近年来取得了显著的进步，但在研究与试验发展经费投入以及投入强度方面仍有一定差距。

（二）典型案例

案例一 重庆两江新区与成都天府新区携手打造世界级产业集群

重庆市两江新区与成都市天府新区联手打造汽车、科技创新、生物医药等产业联盟，总揽全局，合理利用优势资源，联合打造世界级产业集群。迄今为止，科技创新领域的合作成效显著。在汽车领域，成渝两地充分共享优势资源，如研发、检测机构等，并加强两地车企合作以提高效率、降低成本。举例而言，重庆市与四川省多所高校联合开展众多研发项目，突破汽车研发关键技术。数十家整车企业以及数百家汽车零部件企业聚集于重庆市两江新区，提供了上百万辆的汽车产能。在未来规划中，成渝两地将加深汽车领域合作，推动整个汽车产业链条的发展。同时，在新能源和智能网联汽车领域，重庆市两江新区将与宜宾共同打造新能源汽车产业链，致力于构建具有全球竞争力的汽车产业集群。在电子信息领域，重庆京东方公司是两江新区电子信息产业联盟的一员，截至2022年4月，其已在成渝两地均启动了智能创新项目并建立了产业集群，总投资近2000亿元，其中包括半导体显示屏生产线6条、研发中心1个、智能系统创新中心2个以及数字医院1家。重庆市两江新区研发投入强度约为4.3%，有逾6000家科技型企业、逾1000家高新技术企业，吸引了40多所国内外知名高校和科研院所，以及20个国家级科研平台。未来，要充分利用两江新区的优势，促进高校和科研院所与企业合作，实现创新成果的更好更快转化。

案例二　重庆渝北区与成都天府新区联合成立人工智能创新基地

重庆市渝北区微软云暨移动技术孵化计划——重庆人工智能加速器联合成都市天府新区微软菁英培训暨认证计划——天府新区人工智能高端人才培养基地成立人工智能创新基地。经过几年的联合创新，人工智能创新基地已取得显著的成果，并将进一步加深合作。首先，成渝双城人工智能创新基地成立了人工智能研究院，该研究院聚焦人工智能领域的前沿技术和应用，推动人工智能技术的研究和发展，为成渝地区的人工智能产业发展提供了强有力的支持。其次，成渝双城人工智能创新基地积极推动人工智能技术的应用，为成都和重庆两个城市的经济发展提供了新的动力。例如，在医疗领域，基地与多家医院合作，开展了基于人工智能的医疗影像诊断项目，为患者提供更加准确和快速的诊断服务。最后，成渝双城人工智能创新基地积极推动人工智能产业的发展，建设了人工智能产业生态系统，该系统包括人工智能技术的研发、人才培养、产业孵化等多个方面，为成渝地区的人工智能产业提供了全方位的支持和服务。展望未来，成渝双城人工智能创新基地将进一步加深合作，包括联合市场活动，推动人工智能技术及人才培训，推动更多国内、国际高端技术型人才的培训和引进；促进成渝双城人工智能应用类项目的交流发展，每年不定期举办技术研学、市场联动、项目对接等形式的市场活动，双方携手推动智能机器人、语音、识别、分析、数据处理等技术在大数据、政务、人工智能场景的应用；开展联合市场孵化，根据入驻项目的特点、技术、产品推动项目在成渝地区进行市场拓展和技术验证；促进双方服务项目知识产权转化，通过双方载体帮助服务的企业对接双城高效、技转中心应用场景主体，最终实现成果转化；生态合作，结合双方优势，推动微软生态技术公司在重庆仙桃国际大数据谷、成都高新区落户发展，提供在投融资、技术、商业成长方面的服务，为生态公司赋能。

案例三　成渝共建综合性科学中心

中央于成渝布局建设成渝（兴隆湖）综合性科学中心，包括新兴智能制造产业园、兴隆湖高新技术服务产业园、凤栖谷数字经济产业园、航空动力科创园四大园区,吹响了四川省建设重大科技基础设施集群的号角。成渝(兴隆湖)综合性科学中心的核心区为四川天府新区兴隆湖周边100平方公里,是综合性科学中心的创新源头、天府实验承载地和国家实验室。聚焦核电、航空航天、智能制造、电子信息等核心领域,建设关键科技基础设施和高效能创新平台集群,打造承载原始创新的集中地。其特点是构筑大平台、实施大项目、凝聚大团队、产出大成果。其中,构筑大平台:着眼于加强高水平平台建设,计划布局35个国家级创新平台,并启动多个国家实验室、技术创新中心以及工程研究中心。实施大项目:推动科技基础设施集群建设,预计设立多个国家重大科技基础设施和科教基础设施,以及多个省级设施。凝聚大团队:关注优秀院校、优秀团队与优秀人才,吸引了43所学校和联合创新机构,包括中国科学院、成都大学等,吸引了11名院士和6000多名高层次人才。产出大成果:专注于关键技术的创新和关键源头成果的产出,不断产出具有全球影响力的原创性成果。

案例四 川渝合作成立成渝地区双城经济圈国际科技合作基地联盟

四川省与重庆市就信息技术、新材料等多个领域达成合作协议,该合作协议意在加深成渝两地的科技合作,共同打造高水平对外开放高地。成渝两地共同设立成渝地区双城经济圈国际科技合作基地联盟。该联盟由近80个国际科技合作基地组成,包括国际创新园、国际技术转移中心、国际联合研究中心以及示范型基地。该联盟充分整合两地资源,发挥有限资源的最大潜能,在西部内陆打造国际科技合作基地并发挥辐射带动作用,助推成渝科技创新融入世界。在下一步规划中,这一联盟将进一步优化成渝两地资源配置,完善科技创新服务体系,建立高级智库,广开言路,倾听专家学者的建议,建立成熟的国际科技合作开放大平台,促进与国际科技的交流,推动成果转化。

案例五　成渝携手共建西部科学城

成都市高新区与重庆市高新区以"六个一"为合作任务，构建"两极一廊多点"创新格局，不断协同创新，集聚创新动能，共建西部科学城。成都市高新区是西部（成都）科学城"一核四区"布局的核心，而重庆市高新区则是西部（重庆）科学城的核心，两者共同致力于打造在全国范围内影响力重大的科技创新中心。目前，成渝两地在包括环境保护、市场监管等在内的多个领域签署了20余项合作协议并已取得了一些成果。在创新动力提升方面，两地合作建立了创新联盟，共同建设西部科学城和科技创新平台。此外，两地计划加强技术转移联盟的建设，完善成果转化合作机制，推进跨区域技术转移转化服务平台的建设，共同开展技术经纪人培训，打造技术经纪人品牌。在下一步规划中，两地将以建设在全国范围内影响力重大的科技创新中心为目标，争取国家支持，推动跨区域共享大型科学仪器，加快大型设施、机构和平台布局，打造科技原创地，提升全域创新能力，加强产业科技对接，推动高质量发展。

（三）经验总结

1. 完善顶层设计，引领科技创新发展

成渝地区双城经济圈作为中国西部地区最具活力和发展潜力的城市群之一，科技创新在其发展过程中扮演着举足轻重的角色。为了更好地引领科技创新发展，提升经济圈的整体创新能力和竞争力，成渝两地在顶层设计层面下功夫，制定了符合实际情况的策略。

第一，明确战略定位，强化区域特色。在完善顶层设计中，首要任务是明确成渝地区双城经济圈的战略定位。在深入了解本地区的资源禀赋、产业基础以及人才优势的基础上，通过产业布局和发展方向的明确，突出区域特色，形成优势产业集群，从而有针对性地推动科技创新。例如，结合成渝地区双城经济圈的交通物流优势，发展物流科技、智能交通等，实现区域特色

和科技创新的有机结合。

第二，建立科技创新体系，促进产学研紧密合作。科技创新需要有一个良好的运行机制，而这一机制的核心是产学研合作体系的建立。成渝地区双城经济圈通过设立科研基地、共建实验室、支持科研项目等方式，引导高校、科研机构和企业之间密切合作，共同攻克关键技术难题，推动科技成果的转化与应用。同时，建立创新人才培养和引进机制，为科技创新提供坚实的人才支持。

第三，加强政策支持，优化科技创新环境。政策支持是推动科技创新的重要保障。在顶层设计中，成渝地区双城经济圈制定相关的政策措施，包括税收优惠、创新基金扶持、科研项目资助等，为企业和科研机构提供有力的支持。同时，优化科技创新环境、简化审批程序、提高研发经费使用效率、降低创新成本，吸引更多的科技人才和企业参与创新活动。

第四，推动科技成果转化，培育新兴产业。科技创新的最终目的是将科技成果转化为经济效益。在顶层设计中，成渝地区双城经济圈加强对科技成果的评估和推广，建立科技成果转化平台，促进科技成果的产业化和商业化。同时，重视新兴产业的培育，将科技创新与产业发展相结合，形成产业链的完整闭环。

第五，加强国际交流与合作，拓展创新资源。科技创新是一个全球性的活动，成渝地区双城经济圈需要积极融入国际创新体系，加强国际交流与合作，引入国际先进技术和创新资源，通过建立国际合作平台、举办国际性科技论坛等方式，拓展创新资源，提升国际影响力。

总的来说，完善顶层设计，引领科技创新发展是成渝地区双城经济圈持续健康发展的关键。成渝地区双城经济圈通过明确战略定位、建立科技创新体系、加强政策支持、推动科技成果转化、加强国际交流与合作等策略，为其科技创新发展提供有力的支持，推动其迈向高质量发展的新阶段。同时，成渝地区双城经济圈需要不断总结实践经验，根据实际情况进行顶层设计的调整和优化，以保持顶层设计的前瞻性和灵活性。

2. 加大资源投入，夯实科技研发基础

随着中国经济的不断崛起，成渝地区双城经济圈成为西部地区的经济发展引擎，而科技创新已成为推动其持续发展的核心动力。成渝两地通过采取一系列有效措施，加大资源投入，夯实科技研发基础。

第一，优化政策环境，提升资源配置效率。在加大资源投入方面，成渝地区双城经济圈提供的政策支持至关重要。要建立健全的政策体系，制定有针对性的科技创新政策，包括税收激励、研发经费支持、知识产权保护等方面，以提升企业和科研机构参与科技创新的积极性。同时，简化审批程序，降低创新项目立项的门槛，提高资源配置效率。

第二，加大财政投入，加大科研项目资金支持。财政投入是支撑科技创新的重要保障。成渝地区双城经济圈通过制定年度科技发展规划，明确资金投入的重点领域和方向，增加对科研项目的拨款，特别是在战略性新兴产业、高新技术领域等方面加大资金支持力度，为科技创新提供充足的资金保障。

第三，加强人才队伍建设，培养高层次科技人才。人才是科技创新的核心资源，成渝地区双城经济圈通过吸引国内外高层次科技人才、建立科研团队、举办培训等方式，加强人才队伍建设。同时，建立健全人才评价和激励机制，提高科研人员的获得感和归属感，激发他们的创新热情。

第四，建立产学研用协同创新机制，提升研发效率。产学研用协同创新是推动科技研发的重要方式。成渝地区双城经济圈通过建立产业技术研发联盟、共建实验室等方式，促进企业、高校、科研机构之间的紧密合作，共同攻克关键技术难题，提升研发效率和成果转化率。

第五，加强国际交流与合作，引入先进科技资源。国际交流与合作是丰富科技资源的重要途径。成渝地区双城经济圈积极参与国际科技合作项目，吸引国际先进科技资源，引入国际科技团队参与合作，共同推动科技创新。

第六，建立科技成果评价和转化机制，促进成果的应用。科技成果的评价和转化是科技创新的关键环节。成渝地区双城经济圈建立科技成果评价体

系，鼓励科研人员将成果转化为实际应用，推动科技成果的产业化，提高其经济效益。

总的来说，加大资源投入，夯实科技研发基础是成渝地区双城经济圈实现可持续发展的重要举措。优化政策环境、加大财政投入、加强人才队伍建设、建立产学研用协同创新机制、加强国际交流与合作、建立科技成果评价和转化机制等策略，可以为科技创新提供有力的支持，推动成渝地区双城经济圈迈向高质量发展的新阶段。同时，需要根据实际情况不断总结经验，及时调整优化政策。

3. 产业深度融合，加快创新成果转化

随着成渝地区双城经济圈在科技创新领域的不断发展，产业深度融合已经成为促进创新成果转化的关键举措。

第一，建立产学研用紧密合作机制。产业深度融合需要产业、高校、科研机构和企业之间建立紧密合作机制，以促进技术研发成果的转化和应用。成渝地区双城经济圈实施的具体策略如下：一是设立联合研究中心和实验室，将高校和企业的科研资源整合起来，共同攻克关键技术难题；二是建立产学研用联盟、产业联盟，吸引更多企业参与科技创新，共同推动研发成果的转化；三是共建研发平台，为企业提供先进的科研设施和技术支持，降低研发成本，提高创新效率。

第二，提升科技成果转化效率。科技成果的转化效率直接影响产业深度融合。成渝地区双城经济圈提升科技成果转化效率的策略包括：一是设立专门的技术转移机构，负责科技成果的评估、转让、推广和应用；二是建立风险投资基金，为具有市场潜力的科技项目提供资金支持，帮助其快速发展和推广；三是推动知识产权保护，加强对知识产权的保护，鼓励企业积极参与技术研发和科技成果转化。

第三，优化产业结构，促进产业链深度融合。要想加快创新成果的转化，需要通过优化产业结构，促使不同产业之间深度融合，形成新的增长点。成渝地区双城经济圈主要实施以下策略：一是制定产业政策，引导产业升级，通过政策引导鼓励企业进行技术升级和转型，推动产业链的深度融合；二是培育新兴产业，关注新兴产业的发展，提升其在整个产业链中的地位，为创新成果提供更多的应用场景；三是加强交叉学科研究，鼓励不同领域的专家、学者进行交叉学科研究，促进产业链的技术融合。

第四，加强国际合作，引进先进技术和资金。国际合作是产业深度融合的重要支撑。成渝地区双城经济圈在国际合作领域实施以下策略：一是建立国际科技合作基地联盟，吸引国际先进技术和资金，加速科技成果的引进和应用；二是举办国际性科技交流活动，组织国际性的科技交流会议和展览，为企业提供拓展国际合作的平台；三是加强科技人才交流，通过引进国际高层次科技人才和团队，推动国际先进科技成果在地区内快速应用。

总的来说，通过建立产学研用紧密合作机制、提升科技成果转化效率、优化产业结构以及加强国际合作，成渝地区双城经济圈实现了产业深度融合，从而加快创新成果转化，推动经济圈向高质量发展的新阶段迈进。

4.跨区域的紧密合作，激发科技创新的活力

随着成渝地区双城经济圈的发展，科技创新成为经济社会持续繁荣的关键驱动力，跨区域的紧密合作对于激发科技创新的活力至关重要。

第一，建立科技创新联盟与合作机制。在成渝地区双城经济圈内，不同市区县拥有各自的科技资源和特色产业。为了发挥各自优势，建立科技创新联盟成为促进合作的有效方式。成渝地区双城经济圈采取了以下措施：一是明确合作重点与领域，在联盟建立初期，需要明确各方的合作重点与领域，以避免资源的浪费与重复；二是设立联合研究项目，通过设立联合研究项目，吸引不同城市的高校、科研机构和企业参与，共同攻克关键技术难题；三是共享科技资源，建立科技资源共享平台，实现科技人才、设施和研发成果的共享，提升整个区域的科技创新水平。

第二，打破行政壁垒，加大政策支持力度。跨区域的紧密合作需要各级政府积极支持，为此，需要打破行政壁垒，制定有针对性的政策支持措施。成渝地区双城经济圈实施了以下策略：一是建立统一的政策体系，各地的政策应当相互兼容，避免因政策差异而阻碍了合作的进行；二是设立跨区域科技创新基金，成立专项基金，用于支持跨区域的科技创新合作项目，为合作提供财政保障；三是建立科技成果共享机制，促进科技成果跨区域共享与转化，使成果更快地投入实际应用。

第三，促进人才流动与合作。人才是科技创新的核心资源，跨区域的人才流动和合作是激发科技创新活力的重要手段。成渝地区双城经济圈主要形成以下经验：一方面，建立人才引进与交流机制，各地协同制定引进高层次人才的政策，为跨区域人才流动提供便利；另一方面，设立联合培训项目，通过设立联合培训项目，提升科技人才的整体素质，为科技创新提供更加强有力的支持。

第四，举办国际性科技交流活动与展会。国际性科技交流活动与展会是吸引国际先进技术和创造国际合作机会的重要途径。成渝地区双城经济圈采取了以下措施：一方面，共同举办国际性科技交流活动，吸引国际先进技术和资源，提升经济圈的国际影响力；另一方面，组织国际性科技合作展会，建立国际性科技合作展会平台，为企业提供拓展国际合作的机会，促进科技创新。

总的来说，跨区域的紧密合作是激发成渝地区双城经济圈科技创新活力的重要手段。成渝地区双城经济圈通过建立科技创新联盟与合作机制、加大政策支持力度、促进人才流动与合作、举办国际性科技交流活动与展会等策略，有效地促进各地间的紧密合作，共同推动科技创新发展，为经济社会持续繁荣做出积极贡献。

三　成渝地区双城经济圈科技创新发展趋势展望

（一）趋势研判

1.成渝地区双城经济圈科技创新SWOT分析

基于SWOT分析框架对成渝地区双城经济圈科技创新发展趋势进行研判（见表1）。

表1　成渝地区双城经济圈科技创新SWOT分析

内部	优势（Strengths） 优越的地理位置 丰富的自然资源 多所高校和科研机构 产业基础相对较强	劣势（Weaknesses） 创新生态环境尚需优化 科技人才流失 部分领域技术水平相对滞后 创新投入相对不足
外部	机遇（Opportunities） 国家政策支持 优秀科技人才的引进 区域内外合作空间广阔	挑战（Threats） 邻近地区科技竞争激烈 新兴技术快速变化 环保法规及国际标准趋严 经济周期波动影响科技创新

资料来源：作者自绘。

成渝地区双城经济圈科技创新的优势在于：一是优越的地理位置，成渝地区双城经济圈地处中国西南，连接了西部内陆和沿海地区，物流便利，有助于产业链的延伸；二是丰富的自然资源，该经济圈拥有丰富的自然资源，如水资源、矿产资源等，为科技创新提供了基础条件；三是多所高校和科研机构，成渝地区双城经济圈拥有多所知名高校和科研机构，形成了规模庞大的科技人才队伍和雄厚的研发实力；四是产业基础相对较强，该经济圈已形成一定规模的产业体系，特别是在制造业、电子信息等领域具有一定的竞争优势。

成渝地区双城经济圈科技创新的劣势在于：一是创新生态环境尚需优化，该经济圈创新生态环境相对较差，企业创新活力需进一步激发，这需要政策和环境的引导；二是科技人才流失，一些高层次的科技人才转移到沿海地区的情况依然存在，该经济圈急需留住和引进更多的优秀人才；三是部分领域技术水平相对滞后，相较于一些沿海地区，该经济圈在某些前沿技术领域仍存在一定的技术差距；四是创新投入相对不足，相较于一些经济发达地区，成渝地区双城经济圈在科技创新投入方面还有一定的差距。

成渝地区双城经济圈科技创新的机遇在于：一是国家政策支持，特别是国家对西部地区科技创新给予了高度关注和政策支持，为成渝地区双城经济圈的科技创新提供了机遇；二是优秀科技人才的引进，引进国内外优秀科技人才，将为成渝地区双城经济圈科技创新提供新的动力和思路；三是区域内外合作空间广阔，成渝地区双城经济圈地理位置优越，与周边地区和国际市场有着广泛的合作机会，将有助于科技成果的国际化和应用。

成渝地区双城经济圈科技创新的挑战在于：一是邻近地区科技竞争激烈，附近省份的科技发展稳步向前，成渝地区双城经济圈需要提升自身的创新能力以保持竞争力；二是新兴技术快速变化，新兴技术的快速变化使技术更新换代速度加快，该经济圈需要加强研发实力以跟上科技发展的步伐；三是环保法规及国际标准趋严，环保法规和国际标准水平的提升，对传统产业的升级和创新提出了更高要求，该经济圈需要加强技术改造和升级；四是经济周期波动影响科技创新，经济周期的波动会影响科技创新投入和研发活动，该经济圈需要具备一定的抗风险能力。

2. 成渝地区双城经济圈善抓科技创新发展优势

成渝地区双城经济圈应通过发挥自身优势来促进科技创新发展。具体而言，一是利用地理位置优势，通过建立物流通道、推动产业链的延伸等方式，吸引更多产业和技术要素集聚于此，形成完整的产业链，促进科技创新发展。二是整合自然资源，利用这些资源优势发展与资源开发、环保技术等相关的科技产业，推动资源的高效利用和环保产业的发展。三是发挥高校和科研机构优势，通过建立产学研用联盟、设立联合研究项目等方式，促进高校、科研机构和企业之间的紧密合作，共同攻克关键技术难题，加速科技成果的转化。四是挖掘产业基础优势，通过发展战略性新兴产业，如人工智能、大数据、生物医药等，提升核心竞争力，推动科技创新跨越式发展。总的来说，成渝地区双城经济圈可以通过发挥地理位置、自然资源、高校和科研机构、产业基础等优势，结合国家政策支持和区域合作机遇，积极推动科技创新发展，提升整体科技创新能力。

3. 成渝地区双城经济圈抢抓科技创新时代机遇

成渝地区双城经济圈应注重抓住发展机会以促进科技创新发展。具体而言，一是利用国家政策支持，深度融入国家发展战略，紧密围绕国家政策方向，争取更多的科技创新项目资金和政策倾斜，推动科技产业的发展。二是成渝地区双城经济圈加强与邻近城市的合作，打造科技创新合作共同体，促进域内的整体科技发展。三是吸引优秀科技人才，建立科研项目、提供良好的科研工作环境和较高的薪资待遇，提升地区的科技创新能力和水平。四是深度参与国际科技合作项目，吸引国际先进技术和资源，提升科技创新的国际化水平。总的来说，通过充分利用国家政策支持、加强与邻近城市的合作、吸引优秀科技人才、深度参与国际科技合作项目等手段，成渝地区双城经济圈可以充分抓住机遇，推动科技创新发展，提升经济圈的整体科技创新能力。

4. 成渝地区双城经济圈谨慎应对科技创新挑战

成渝地区双城经济圈应制定相应策略应对挑战，从而促进科技创新发展。具体而言，一是建立前瞻性技术研究机制，为应对新兴技术快速变化的挑战，成渝地区双城经济圈可以设立前瞻性技术研究机构或实验室，跟踪并研究新兴技术，始终保持处于技术前沿。二是加强环保科技研究与应用，针对环保法规及国际标准趋严的挑战，成渝地区双城经济圈可以加大对环保科技的研究与开发投入，推动环保技术的创新与应用，提升产业的环保水平。三是建立科技创新基金及风险投资机制，针对经济周期波动对科技创新的影响，成渝地区双城经济圈可以建立科技创新基金，支持具有潜力的科技创新项目，并建立风险投资机制，提供资金保障。四是加强国际合作与交流，面对全球化竞争的趋势，成渝地区双城经济圈应积极寻求国际合作机会，吸引国际先进技术和资源，借鉴国际经验，提升科技创新的国际化水平。五是建立科技创新联盟和产业生态圈，通过建立科技创新联盟，整合各类科研机构、高校、企业资源，共同攻关，形成创新闭环，推动科技成果的转化与产业化。总的来说，采取上述策略应对各种挑战，可以增强成渝地区双城经济圈的整体科技创新能力，实现经济的高质量发展。同时，需要各方共同参与，形成合力，共同推动成渝地区双城经济圈科技创新的繁荣发展。

5. 成渝地区双城经济圈及时弥补科技创新劣势

成渝地区双城经济圈应采取适当策略弥补劣势，助力科技创新。具体而言，一是优化创新生态环境，加强政策制定和落地，提升创新政策的透明度和稳定性，为企业提供稳定的政策环境，吸引更多企业和创新人才。二是设立科技人才引进计划，设立针对高层次科技人才的引进计划，提供丰厚的薪酬和福利待遇，为高层次科技人才提供良好的工作和发展平台。三是建立科技人才培训体系，设立科技人才培训基地，提供定制化的培训课程，提升本地科技人才的整体素质和竞争力。四是设立科技创新基金，政府可以设立科技创新基金，用于支持企业和科研机构的科技研发活动，提升科技创新投入水平。五是建立产学研用紧密合作机制，加强企业、高校和科研机构之间的合作，建立产学研用联动机制，共同攻克关键技术难题，推动科技成果的转化。六是加强对前沿技术的研究与应用，加大对前沿技术的研究力度，吸引国内外优秀科研人才参与，提升前沿技术水平。七是鼓励企业自主创新，政府可以通过税收优惠、创新奖励等方式，鼓励企业加大对科技创新的投入，提升企业自主创新能力。八是建立科技评估机制，设立科技评估机构，对科技项目的成果进行评估和验收，提升科技成果的质量和实用性。

（二）未来展望

1. 成渝地区双城经济圈将成为西部地区的科技创新增长极

展望未来，成渝地区双城经济圈将汇聚全国乃至全球最优秀的科技人才，成为创新思维和技术成果的聚集地，成为西部地区的科技创新增长极，具有令人瞩目的发展前景。成渝地区双城经济圈将建立一批国际领先的科技研究机构和创新中心，围绕人工智能、大数据、生物医药等前沿领域展开深度合作，推动科技成果不断涌现，同时高校将成为科技创新的策源地，为企业提供源源不断的科技支持，共同推动产业升级与发展。成渝地区双城经济圈将借助政策扶持和金融支持，积极吸引国内外高新技术企业入驻，构建一个充满活力和创新氛围浓厚的科技创新生态系统，在这里，创业者将获得更多的资源和机会，成为引领未来科技潮流的先锋力量。成渝地区将成为国际科技交流与合作的重要枢纽，开展广泛的国际科技合作项目，引进国际领先的科技成果和创新理念，为地区乃至整个国家的科技发展贡献力量。综上所述,成渝地区双城经济圈必将成为西部地区乃至全国范围内的科技创新引领者,为未来的科技发展做出巨大的贡献。在共同的努力下,成渝地区双城经济圈在科技创新领域将迈向新的辉煌。

2. 成渝地区双城经济圈科技创新辐射带动作用将显著增强

展望未来,成渝地区双城经济圈将呈现令人瞩目的科技创新活力。这里将成为西部地区科技产业的风向标,发挥显著的辐射带动作用。成渝地区双城经济圈将进一步汇聚全球顶尖的科技人才和研究机构,形成一个高效的科技创新网络,前沿科技领域的研究成果将在这里迅速应用,为地区乃至整个国家的科技发展提供强大的助力。高校将扮演科技创新人才培训中心的角色,培养出大量具备国际竞争力的科技人才,推动科技成果从实验室走向市场,实现创新链条的高效运转。成渝地区双城经济圈的企业将成为科技创新的重要推动者,为研发与创新投入更多资源,推动产业升级,成为引领未来行业发展的先锋力量。总的来说,成渝地区双城经济圈将在科技创新领域展现强大的辐射带动作用,成为西部地区乃至全国范围内科技发展的领军者。

3. 成渝地区双城经济圈内部的创新资源将更加优化

展望未来,成渝地区双城经济圈内部的创新资源将更加优化。重庆都市圈、成都都市圈带动周边城市共筑科技创新带,使科技要素资源在域内合理流动、科技资源利用效率进一步提高、科技创新产出成果持续增加。成渝地区双城经济圈高校、科研机构、企业将形成紧密的合作关系,共同推动科技创新的发展。创业者将在这里获得更多的资源和机会,从而推动科技成果的不断涌现。政府将进一步优化政策环境,为创业者提供更为便利的发展条件,鼓励跨界合作,释放出更大的创新活力。成渝地区双城经济圈将成为创新资源得到充分优化的典范,为全国科技创新发展做出积极贡献。

参考文献

陶熠、曾庆均、吴佑波:《数字经济背景下区域创新能力的时空演变及影响因素研究——以成渝地区双城经济圈为例》，《重庆社会科学》2023年第4期。

吴茜：《成渝地区双城经济圈高层次科技人才分布及流动模式探析》，《中国科技论坛》2022年第5期。

姚树洁、刘嶺：《西部科学城建设推动成渝地区双城经济圈高质量发展》，《西安财经大学学报》2022年第3期。

雍黎：《两江新区发力协同创新 成渝资源互联互通的路更畅了》，《科技日报》2022年7月11日，第7版。

《成渝（兴隆湖）综合性科学中心暨重大科技基础设施建设现场推进活动举行 王晓晖宣布项目建设集中启动 黄强致辞》，川观新闻网，2023年5月6日，https://cbgc.scol.com.cn/news/4160330。

《唱好"双城记"成渝双城人工智能联合创新基地在渝挂牌》，"华龙网"百家号，2020年9月9日，https://baijiahao.baidu.com/s?id=1677371258708931401&wfr=spider&for=pc。

《成渝两地科技创新中心核心功能2025年基本形成》，四川政务服务网，2021年10月24日，http://cds.sczwfw.gov.cn/art/2021/10/24/art_15395_159873.html?areaCode=510100000000。

《成渝地区双城经济圈国际科技合作基地联盟成立 深化川渝国际科技合作交流》，四川省人民政府网站，2021年12月12日，https://www.sc.gov.cn/10462/12771/2021/12/12/c83899ed01744c75ad4ed7afa75cca59.shtml。

评价篇

B.2
成渝地区双城经济圈科技创新发展评价指标体系与测算方法

柏 群 丁黄艳[*]

摘 要： 科技创新发展评价指标体系来源广、层次多、差异大，不同评价指标体系不能相互补充和替代，考虑成渝地区双城经济圈的实际，须专门构建科技创新发展三级评价体系。本报告在已有科技创新发展评价指标体系基础上，运用层次分析法和熵值法，构建成渝地区双城经济圈科技创新发展评价指标体系，涵盖科技创新环境、科技活动投入、科技活动产出、科技产业化和科技促进经济社会发展5个一级指标，以及11个二级指标和27个三级指标，进而通过主客观综合权重设定方法对成渝地区双城经济圈科技创新发展评价指标体系权重进行测算，在考虑重庆市和四川省的标准值赋值情况基础上，设置三级指标体系标准值。

---

[*] 柏群，重庆工商大学党委常委、副校长，二级教授，硕士研究生导师，主要研究方向为科技创新与产业发展；丁黄艳，重庆工商大学数学与统计学院社会经济统计系副主任，博士，副教授，硕士研究生导师，主要研究方向为区域经济发展与统计分析。

关键词： 科技创新　科技创新发展评价指标体系　科技创新多维评价体系　成渝地区双城经济圈

一　成渝地区双城经济圈科技创新发展评价指标体系的构建

（一）理论基础

党的二十大报告指出，全面推进中国式现代化要坚持科技是第一生产力，坚持创新驱动发展战略。对特定区域开展科技创新发展水平评价，是数据分析支持科学决策的重要举措。当前，有关科技创新指数评价的实践成果形成了"国际—国家—省市"三级评价体系。在国际层面上，由清华大学产业发展与环境治理研究中心和自然科研团队联合开发的"国际科技创新中心指数"，自2020年开始逐年跟踪全球创新发展最新趋势。在国家层面上，由中国科技发展战略研究小组联合中国科学院大学中国创新创业管理研究中心编写的《中国区域创新能力评价报告》，已连续发布23年。在省市层面，科技创新指数主要反映各个省、直辖市及省内城市科技创新发展水平，由各省市科技管理部门牵头编制。三级评价体系能够从多视角考察我国科技创新发展水平，需要指出的是，三级评价体系由于是不同部门牵头设计的，理论基础不一致，评价体系各异，相关评价结果不能够相互补充或替代。

成渝地区双城经济圈是习近平总书记亲自谋划、亲自部署、亲自推动的国家级城市群，成渝地区双城经济圈的四大战略定位之一是建设成为具有全国影响力的科技创新中心。在此背景下，成渝地区积极开展科技创新指数评价，形成了《重庆科技创新指数报告》《四川省科技创新统计监测报告》《成渝地区双城经济圈协同创新指数评价报告》等一批高价值科技创新评价成果。需要补充的是，现有关于成渝地区双城经济圈科技创新发展水平评价的成果存在两个方面的不足：一是多数评价成果由重庆、四川相关部门各自牵头，较少从成渝地区双城经济圈整体视角出发来测度科技创新发展指数；二是现有关于成渝地区双城经济圈科技创新指数评价的专题性研究多惯用理论分析和案例总结，与国家层面和省市层面的科技创新指数评价体系相去甚远，不利于将成渝地区双城经济圈纳入更宏观的空间进行比较。有鉴于此，本报告的指标体系构建，重点借鉴国家级科技创新指数和重庆、四川两地的科技创新指数，以建立从国家层面到跨区域城市群层面再到省市层面的统一且可比的统计监测体系。

表1梳理了具有代表性的各类科技创新指数的指标。从一级指标相似度上看，中国区域科技创新指数、重庆科技创新指数、四川省科技创新统计监测指数具有高度相似性，相比之下，国际科技创新中心指数、成渝地区双城经济圈协同创新指数自成体系。从二级指标和三级指标上看，各类科技创新指数差别明显，不具备垂直或横向的可比性。成渝地区双城经济圈科技创新发展评价指标体系的构建，既要满足指标体系能够立足成渝整体及内部市区视角，又要争取该指标体系在国家层面、跨区域城市群层面具有一定的可比性。

表1　具有代表性的各类科技创新指数的指标

各类科技创新指数	一级指标	二级指标	三级指标
国际科技创新中心指数	(3个)科学中心、创新高地、创新生态	(12个)科技人力资源、科研机构、科学基础设施、知识创造、技术创新能力、创新企业、新兴产业、经济发展水平、开放与合作、创业支持、公共服务、创新文化	(31个)活跃科研人员数量、世界领先大学数量、大科学装置数量、高被引论文比例、有效发明专利存量、创新领先企业数量、高技术制造业企业市值等
中国区域科技创新指数	(5个)科技创新环境、科技活动投入、科技活动产出、高新技术产业化、科技促进经济社会发展	(12个)科技人力资源、科研物质条件、科技活动人力投入、科技活动财力投入、科技活动产出水平、技术成果市场化、高新技术产业化水平、高新技术产业化效益、经济发展方式转变、环境改善、社会生活信息化、科技意识	(39个)万人R&D人员数、每名R&D人员研发仪器和设备支出、万名就业人员专利申请数、R&D经费支出占GDP比重、万人科技论文数、万人输出技术成交额、高技术产业营业收入占工业营业收入比重、高技术产业劳动生产率等

续表

各类科技创新指数	一级指标	二级指标	三级指标
成渝地区双城经济圈协同创新指数	(5个)资源集聚、创新合作、成果共享、产业联动、环境支撑	(17个)R&D经费支出、R&D人员全时当量、R&D投入强度、高校院所研发投入、成渝地区科技论文合作数、成渝地区高速公路和铁路密度等	—
重庆科技创新指数	(5个)科技创新环境、科技活动投入、科技活动产出、高新技术产业化、科技促进经济社会发展	(10个)基础条件、科技意识、人力投入、财力投入、知识产出、效益产出、产业化水平、产业化效益、发展方式转变、环境改善	(34个)万人R&D人员数、开展创新活动的企业占比、万人硕士及以上人员数、R&D经费支出占GDP比重、万名R&D人员发表科技论文数、技术合同成交额占GDP比重、万人高新技术企业从业人员数、人均GDP等
四川省科技创新统计监测指数	(5个)创新投入、创新产出、创新基础环境、创新型产业、科技促进经济社会发展	(12个)科技人力资源、科研物质条件、科技意识、科技活动人力投入、科技活动财力投入、科技成果、技术市场、高新技术产业化水平、高新技术产业化效益、经济增长、居民生活水平、环境改善	(30个)万人高校在校学生数、十万人累计孵化企业数、万名就业人员专利申请量、万人R&D研究人员数、万名R&D人员科技论文数、万人技术合同成交额、高新技术产业劳动生产率、就业人员劳动生产率等

资料来源：作者根据《国际科技创新中心指数2022》《中国区域科技创新评价报告2021》《成渝地区双城经济圈协同创新指数评价报告2022》《重庆科技创新指数报告2022》《2022年四川省科技创新统计监测报告》自行整理得出。

（二）指标体系

本报告在中国区域科技创新指标体系、重庆科技创新指标体系和四川省科技创新统计监测指标体系的基础上，构建了一个包含5个一级指标、11个二级指标、27个三级指标的指标体系，具体如表2所示。

表 2　成渝地区双城经济圈科技创新发展评价指标体系

一级指标	二级指标	三级指标
科技创新环境（F1）	科技人力资源（S1）	万人R&D人员数（人年/万人）（T1）
		法人单位中科学研究和技术服务业的占比（%）（T2）
	科技物质条件（S2）	每名R&D人员研发仪器和设备支出（万元/人）（T3）
		万人累计孵化企业数（个/万人）（T4）
	科技意识水平（S3）	每百家工业企业中设立研发机构的比重（%）（T5）
		有R&D活动的企业占比（%）（T6）
科技活动投入（F2）	科技人力投入（S4）	硕士及以上人数/R&D人员数（人/人年）（T7）
		企业R&D研究人员占全社会R&D研究人员的比重（%）（T8）
	科技资本投入（S5）	R&D经费内部支出占GDP的比重（%）（T9）
		地方财政科技支出占地方财政一般预算支出的比重（%）（T10）
		规模以上工业企业R&D经费内部支出占主营业务收入的比重（%）（T11）
		规模以上工业企业技术获取和技术改造经费支出占主营业务收入的比重（%）（T12）
科技活动产出（F3）	科技成果数量（S6）	万名R&D人员发表科技论文数（篇/万人）（T13）
		万人有效发明专利拥有量（件/万人）（T14）
	科技效益表现（S7）	技术合同成交额占GDP的比重（%）（T15）
		数字经济增加值占GDP的比重（%）（T16）
科技产业化（F4）	科技产业化水平（S8）	规模以上工业企业新产品销售收入占主营业务收入的比重（%）（T17）
		每万家企业法人中高新技术企业数（家/万家）（T18）
		高技术制造业区位商（T19）
	科技产业化效益（S9）	高新技术企业营业收入占工业主营业务收入的比重（%）（T20）
		高新技术企业劳动生产率（万元/人）（T21）
		高新技术企业利润率（%）（T22）
科技促进经济社会发展（F5）	经济增长方式转变（S10）	人均GDP（元/人）（T23）
		就业人员劳动生产率（万元/人）（T24）
	环境改善（S11）	综合能耗产出率（亿元/万吨标煤）（T25）
		万元地区生产总值用水量（立方米/万元）（T26）
		空气质量优良天数占比（%）（T27）

资料来源：作者参考已有研究的指标体系，根据数据可获取性，得出该指标体系。

三级指标计算方式如下。

T1：万人R&D人员数（人年/万人）= R&D人员全时当量（人年）/常

住人口（万人），反映地区科技创新人力资源强度水平。

T2：法人单位中科学研究和技术服务业的占比（%）=科学研究和技术服务业法人单位数（家）/法人单位总数（家），反映地区科技创新企业活动强度水平。

T3：每名R&D人员研发仪器和设备支出（万元/人）=研发仪器和设备支出（万元）/R&D人员数（人），反映科研人员人均科技资本拥有量。

T4：万人累计孵化企业数（个/万人）=科技企业孵化器孵化企业累计毕业数（个）/常住人口（万人），反映地区孵化科技型企业的能力。

T5：每百家工业企业中设立研发机构的比重（%）=规模以上工业企业设立研发机构数（个）/规模以上工业企业总数（个），反映地区规模以上工业企业研发投入能力。

T6：有R&D活动的企业占比（%）=规模以上工业企业中有R&D活动的企业数（个）/规模以上工业企业总数（个），反映地区规模以上工业企业开展研发活动的活跃度。

T7：硕士及以上人数/R&D人员数（人/人年）=硕士及以上人数（人）/R&D人员全时当量（人年），反映地区科研人力资源丰裕度。

T8：企业R&D研究人员占全社会R&D研究人员的比重（%）=规模以上工业企业R&D研究人员全时当量（人年）/全社会R&D研究人员全时当量（人年），反映工业部门科技创新能力。

T9：R&D经费内部支出占GDP的比重（%）=R&D经费内部支出（万元）/GDP（万元），反映地区研发经费支出强度。

T10：地方财政科技支出占地方财政一般预算支出的比重（%）=地方财政科技支出（万元）/地方财政一般预算支出（万元），反映地区政策部门对科技创新的支持力度。

T11：规模以上工业企业R&D经费内部支出占主营业务收入的比重（%）=规模以上工业企业R&D经费内部支出（万元）/规模以上工业企业主营业务收入（万元），反映工业部门研发经费支出强度。

T12：规模以上工业企业技术获取和技术改造经费支出占主营业务收入

的比重（%）=规模以上工业企业技术获取和技术改造经费支出（万元）/规模以上工业企业主营业务收入（万元），反映地区工业企业对科技创新的依赖程度。

T13：万名R&D人员发表科技论文数（篇/万人）=研究与开发机构发表科技论文数（篇）/R&D人员数（万人），反映地区科技人员成果产出水平。

T14：万人有效发明专利拥有量（件/万人）=有效发明专利拥有量（件）/常住人口（万人），反映地区人口科技产出水平。

T15：技术合同成交额占GDP的比重（%）=技术合同成交额（万元）/GDP（万元），反映地区科技创新对经济发展的影响水平。

T16：数字经济增加值占GDP的比重（%）=数字经济增加值（万元）/GDP（万元），反映地区数字经济发展对经济增长的影响水平。

T17：规模以上工业企业新产品销售收入占主营业务收入的比重（%）=规模以上工业企业新产品销售收入（万元）/规模以上工业企业主营业务收入（万元），反映地区技术成果转化的能力。

T18：每万家企业法人中高新技术企业数（家/万家）=高新技术企业数（家）/企业法人数（万家），反映地区高新技术企业密度。

T19：高技术制造业区位商=某地区［高新技术企业营业收入（万元）/规模以上工业企业主营业务收入（万元）］/所有地区［高新技术企业营业收入（万元）/规模以上工业企业主营业务收入（万元）］，反映地区高技术制造业在所有被测对象中的比较优势。

T20：高新技术企业营业收入占工业主营业务收入的比重（%）=高新技术企业营业收入（万元）/工业主营业务收入（万元），反映地区工业结构高级化水平。

T21：高新技术企业劳动生产率（万元/人）=高新技术企业营业收入（万元）/高新技术企业从业人员数（人），反映地区高新技术产业劳动力产出效率。

T22：高新技术企业利润率（%）=高新技术企业利润总额（千元）/

高新技术企业营业收入数（千元），反映地区高新产业发展前景。

T23：人均GDP（元/人）= GDP（万元）/常住人口（万人），反映地区综合经济实力。

T24：就业人员劳动生产率（万元/人）= GDP（万元）/就业人员数（人），反映地区劳动力产出水平。

T25：综合能耗产出率（亿元/万吨标煤）= GDP（亿元）/规模以上工业能源消费总量（万吨标准煤），反映地区能源利用效率。

T26：万元地区生产总值用水量（立方米/万元）= 水耗（立方米）/GDP（万元），反映地区水资源利用效率，为逆向指标。

T27：空气质量优良天数占比（%）= 空气质量优良天数（天）/365天，反映地区全年空气质量总体水平。

二 成渝地区双城经济圈科技创新发展指数测算方法

（一）权重赋值

科技创新发展评价指标体系的赋权通常采用专家打分法和熵值法相结合的方式。其中，专家打分法适用于一级和二级潜变量指标，熵值法适用于三级显变量指标。本报告在上述联合赋权方法基础上，将主观性较强的专家打分法调整为主客观相结合的层次等级赋权法（Analytical Hierarchy Process，AHP），从而减少赋权过程中的主观偏好影响。最终，本报告确定了层级等级赋权法—熵值法联合赋权框架，其中用层次等级赋权法对一、二级指标进行权重赋值，用熵值法对三级指标进行权重赋值。

1. 层次等级赋权法

层次等级赋权法是一种将定性和定量相结合，以求解多个复杂问题的决策分析方法。这一方法是美国运筹学家萨蒂在20世纪70年代初期，针对美国国防部关于"根据各个工业部门对国家福利的贡献大小而进行电力分配"这一课题，运用网络系统理论与多目标综合评估法，提出的一种层次权重决策分析方法。层次等级赋权法的思路是：决策者可以通过理论与实际经验来确定准则层、目标层中每一个指标的相对重要程度，同时对每一种决策方案中的每一个指标的标准化权数进行合理的计算，通过标准化权数来确定每一种方案的优劣顺序，以此来选取最佳的目标。

层次等级赋权法的核心在于，合理解决各个指标的定权问题。

第一步，构造判断矩阵。判断矩阵是指标之间两两比较影响程度的矩阵。本报告建立的一级指标判断矩阵和二级指标判断矩阵如下所示。

一级指标判断矩阵：

$$F = \begin{array}{c} \\ F_1 \\ F_2 \\ F_3 \\ F_4 \\ F_5 \end{array} \begin{array}{ccccc} F_1 & F_2 & F_3 & F_4 & F_5 \\ \left[\begin{array}{ccccc} 1 & 1.3 & 1 & 1.8 & 2 \\ 0.77 & 1 & 0.9 & 1.2 & 1.5 \\ 1 & 1.11 & 1 & 1.2 & 2 \\ 0.56 & 0.83 & 0.83 & 1 & 1.3 \\ 0.5 & 0.67 & 0.5 & 0.77 & 1 \end{array} \right] \end{array}$$

二级指标判断矩阵：

$$F_1 = \begin{array}{c} \\ S_1 \\ S_2 \\ S_3 \end{array} \begin{array}{ccc} S_1 & S_2 & S_3 \\ \left[\begin{array}{ccc} 1 & 1 & 1.1 \\ 1 & 1 & 1.1 \\ 0.91 & 0.91 & 1 \end{array} \right] \end{array} \quad F_2 = \begin{array}{c} S_4 \\ S_5 \end{array} \begin{array}{cc} S_4 & S_5 \\ \left[\begin{array}{cc} 1 & 0.8 \\ 1.25 & 1 \end{array} \right] \end{array} \quad F_3 = \begin{array}{c} S_6 \\ S_7 \end{array} \begin{array}{cc} S_6 & S_7 \\ \left[\begin{array}{cc} 1 & 0.9 \\ 1.1 & 1 \end{array} \right] \end{array}$$

$$F_4 = \begin{array}{c} S_8 \\ S_9 \end{array} \begin{array}{cc} S_8 & S_9 \\ \left[\begin{array}{cc} 1 & 0.9 \\ 1.1 & 1 \end{array} \right] \end{array} \quad F_5 = \begin{array}{c} S_{10} \\ S_{11} \end{array} \begin{array}{cc} S_{10} & S_{11} \\ \left[\begin{array}{cc} 1 & 0.7 \\ 1.43 & 1 \end{array} \right] \end{array}$$

第二步，定权。层次等级赋权法在定权方法上，有最小平方权法、特征值法、方根法、和积法等，常用的定权方法为方根法。根据方根法可得一级指标和二级指标的初级权重结果，经百分化后的结果如下所示。

$$F = (26.40 \quad 20.26 \quad 23.59 \quad 16.89 \quad 12.86)$$
$$F_1 = (34.40 \quad 34.40 \quad 31.20) \quad F_2 = (44.40 \quad 55.60)$$
$$F_3 = (47.40 \quad 52.60) \quad F_4 = (47.40 \quad 52.60) \quad F_5 = (41.20 \quad 58.80)$$

2. 熵值法

熵值法的步骤如后文所示。

第一步，计算第 j 个指标中，第 i 个样本标志值的比重。

$$p_{ij} = \frac{x_{ij}}{\sum_i x_{ij}}$$

第二步，计算第 j 个指标的熵值。

$$e_j = -k \sum_i p(x_{ij}) \ln p(x_{ij})$$

其中，$e_j > 0, k > 0$。

如果第 j 个指标中，各个样本标志值都相等，则：

$$p_{ij} = \frac{1}{m}, e_j = k \ln m$$

令 e_j 的最大值为1，则调整系数 $k = \frac{1}{\ln m}$

所以，第 j 个指标的熵值为：

$$e_j = -\frac{1}{\ln m} \sum_i p(x_{ij}) \ln p(x_{ij})$$

第三步，定义第 j 个指标的差异程度。

$$d_j = 1 - e_j$$

第四步，定义权重。

$$w_j = \frac{d_j}{\sum_j d_j}$$

利用熵值法对三级指标进行权重赋值，先对初始数据进行指数化，即正向指标为指数值=监测值/标准值，逆向指标为指数值=标准值/监测值，对大于100%和小于0%的数据进行断尾处理。对于0无法对数化的情况，通行做法是用极小值替代，本报告使用0.00001对0进行替代。根据三级指标所属的二级指标分类,运用熵值法进行权重赋值的结果如表3所示,权重结果经过百分化处理。

表3 成渝地区双城经济圈科技创新发展评价指标体系三级指标熵值法权重赋值的结果

单位:%

序号	三级指标	权重结果
T1	万人R&D人员数(人年/万人)	74.71
T2	法人单位中科学研究和技术服务业的占比(%)	25.29
T3	每名R&D人员研发仪器和设备支出(万元/人)	36.65
T4	万人累计孵化企业数(个/万人)	63.35
T5	每百家工业企业中设立研发机构的比重(%)	82.96
T6	有R&D活动的企业占比(%)	17.04
T7	硕士及以上人数/R&D人员数(人/人年)	71.08
T8	企业R&D研究人员占全社会R&D研究人员的比重(%)	28.92
T9	R&D经费内部支出占GDP的比重(%)	12.86
T10	地方财政科技支出占地方财政一般预算支出的比重(%)	21.58
T11	规模以上工业企业R&D经费内部支出占主营业务收入的比重(%)	11.65
T12	规模以上工业企业技术获取和技术改造经费支出占主营业务收入的比重(%)	53.91
T13	万名R&D人员发表科技论文数(篇/万人)	69.06
T14	万人有效发明专利拥有量(件/万人)	30.94
T15	技术合同成交额占GDP的比重(%)	87.55
T16	数字经济增加值占GDP的比重(%)	12.45
T17	规模以上工业企业新产品销售收入占主营业务收入的比重(%)	36.98
T18	每万家企业法人中高新技术企业数(家/万家)	22.96
T19	高技术制造业区位商	40.06
T20	高新技术企业营业收入占工业主营业务收入的比重(%)	30.80
T21	高新技术企业劳动生产率(万元/人)	7.01
T22	高新技术企业利润率(%)	62.19
T23	人均GDP(元/人)	48.54
T24	就业人员劳动生产率(万元/人)	51.46
T25	综合能耗产出率(亿元/万吨标煤)	83.84
T26	万元地区生产总值用水量(立方米/万元)	15.62
T27	空气质量优良天数占比(%)	0.54

资料来源:作者根据熵值法计算得出。

将一、二、三级指标的权重结果进行归一化处理，得到的综合结果如表4所示。

表4 成渝地区双城经济圈科技创新发展评价指标体系权重赋值的结果

单位：%

一级指标	一级权重	二级指标	二级权重	三级指标	三级权重
F1	26.4	S1	9.08	T1	6.78
				T2	2.30
		S2	9.08	T3	2.79
				T4	6.29
		S3	8.24	T5	6.78
				T6	1.46
F2	20.26	S4	9	T7	6.71
				T8	2.29
		S5	11.26	T9	1.52
				T10	2.42
				T11	1.22
				T12	6.11
F3	23.59	S6	11.18	T13	7.34
				T14	3.84
		S7	12.41	T15	10.60
				T16	1.81
F4	16.89	S8	8.01	T17	2.77
				T18	1.84
				T19	3.40
		S9	8.88	T20	3.20
				T21	0.69
				T22	5.00
F5	12.86	S10	5.3	T23	2.51
				T24	2.79
		S11	7.56	T25	6.35
				T26	1.17
				T27	0.04

资料来源：作者根据AHP和熵值法计算结果整理得出。

（二）标准值赋值

标准值是指根据地区实际情况和未来发展需要，为三级指标拟定一个参考值。标准值赋值有三点优势：一是为各个地区科技创新发展评价指标提供了全面、客观的参考标准，二是可以减少地区禀赋差异导致的特异值对评价结果的干扰，三是将所有指标标准值去中心化，使所有指标能够在同一尺度上进行比较。

成渝地区双城经济圈科技创新发展评价指标体系的标准值赋值，遵循三个基本准则：一是客观性，所有指标的标准值赋值必须根据现实发展情况进行客观拟定；二是权威性，所有指标的标准值赋值重点参考地区各个指标远景目标和已有决策部门发布的相关材料进行拟定；三是前瞻性，所有指标的标准值赋值要使各地区在中长期内通过精准发展能够达到。

根据上述原则，本报告参考《重庆科技创新指数报告》《四川省科技创新统计监测报告》中有关标准值赋值情况，拟定成渝地区双城经济圈科技创新发展评价指标体系的三级指标标准值如表5所示。

表5 成渝地区双城经济圈科技创新发展评价指标体系三级指标标准值

序号	三级指标	标准值
T1	万人R&D人员数(人年/万人)	50
T2	法人单位中科学研究和技术服务业的占比(%)	10
T3	每名R&D人员研发仪器和设备支出(万元/人)	7
T4	万人累计孵化企业数(个/万人)	1
T5	每百家工业企业中设立研发机构的比重(%)	60
T6	有R&D活动的企业占比(%)	100
T7	硕士及以上人数/R&D人员数(人/人年)	8
T8	企业R&D研究人员占全社会R&D研究人员的比重(%)	70
T9	R&D经费内部支出占GDP的比重(%)	2.5
T10	地方财政科技支出占地方财政一般预算支出的比重(%)	5
T11	规模以上工业企业R&D经费内部支出占主营业务收入的比重(%)	2.5
T12	规模以上工业企业技术获取和技术改造经费支出占主营业务收入的比重(%)	2.5
T13	万名R&D人员发表科技论文数(篇/万人)	5000

续表

序号	三级指标	标准值
T14	万人有效发明专利拥有量(件/万人)	10
T15	技术合同成交额占GDP的比重(%)	2.5
T16	数字经济增加值占GDP的比重(%)	10
T17	规模以上工业企业新产品销售收入占主营业务收入的比重(%)	35
T18	每万家企业法人中高新技术企业数(家/万家)	130
T19	高技术制造业区位商	2
T20	高新技术企业营业收入占工业主营业务收入的比重(%)	50
T21	高新技术企业劳动生产率(万元/人)	135
T22	高新技术企业利润率(%)	15
T23	人均GDP(元/人)	120000
T24	就业人员劳动生产率(万元/人)	20
T25	综合能耗产出率(亿元/万吨标煤)	50
T26	万元地区生产总值用水量(立方米/万元)	25
T27	空气质量优良天数占比(%)	100

资料来源：作者参考《重庆科技创新指数报告》《四川省科技创新统计监测报告》等研究报告拟定。

（三）指标说明

本报告将通过"指数值"和"相对值"两个维度对指标开展分析，计算方法和说明如下。

指数值：监测值/标准值×100%。其中，监测值就是相应区域在某个具体指标上的原始数值。例如，某地区2022年万人R&D人员数为40人年，该指标的标准值为50人年，则该地区2022年万人R&D人员数的指数值为40/50×100%＝80%。

相对值：指数值/指数值的最大取值×100%。相对值反映了某地区一级指标相对于该指标理论上能够达到的最优水平的程度。例如，某地区2022年科技创新环境指数值为21.12%，该一级指标最高水平为26.4%，则该地区2022年科技创新环境相对值为21.12%/26.4%×100%＝80%。

三 成渝地区双城经济圈科技创新发展评价指标体系的数据采集说明

本报告的基础数据包含27个三级指标的监测值,涉及44个城市,相关数据来源如表6所示。

表6 成渝地区双城经济圈科技创新发展评价指标体系的三级指标数据来源

序号	三级指标	数据来源
T1	万人R&D人员数(人年/万人)	《重庆统计年鉴》《四川统计年鉴》
T2	法人单位中科学研究和技术服务业的占比(%)	《重庆科技创新指数报告》《四川省科技创新统计监测报告》
T3	每名R&D人员研发仪器和设备支出(万元/人)	《重庆科技统计年鉴》《四川科技统计年鉴》
T4	万人累计孵化企业数(个/万人)	《重庆科技创新指数报告》《四川省科技创新统计监测报告》
T5	每百家工业企业中设立研发机构的比重(%)	《重庆科技统计年鉴》《四川科技统计年鉴》
T6	有R&D活动的企业占比(%)	《重庆科技统计年鉴》《四川科技统计年鉴》
T7	硕士及以上人数/R&D人员数(人/人年)	《重庆统计年鉴》《四川统计年鉴》
T8	企业R&D研究人员占全社会R&D研究人员的比重(%)	《重庆统计年鉴》《四川统计年鉴》
T9	R&D经费内部支出占GDP的比重(%)	《重庆统计年鉴》《四川统计年鉴》
T10	地方财政科技支出占地方财政一般预算支出的比重(%)	《重庆统计年鉴》《四川统计年鉴》
T11	规模以上工业企业R&D经费内部支出占主营业务收入的比重(%)	《重庆科技创新指数报告》《四川省科技创新统计监测报告》
T12	规模以上工业企业技术获取和技术改造经费支出占主营业务收入的比重(%)	《重庆科技创新指数报告》《四川省科技创新统计监测报告》
T13	万名R&D人员发表科技论文数(篇/万人)	《重庆科技创新指数报告》《四川省科技创新统计监测报告》
T14	万人有效发明专利拥有量(件/万人)	《重庆科技创新指数报告》《四川省科技创新统计监测报告》

续表

序号	三级指标	数据来源
T15	技术合同成交额占GDP的比重(%)	《重庆科技创新指数报告》《四川省科技创新统计监测报告》
T16	数字经济增加值占GDP的比重(%)	《中国数字经济发展白皮书》
T17	规模以上工业企业新产品销售收入占主营业务收入的比重(%)	《重庆统计年鉴》《四川统计年鉴》
T18	每万家企业法人中高新技术企业数(家/万家)	《重庆科技创新指数报告》《四川省科技创新统计监测报告》
T19	高技术制造业区位商	作者计算
T20	高新技术企业营业收入占工业主营业务收入的比重(%)	《重庆科技创新指数报告》《四川省科技创新统计监测报告》
T21	高新技术企业劳动生产率(万元/人)	《重庆科技创新指数报告》《四川省科技创新统计监测报告》
T22	高新技术企业利润率(%)	《重庆科技创新指数报告》《四川省科技创新统计监测报告》
T23	人均GDP(元/人)	《重庆统计年鉴》《四川统计年鉴》
T24	就业人员劳动生产率(万元/人)	《重庆统计年鉴》《四川统计年鉴》
T25	综合能耗产出率(亿元/万吨标煤)	《重庆统计年鉴》《四川统计年鉴》
T26	万元地区生产总值用水量(立方米/万元)	《重庆市水资源公报》《四川省水资源公报》
T27	空气质量优良天数占比(%)	《重庆统计年鉴》《四川统计年鉴》

参考文献

《国际科技创新中心指数（2022）》，国际科技创新中心网站，2022年12月19日，https：//www.ncsti.gov.cn/kcfw/kchzhsh/gjkjchxzhxzhsh/gjkjchxzhxzhshXGXX/202212/P020221219008238953635.pdf。

重庆生产力促进中心、重庆市科学技术情报学会：《重庆科技创新指数报告（2022）》，2022。

重庆市科技发展战略研究院、四川省科学技术发展战略研究院、重庆日报报业集团：《成渝地区双城经济圈协同创新指数评价报告（2022）》，2023。

《2022年四川省科技创新统计监测报告》，四川省科学技术发展战略研究院网站，2023年8月25日，http：//www.scsti.org.cn/u/cms/zlfzy/202308/2511312577vu.pdf。

中国科技发展战略研究小组、中国科学院大学中国创新创业管理研究中心：《中国区域创新能力评价报告2021》，科学技术文献出版社，2022。

Saaty, T. L., *The Analytic Hierarchy Process*, McGraw Hill, 1980.

B.3 成渝地区双城经济圈科技创新发展综合指数评价（2023～2024）

彭劲松　陈元楠*

摘　要： 本报告基于成渝地区双城经济圈科技创新发展指数测算结果，运用描述性统计分析法和比较分析法，刻画成渝地区双城经济圈科技创新总体发展趋势，对比不同层次的区域科技创新发展差异。相关数据显示，成渝地区双城经济圈科技创新发展态势良好，科技创新环境持续优化、科技活动投入不断增加、科技活动产出不断提升、科技产业化稳步提升、科技促进经济社会发展前景乐观。重庆市和四川省两个省级区域的科技创新发展程度大致相当，2022年科技创新发展指数值分别达到60.66%和60.28%，重庆市的增速略快于四川省的增速。重庆市不同区县和四川省地级市的科技创新发展水平存在一定差距，呈"橄榄型"分布特征，科技创新发展指数值较高、低组群的区域数量较少，多数区域的科技创新发展指数值处在30.00%～60.15%的中等水平区间。

关键词： 科技创新　科技创新发展指数　成渝地区双城经济圈

---

* 彭劲松，重庆社会科学院城市与区域经济研究所所长，研究员，硕士研究生导师，主要研究方向为城市与区域发展、产业组织理论；陈元楠，重庆工商大学数学与统计学院硕士研究生，主要研究方向为应用统计。

一 成渝地区双城经济圈科技创新发展综合指数评价

（一）科技创新环境持续优化

2022年成渝地区双城经济圈科技创新环境持续优化，科技创新环境指数值为59.91%，比上年提高了4.27个百分点，其中四川省和重庆市的科技创新环境指数值分别为55.66%、71.29%，比上年分别提高了5.32个百分点、4.26个百分点。从二级指标科技人力资源、科技物质条件、科技意识水平三个方面来看，成渝地区双城经济圈科技物质条件是提升最快的，同比提高了7.79个百分点，其次是科技意识水平，同比提高了3.12个百分点，这与四川省和重庆市这两个二级指标的表现有关：四川省的科技物质条件指数值达到了86%，同比提高了13.85个百分点，重庆市的科技意识水平指数值为52.87%，同比提高了7.80个百分点。

在成渝地区双城经济圈中，万人R&D人员数达到了32人年，同比提高了2.31%；法人单位中科学研究和技术服务业的占比为5.8%，同比提高了0.27个百分点；每名R&D人员研发仪器和设备支出达到了3.18万元，同比提高了0.6万元；万人累计孵化企业数为1.08个，同比提高了7.44%；每百家工业企业中设立研发机构的比重为18.07%，同比提高了3.99个百分点；有R&D活动的企业占比为34.5%，同比下降了0.93个百分点。

（二）科技活动投入不断增加

2022年成渝地区双城经济圈科技活动投入不断增加，科技活动投入指数值为39.18%，同比提高了3.55个百分点，其中四川省和重庆市的科技活动投入指数值分别为42.08%、32.65%，四川省同比提高了5.20个百分点，而重庆市同比下降了0.88个百分点。从二级指标科技人力投入和科技资本投入两个方面来看，成渝地区双城经济圈科技资本投入提升较快，同比提高了5.66个百分点，而科技人力投入同比提高了0.91个百分点，这与四川省和重庆市这两个二级指标的表现有关：四川省的科技人力投入指数值达到了45.08%，同比提高了3.11个百分点，但重庆市的科技人力投入指数值同比降低了4.43个百分点，这导致了成渝地区双城经济圈中科技人力投入指数值整体提升不高；四川省的科技资本投入指数值达到了39.68%，同比提高了6.87个百分点，而重庆市虽然相对较低，但也达到了35.11%，同比提高了1.95个百分点。

在成渝地区双城经济圈中，硕士及以上人数/R&D人员数为2.56人/人年，同比提高了2.15%；企业R&D研究人员占全社会R&D研究人员的比重为43.21%，同比减少了2.68个百分点；R&D经费内部支出占GDP的比重为2.48%，同比提高了4.97个百分点；地方财政科技支出占地方财政一般预算支出的比重为3.03%，同比提高了19.47个百分点；规模以上工业企业R&D经费内部支出占主营业务收入的比重为1.23%，同比提高了1.68个百分点；规模以上工业企业技术获取和技术改造经费支出占主营业务收入的比重为0.33%，同比提高了1.16个百分点。

（三）科技活动产出不断提升

2022年成渝地区双城经济圈科技活动产出不断提升，科技活动产出指数值为88.22%，比上年提高了9.95个百分点，其中四川省和重庆市的科技活动产出指数值分别为94.64%、75.34%，四川省比上年提高了1.59个百分点，而重庆市比上年提高了24.85个百分点。从二级指标科技成果数量和科技效益表现两个方面来看，成渝地区双城经济圈科技效益表现指数值提升较快，比上年提高了17.09个百分点，而科技成果数量指数值同比提高了2.05个百分点，这与四川省和重庆市这两个二级指标的表现有关：重庆市的科技效益表现指数值提升较快，达到了87.30%，同比提高了45.67个百分点，而科技成果数量指数值同比提高了1.75个百分点，整体提升水平于四川省，但四川省科技成果数量指数值已达到100%，而重庆市科技成果数量指数值为67.3%，还有较大的提升空间。

在成渝地区双城经济圈中，万名R&D人员发表科技论文数为4179.49篇，同比增加了155.79篇；万人有效发明专利拥有量为13.66件，同比增加了2.60件；技术合同成交额占GDP的比重为2.22%，同比提高了20.25个百分点；数字经济增加值占GDP的比重为7.88%，同比下降了1.48个百分点。

（四）科技产业化稳步提升

2022年成渝地区双城经济圈科技产业化稳步提升，科技产业化指数值为60.78%，比上年提高了4.27个百分点，其中四川省和重庆市的科技产业化指数值分别为57.98%和63.56%，四川省比上年提高了4.90个百分点，而重庆市比上年提高了0.33个百分点。从二级指标科技产业化水平和科技产业化效益两个方面来看，成渝地区双城经济圈科技产业化效益指数值比上年提高了4.91个百分点，而科技产业化水平指数值同比提高了3.55个百分点，这与四川省和重庆市这两个二级指标的表现有关：四川省的科技产业化效益指数值提升较快，达到了59.73%，同比提高了8.99个百分点，仍有较大提升空间，但重庆市的科技产业化效益指数值同比下降了1.61个百分点，因此成渝地区双城经济圈科技产业化效益指数值整体提升幅度不大。另外，重庆市科技产业化水平指数值为64.71%，同比提高了2.47个百分点。

在成渝地区双城经济圈中，规模以上工业企业新产品销售收入占主营业务收入的比重为16.68%，同比下降了0.29个百分点；每万家企业法人中高新技术企业数为133.72家，同比增加了24.42家；高技术制造业区位商基本不变；高新技术企业营业收入占工业主营业务收入的比重为42.61%，同比提高了7.45个百分点；高新技术企业劳动生产率为149.65万元/人，同比增加了9.65万元/人；高新技术企业利润率为5.99%，同比提高了3.96个百分点。

（五）科技促进经济社会发展前景乐观

2022年成渝地区双城经济圈科技促进经济社会发展前景乐观，科技促进经济社会发展指数值为41.34%，同比提高了3.79个百分点，其中四川省和重庆市的科技促进经济社会发展指数值分别为38.39%和52.21%，四川省比上年提高了5.15个百分点，而重庆市比上年提高了1.63个百分点。从二级指标经济增长方式转变和环境改善两个方面来看，成渝地区双城经济圈环境改善指数值比上年提高了3.92个百分点，而经济增长方式转变指数值比上年提高了3.60个百分点，这与四川省和重庆市这两个二级指标的表现有关：四川省环境改善指数值上升较快，同比提高了6.27个百分点，经济增长方式转变指数值同比提高了3.56个百分点，而重庆市的这两个二级指标指数值的提升幅度略小于四川省，从重庆市经济增长方式转变指数值和环境改善指数值分别为89.20%和26.28%可以看出，其原本指数值基数较大，因此提升的速度较为缓慢。

在成渝地区双城经济圈中，人均GDP为78571.49元，同比增加了3630.59元；就业人员劳动生产率为12.85万元，同比提高了4.12%；综合能耗产出率为7.86亿元/万吨标煤，同比提高了4.36%；万元地区生产总值用水量为34.60立方米，同比减少了0.83立方米；空气质量优良天数占比为87.60%，同比减少了0.43个百分点。

从一级指标指数值增长情况来看，成渝地区双城经济圈科技创新发展评价指标体系的5个一级指标指数值均有不同程度的提高，科技活动产出指标增长最快，其次为科技创新环境指标和科技产业化指标，再者为科技促进经济社会发展指标，最后为科技活动投入指标。

二 重庆和四川的整体科技创新发展指数评价

2022年，四川和重庆的科技创新发展指数值分别为60.28%、60.66%，同比分别提高了4.32个百分点和7.07个百分点，可见重庆的增速略快于四川，仅一年，重庆科技创新发展指数值就从落后四川2.36个百分点到实现反超。另外，四川和重庆的科技创新发展水平均高于成渝地区双城经济圈平均科技创新发展水平，但两个省（市）的科技创新发展存在较为明显的不均衡。从四川和重庆两个省（市）的角度来看，两个省（市）的各一级指标发展情况略有不同，四川省科技创新环境指标增长最快，其次是科技活动投入和科技促进经济社会发展指标，而重庆市科技活动产出指标增长最快，其次是科技创新环境，并且重庆市科技活动投入指标出现了负增长。

值得一提的是，两个省（市）的一级指标中部分指标差距明显，其中科技活动产出相差最大，有19.30个百分点的差距，其次是科技创新环境和科技促进经济社会发展，分别有15.63个百分点和13.82个百分点的差距。再根据两个省（市）三级指标的发展情况可知，其增长或下降以及相差的主要原因为：四川省科技创新环境指标下的万人累计孵化企业数提高了15.26%，科技活动投入指标下的地方财政科技支出占地方财政一般预算支出的比重提高了25.67个百分点；重庆市科技创新环境指标下的每百家工业企业中设立研发机构的比重提高了10.33个百分点，科技活动产出指标下的技术合同成交额占GDP的比重提高了54.46个百分点。另外，导致重庆市科技活动投入指标出现负增长的主要是企业R&D研究人员占全社会R&D研究人员的比重下降了20.88个百分点。

因此，无论是从成渝地区双城经济圈视角还是从四川和重庆两个省（市）视角，科技创新发展都存在不够均衡的情况：科技产业化处于稳步提升的状态，科技活动产出趋于饱和，科技创新环境发展势头良好，但科技活动投入和科技促进经济社会发展在整体上还有较大的提升空间。

三 成渝地区双城经济圈各市区县科技创新发展指数评价

根据2022年成渝地区双城经济圈科技创新发展指数值及各市区县的情况（见图1），可以将44个市区县的科技创新发展水平分为以下三个梯队。

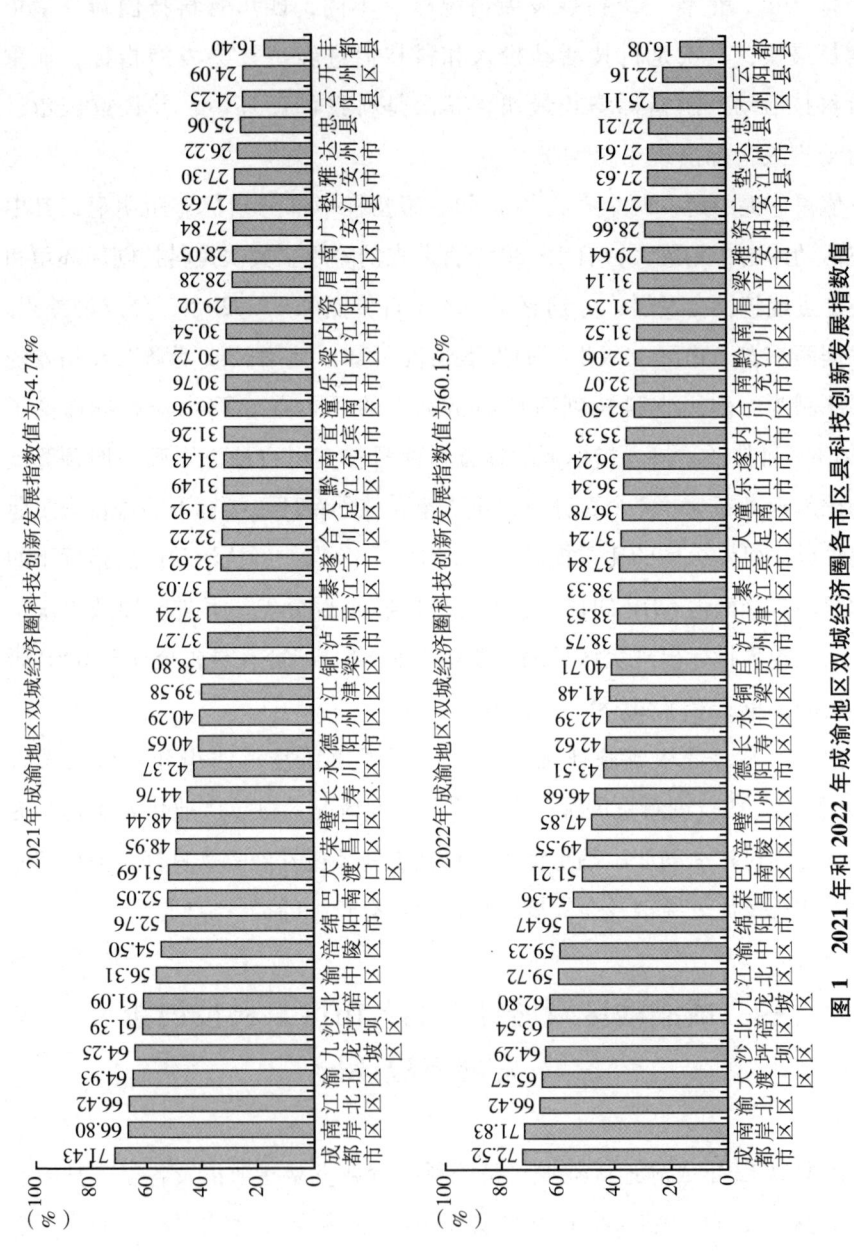

图 1 2021 年和 2022 年成渝地区双城经济圈各市区县科技创新发展指数值

资料来源：作者根据数据资料计算整理得出。

第一梯队：科技创新发展指数值高于经济圈平均水平60.15%的共有7个市区，即成都市、大渡口区、沙坪坝区、九龙坡区、南岸区、北碚区、渝北区。

第二梯队：科技创新发展指数值位于30.00%～60.15%的共有江北区、渝中区、绵阳市、荣昌区、巴南区、涪陵区、璧山区、万州区、德阳市、长寿区等28个市区。

第三梯队：科技创新发展指数值低于30.00%的共有9个，即广安市、达州市、雅安市、资阳市、丰都县、垫江县、忠县、开州区、云阳县。

与上年相比，成都市、沙坪坝区、九龙坡区、南岸区、北碚区、渝北区6个市区的科技创新发展水平仍位于第一梯队。江北区和渝中区下降至第二梯队，其中江北区科技创新发展指数值有所下降，主要原因是科技创新环境指数值、科技活动投入指数值和科技活动产出指数值有所下降，尤其是科技活动产出指数值的下降幅度最大，下降了23.4个百分点。而大渡口区上升至第一梯队，科技创新发展指数值有所提升，主要原因是科技创新环境指数值和科技活动产出指数值有显著的提升，增幅均高于20%。在第二梯队中，科技创新发展指数值上升的有宜宾市、潼南区、乐山市、内江市等。此外，有两个市区从原来的第三梯队上升至第二梯队，分别是南川区和眉山市，两者梯队上升的主要原因均是科技创新环境指数值明显提升，南川区提升了15.4个百分点，眉山市提升了5.9个百分点。在第三梯队中，雅安市、开州区等科技创新发展指数值有所上升。资阳市科技创新指数值有所下降，主要原因是科技活动投入指数值下降了4.5个百分点。2021～2022年成渝地区双城经济圈各市区县科技创新发展指数值变化情况如图2所示。

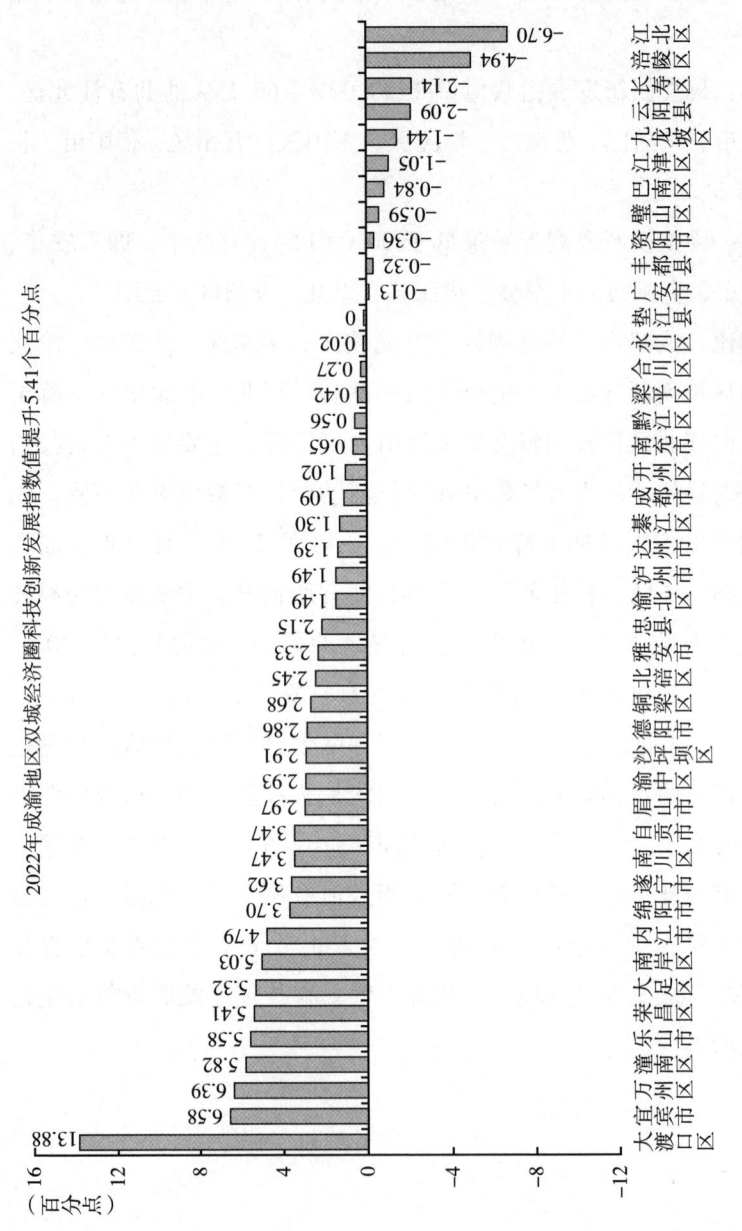

图 2 2021~2022年成渝地区双城经济圈各市区县科技创新发展指数值变化情况

资料来源：作者根据数据资料计算整理得出。

B.4
成渝地区双城经济圈科技创新分维度指标评价（2023~2024）

丁黄艳　何虹润*

摘　要： 本报告基于成渝地区双城经济圈科技创新发展指数测算结果，运用描述性统计分析和比较分析法，分别对比不同城市科技创新发展一级指标和二级指标的变化趋势。相关数据显示，不同城市在各个科技创新发展一级指标中的表现存在差异，各个一级指标中达到平均水平的城市数量有所差别。较多城市能够达到科技促进经济社会发展指数值的平均水平，共有31个城市的科技促进经济社会发展指数值高于平均值。科技创新环境指数值和科技产业化指数值在平均水平之上的城市相对较少，分别有14个城市和12个城市。只有少数城市能达到科技活动投入指数值和科技活动产出指数值的平均水平，分别有7个城市和3个城市。

关键词： 科技创新　城市科技创新水平　成渝地区双城经济圈

一　一级指标评价

（一）科技创新环境

2022年，成渝地区双城经济圈科技创新环境指数值达到59.91%，同比

---

* 丁黄艳，重庆工商大学数学与统计学院社会经济统计系副主任，博士，副教授，硕士研究生导师，主要研究方向为区域经济发展与统计分析；何虹润，重庆工商大学数学与统计学院硕士研究生，主要研究方向为应用统计。

提高4.27个百分点，33个市区县的科技创新环境指数值有不同幅度的提高（见图1至图2）。

根据2022年成渝地区双城经济圈科技创新环境指数值，44个市区县的科技创新环境水平可分为以下三个梯队。

第一梯队：科技创新环境指数值高于成渝地区双城经济圈平均水平59.91%的市区，共有渝北区、大渡口区、涪陵区、荣昌区、九龙坡区、绵阳市、江北区、北碚区、南岸区、成都市、沙坪坝区、巴南区、万州区和渝中区14个。

第二梯队：科技创新环境指数值位于30.00%~59.91%的市区，共有南川区、璧山区、铜梁区、德阳市、长寿区、眉山市、宜宾市等18个。

第三梯队：科技创新环境指数值低于30.00%的市区县，共有乐山市、开州区、南充市、广安市、合川区等12个。

与2021年相比，渝北区、涪陵区、荣昌区、九龙坡区、绵阳市、江北区、北碚区、南岸区、成都市、沙坪坝区和渝中区11个市区的科技创新环境指数值仍位列第一梯队。九龙坡区、沙坪坝区和江北区的科技创新环境指数值有所下降，主要原因在于科技意识水平指数值下降较多。涪陵区、荣昌区、南岸区等的科技创新环境指数值有所提升。大渡口区、巴南区和万州区由第二梯队上升至第一梯队，其中大渡口区科技创新环境指数值提升较多，主要原因在于科技物质条件和科技意识水平指数值均大幅上升。第二梯队中，南川区科技创新环境指数值提升较多，主要原因在于科技物质条件和科技意识水平指数值均大幅上升；綦江区科技创新环境指数值下降较多，主要原因在于科技人力资源指数值大幅下降。第三梯队中，与上年相比，眉山市、宜宾市和自贡市由第三梯队上升至第二梯队，主要原因是科技物质条件大幅改善；垫江县科技创新环境指数值下降较多，主要原因是科技意识水平指数值大幅下降。

（二）科技活动投入

2022年，成渝地区双城经济圈科技活动投入指数值为39.18%，比上年提高3.55个百分点，17个市区的科技活动投入指数值有不同幅度的提高（见图3至图4）。

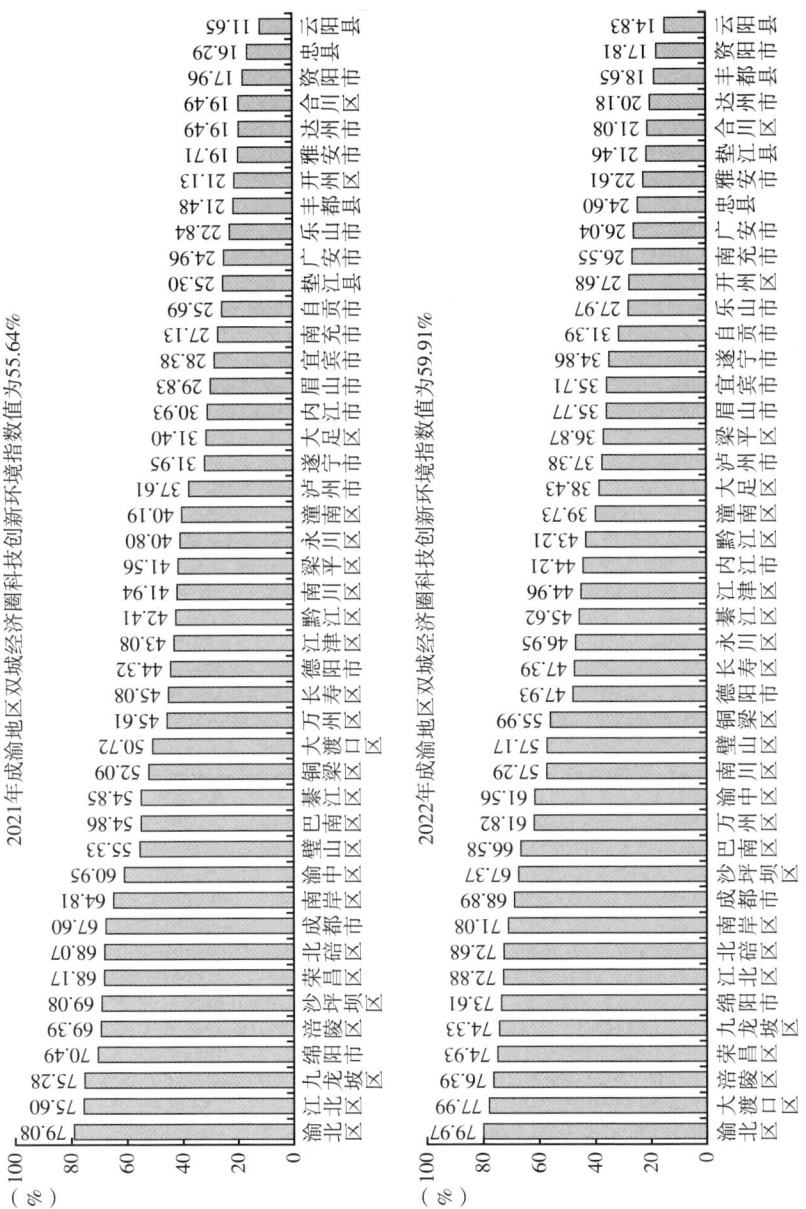

成渝地区双城经济圈科技创新分维度指标评价（2023~2024）

图1 2021年和2022年成渝地区双城经济圈各市区县科技创新环境指数值

资料来源：作者根据数据资料计算整理得出。

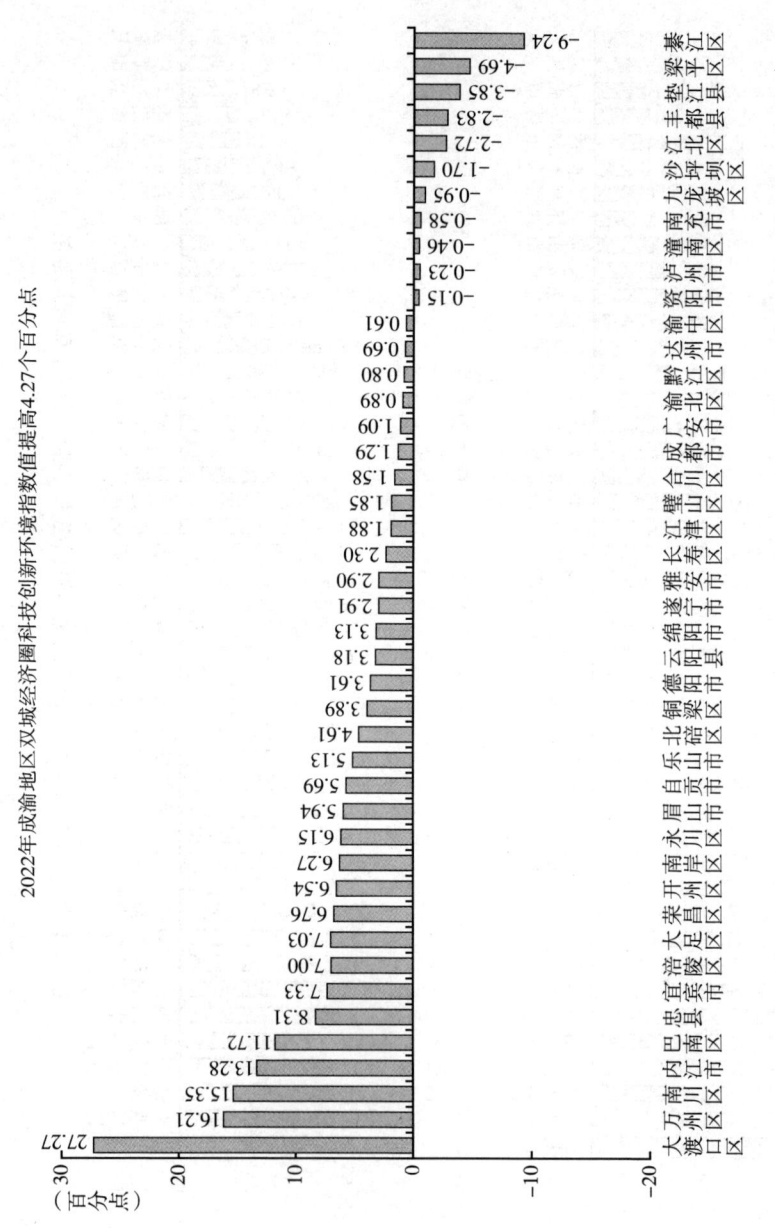

图 2 2021~2022年成渝地区双城经济圈各市区县科技创新环境指数值变化情况

资料来源：作者根据数据资料计算整理得出。

成渝地区双城经济圈科技创新分维度指标评价（2023~2024）

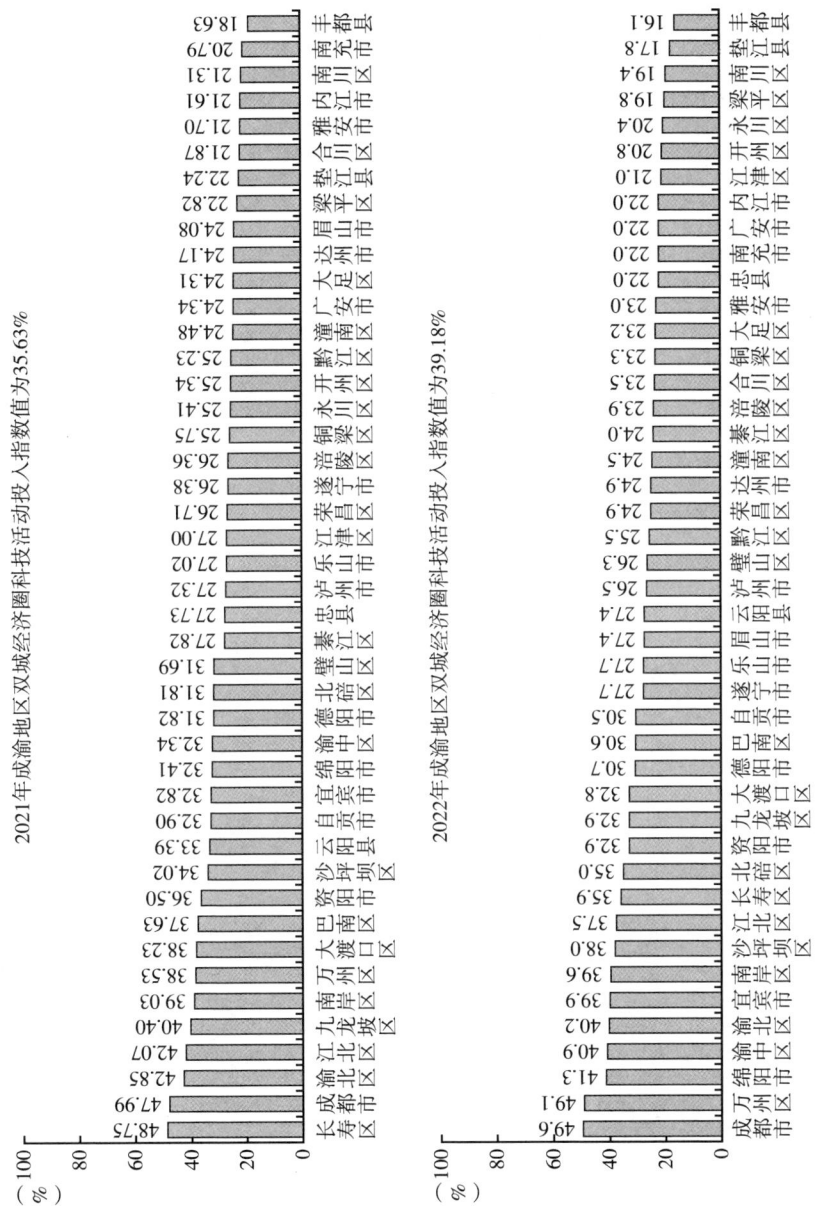

图3 2021年和2022年成渝地区双城经济圈各市区县科技活动投入指数数值

资料来源：作者根据数据资料计算整理得出。

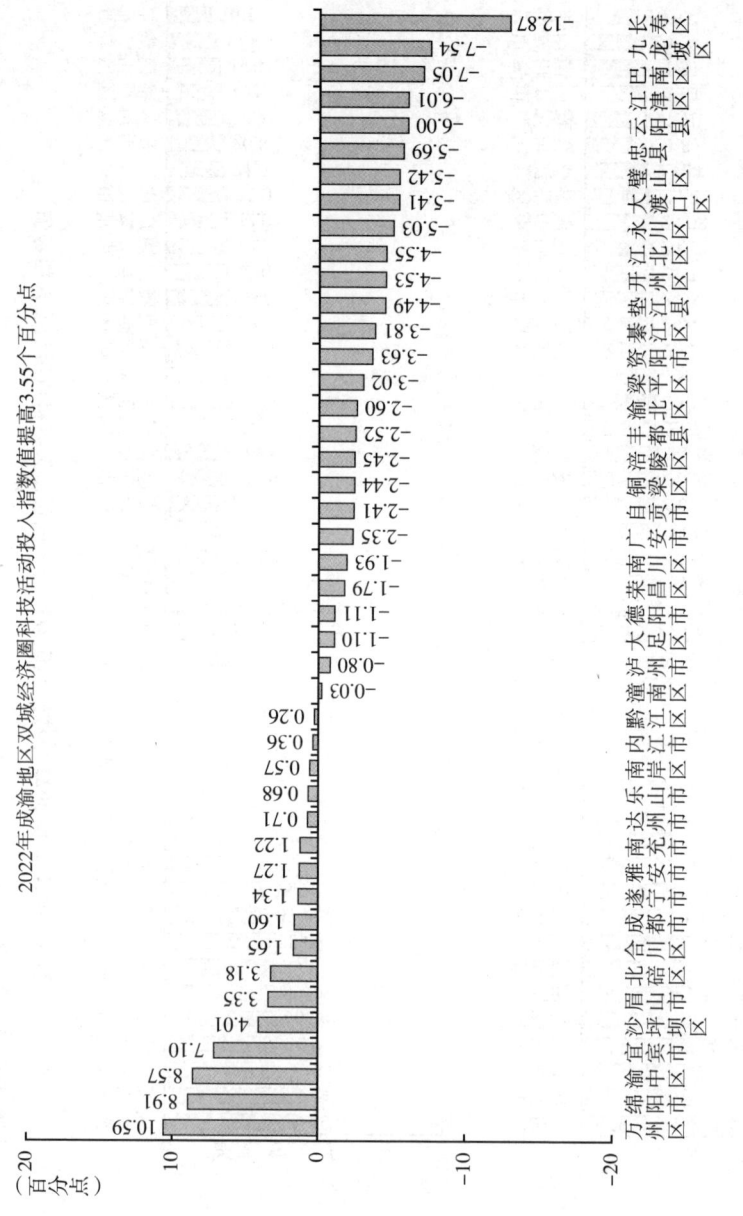

图 4 2021~2022 年成渝地区双城经济圈各市区县科技活动投入指数值变化情况

资料来源：作者根据数据资料计算整理得出。

根据2022年成渝地区双城经济圈科技活动投入指数值，44个市区县的科技活动投入水平可分为以下三个梯队。

第一梯队：科技活动投入指数值高于成渝地区双城经济圈平均水平39.18%的市区，共有成都市、万州区、绵阳市、渝中区、渝北区、宜宾市和南岸区7个。

第二梯队：科技活动投入指数值位于30.00%~39.18%的市区，共有沙坪坝区、江北区、资阳市等10个。

第三梯队：科技活动投入指数值低于30.00%的市区县，共有遂宁市、乐山市、璧山区等27个。

与上年相比，成都市、万州区、渝北区和南岸区的科技活动投入水平仍位列第一梯队。长寿区、江北区、九龙坡区、大渡口区、巴南区和资阳市下降至第二梯队，主要原因在于长寿区、巴南区和九龙坡区的科技人力投入指数值和科技资本投入指数值均大幅下降，同时资阳市和大渡口区的科技人力投入指数值大幅下降。绵阳市和渝中区的科技活动投入水平提升较快，主要原因是科技资本投入指数值大幅提升。第二梯队中，沙坪坝区和北碚区科技活动投入水平提升较快，主要原因在于科技人力投入和科技资本投入指数值均提升。云阳县和璧山区下降至第三梯队，主要原因在于科技人力投入指数值大幅下降。黔江区科技活动投入水平有所提升，主要原因是科技人力投入指数值提升。

（三）科技活动产出

2022年，成渝地区双城经济圈科技活动产出指数值为88.22%，比上年提高9.96个百分点，26个市区县的科技活动产出指数值有不同幅度的提高（见图5至图6）。

根据2022年成渝地区双城经济圈科技活动产出指数值，44个市区县的科技活动产出水平可分为以下三个梯队。

第一梯队：科技活动产出指数值高于成渝地区双城经济圈平均水平88.22%的市区，共有成都市、南岸区、沙坪坝区3个。

063

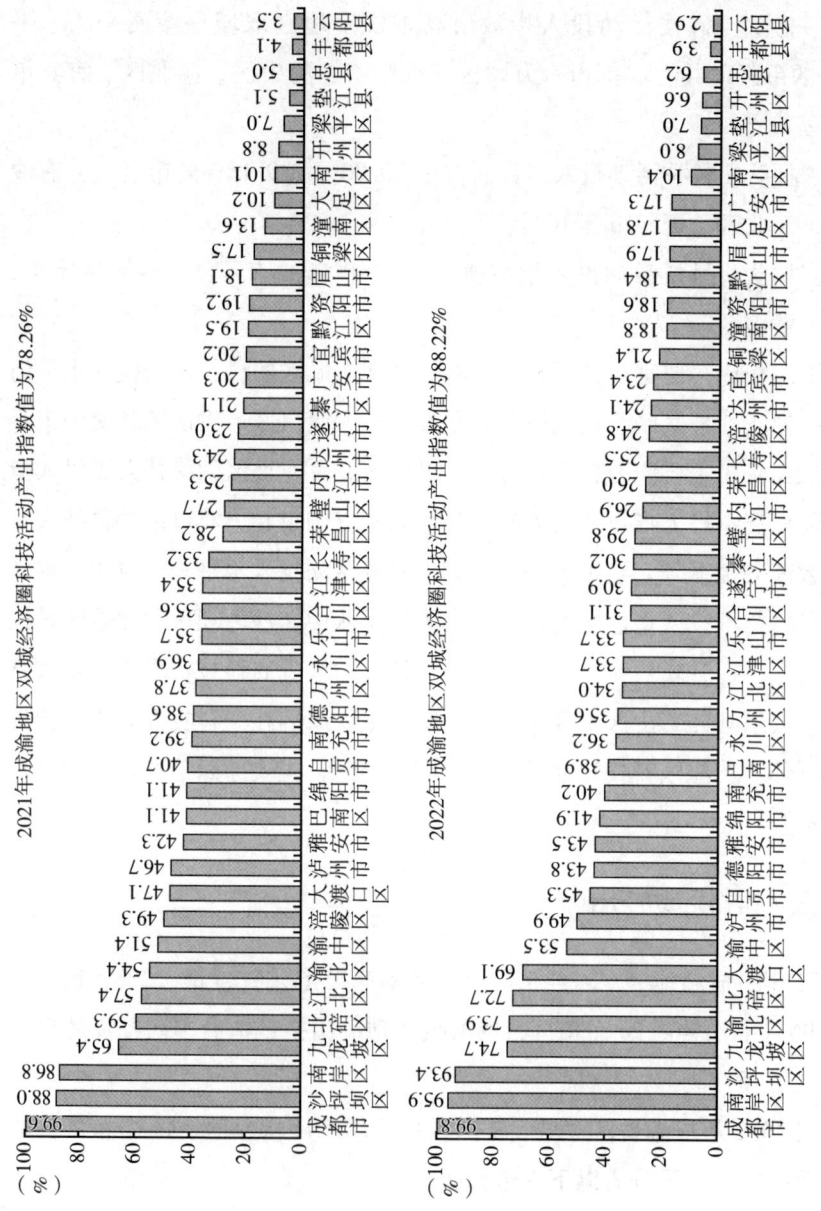

图5 2021年和2022年成渝地区双城经济圈各市区县科技活动产出指数值

资料来源：作者根据数据资料计算整理得出。

成渝地区双城经济圈科技创新分维度指标评价（2023~2024）

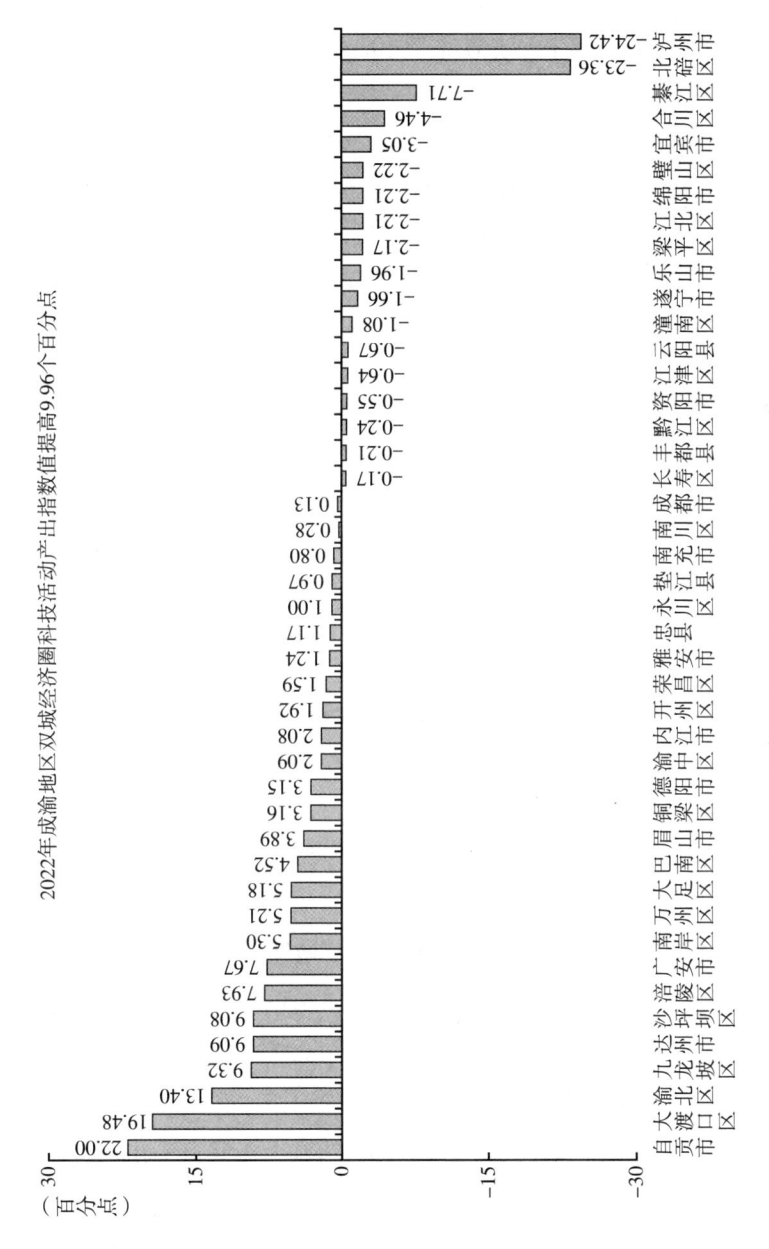

图6 2021~2022年成渝地区双城经济圈各市区县科技活动产出指数值变化情况

资料来源：作者根据数据资料计算整理得出。

第二梯队：科技活动产出指数值位于30.00%~88.22%的市区，共有九龙坡区、渝北区、自贡市、绵阳市等20个。

第三梯队：科技活动产出指数值低于30.00%的市区县，共有璧山区、内江市、荣昌区等21个。

与上年相比，成都市、南岸区、沙坪坝区的科技活动产出水平仍位列第一梯队。南岸区科技活动产出水平提升的主要原因是科技效益表现指数值上升。涪陵区、长寿区下降至第三梯队；江北区科技活动产出水平有所降低，主要原因在于科技效益表现指数值大幅下降。遂宁市、綦江区上升至第二梯队，主要原因在于前者科技成果数量指数值上升较快，后者科技效益表现指数值大幅提升。第三梯队中，铜梁区和潼南区科技活动产出水平上升幅度较大，主要原因在于科技成果数量指数值和科技效益表现指数值均有所上升。广安市科技活动产出水平有所降低，主要原因是科技成果数量指数值大幅下降。

（四）科技产业化

从科技产业化指标来看，2022年成渝地区双城经济圈科技产业化指数值为60.78%，比上年提高4.27个百分点，34个市区县的科技产业化指数值有不同幅度的提高（见图7至图8）。

根据2022年成渝地区双城经济圈科技产业化指数值，44个市区县的科技产业化水平可分为以下三个梯队。

第一梯队：科技产业化指数值高于成渝地区双城经济圈平均水平60.78%的市区，共有大渡口区、荣昌区、北碚区、绵阳市、成都市等12个。

第二梯队：科技产业化指数值位于30.00%~60.78%的市区县，共有垫江县、巴南区、宜宾市、德阳市等28个。

第三梯队：科技产业化指数值低于30.00%的城市，共有南川区、资阳市、云阳县、丰都县4个。

与上年相比，大渡口区、荣昌区、北碚区、江北区等9个市区仍位列第一梯队。荣昌区科技产业化指数值有所提升，主要原因是科技产业化

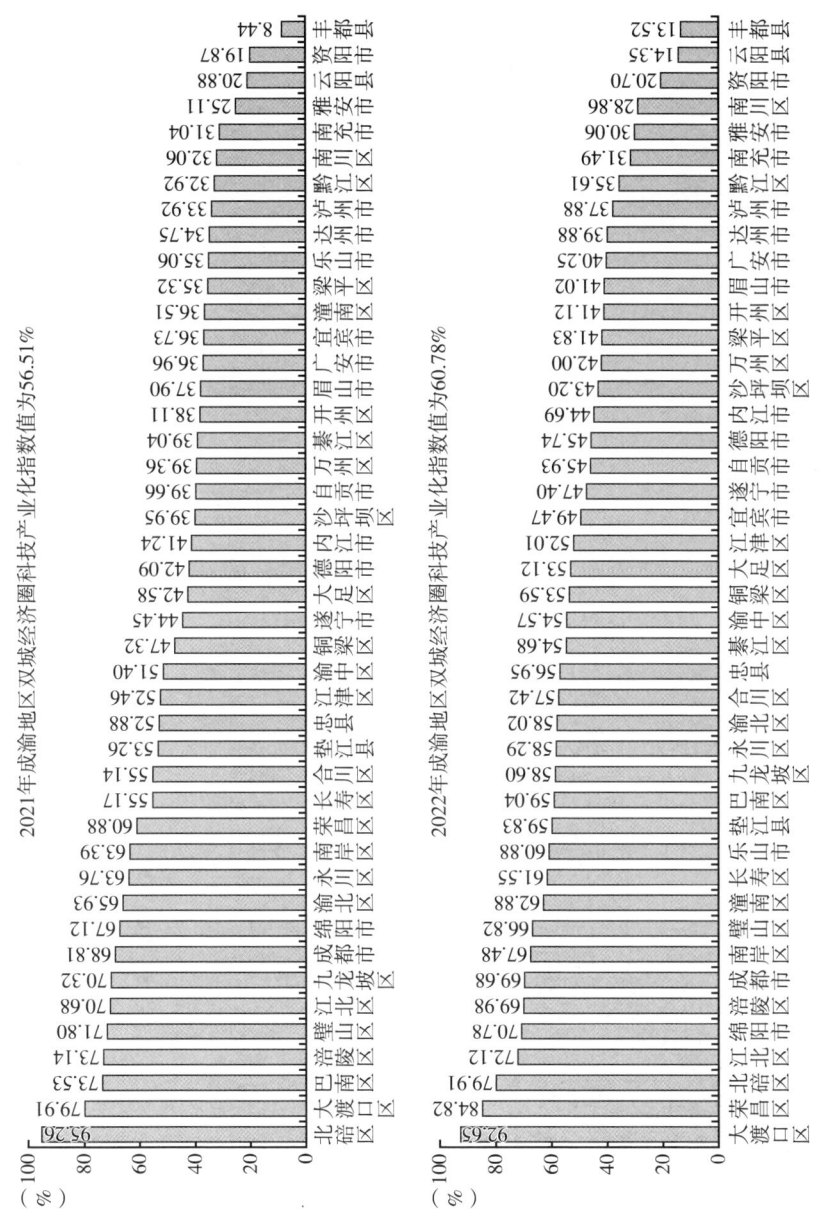

成渝地区双城经济圈科技创新分维度指标评价（2023~2024）

图 7　2021 年和 2022 年成渝地区双城经济圈各市区县科技产业化指数值

资料来源：作者根据数据资料计算整理得出。

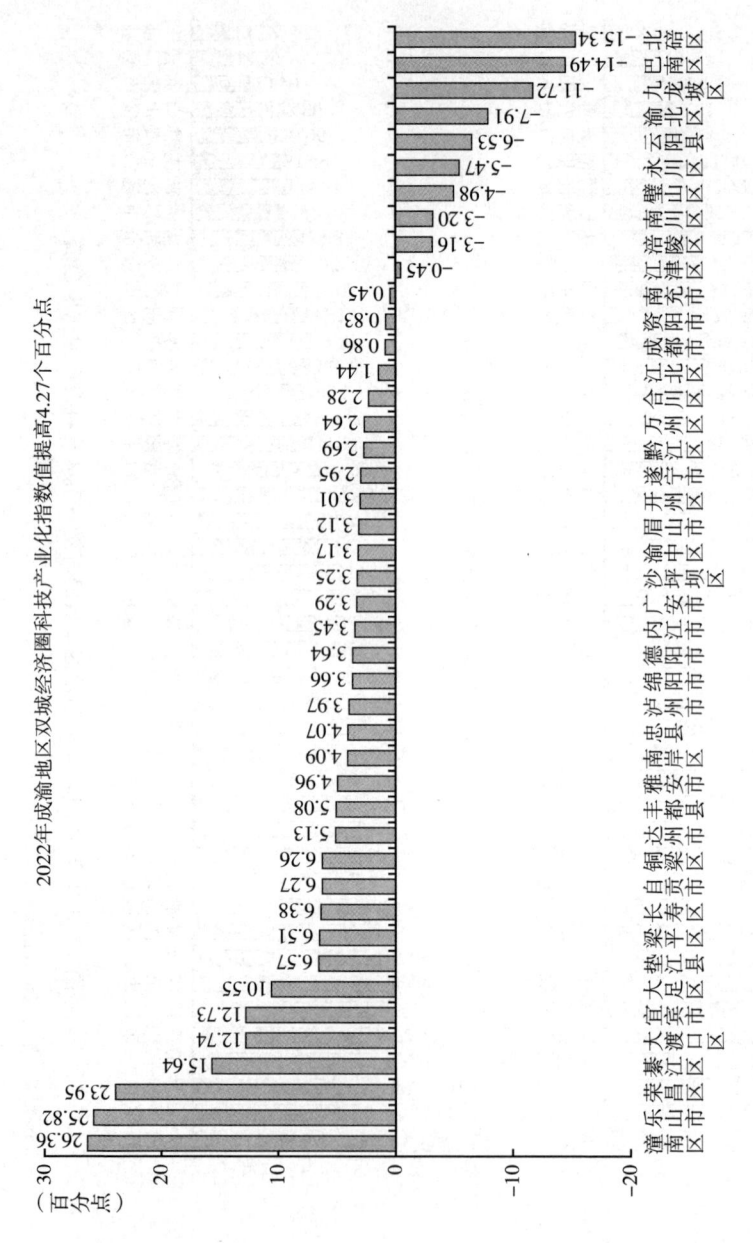

图 8 2021～2022 年成渝地区双城经济圈各市区县科技产业化指数值变化情况

资料来源：作者根据数据资料计算整理得出。

效益指数值大幅上升。潼南区、长寿区、乐山市上升至第一梯队，其中潼南区科技产业化指数值提升较快，主要原因是科技产业化效益指数值大幅上升，乐山市科技产业化指数值也有所提升，主要原因是科技产业化效益指数值大幅上升。第二梯队中，巴南区、九龙坡区、永川区、渝北区科技产业化指数值有所下降，主要原因是科技产业化效益指数值下降。第三梯队中，南川区科技产业化指数值有所下降，主要原因是科技产业化效益指数值大幅下降。

（五）科技促进经济社会发展

2022年，成渝地区双城经济圈科技促进经济社会发展指数值为41.34%，比上年提高3.79个百分点，40个市区县的科技促进经济社会发展指数有不同幅度的提高（见图9至图10）。

根据2022年成渝地区双城经济圈科技促进经济社会发展指数值，44个市区县的科技促进经济社会发展水平可分为以下三个梯队。

第一梯队：科技促进经济社会发展指数值高于成渝地区双城经济圈平均水平41.34%的市区县，共有渝中区、江北区、成都市、绵阳市等31个。

第二梯队：科技促进经济社会发展指数值位于30.00%~41.34%的市区县，共有内江市、南川区、乐山市等12个。

第三梯队：科技促进经济社会发展指数值低于30.00%的城市，只有雅安市。

与上年相比，渝中区、江北区、成都市、绵阳市等31个市区县的科技促进经济社会发展水平仍位列第一梯队。内江市、忠县、南川区、乐山市等10个市区县下降至第二梯队。第二梯队中，綦江区科技促进经济社会发展指数值有所下降，主要原因在于经济增长方式转变指数值下降；万州区、黔江区科技促进经济社会发展指数值有所上升，眉山市科技促进经济社会发展指数值也有所提升，主要原因是经济增长方式转变指数值和环境改善指数值均提升。第三梯队中，2021年和2022年都只有雅安市一个城市。

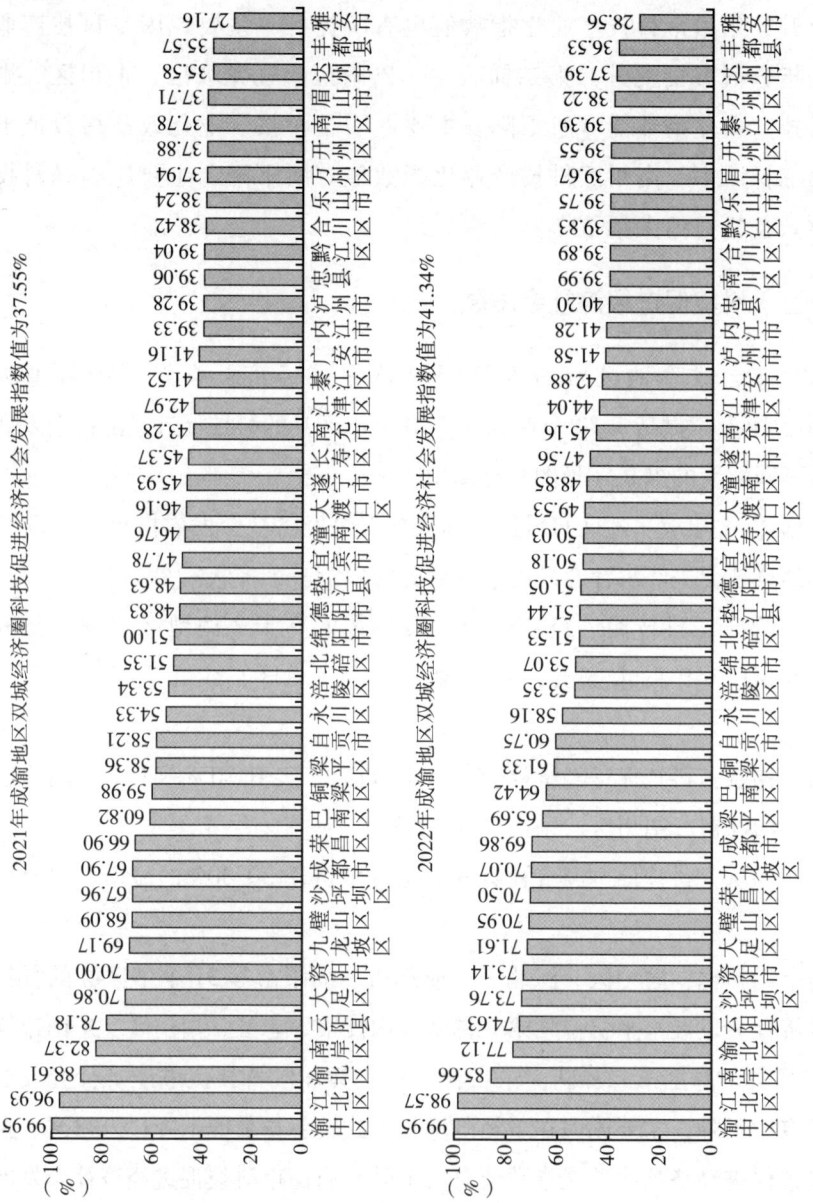

图 9　2021 年和 2022 年成渝地区双城经济圈各市区县科技促进经济社会发展指数值

资料来源：作者根据数据资料计算整理得出。

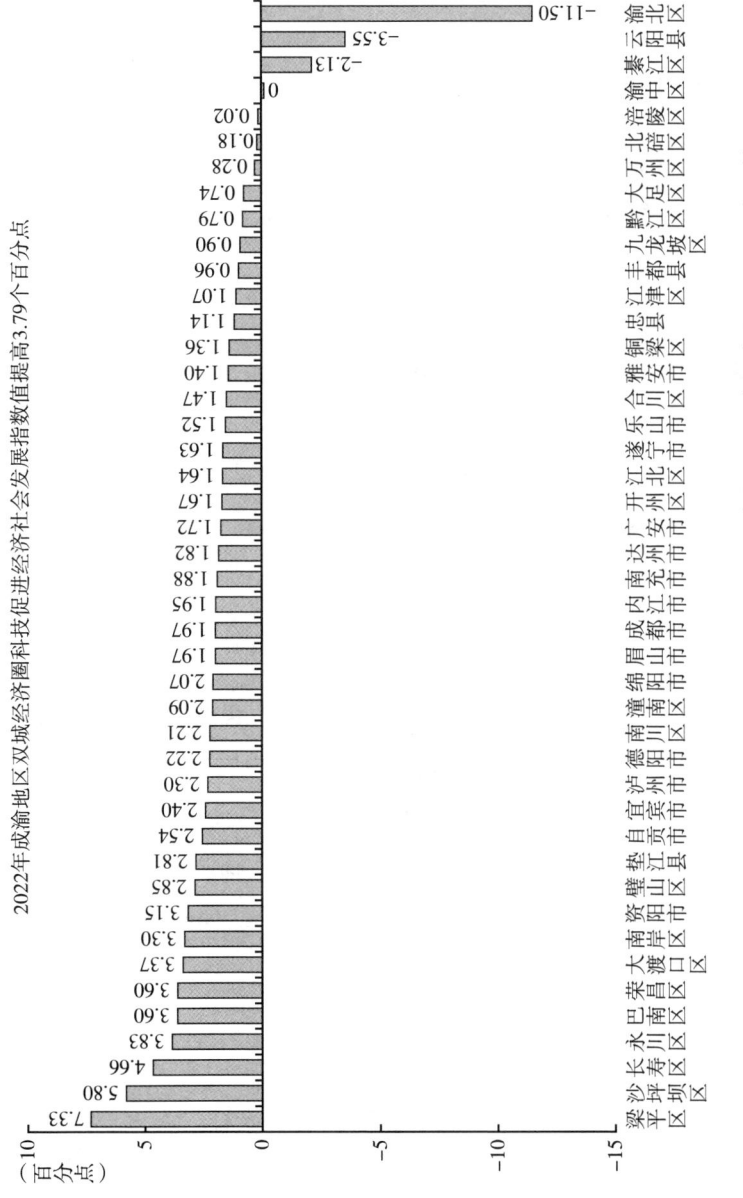

成渝地区双城经济圈科技创新分维度指标评价（2023~2024）

图10 2021~2022年成渝地区双城经济圈各市区县科技促进经济社会发展指数值变化情况

资料来源：作者根据数据资料计算整理得出。

二 二级指标评价

（一）科技人力资源

2022年，成渝地区双城经济圈科技人力资源指数值达到62.96%，比上年有所提升，具体提升了1.79个百分点。此外，28个市区县的科技人力资源指数值也有不同程度的提升（见图11至图12）。

根据2022年成渝地区双城经济圈科技人力资源指数值，44个市区县的科技人力资源水平可分为以下三个梯队。

第一梯队：科技人力资源指数值高于成渝地区双城经济圈平均水平62.96%的市区，共有渝北区、绵阳市、成都市等19个。

第二梯队：科技人力资源指数值位于30.00%~62.96%的市区，共有大足区、潼南区、南川区、綦江区、宜宾市、万州区、雅安市、自贡市8个。

第三梯队：科技人力资源指数值低于30.00%的市区县，共有眉山市、合川区、乐山市等17个。

与上年相比，第一梯队中只有綦江区下降至第二梯队，主要原因是万人R&D人员数指数值大幅下降。第二梯队中，雅安市从第三梯队上升至第二梯队，主要原因在于万人R&D人员数指数值上升。大足区、潼南区、宜宾市、万州区的科技人力资源指数值都有所提高。第三梯队中，垫江县、合川区的科技人力资源指数值有所下降，从2021年的第二梯队中跌出，主要原因在于万人R&D人员数指数值下降很多。

（二）科技物质条件

2022年，成渝地区双城经济圈科技物质条件指数值达到83.20%，比上年有所提升，具体提升了7.78个百分点。此外，27个市区县的科技物质条件指数值也有不同程度的提升（见图13至图14）。

成渝地区双城经济圈科技创新分维度指标评价（2023~2024）

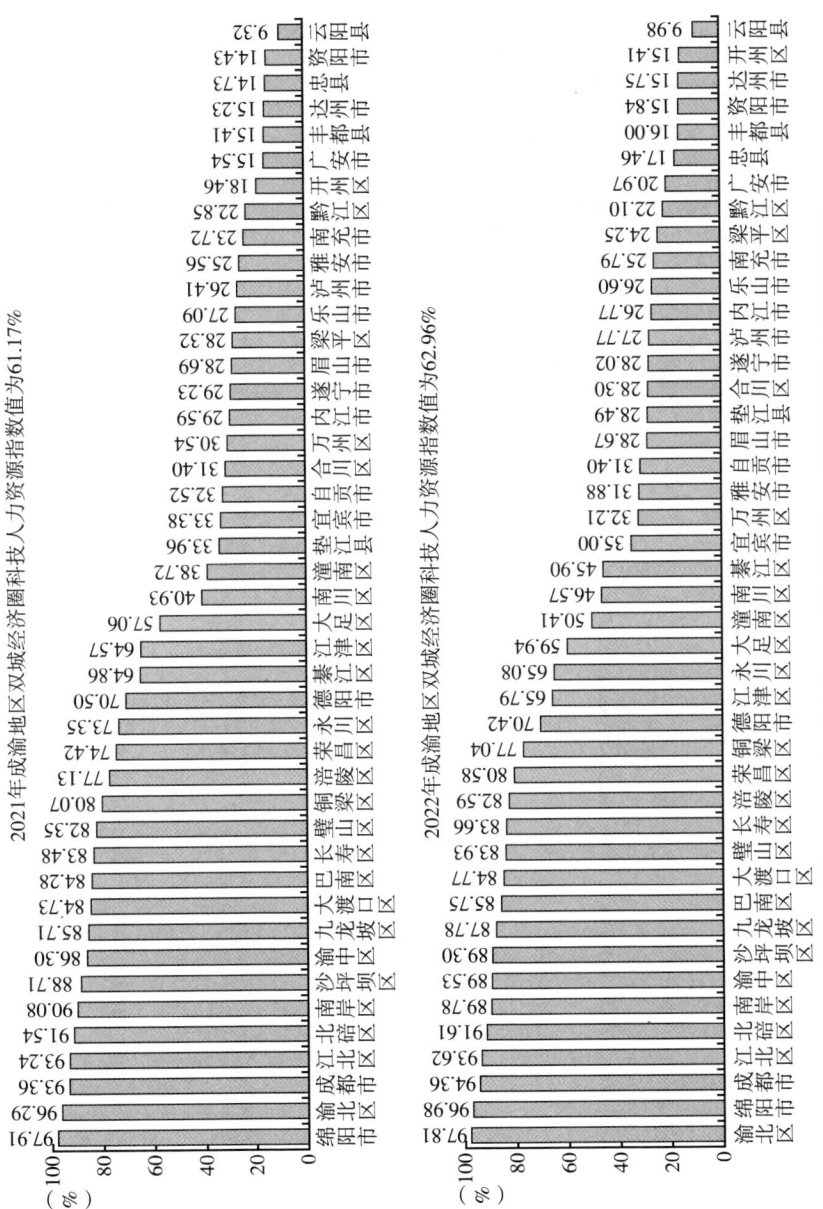

图11 2021年和2022年成渝地区双城经济圈各市区县科技人力资源指数值

资料来源：作者根据数据资料计算整理得出。

成渝蓝皮书

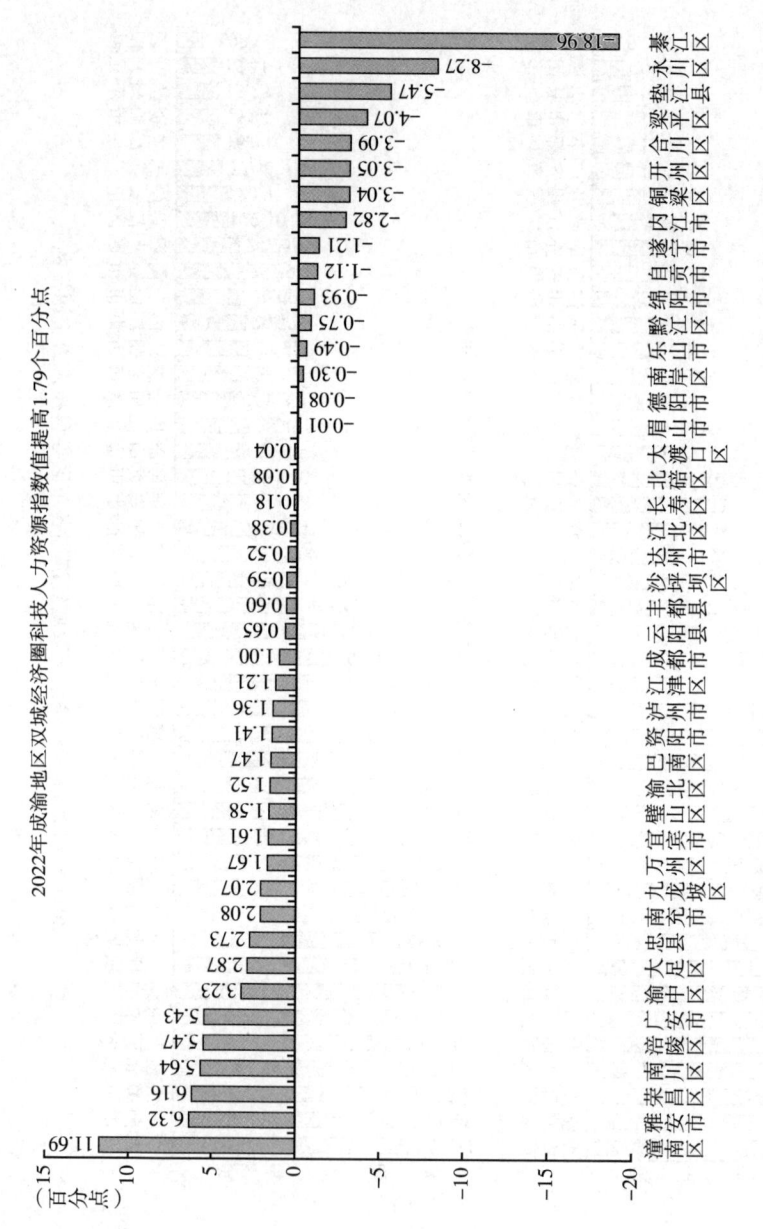

图 12 2021~2022年成渝地区双城经济圈各市区县科技人力资源指数值变化情况

资料来源：作者根据数据资料计算整理得出。

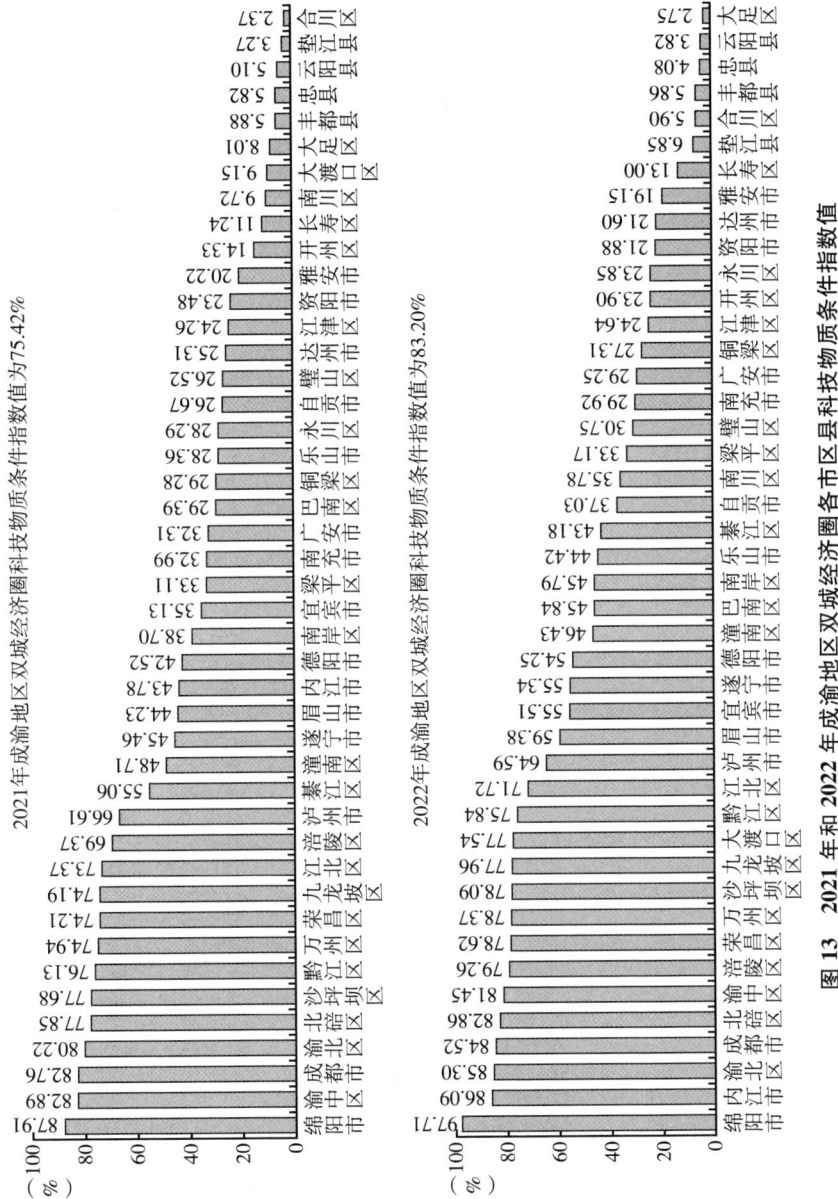

成渝地区双城经济圈科技创新分维度指标评价（2023~2024）

图13　2021年和2022年成渝地区双城经济圈各市区县科技物质条件指数值

资料来源：作者根据数据资料计算整理得出。

成渝蓝皮书

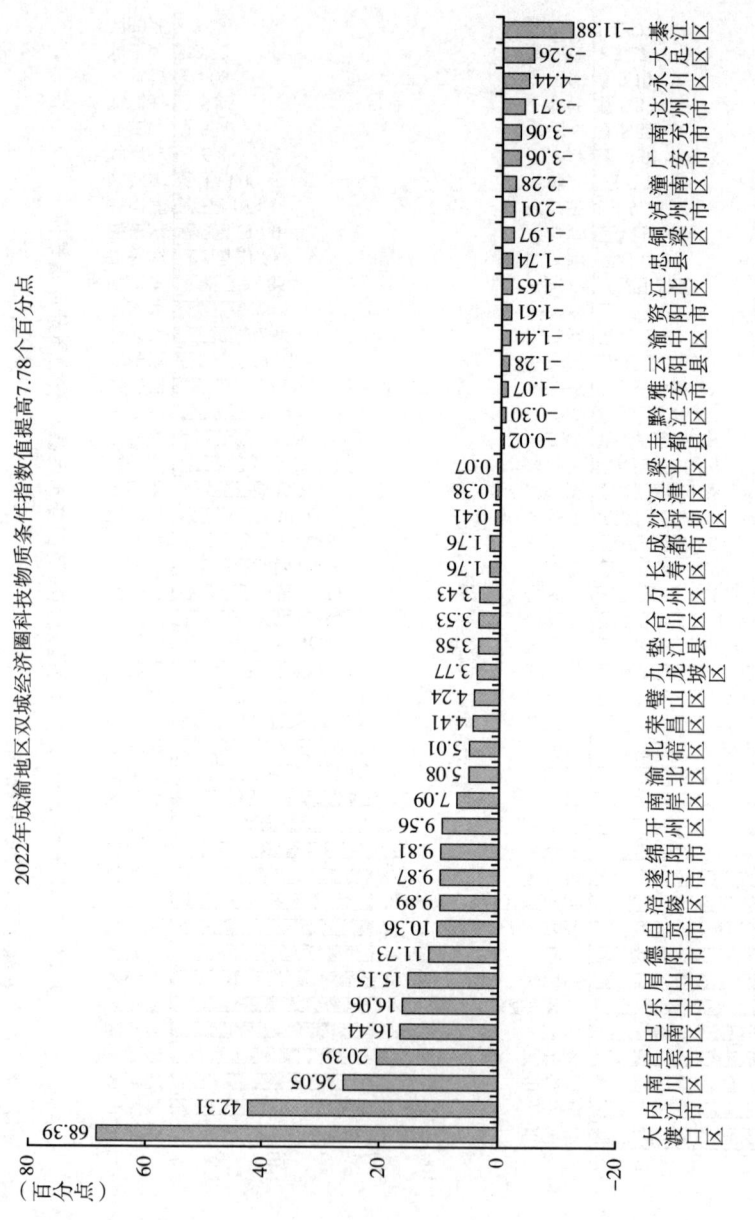

图 14 2021~2022 年成渝地区双城经济圈各市区县科技物质条件指数值变化情况

资料来源：作者根据数据资料计算整理得出。

076

根据2022年成渝地区双城经济圈科技物质条件指数值，44个市区县的科技物质条件水平可分为以下三类。

第一梯队：科技物质条件指数值高于成渝地区双城经济圈平均水平83.20%的市区，共有绵阳市、内江市、渝北区、成都市4个。

第二梯队：科技物质条件指数值位于30.00%~83.20%的市区，共有北碚区、渝中区、眉山市等24个。

第三梯队：科技物质条件指数值低于30.00%的市区县，共有南充市、广安市、铜梁区等16个。

与上年相比，绵阳市、渝北区、成都市的科技物质条件指数值仍位于第一梯队，而内江市从第二梯队上升至第一梯队，主要原因是每名R&D人员研发仪器和设备支出指数值与万人累计孵化企业数指数值均大幅上升。第二梯队中，渝中区的科技物质条件指数值比上年有所下降，主要原因是每名R&D人员研发仪器和设备支出指数值下降。大渡口区的科技物质条件指数值上升，主要原因是万人累计孵化企业数指数值大幅上升。第三梯队中，南充市、广安市都从2021年的第二梯队中跌出，主要原因在于每名R&D人员研发仪器和设备支出指数值大幅下降。

（三）科技意识水平

2022年，成渝地区双城经济圈科技意识水平指数值达到30.89%，比上年有所提升，具体提升了3.13个百分点。此外，26个市区县的科技意识水平指数值也有不同程度的提升（见图15至图16）。

根据2022年成渝地区双城经济圈科技意识水平指数值，44个市区县的科技意识水平可分为以下三个梯队。

第一梯队：科技意识水平指数值高于成渝地区双城经济圈平均水平30.89%的市区县，共有南川区、南岸区、大渡口区等24个。

第二梯队：科技意识水平指数值位于20.00%~30.89%的市区县，共有黔江区、合川区、自贡市、成都市等10个。

第三梯队：科技意识水平指数值低于20.00%的市区，共有遂宁市、泸

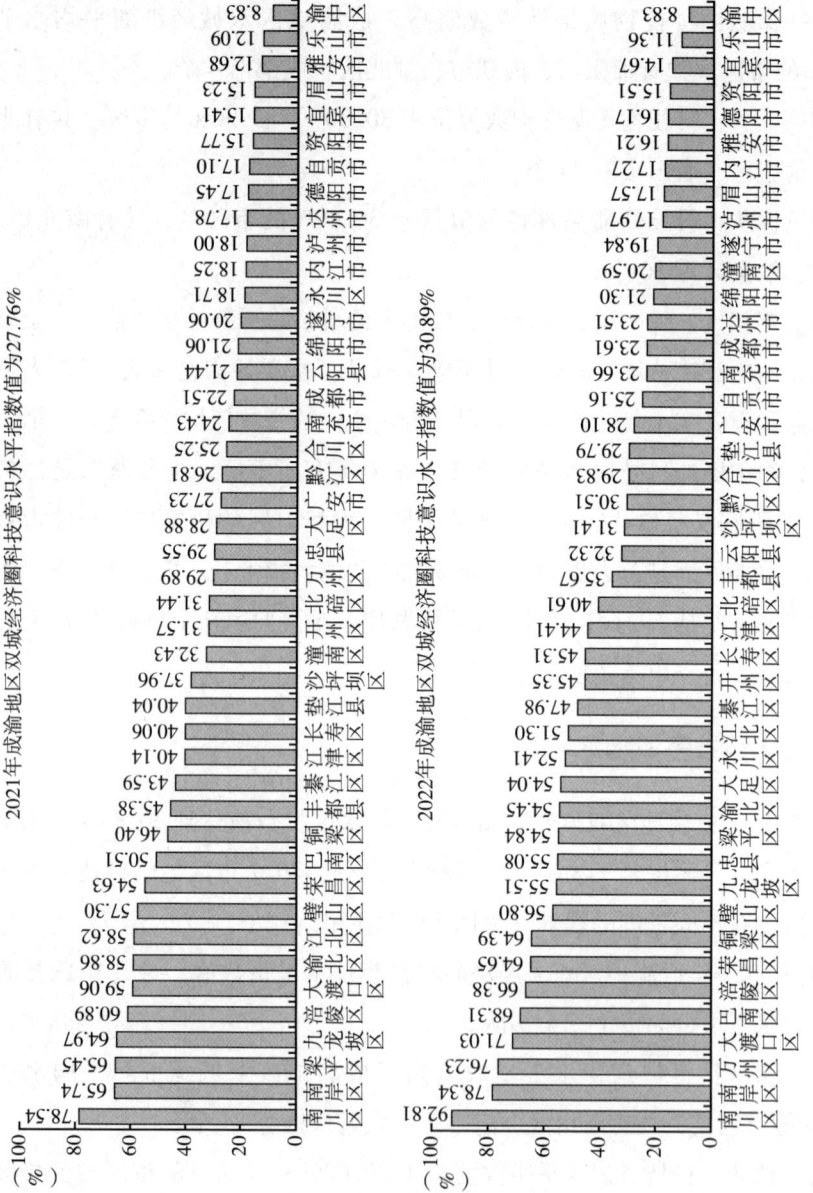

图 15 2021年和2022年成渝地区双城经济圈各市区县科技意识水平指数值

资料来源：作者根据数据资料计算整理得出。

成渝地区双城经济圈科技创新分维度指标评价（2023~2024）

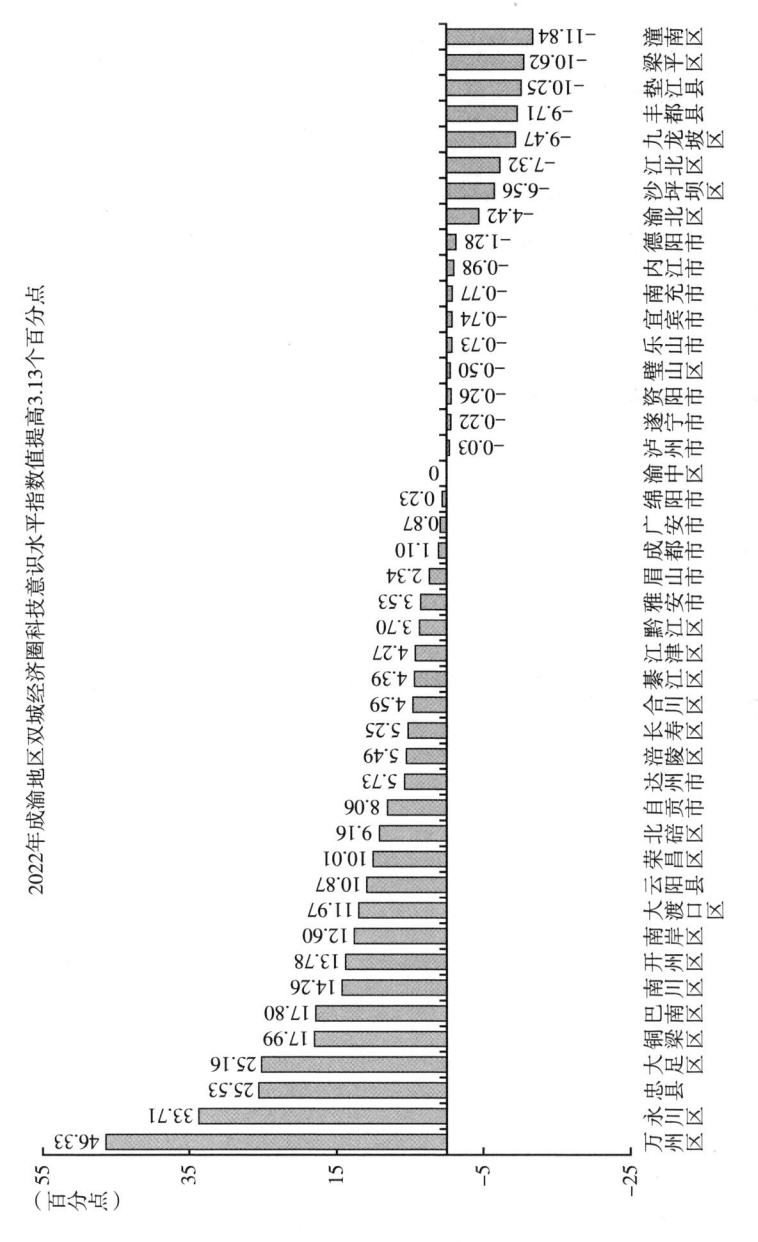

图16 2021~2022年成渝地区双城经济圈各市区县科技意识水平指数值变化情况

资料来源：作者根据数据资料计算整理得出。

州市、眉山市等10个。

与上年相比，永川区、云阳县上升至第一梯队，主要原因在于每百家工业企业中设立研发机构的比重指数值大幅上升。江北区的科技意识水平指数值有所下降，主要原因是每百家工业企业中设立研发机构的比重指数值有所下降。第二梯队中，垫江县、潼南区的科技意识水平指数值有所下降，主要原因是每百家工业企业中设立研发机构的比重指数值大幅下降。而自贡市、达州市的科技意识水平指数值较上年有所提高，主要原因在于前者每百家工业企业中设立研发机构的比重和有R&D活动的企业占比指数值均上升，后者每百家工业企业中设立研发机构的比重指数值上升。第三梯队中，泸州市、眉山市、内江市等9个市区仍位于第三梯队。

（四）科技人力投入

2022年，成渝地区双城经济圈科技人力投入指数值达到39.57%，比上年有所提升，具体提升了0.91个百分点。此外，15个市区的科技人力投入指数值也有不同程度的提升（见图17至图18）。

根据2022年成渝地区双城经济圈科技人力投入指数值，44个市区县的科技人力投入水平可分为以下三个梯队。

第一梯队：科技人力投入指数值高于成渝地区双城经济圈平均水平39.57%的市区县，共有渝中区、资阳市、成都市等14个。

第二梯队：科技人力投入指数值位于30.00%~39.57%的市区，共有泸州市、北碚区、内江市等7个。

第三梯队：科技人力投入指数值低于30.00%的市区县，共有开州区、万州区、忠县等23个。

与上年相比，遂宁市从第二梯队上升至第一梯队，主要原因是硕士及以上人数/R&D人员数指数值上升。广安市的科技人力投入指数值降低，主要原因是硕士及以上人数/R&D人员数指数值下降。第二梯队中，泸州市、北碚区、内江市、渝北区、南充市、德阳市共6个市区仍位于第二梯队。江北区的科技人力投入指数值下降，主要原因在于企业R&D研究人员占全社会

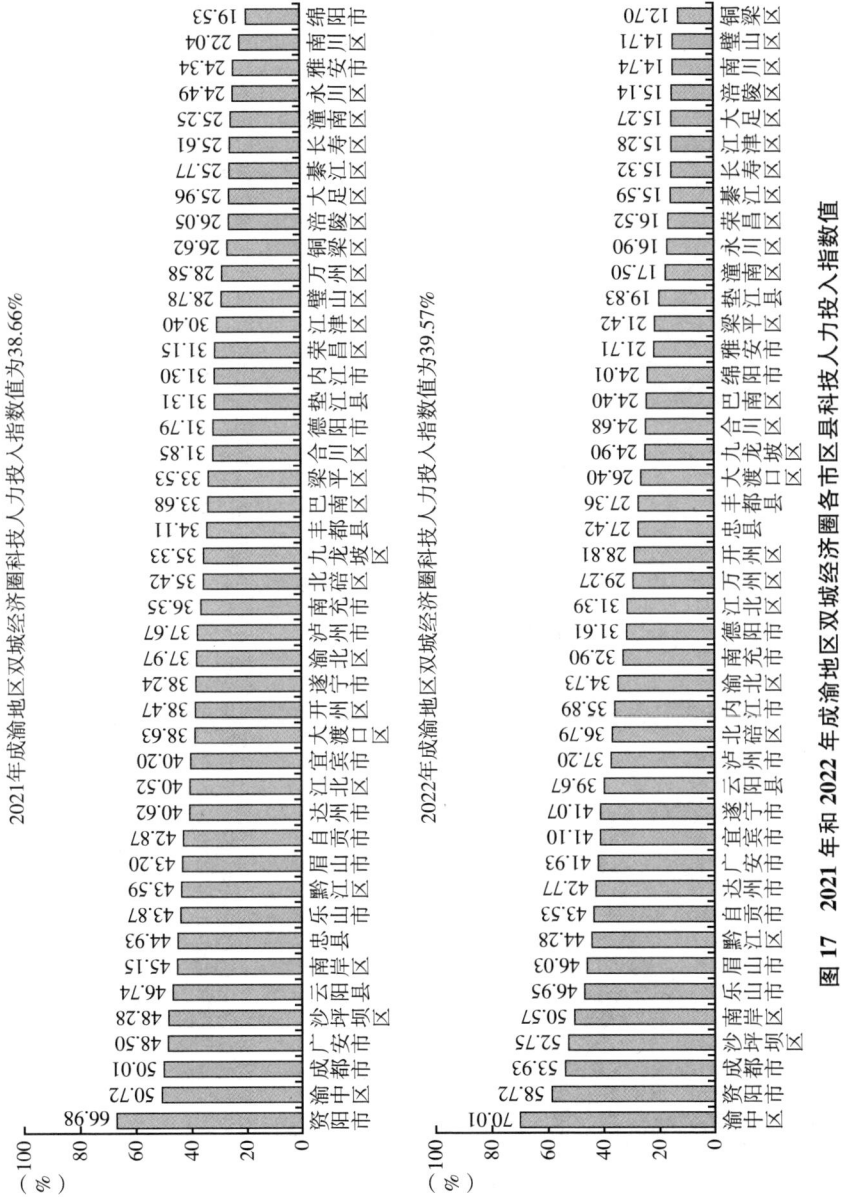

成渝地区双城经济圈科技创新分维度指标评价（2023~2024）

图 17 2021年和2022年成渝地区双城经济圈各市区县科技人力投入指数值

资料来源：作者根据数据资料计算整理得出。

成渝蓝皮书

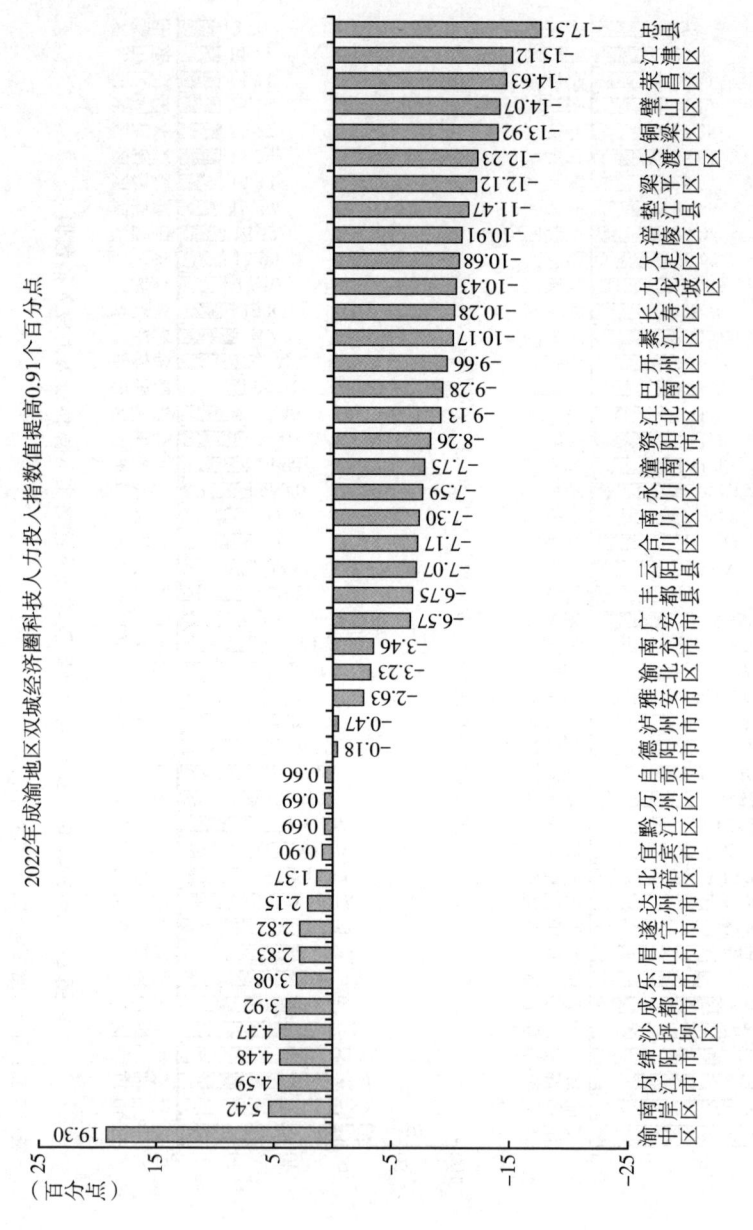

图 18 2021～2022 年成渝地区双城经济圈各市区县科技人力投入指数值变化情况

资料来源：作者根据数据资料计算整理得出。

R&D 研究人员的比重指数值大幅下降。第三梯队中，荣昌区、江津区的科技人力投入指数值也有所下降，主要原因是企业 R&D 研究人员占全社会 R&D 研究人员的比重指数值大幅下降。而万州区的科技人力投入指数值有所上升，主要原因是企业 R&D 研究人员占全社会 R&D 研究人员的比重指数值有所上升。

（五）科技资本投入

2022 年，成渝地区双城经济圈科技资本投入指数值为 38.87%，比上年有所提升，具体提升了 5.65 个百分点。此外，26 个市区县的科技资本投入指数值也有不同程度的提升（见图 19 至图 20）。

根据 2022 年成渝地区双城经济圈科技资本投入指数值，44 个市区县的科技资本投入水平可分为以下三个梯队。

第一梯队：科技资本投入指数值高于成渝地区双城经济圈平均水平 38.87% 的市区，共有万州区、绵阳市、长寿区、成都市、渝北区、江北区、九龙坡区、宜宾市 8 个。

第二梯队：科技资本投入指数值位于 20.00%~38.87% 的市区，共有大渡口区、巴南区、璧山区等 19 个。

第三梯队：科技资本投入指数值低于 20.00% 的市区县，共有梁平区、泸州市、忠县等 17 个。

与上年相比，万州区、绵阳市、长寿区、成都市、渝北区、江北区、九龙坡区仍位于第一梯队。宜宾市的科技资本投入指数值有所提高，主要原因是规模以上工业企业技术获取和技术改造经费支出占主营业务收入的比重指数值大幅上升。第二梯队中，合川区的科技资本投入指数值有所提高，主要原因是规模以上工业企业技术获取和技术改造经费支出占主营业务收入的比重指数值有所上升。南岸区的科技资本投入指数值有所下降，主要原因在于规模以上工业企业技术获取和技术改造经费支出占主营业务收入的比重指数值和地方财政科技支出占地方财政一般预算支出的比重指数值均有所下降。第三梯队中，云阳县的科技资本投入指数值下降的主要原因是规模以上工业企业技术获取和技术改造经费支出占主营业务收入的比重有所下降。

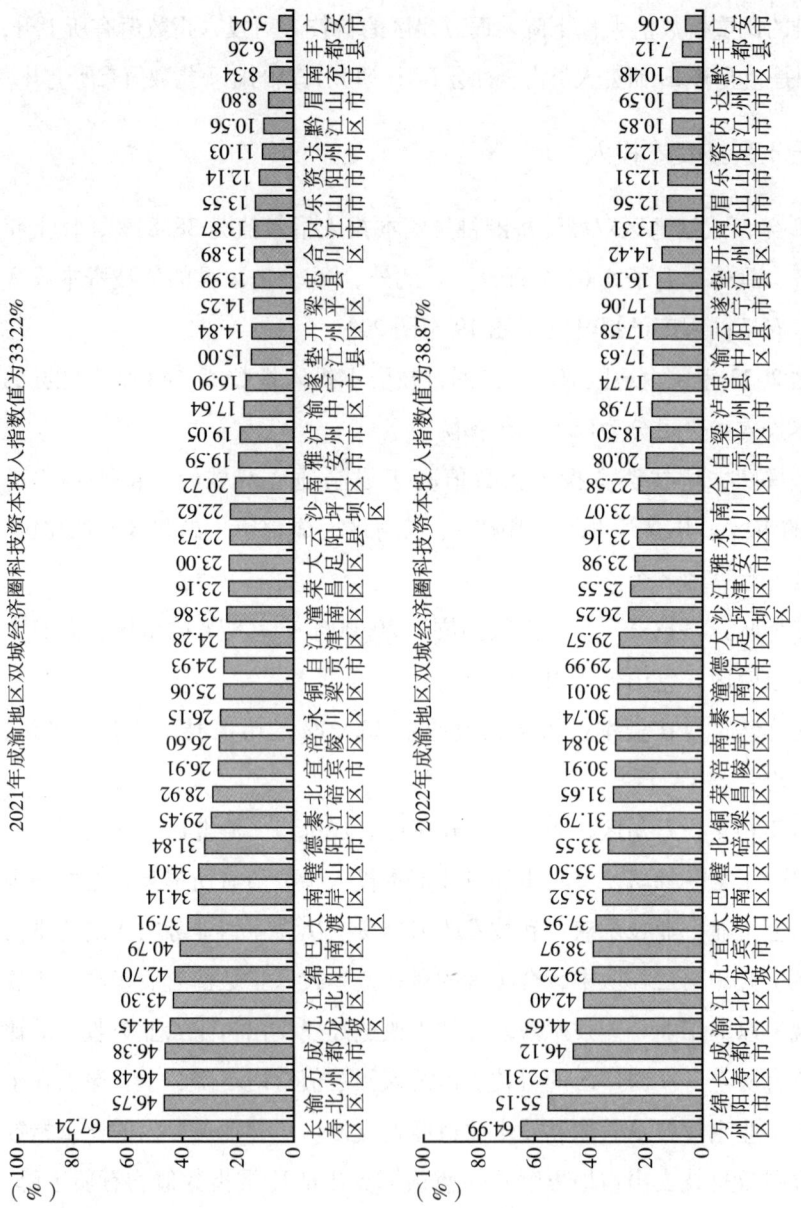

图 19 2021 年和 2022 年成渝地区双城经济圈各市区县科技资本投入指数值

资料来源：作者根据数据资料计算整理得出。

成渝地区双城经济圈科技创新分维度指标评价（2023~2024）

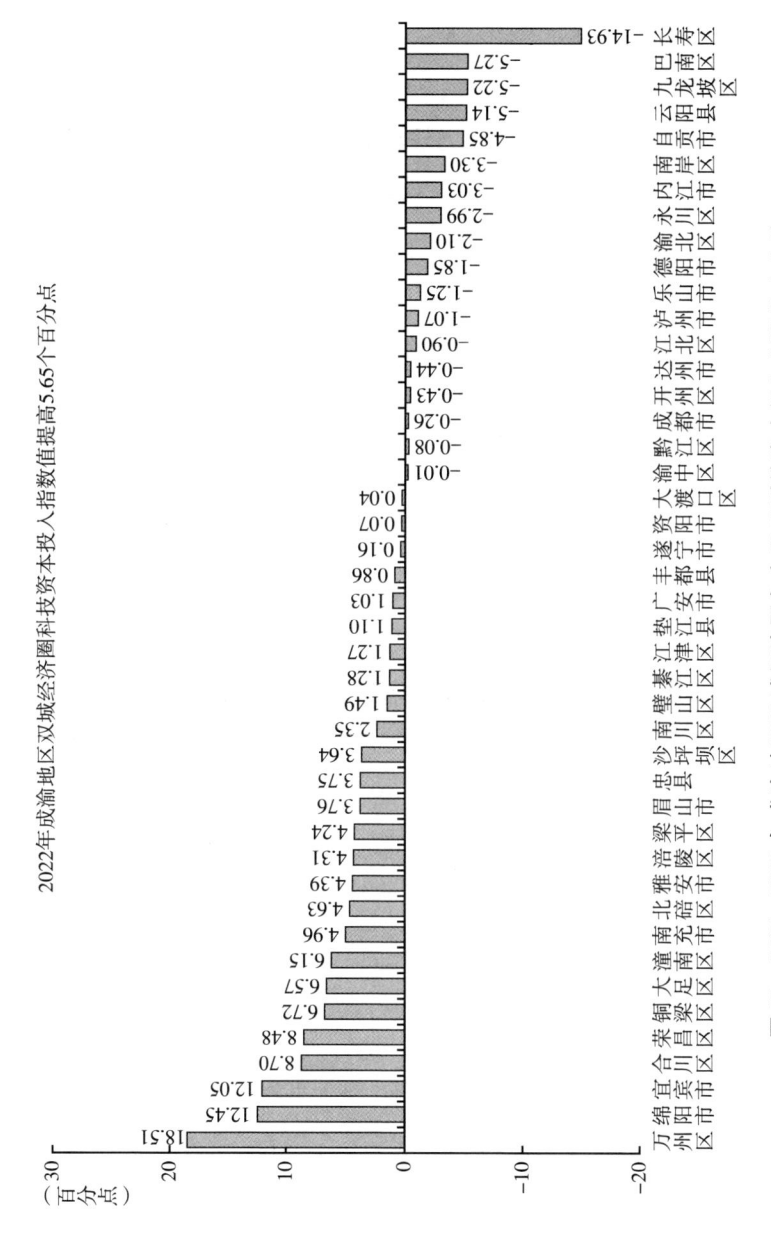

图20 2021~2022年成渝地区双城经济圈各市区县科技资本投入指数值变化情况

资料来源：作者根据数据资料计算整理得出。

（六）科技成果数量

2022年，成渝地区双城经济圈科技成果数量指数值为89.23%，比上年有所提升，具体提升了2.05个百分点。此外，20个市区县的科技成果数量指数值也有不同程度的提升（见图21至图22）。

根据2022年成渝地区双城经济圈科技成果数量指数值，44个市区县的科技成果数量水平可分为以下三个梯队。

第一梯队：科技成果数量指数值高于成渝地区双城经济圈平均水平89.23%的市区，共有成都市、渝中区、沙坪坝区、南岸区4个。

第二梯队：科技成果数量指数值位于30.00%~89.23%的市区，共有北碚区、雅安市、泸州市、南充市等25个。

第三梯队：科技成果数量指数值低于30.00%的市区县，共有铜梁区、宜宾市、眉山市、潼南区15个。

与上年相比，成都市、渝中区、沙坪坝区、南岸区的科技成果数量指数值仍位于第一梯队。第二梯队中，绵阳市的科技成果数量指数值有所下降，主要原因是万名R&D人员发表科技论文数指数值下降。而内江市的科技成果数量指数值有所提升，主要原因是万名R&D人员发表科技论文数指数值和万人有效发明专利拥有量指数值均有所上升。遂宁市从第三梯队升至第二梯队，主要原因在于万名R&D人员发表科技论文数指数值和万人有效发明专利拥有量指数值均大幅上升。第三梯队中，广安市的科技成果数量指数值较上年有所下降，主要原因在于万名R&D人员发表科技论文数指数值大幅下降。

（七）科技效益表现

2022年成渝地区双城经济圈科技效益表现水平有较大提升，科技效益表现指数值为87.30%，比上年提高了17.08个百分点。此外，33个市区县的科技效益表现指数值也有不同程度的提升（见图23至图24）。

根据2022年成渝地区双城经济圈科技效益表现指数值，44个市区县的科技效益表现水平可分为以下三个梯队。

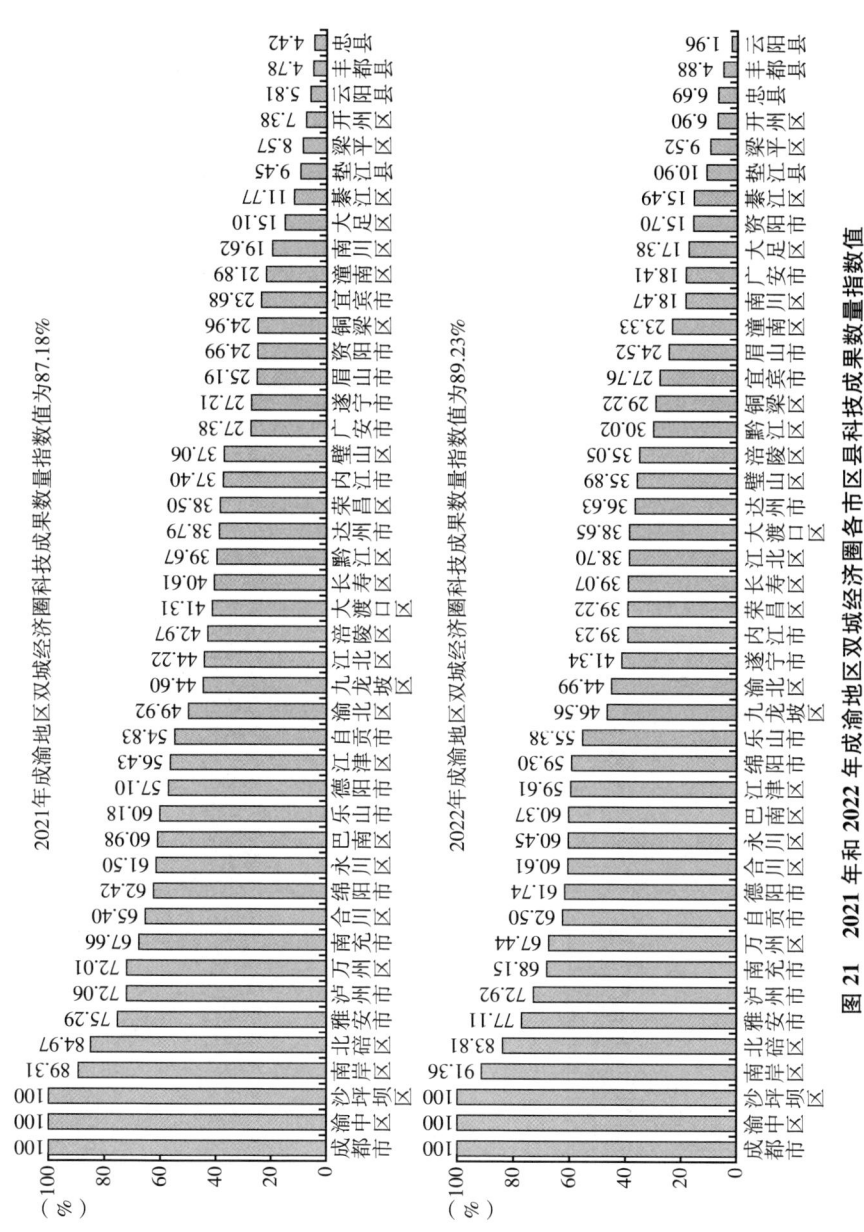

成渝地区双城经济圈科技创新分维度指标评价（2023~2024）

图 21 2021 年和 2022 年成渝地区双城经济圈各市区县科技成果数量指数值

资料来源：作者根据数据资料计算整理得出。

成渝蓝皮书

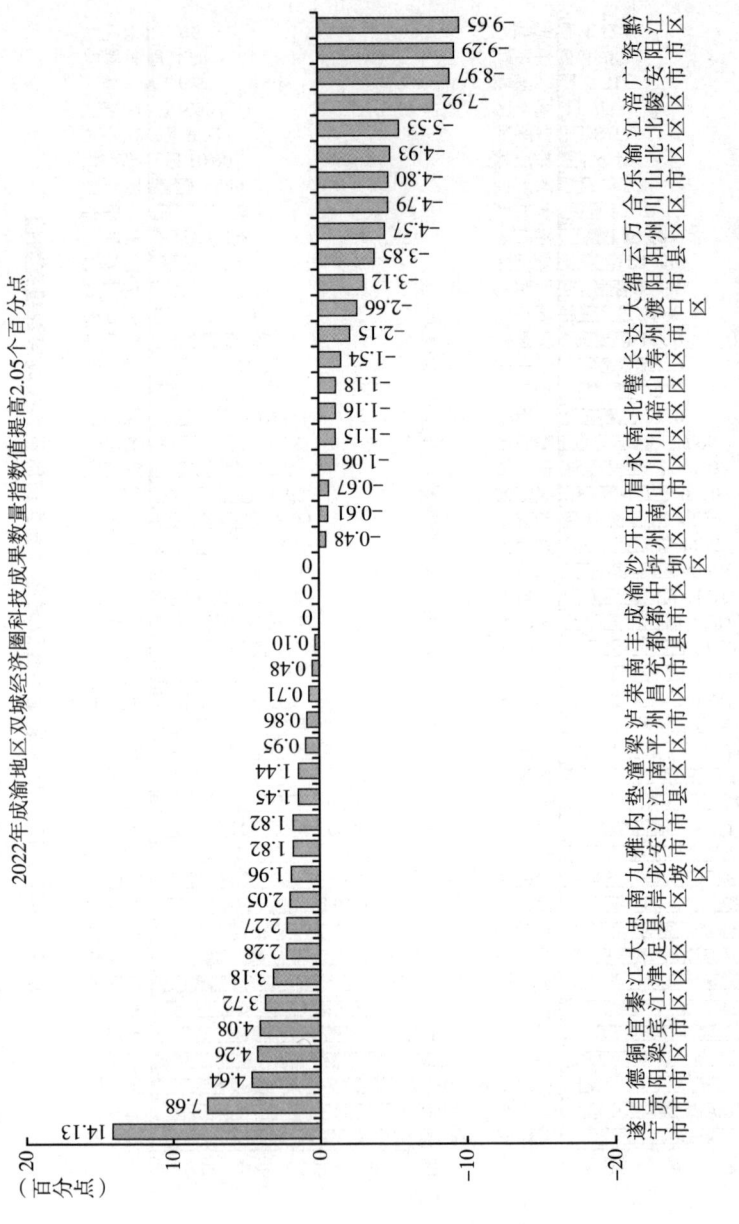

图 22　2021~2022年成渝地区双城经济圈各市区县科技成果数量指数值变化情况

资料来源：作者根据数据资料计算整理得出。

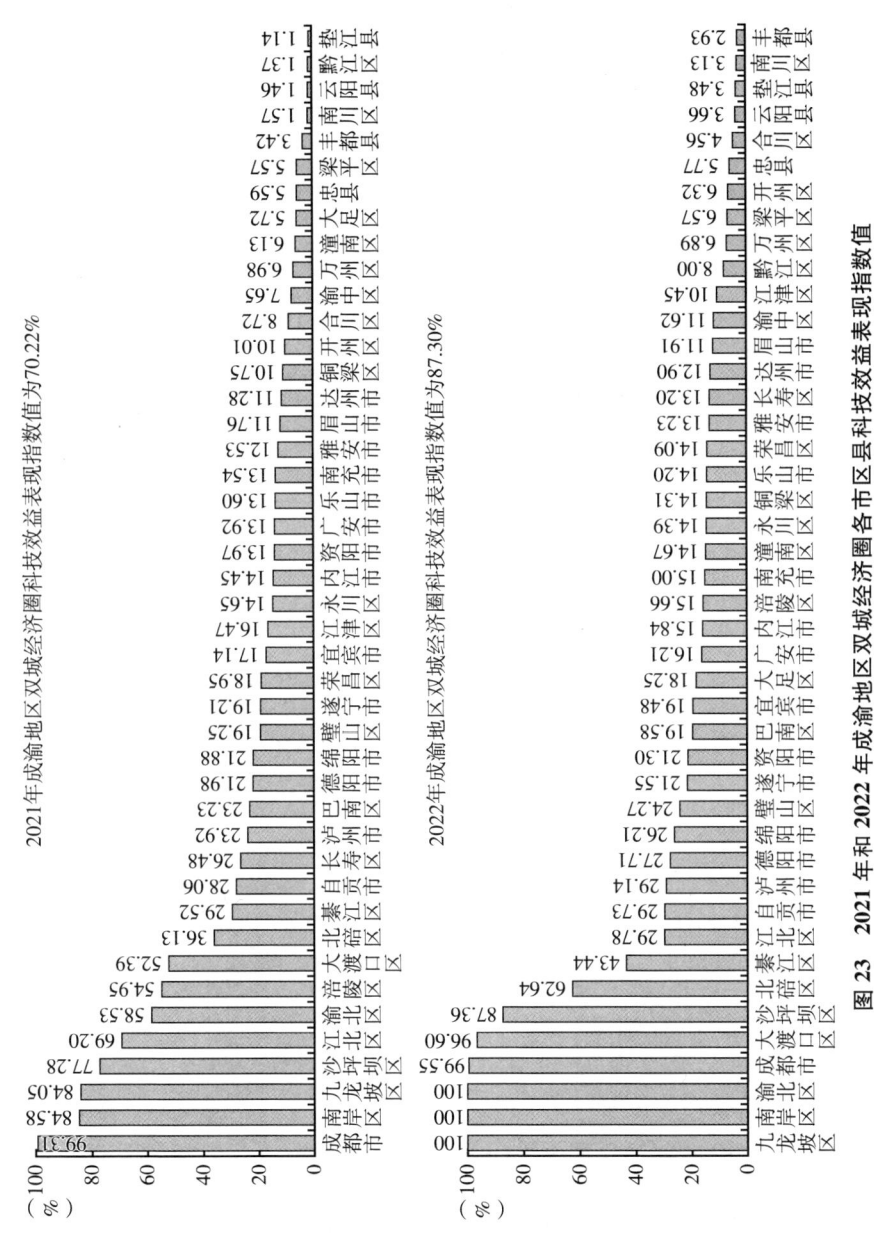

成渝地区双城经济圈科技创新分维度指标评价（2023~2024）

图 23　2021 年和 2022 年成渝地区双城经济圈各市区县科技效益表现指数值

资料来源：作者根据数据资料计算整理得出。

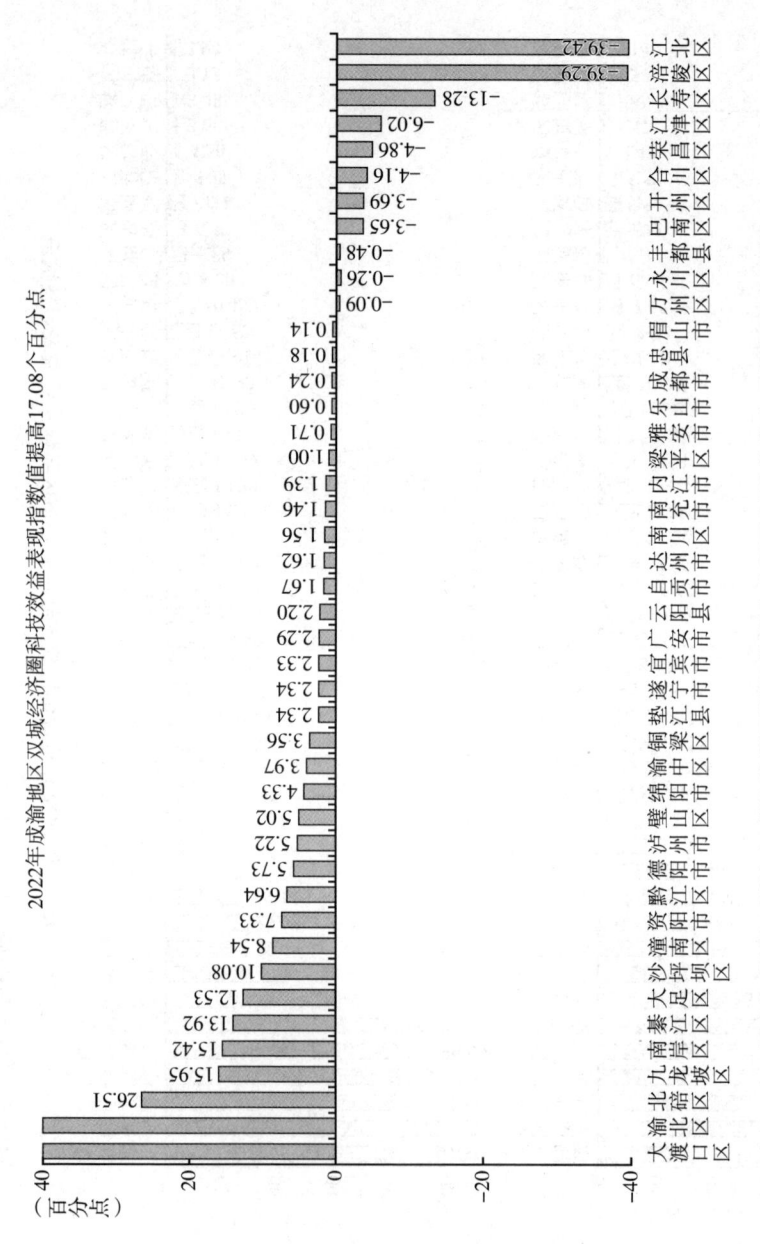

成渝蓝皮书

图 24　2021～2022 年成渝地区双城经济圈各市区县科技效益表现指数值变化情况

资料来源：作者根据数据资料计算整理得出。

第一梯队：科技效益表现指数值高于成渝地区双城经济圈平均水平87.30%的市区，共有九龙坡区、南岸区、渝北区、成都市、大渡口区、沙坪坝区6个。

第二梯队：科技效益表现指数值位于30.00%~87.30%的区，有北碚区和綦江区。

第三梯队：科技效益表现指数值低于30.00%的市区县，共有江北区、自贡市、泸州市等36个。

与上年相比，九龙坡区、南岸区、成都市、沙坪坝区仍位列第一梯队。渝北区、大渡口区的科技效益表现指数值有所提升，主要原因在于技术合同成交额占GDP的比重指数值大幅上升。涪陵区的科技效益表现指数值下降较快，由2021年的第二梯队下降至2022年的第三梯队，主要原因是技术合同成交额占GDP的比重指数值大幅下降。綦江区的科技效益表现指数值有所上升，主要原因是技术合同成交额占GDP的比重指数值有所上升。第三梯队中，江北区的科技效益表现指数值有所下降，主要原因是技术合同成交额占GDP的比重指数值大幅下降。大足区的科技效益表现指数值上升较快，主要原因在于技术合同成交额占GDP的比重指数值和数字经济增加值占GDP的比重指数值均有所上升。而潼南区的科技效益表现指数值上升的主要原因是数字经济增加值占GDP的比重指数值大幅上升。

（八）科技产业化水平

2022年，成渝地区双城经济圈科技产业化水平指数值为60.66%，比上年有所提升，具体提升了3.55个百分点。此外，26个市区的科技产业化水平指数值也有不同程度的提升（见图25至图26）。

根据2022年成渝地区双城经济圈科技产业化水平指数值，44个市区县的科技产业化水平可分为以下三个梯队。

第一梯队：科技产业化水平指数值高于成渝地区双城经济圈平均水平60.66%的市区，共有大渡口区、江北区、绵阳市等11个。

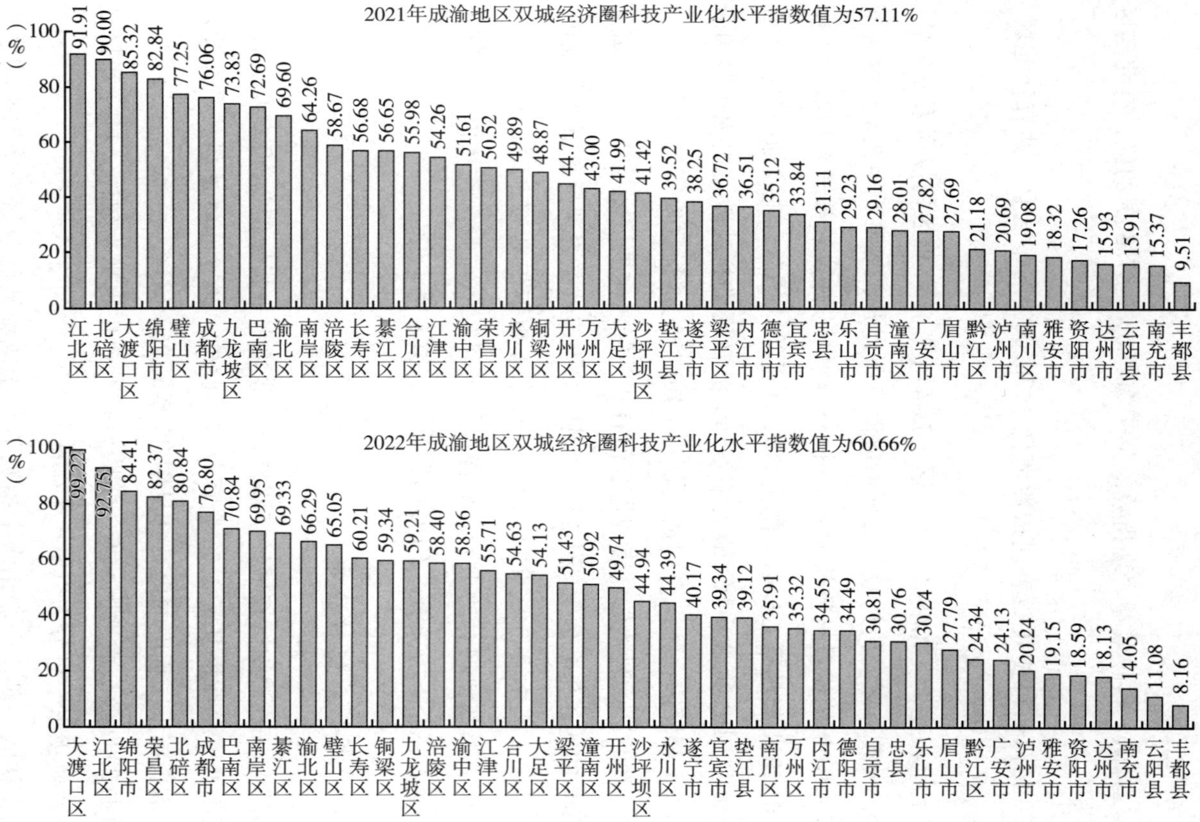

图 25　2021 年和 2022 年成渝地区双城经济圈各市区县科技产业化水平指数值

资料来源：作者根据数据资料计算整理得出。

成渝地区双城经济圈科技创新分维度指标评价（2023~2024）

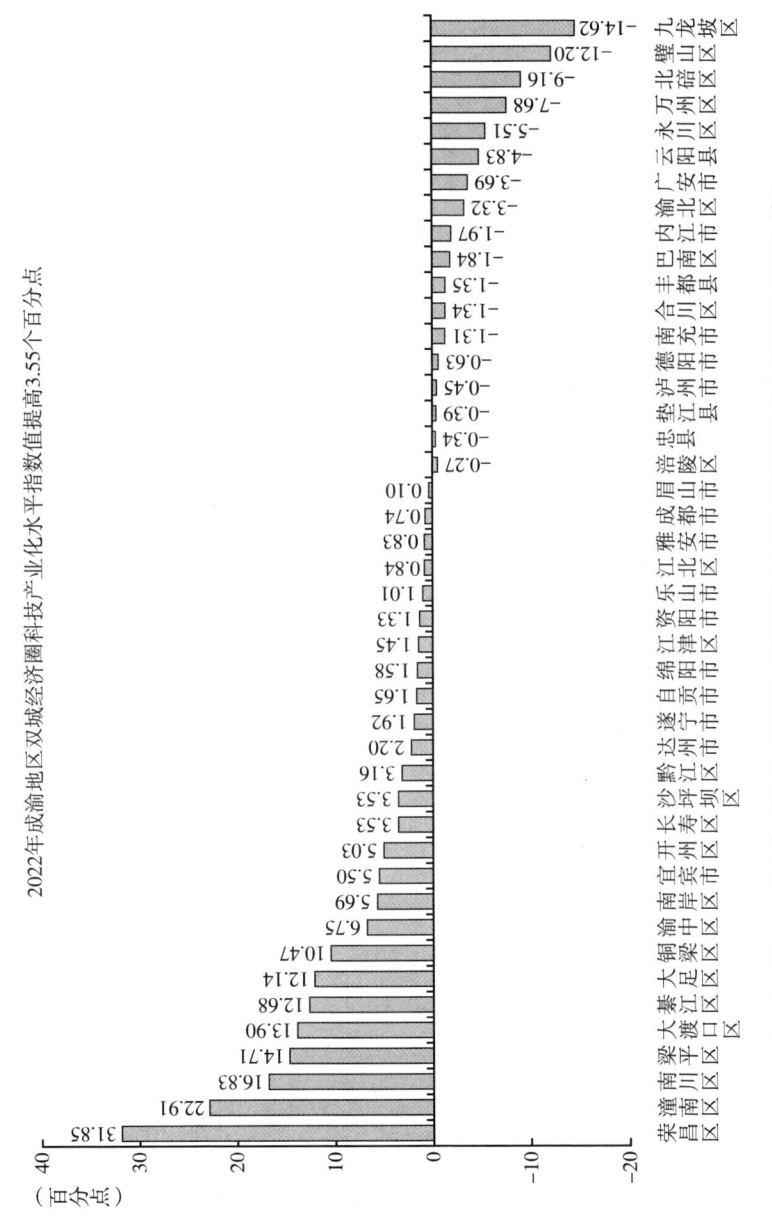

图26 2021~2022年成渝地区双城经济圈各市区县科技产业化水平指数值变化情况

资料来源：作者根据数据资料计算整理得出。

093

第二梯队：科技产业化水平指数值位于30.00%~60.66%的市区县，共有长寿区、铜梁区、九龙坡区等23个。

第三梯队：科技产业化水平指数值低于30.00%的市区县，共有眉山市、黔江区、广安市等10个。

与上年相比，大渡口区、江北区、绵阳市、北碚区、成都市、巴南区、南岸区、渝北区、璧山区仍位于第一梯队。荣昌区、綦江区上升至第一梯队，主要原因在于规模以上工业企业新产品销售收入占主营业务收入的比重指数值、每万家企业法人中高新技术企业数指数值和高技术制造业区位商指数值均有大幅度的上升。第二梯队中，九龙坡区、涪陵区的科技产业化水平指数值有所下降，主要原因是规模以上工业企业新产品销售收入占主营业务收入的比重指数值有所下降。潼南区的科技产业化水平指数值有所上升，主要原因是规模以上工业企业新产品销售收入占主营业务收入的比重指数值和高技术制造业区位商指数值均大幅上升。而南川区的科技产业化水平指数值上升的主要原因是规模以上工业企业新产品销售收入占主营业务收入的比重指数值、每万家企业法人中高新技术企业数指数值和高技术制造业区位商指数值均有所上升。第三梯队中，广安市、泸州市、云阳县、南充市、丰都县的科技产业化水平指数值都有所下降。

（九）科技产业化效益

2022年，成渝地区双城经济圈科技产业化效益指数值为60.88%，比上年有所提升，具体提高了4.91个百分点。此外，33个市区县的科技产业化效益指数值也有不同程度的提高（见图27至图28）。

根据2022年成渝地区双城经济圈科技产业化效益指数值，44个市区县的科技产业化效益水平可分为以下三个梯队。

第一梯队：科技产业化效益指数值高于成渝地区双城经济圈平均水平60.88%的市区县，共有乐山市、荣昌区、大渡口区等13个。

成渝地区双城经济圈科技创新分维度指标评价（2023~2024）

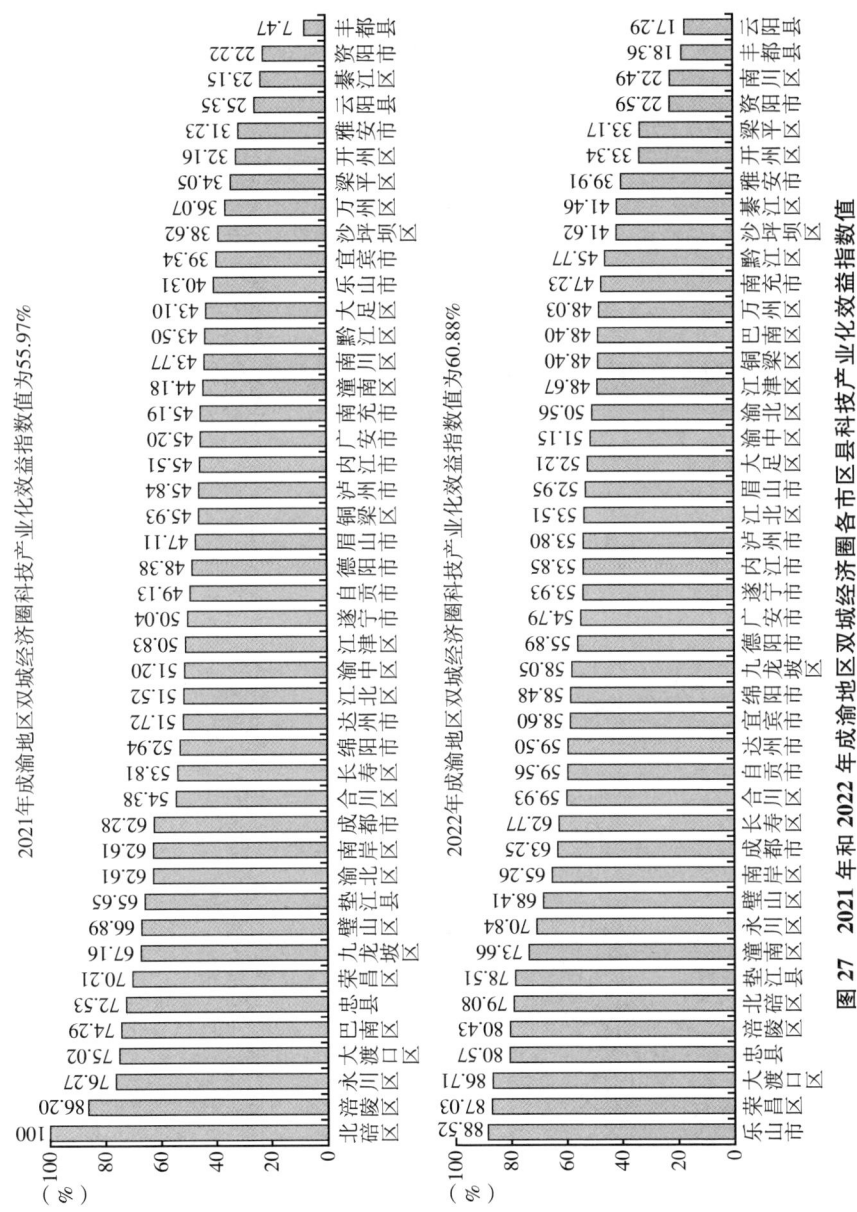

图 27 2021 年和 2022 年成渝地区双城经济圈各市区县科技产业化效益指数值

资料来源：作者根据数据资料计算整理得出。

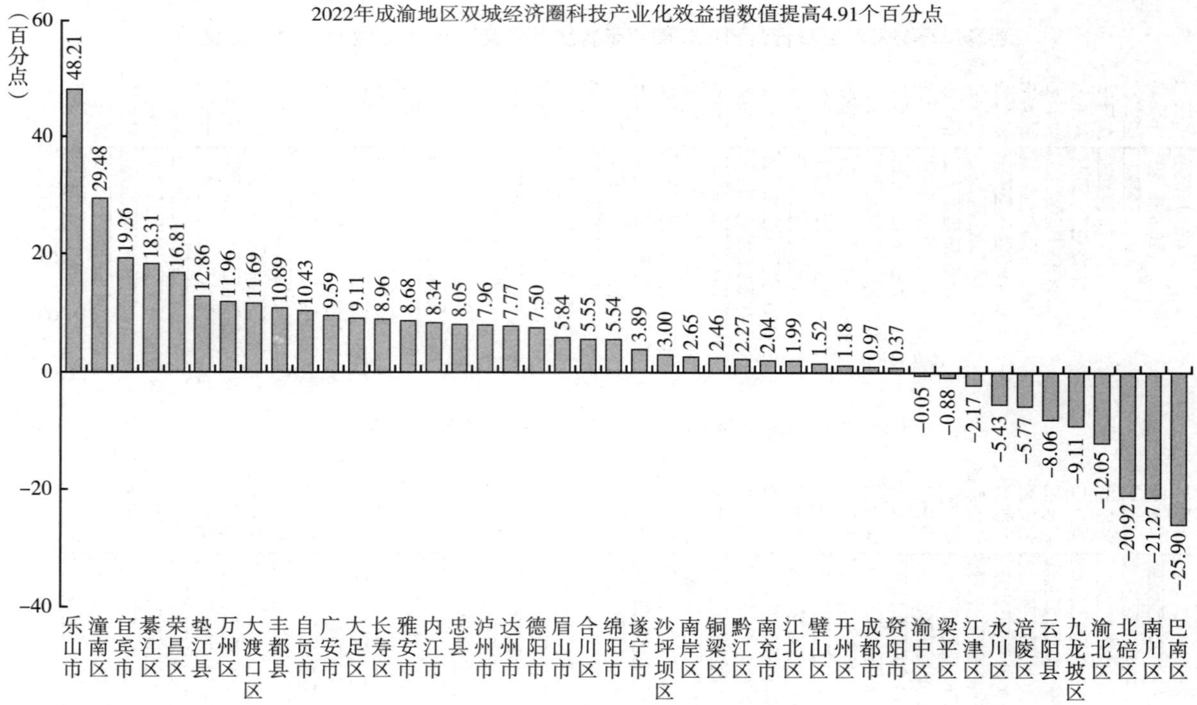

成渝蓝皮书

图28 2021~2022年成渝地区双城经济圈各市区县科技产业化效益指数值变化情况

资料来源：作者根据数据资料计算整理得出。

096

第二梯队：科技产业化效益指数值位于30.00%~60.88%的市区，共有合川区、自贡市、达州市等27个。

第三梯队：科技产业化效益指数值低于30.00%的市区县，共有资阳市、南川区、丰都县、云阳县4个。

与上年相比，荣昌区、大渡口区、忠县、成都市等10个市区县仍位于第一梯队。乐山市的科技产业化效益指数值上升最快，主要原因是高新技术企业利润率指数值和高新技术企业营业收入占工业主营业务收入的比重指数值均大幅上升。潼南区的科技产业化效益指数值也有所提升，主要原因是高新技术企业营业收入占工业主营业务收入的比重指数值大幅上升。第二梯队中，九龙坡区、渝北区、巴南区的科技产业化效益指数值有所下降，主要原因在于高新技术企业利润率指数值大幅下降。而綦江区的科技产业化效益指数值有所上升的主要原因是高新技术企业营业收入占工业主营业务收入的比重指数值和高新技术企业劳动生产率指数值均上升。第三梯队中，资阳市、丰都县、云阳县仍位于第三梯队。南川区的科技产业化效益指数值下降的主要原因是高新技术企业利润率指数值下降。

（十）经济增长方式转变

2022年，成渝地区双城经济圈经济增长方式转变指数值为64.82%，比上年有所提升，具体提升了3.60个百分点。此外，39个市区县的经济增长方式转变指数值也有不同程度的提升（见图29至图30）。

根据2022年成渝地区双城经济圈经济增长方式转变指数值，44个市区县的经济增长方式转变水平可分为以下两个梯队。

第一梯队：经济增长方式转变指数值高于成渝地区双城经济圈平均水平64.82%的市区县，共有涪陵区、渝中区、江北区等24个。

第二梯队：经济增长方式转变指数值位于30.00%~64.82%的市区县，共有丰都县、德阳市、万州区、自贡市等20个。

图 29　2021 年和 2022 年成渝地区双城经济圈各市区县经济增长方式转变指数值

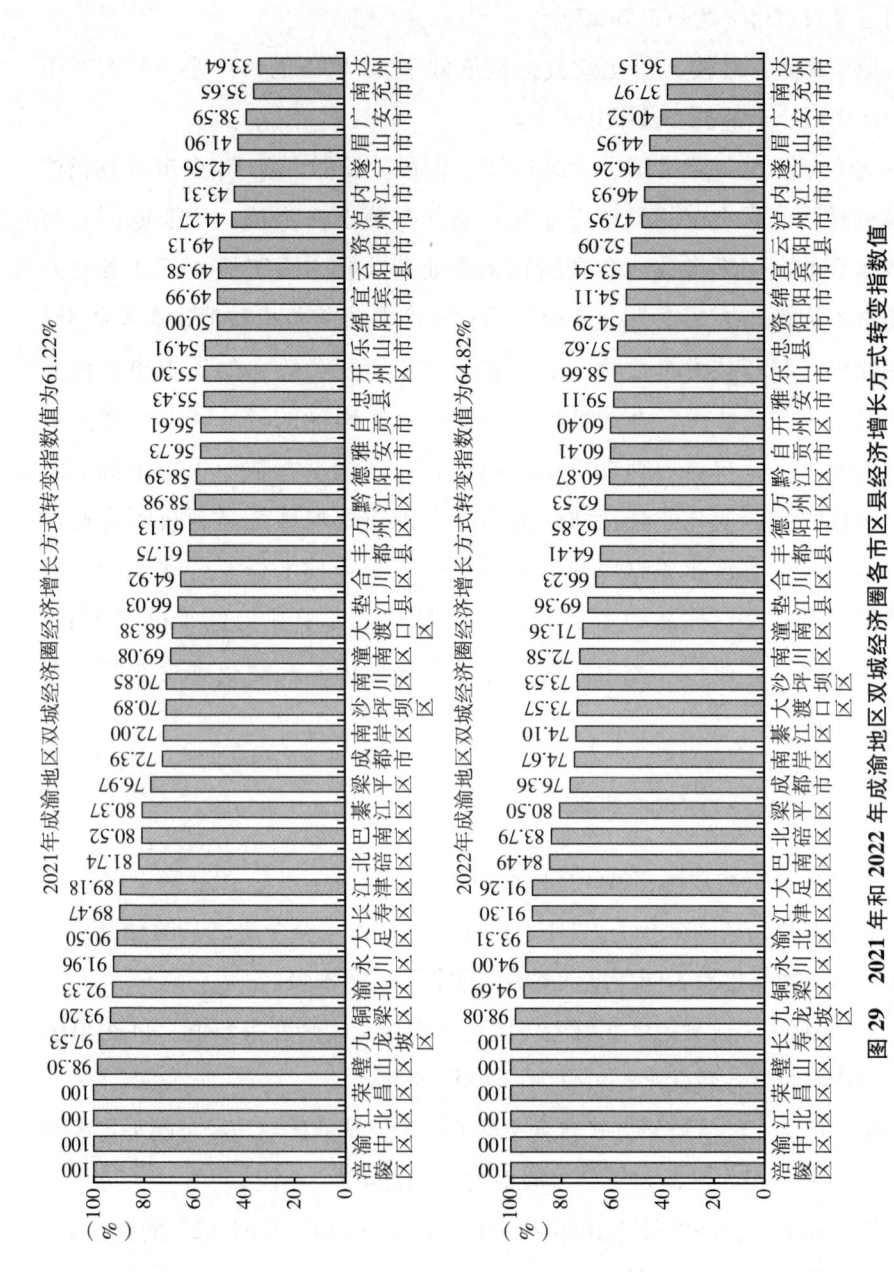

资料来源：作者根据数据资料计算整理得出。

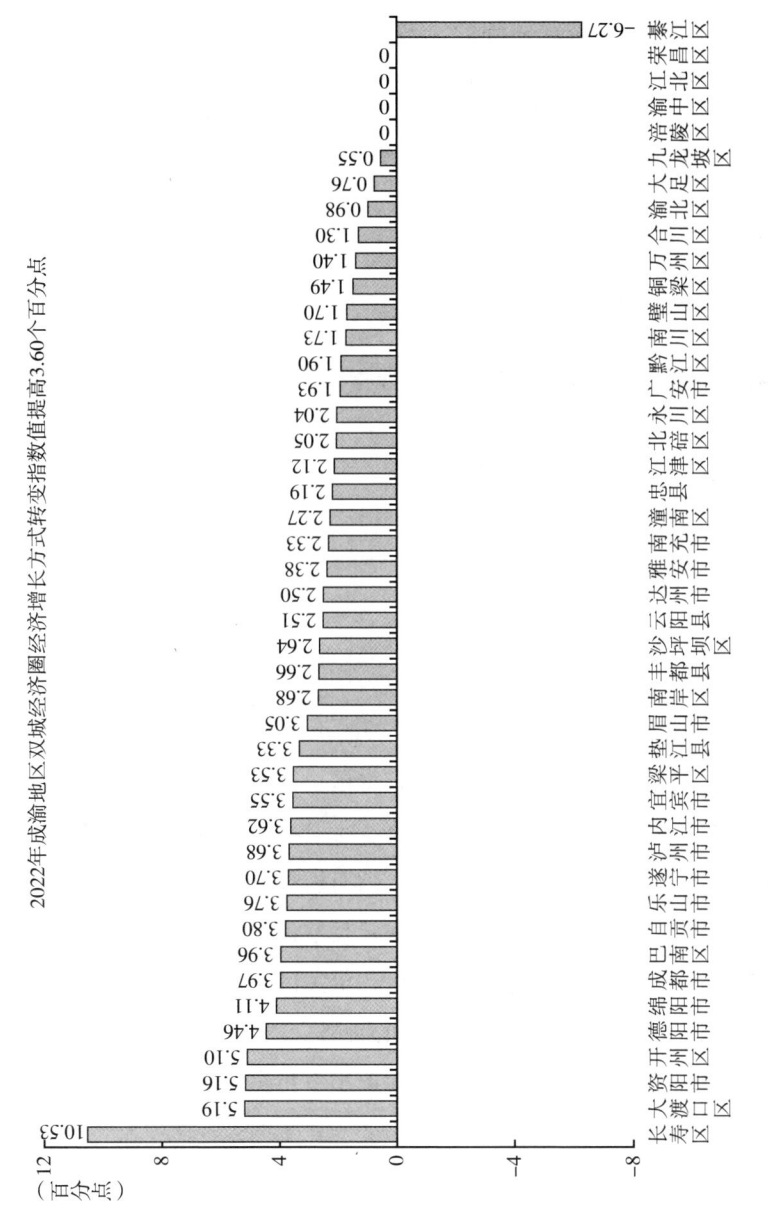

成渝地区双城经济圈科技创新分维度指标评价（2023~2024）

图30 2021~2022年成渝地区双城经济圈各市区县经济增长方式转变指数值变化情况

资料来源：作者根据数据资料计算整理得出。

与上年相比，涪陵区、渝中区、江北区、荣昌区等24个市区县仍位于第一梯队。长寿区的经济增长方式转变指数值上升较快，主要原因在于人均GDP指数值大幅上升。而綦江区的经济增长方式转变指数值下降，主要原因是人均GDP指数值下降。大渡口区的经济增长方式转变指数值上升的主要原因在于人均GDP指数值和就业人员劳动生产率指数值均上升。第二梯队中，忠县的经济增长方式转变指数值下降的主要原因是就业人员劳动生产率指数值下降。

（十一）环境改善

2022年，成渝地区双城经济圈环境改善指数值为24.88%，比上年有所提升，具体提升了3.93个百分点。此外，36个市区县的环境改善指数值也有不同程度的提升（见图31至图32）。

根据2022年成渝地区双城经济圈环境改善指数值，44个市区县的环境改善水平可以分为以下两个梯队。

第一梯队：环境改善指数值高于成渝地区双城经济圈平均水平24.88%的市区县，共有渝中区、江北区、南岸区、云阳县、资阳市等35个。

第二梯队：环境改善指数值低于24.88%的市区县，共有合川区、万州区、涪陵区、南川区、丰都县、綦江区、长寿区、江津区、雅安市9个。

与上年相比，渝中区、江北区、南岸区、云阳县、资阳市等35个市区县仍位于第一梯队。梁平区的环境改善指数值有所提高，主要原因在于综合能耗产出率指数值、万元地区生产总值用水量指数值和空气质量优良天数占比指数值均有所上升。第二梯队中，合川区、涪陵区、南川区、丰都县、綦江区、江津区、雅安市仍位于第二梯队。而万州区、丰都县的环境改善指数值有所下降的主要原因在于前者的综合能耗产出率指数值下降，后者的空气质量优良天数占比指数值下降。

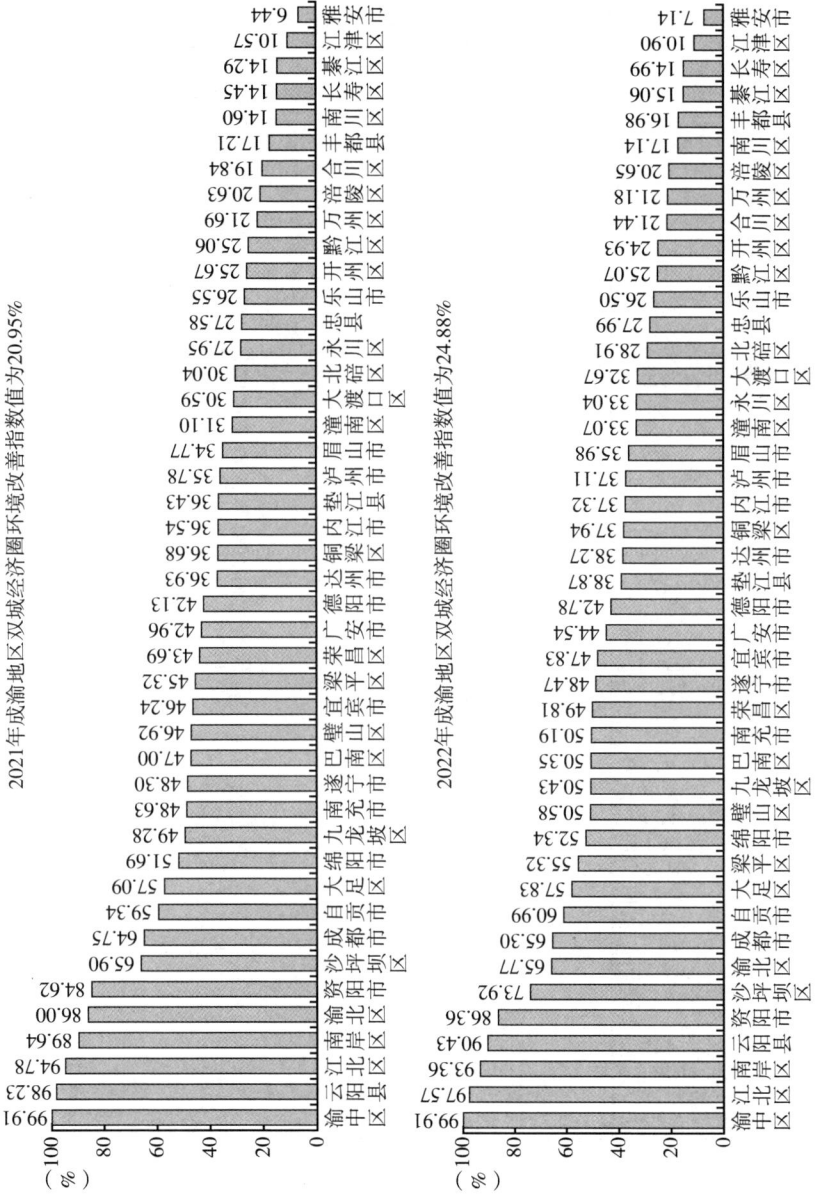

图 31 2021 年和 2022 年成渝地区双城经济圈各市区县环境改善指数数值

资料来源：作者根据数据资料计算整理得出。

成渝蓝皮书

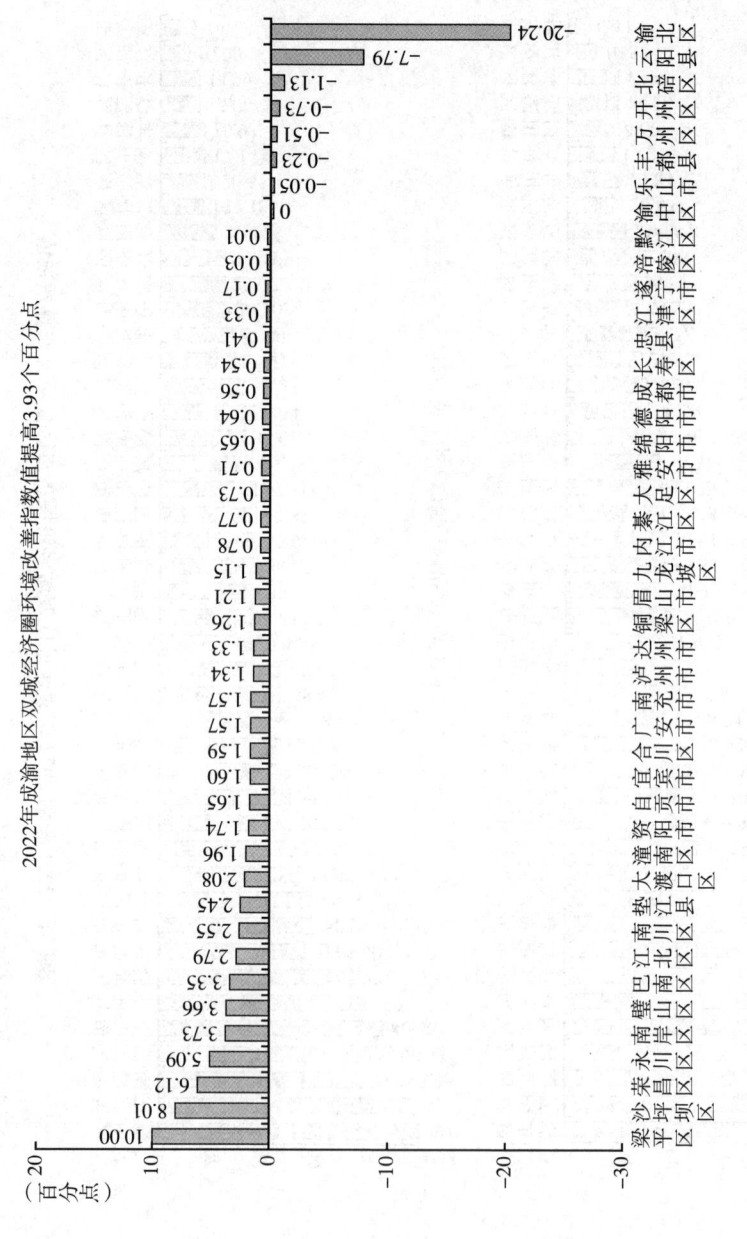

图32 2021~2022年成渝地区双城经济圈各市区县环境改善指数值变化情况

资料来源：作者根据数据资料计算整理得出。

区域篇

B.5
重庆都市圈科技创新发展报告（2023~2024）

廖元和　王一鸣*

摘　要： 本报告基于成渝地区双城经济圈科技创新发展指数测算结果，运用描述性统计分析和比较分析法，通过指数比较分析重庆都市圈2022年科技创新发展情况及相较于2021年的变化，以相对值分析重庆都市圈在科技创新环境、科技活动投入、科技活动产出、科技产业化、科技促进经济社会发展五个维度的发展情况。相关数据显示，重庆都市圈科技创新发展态势良好，半数以上区域的科技创新发展指数值高于成渝地区双城经济圈平均值。重庆都市圈在科技创新环境、科技产业化和科技促进经济社会发展三个维度上的发展具有比较优势，半数以上区域的分维度指数值高于成渝地区双城经济圈平均值。重庆都市圈不同区域的科技创新发展呈现一定差别，14个市区的科技创新发展指数值有所上升，大渡口区、潼南区和荣昌区等增幅较为明显。

---

* 廖元和，重庆工商大学原副校长，博士，二级研究员，博士研究生导师，主要研究方向为理论经济学和区域经济学；王一鸣，重庆工商大学数学与统计学院硕士研究生，主要研究方向为应用统计。

103

关键词： 科技创新发展指数 科技创新能力 重庆都市圈

一 2022年重庆都市圈科技创新发展情况

（一）科技创新总体发展情况

2022年重庆都市圈科技创新发展态势良好。在重庆都市圈中，14个区的科技创新发展指数值高于成渝地区双城经济圈平均值（42.28%），分别是南岸区（71.82%）、渝北区（66.42%）、大渡口区（65.56%）、沙坪坝区（64.29%）、北碚区（63.54%）、九龙坡区（62.80%）、江北区（59.71%）、渝中区（59.23%）、荣昌区（54.35%）、巴南区（51.20%）、涪陵区（49.55%）、璧山区（47.84%）、长寿区（42.61%）和永川区（42.39%），科技创新发展总体处在相对较高水平；科技创新发展指数值低于成渝地区双城经济圈平均值的分别是铜梁区（41.48%）、江津区（38.53%）、綦江区（38.33%）、大足区（37.23%）、潼南区（36.77%）、合川区（32.49%）、南川区（31.51%）和广安市（27.71%），科技创新总体发展水平有待进一步提升（见图1）。2022年重庆都市圈科技创新发

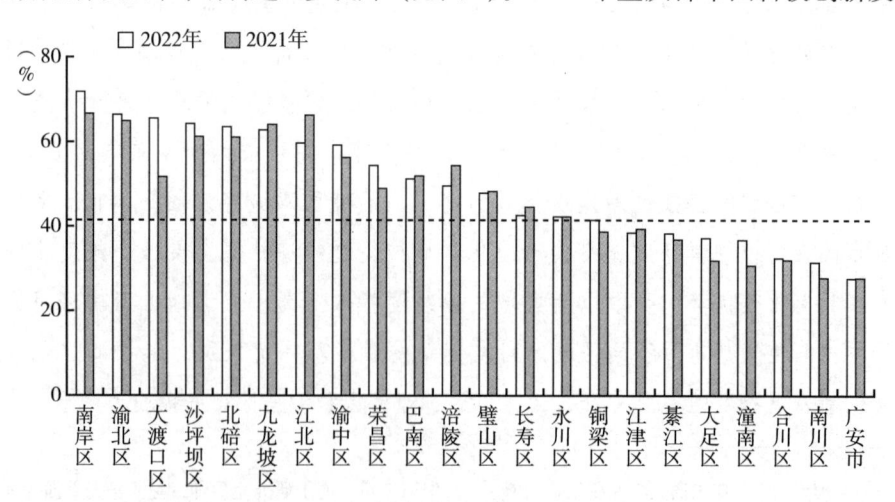

图1 2022年和2021年重庆都市圈科技创新发展指数值

资料来源：作者根据数据资料计算整理得出。

展指数值提升幅度较大的是大渡口区，从51.68%提高到65.56%，其次，潼南区从30.59%提高到36.77%，荣昌区从48.95%提高到54.35%，大足区从31.92%提高到37.23%，南岸区从66.80%提高到71.82%，南川区从28.04%提高到31.51%。渝中区、沙坪坝区、铜梁区、北碚区、渝北区、綦江区、合川区和永川区这8个区的科技创新发展指数值也有不同程度的提高。广安市、璧山区、巴南区、江津区、九龙坡区、长寿区、涪陵区和江北区的科技创新发展指数值有不同程度的降低。

（二）科技创新分维度的发展情况

1. 科技创新环境的发展情况

2022年重庆都市圈科技创新环境发展整体态势优良，多数区域高于平均水平。在重庆都市圈中，16个区的科技创新环境指数值高于成渝地区双城经济圈平均值（12.30%），分别是渝北区（21.11%）、大渡口区（20.59%）、涪陵区（20.17%）、荣昌区（19.78%）、九龙坡区（19.62%）、江北区（19.24%）、北碚区（19.19%）、南岸区（18.76%）、沙坪坝区（17.79%）、巴南区（17.58%）、渝中区（16.25%）、南川区（15.12%）、璧山区（15.09%）、铜梁区（14.78%）、长寿区（12.51%）和永川区（12.39%），科技创新环境总体处在相对较高水平；科技创新环境指数值低于成渝地区双城经济圈平均值的分别是綦江区（12.04%）、江津区（11.87%）、潼南区（10.49%）、大足区（10.14%）、广安市（6.88%）和合川区（5.56%），科技创新环境总体发展水平有待进一步提升（见图2）。2022年重庆都市圈科技创新环境指数值提升幅度较大的是大渡口区，从13.39%提高到20.59%，南川区从11.07%提高到15.12%，巴南区从14.48%提高到17.58%。大足、涪陵区、荣昌区、南岸区、永川区、北碚区、铜梁区、长寿区、江津区、璧山区、合川区、广安市、渝北区和渝中区的科技创新环境指数值也有不同程度的提高。潼南区、九龙坡区、沙坪坝区、江北区和綦江区这5个区的科技创新环境指数值有不同程度的降低。

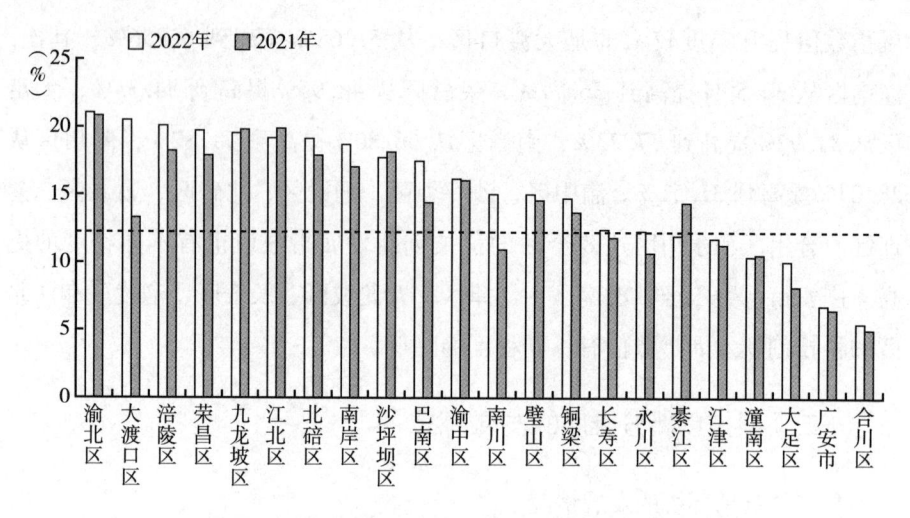

图 2　2022 年和 2021 年重庆都市圈科技创新环境指数值

资料来源：作者根据数据资料计算整理得出。

2. 科技活动投入的发展情况

2022 年重庆都市圈科技活动投入整体水平良好，且以璧山区（低于成渝地区双城经济圈平均值）为界呈平稳下降趋势。在重庆都市圈中，10 个区的科技活动投入指数值高于成渝地区双城经济圈平均值（5.82%），分别是渝中区（8.29%）、渝北区（8.15%）、南岸区（8.02%）、沙坪坝区（7.70%）、江北区（7.60%）、长寿区（7.27%）、北碚区（7.09%）、九龙坡区（6.66%）、大渡口区（6.65%）和巴南区（6.20%），科技活动投入总体处在相对较高水平；科技活动投入指数值低于成渝地区双城经济圈平均值的分别是璧山区（5.32%）、荣昌区（5.05%）、潼南区（4.95%）、綦江区（4.86%）、涪陵区（4.84%）、合川区（4.76%）、铜梁区（4.72%）、大足区（4.70%）、广安市（4.46%）、江津区（4.25%）、永川区（4.13%）和南川区（3.92%），科技活动投入水平有待进一步提升（见图 3）。2022 年重庆都市圈科技活动投入指数值提升幅度较大的是渝中区，从 6.55 提高到 8.29，沙坪坝区、北碚区、合川区和南岸区这 4 个区的科技活动投入指数值也有不同程度的提高。其余的科技活动投入指数值有不同程度的降低。

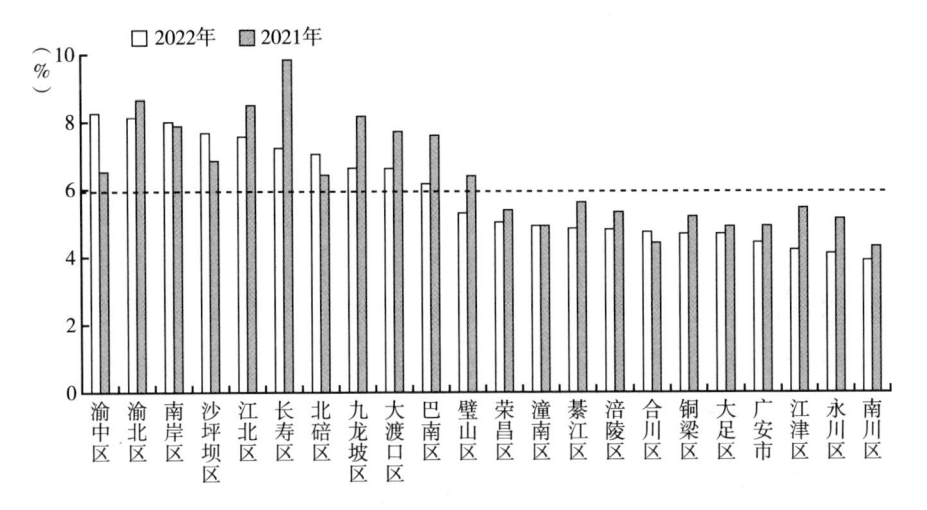

图 3　2022 年和 2021 年重庆都市圈科技活动投入指数值

资料来源：作者根据数据资料计算整理得出。

3. 科技活动产出的发展情况

2022年重庆都市圈科技活动产出整体水平呈较好态势，但不同区域间差异显著。在重庆都市圈中，9个区的科技活动产出指数值高于成渝地区双城经济圈平均值（8.35%），分别是南岸区（22.62%）、沙坪坝区（22.02%）、九龙坡区（17.61%）、渝北区（17.44%）、北碚区（17.14%）、大渡口区（16.31%）、渝中区（12.62%）、巴南区（9.18%）和永川区（8.54%），科技活动产出总体处在相对较高水平；科技活动产出指数值低于成渝地区双城经济圈平均值的分别是江北区（8.02%）、江津区（7.96%）、合川区（7.34%）、綦江区（7.12%）、璧山区（7.02%）、荣昌区（6.13%）、长寿区（6.01%）、涪陵区（5.86%）、铜梁区（5.04%）、潼南区（4.43%）、大足区（4.21%）、广安市（4.07%）和南川区（2.45%），科技活动产出总体发展水平有待提升（见图4）。2022年重庆都市圈科技活动产出指数值提升幅度较大的是大渡口区，从11.12%提高到16.31%，渝北区从12.84%提高到17.44%，北碚区从13.98%提高到17.14%。九龙坡区、綦江区、南岸区、大足区、沙坪坝区、潼南区、铜梁区、渝中区、璧山区和南川区这10个区

107

的科技活动产出指数值也有不同程度的提高。永川区、江津区、巴南区、荣昌区、广安市、合川区、长寿区、江北区和涪陵区的科技活动产出指数值有不同程度的降低。

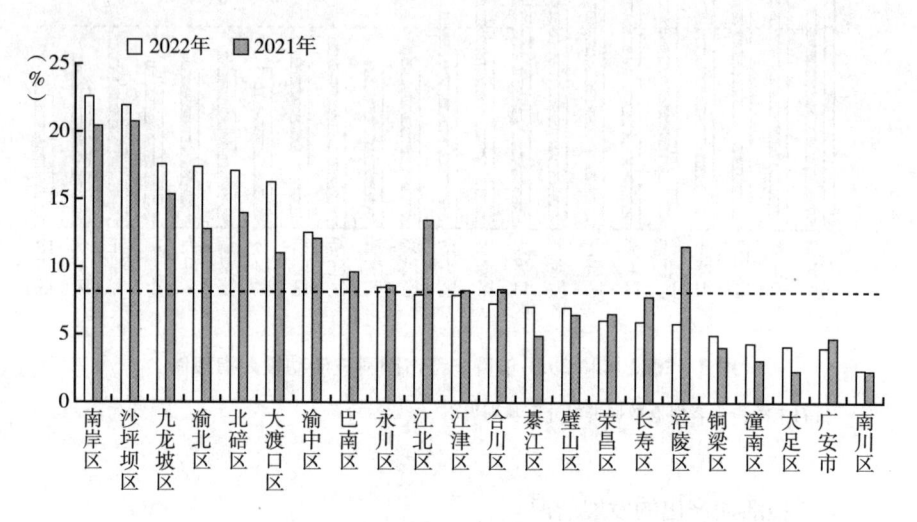

图4 2022年和2021年重庆都市圈科技活动产出指数值

资料来源：作者根据数据资料计算整理得出。

4. 科技产业化的发展情况

2022年重庆都市圈科技产业化整体水平较高，绝大多数区域高于成渝地区双城经济圈平均水平。在重庆都市圈中，19个区的科技产业化指数值高于成渝地区双城经济圈平均值（8.72%），分别是大渡口区（15.65%）、荣昌区（14.33%）、北碚区（13.50%）、江北区（12.18%）、涪陵区（11.82%）、南岸区（11.40%）、璧山区（11.29%）、潼南区（10.62%）、长寿区（10.40%）、巴南区（9.97%）、九龙坡区（9.90%）、永川区（9.85%）、渝北区（9.80%）、合川区（9.70%）、綦江区（9.24%）、渝中区（9.22%）、铜梁区（9.05%）、大足区（8.97%）和江津区（8.78%），科技产业化总体处在相对较高水平；科技产业化指数值低于成渝地区双城经济圈平均值的分别是沙坪坝区（7.30%）、广安市（6.80%）和南川区（4.87%），科技产业化总体发展水平有待提升（见图5）。2022年重庆都市圈科技产业化指数值提升幅度较大的是潼南区，从6.17%提高到10.62%，荣昌区从10.28%提高到14.33%。綦江区、大渡口区、大足区、长寿区、铜梁区、南岸区、广安市、沙坪坝区、渝中区、合川区和江北区的科技产业化指数值有不同程度的提高。江津区、涪陵区、南川区、璧山区、永川区、渝北区、九龙坡区、巴南区、北碚区这9个区的科技产业化指数值有不同程度的降低。

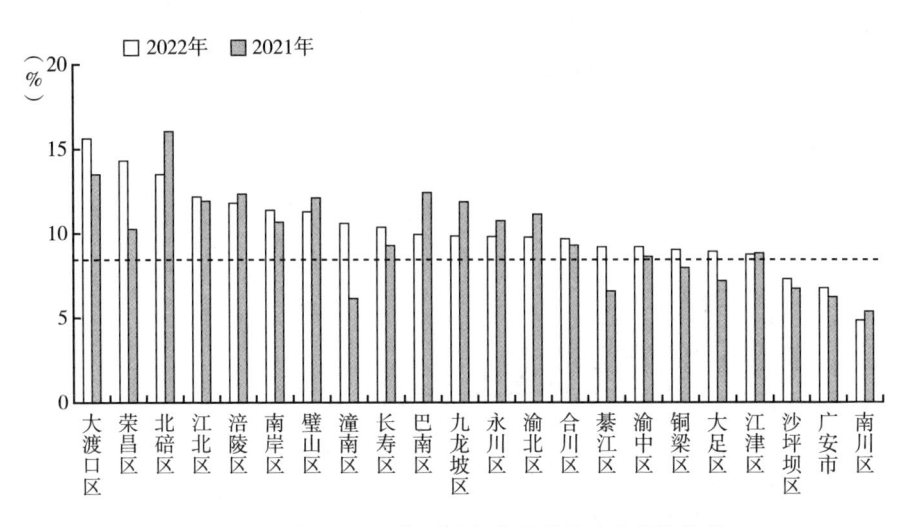

图5　2022年和2021年重庆都市圈科技产业化指数值

资料来源：作者根据数据资料计算整理得出。

5.科技促进经济社会发展的发展情况

2022年重庆都市圈科技促进经济社会发展显著，各区域间发展情况较为稳定。在重庆都市圈中，12个区的科技促进经济社会发展指数值高于成渝地区双城经济圈平均值（7.09%），分别是渝中区（12.85%）、江北区（12.68%）、南岸区（11.02%）、渝北区（9.92%）、沙坪坝区（9.49%）、大足区（9.21%）、璧山区（9.12%）、荣昌区（9.07%）、九龙坡区（9.01%）、巴南区（8.28%）、铜梁区（7.89%）和永川区（7.48%），科技促进经济社会发展总体处在相对较高水平。科技促进经济社会发展指数值低于成渝地区双城经济圈平均值的分别是涪陵区

(6.86%)、北碚区（6.63%）、长寿区（6.43%）、大渡口区（6.37%）、潼南区（6.28%）、江津区（5.66%）、广安市（5.51%）、南川区（5.14%）、合川区（5.13%）和綦江区（5.07%），科技促进经济社会发展水平有待进一步提升（见图6）。2022年重庆都市圈科技促进经济社会发展指数值提升幅度较大的是沙坪坝区，从8.74%提高到9.49%，长寿区从5.83%提高到6.43%。永川区、巴南区、荣昌区、大渡口区、南岸区、璧山区、南川区、潼南区、广安市、江北区、合川区、铜梁区、江津区、九龙坡区、大足区和北碚区的科技促进经济社会发展指数值有不同程度的提高。

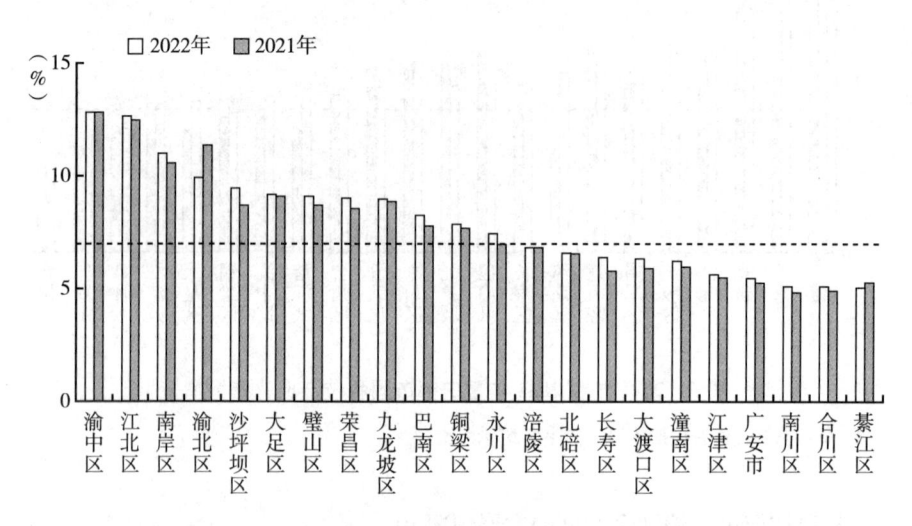

图6 2022年和2021年重庆都市圈科技促进经济社会发展指数值

资料来源：作者根据数据资料计算整理得出。

二 2022年重庆都市圈各区域的科技创新发展情况

（一）渝中区科技创新发展情况

渝中区2022年科技创新发展指数值为59.23%。从一级指标看，科技促进经济社会发展指标相对值达到99.95%，接近达成100%的目标，科技创新环境指标相对值为61.56%，科技产业化、科技活动产出和科技活动投入指标相对值相对较低，分别是54.57%、53.51%和40.90%（见图7）。从一级指标相对值的变化上看，5个一级级指标在2022年的相对值均高于2021年的相对值，表明渝中区科技创新发展态势较好。

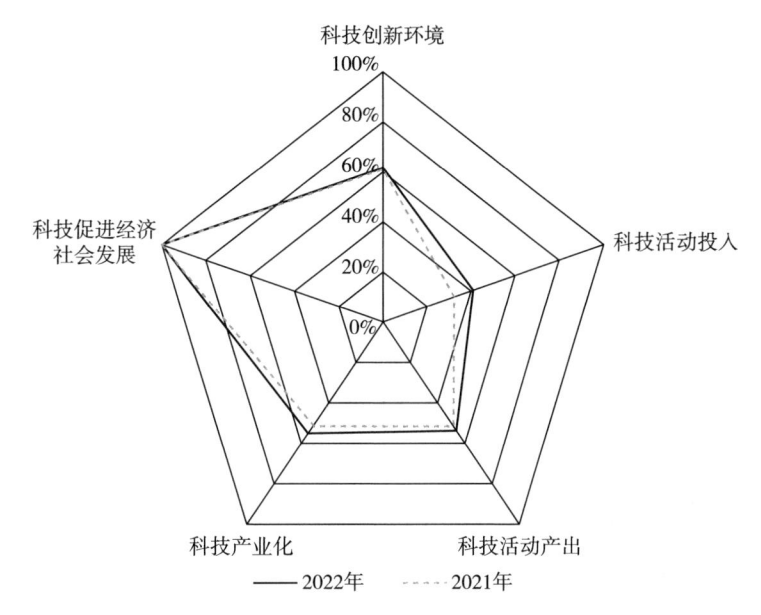

图7 2022年和2021年渝中区科技创新发展一级指标相对值

资料来源：作者根据数据资料计算整理得出。

（二）大渡口区科技创新发展情况

大渡口区2022年科技创新发展指数值为65.56%。从一级指标看，科技产业化指标相对值为92.65%，科技创新环境指标相对值为77.99%，科技活动产出、科技促进经济社会发展和科技活动投入指标相对值相对较低，分别是69.14%、49.53%和32.82%（见图8）。从一级指标相对值的变化上看，除科技活动投入外，其余4个一级指标在2022年的相对值均高于2021年的相对值，表明大渡口区科技创新发展整体态势较好。

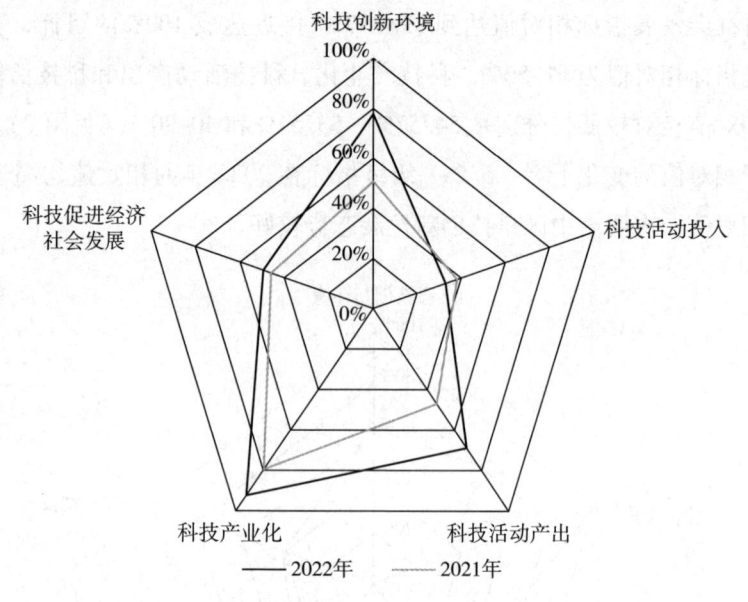

图 8　2022 年和 2021 年大渡口区科技创新发展一级指标相对值

资料来源：作者根据数据资料计算整理得出。

（三）江北区科技创新发展情况

江北区 2022 年科技创新发展指数值为 59.71%。从一级指标看，科技促进经济社会发展指标相对值达到 98.57%，接近达成 100%的目标。科技创新环境与科技产业化指标相对值较为接近，分别是 72.88%与 72.12%，科技活动投入和科技活动产出相对值相对较低，分别是 37.51%和 34.01%（见图 9）。从一级指标相对值的变化上看，科技产业化和科技促进经济社会发展指标在 2022 年的相对值均高于 2021 年的相对值，其余 3 个指标在 2022 年的相对值均低于 2021 年的相对值，表明江北区科技创新发展整体水平有待提升。

（四）沙坪坝区科技创新发展情况

沙坪坝区 2022 年科技创新发展指数值为 64.29%。从一级指标看，科技活动产出指标相对值为 93.35%，科技促进经济社会发展指标相对值为 73.76%，科技创新环境、科技产业化和科技活动投入指标相对值相对较低，分别是

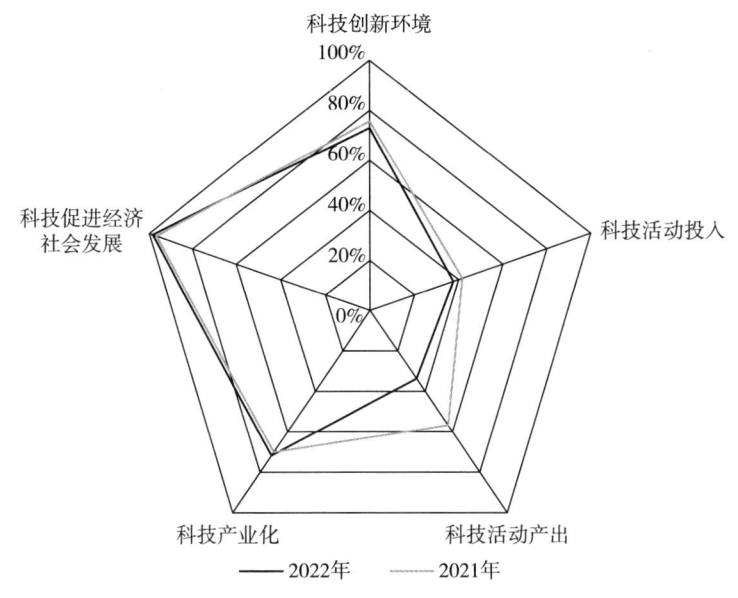

图9　2022年和2021年江北区科技创新发展一级指标相对值

资料来源：作者根据数据资料计算整理得出。

67.37%、43.20%和38.02%（见图10）。从一级指标相对值的变化上看，科技创新环境指标2022年的相对值略低于2021年的相对值，其余4个一级指标2022年的相对值均高于2021年的相对值，表明沙坪坝区科技创新发展整体态势良好。

（五）九龙坡区科技创新发展情况

九龙坡区2022年科技创新发展指数值为62.80%。从一级指标看，科技活动产出与科技创新环境指标相对值较为接近，分别是74.67%与74.33%，科技促进经济社会发展指标相对值为70.07%，科技产业化与科技活动投入指标相对值相对较低，分别是58.60%、32.86%（见图11）。从一级指标相对值的变化上看，科技活动产出与科技促进经济社会发展指标在2022年的相对值均高于2021年的相对值，其余3个一级指标在2022年的相对值均低于2021年的相对值，表明九龙坡区科技创新发展整体态势有待提升。

成渝蓝皮书

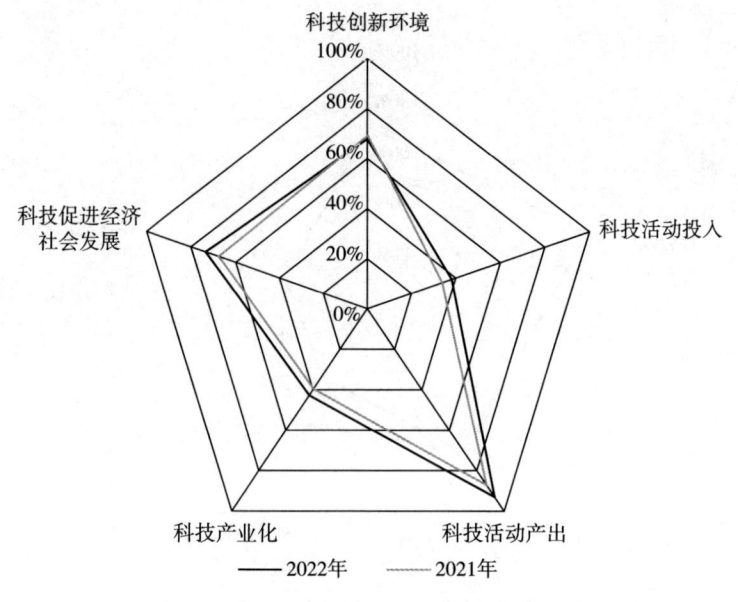

图 10　2022 年和 2021 年沙坪坝区科技创新发展一级指标相对值

资料来源：作者根据数据资料计算整理得出。

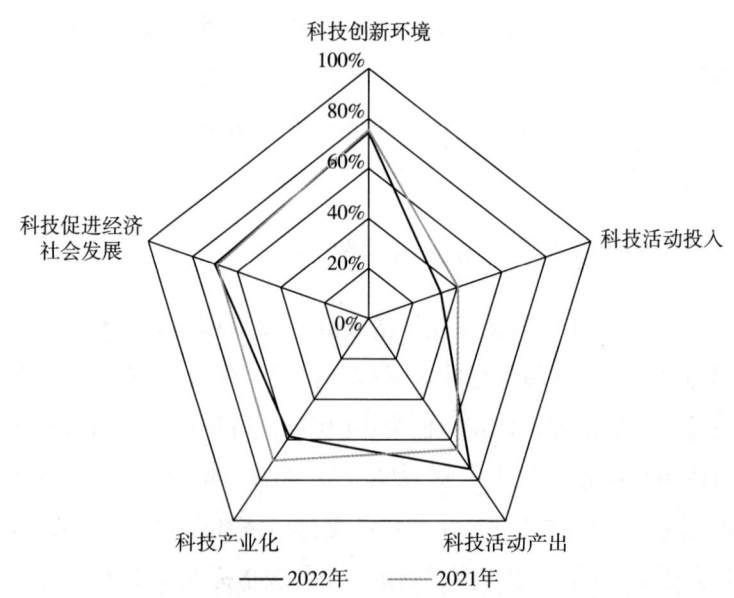

图 11　2022 年和 2021 年九龙坡区科技创新发展一级指标相对值

资料来源：作者根据数据资料计算整理得出。

（六）南岸区科技创新发展情况

南岸区2022年科技创新发展指数值为71.82%。从一级指标看，科技活动产出指标相对值为95.91%，科技促进经济社会发展指标相对值为85.66%，科技创新环境、科技产业化与科技活动投入指标相对值相对较低，分别是71.08%、67.48%和39.60%（见图12）。从一级指标相对值的变化上看，5个一级指标在2022年的相对值均高于2021年的相对值，表明南岸区科技创新发展态势较好。

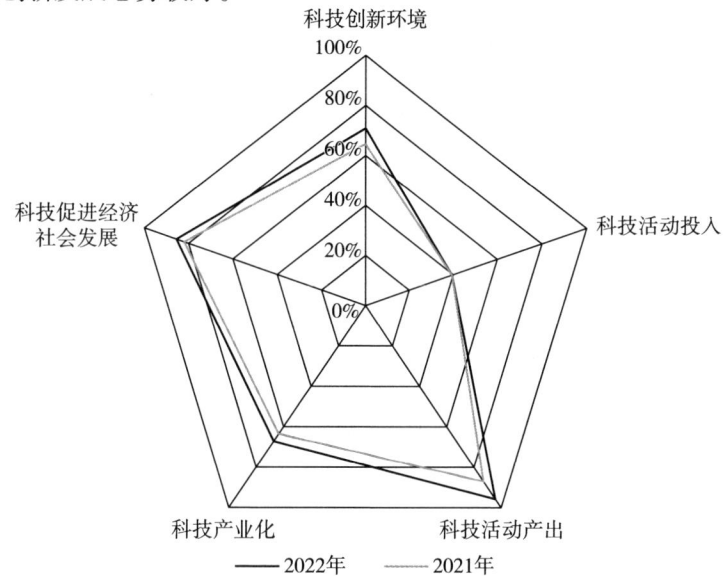

图12　2022年和2021年南岸区科技创新发展一级指标相对值

资料来源：作者根据数据资料计算整理得出。

（七）北碚区科技创新发展情况

北碚区2022年科技创新发展指数值为63.54%。从一级指标看，科技产业化指标相对值为79.91%，科技创新环境与科技活动产出指标相对值相近，分别是72.68%和72.67%，科技促进经济社会发展与科技活动投入指标相对值相对较低，分别是51.53%和34.99%（见图13）。从一级指标相对值的变化上看，科技产业化指标在 2022 年的相对值低于 2021 年的相对值，其余 4 个一级指标在 2022 年的相对值均高于 2021 年的相对值，表明北碚区科技创新发展虽然态势良好但仍需要巩固提升。

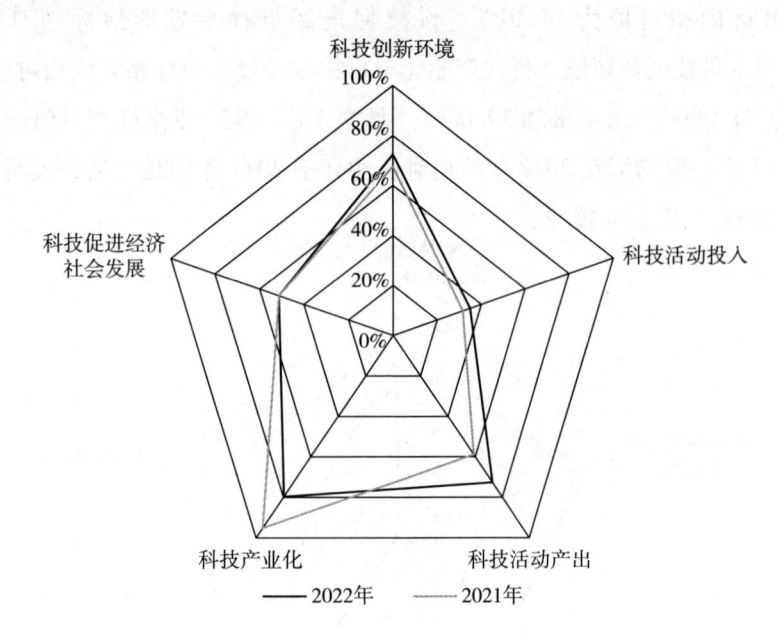

图 13　2022 年和 2021 年北碚区科技创新发展一级指标相对值

资料来源：作者根据数据资料计算整理得出。

（八）渝北区科技创新发展情况

渝北区 2022 年科技创新发展指数值为 66.42%。从一级指标看，科技创新环境、科技促进经济社会发展与科技活动产出指标相对值相近，分别是 79.97%、77.12%和 73.93%，科技产业化与科技活动投入指标相对值相对较低，分别是 58.02%和 40.24%（见图 14）。从一级指标相对值的变化上看，科技创新环境与科技活动产出指标在 2022 年的相对值均高于 2021 年的相对值，其余 3 个一级指标在 2022 年的相对值均低于 2021 年的相对值，表明渝北区整体科技创新发展水平需提升。

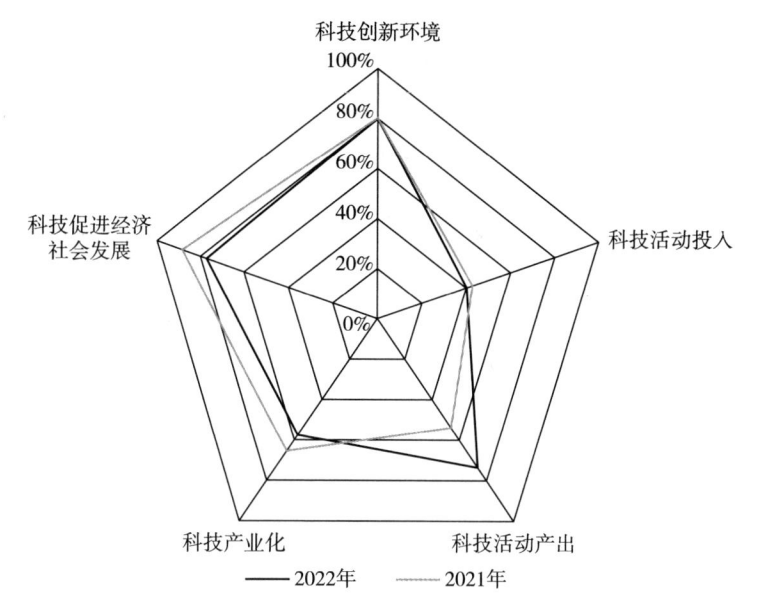

图 14 2022 年和 2021 年渝北区科技创新发展一级指标相对值

资料来源：作者根据数据资料计算整理得出。

（九）巴南区科技创新发展情况

巴南区 2022 年科技创新发展指数值为 51.20%。从一级指标看，科技创新环境、科技促进经济社会发展指标相对值相近，分别是 66.58% 和 64.42%，科技产业化指标相对值为 59.04%，科技活动产出与科技活动投入指标相对值相对较低，分别是 38.91% 和 30.58%（见图 15）。从一级指标相对值的变化上看，科技创新环境与科技促进经济社会发展指标在 2022 年的相对值均高于 2021 年的相对值，其余 3 个一级指标在 2022 年的相对值均低于 2021 年的相对值，表明巴南区科技创新发展整体水平需提升。

（十）涪陵区科技创新发展情况

涪陵区 2022 年科技创新发展指数值为 49.55%。从一级指标看，科技创新环境指标相对值为 76.39%、科技产业化指标相对值为 69.98%，科技促进经济社会发展、科技活动产出与科技活动投入指标相对值相对较低，分别

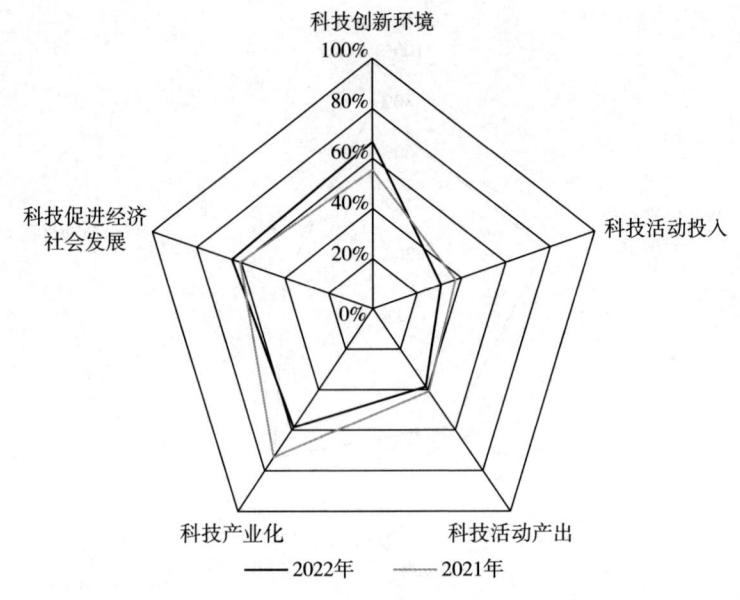

图 15　2022 年和 2021 年巴南区科技创新发展一级指标相对值

资料来源：作者根据数据资料计算整理得出。

是 53.35%、24.85%和 23.91%（见图 16）。从一级指标相对值的变化上看，科技创新环境与科技促进经济社会发展指标在 2022 年的相对值均高于 2021 年的相对值，其余 3 个一级指标在 2022 年的相对值均低于 2021 年的相对值，表明涪陵区科技创新发展水平需提升。

（十一）长寿区科技创新发展情况

长寿区 2022 年科技创新发展指数值为 42.61%。从一级指标看，科技产业化指标相对值为 61.55%，科技促进经济社会发展与科技创新环境指标相对值相近，分别是 50.03%和 47.39%，科技活动投入与科技活动产出指标相对值相对较低，分别是 35.88%和 25.46%（见图 17）。从一级指标相对值的变化上看，科技创新环境、科技产业化和科技促进经济社会发展指标在 2022 年的相对值均略高于 2021 年的相对值，其余 2 个一级指标在 2022 年的相对值均低于 2021 年的相对值，表明长寿区科技创新发展整体态势较好。

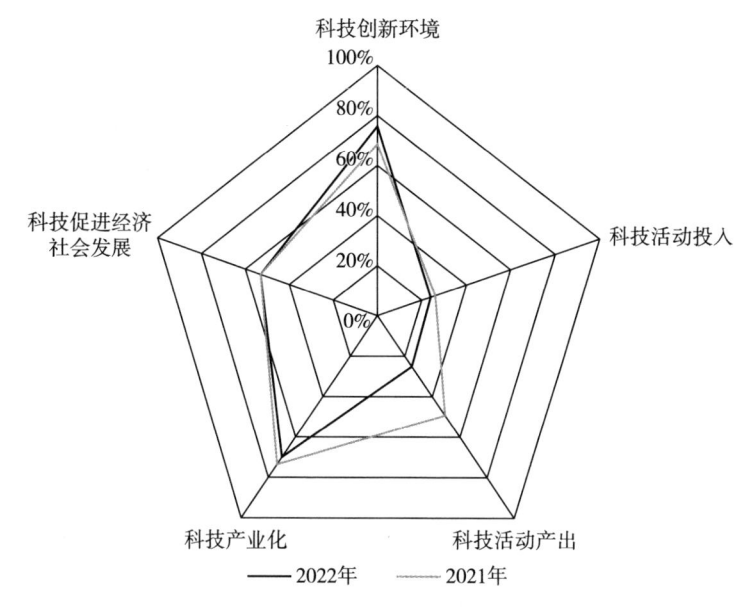

图 16　2022 年和 2021 年涪陵区科技创新发展一级指标相对值

资料来源：作者根据数据资料计算整理得出。

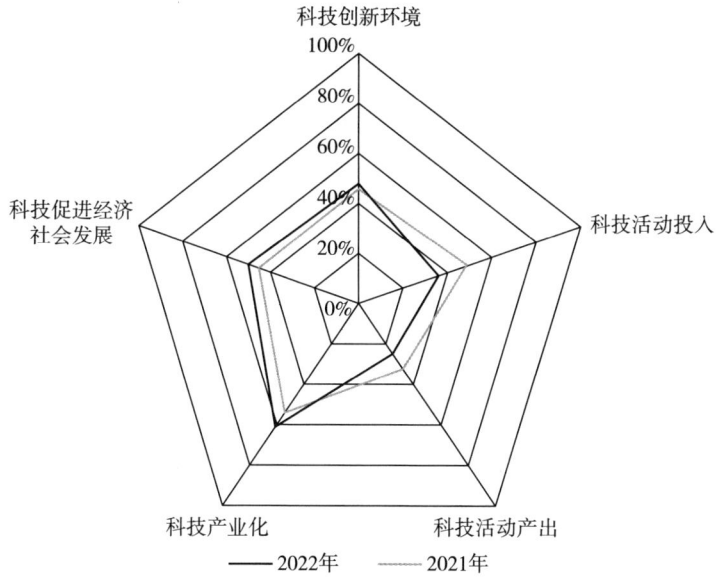

图 17　2022 年和 2021 年长寿区科技创新发展一级指标相对值

资料来源：作者根据数据资料计算整理得出。

（十二）江津区科技创新发展情况

江津区 2022 年科技创新发展指数值为 38.53%。从一级指标看，科技产业化指标相对值为 52.01%，科技创新环境和科技促进经济社会发展指标相对值相近，分别是 44.96% 和 44.04%，科技活动产出与科技活动投入指标相对值相对较低，分别是 33.75% 和 20.99%（见图 18）。从一级指标相对值的变化上看，科技创新环境和科技促进经济社会发展指标在 2022 年的相对值均略高于 2021 年的相对值，其余 3 个一级指标在 2022 年的相对值均低于 2021 年的相对值，表明江津区科技创新发展整体水平有待提升。

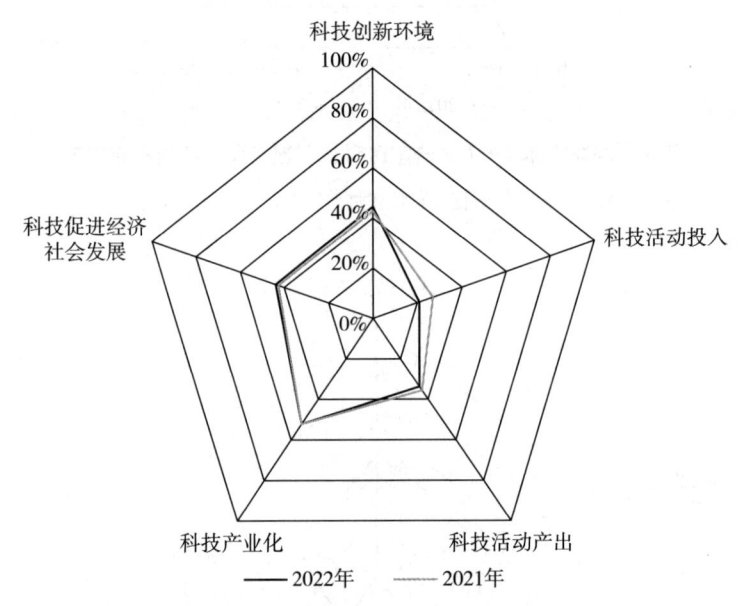

图 18　2022 年和 2021 年江津区科技创新发展一级指标相对值

资料来源：作者根据数据资料计算整理得出。

（十三）合川区科技创新发展情况

合川区 2022 年科技创新发展指数值为 32.49%。从一级指标看，科技产业化指标相对值为 57.42%，科技促进经济社会发展指标相对值为 39.89%，科技活动产出、科技活动投入与科技创新环境指标相对值相对较低,分别是31.13%、23.51%和21.08%(见图19)。从一级指标相对值的变化上看,科技活动产出指标在2022年的相对值略低于2021年的相对值,其余4个一级指标在2022年的相对值均高于2021年的相对值,表明合川区科技创新发展态势整体良好。

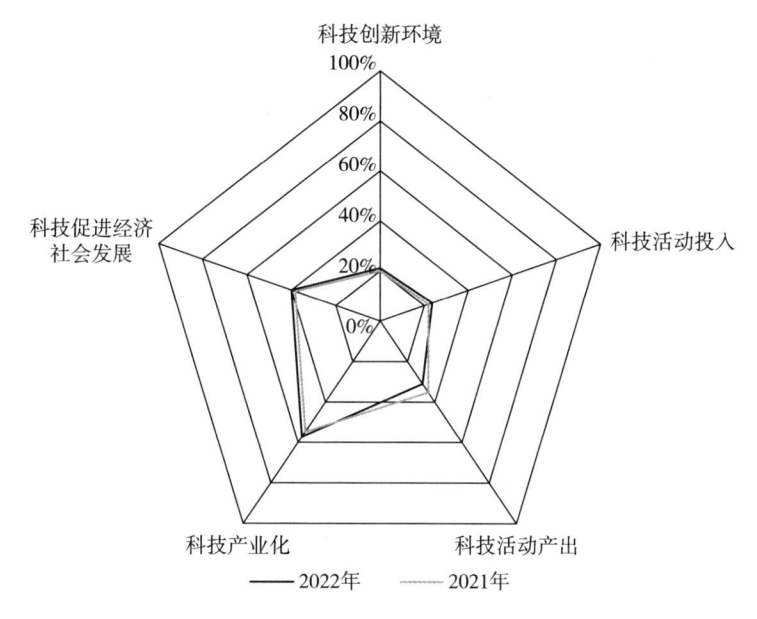

图19　2022年和2021年合川区科技创新发展一级指标相对值

资料来源:作者根据数据资料计算整理得出。

(十四)永川区科技创新发展情况

永川区2022年科技创新发展指数值为42.39%。从一级指标看,科技产业化和科技促进经济社会发展指标相对值相近,分别是58.29%和58.16%,科技创新环境指标相对值为46.95%,科技活动产出和科技活动投入指标相对值相对较低,分别是36.22%和20.38%(见图20)。从一级指标相对值的变化上看,科技创新环境和科技促进经济社会发展指标在2022年的相对值均高于2021年的相对值，其余3个一级指标在2022年的相对值均低于2021年的相对值，表明永川区科技创新发展整体水平有待提升。

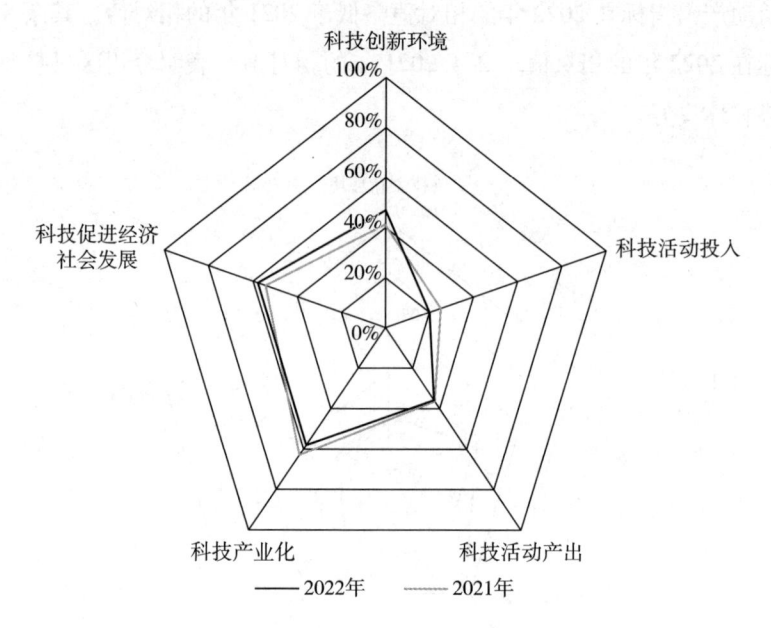

图20　2022年和2021年永川区科技创新发展一级指标相对值

资料来源：作者根据数据资料计算整理得出。

（十五）南川区科技创新发展情况

南川区2022年科技创新发展指数值为31.51%。从一级指标看，科技创新环境指标相对值为57.29%，科技促进经济社会发展指标相对值为39.99%，科技产业化、科技活动投入和科技活动产出指标相对值相对较低，分别是28.86%、19.37%和10.40%（见图21）。从一级指标相对值的变化上看，科技创新环境、科技活动产出和科技促进经济社会发展指标在2022年的相对值均高于2021年的相对值，其余2个一级指标在2022年的相对值均低于2021年的相对值，表明南川区科技创新发展整体态势良好。

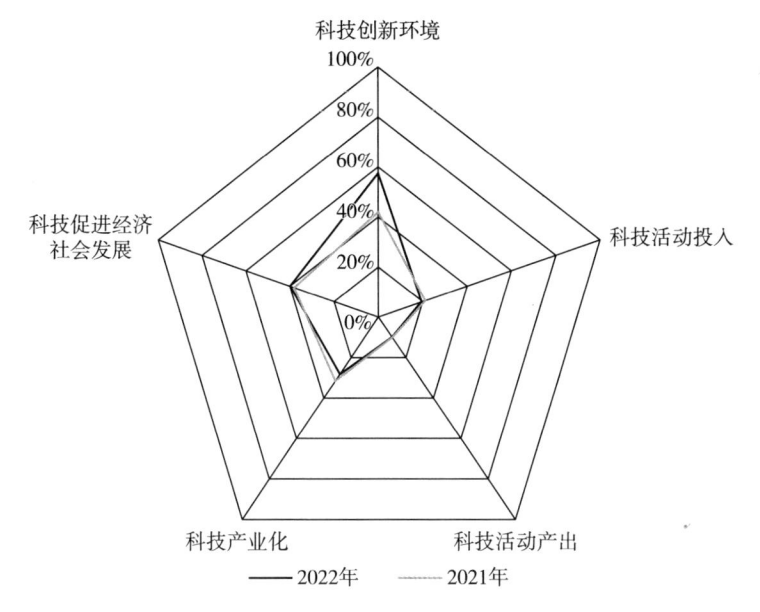

图 21　2022 年和 2021 年南川区科技创新发展一级指标相对值

资料来源：作者根据数据资料计算整理得出。

（十六）綦江区科技创新发展情况

綦江区 2022 年科技创新发展指数值为 38.33%。从一级指标看，科技产业化指标相对值为 54.68%，科技创新环境指标相对值为 45.62%，科技促进经济社会发展、科技活动产出与科技活动投入相对较低，分别是39.39%、30.20%和 24.01%（见图 22）。从一级指标相对值的变化上看，科技活动产出和科技产业化指标在 2022 年的相对值均高于 2021 年的相对值，其余 3 个一级指标在 2022 年的相对值均低于 2021 年的相对值，表明綦江区科技创新发展整体水平有待提升。

（十七）大足区科技创新发展情况

大足区 2022 年科技创新发展指数值为 37.23%。从一级指标看，科技促进经济社会发展指标相对值为 71.61%，科技产业化指标相对值为 53.12%，科技

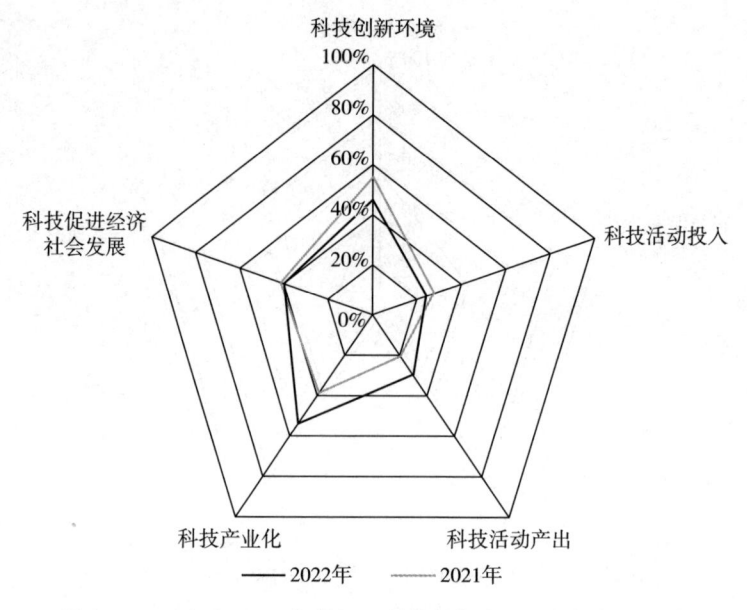

图 22　2022 年和 2021 年綦江区科技创新发展一级指标相对值

资料来源：作者根据数据资料计算整理得出。

创新环境、科技活动投入与科技活动产出指标相对值相对较低，分别是 38.43%、23.22% 和 17.84%（见图 23）。从一级指标相对值的变化上看，科技活动投入指标在 2022 年的相对值略低于 2021 年的相对值，其余 4 个一级指标在 2022 年的相对值均高于 2021 年的相对值，表明大足区科技创新发展整体态势良好。

（十八）璧山区科技创新发展情况

璧山区 2022 年科技创新发展指数值为 47.84%。从一级指标看，科技促进经济社会发展和科技产业化指标相对值相近，分别是 70.95% 和 66.82%，科技创新环境指标相对值为 57.17%，科技活动产出与科技活动投入指标相对值相对较低，分别是 29.78% 和 26.27%（见图 24）。从一级指标相对值的变化上看，科技创新环境、科技活动产出和科技促进经济社会发展指标在 2022 年的相对值均高于 2021 年的相对值，其余 2 个一级指标在 2022 年的相对值均低于 2021 年的相对值，表明璧山区科技创新发展整体态势良好。

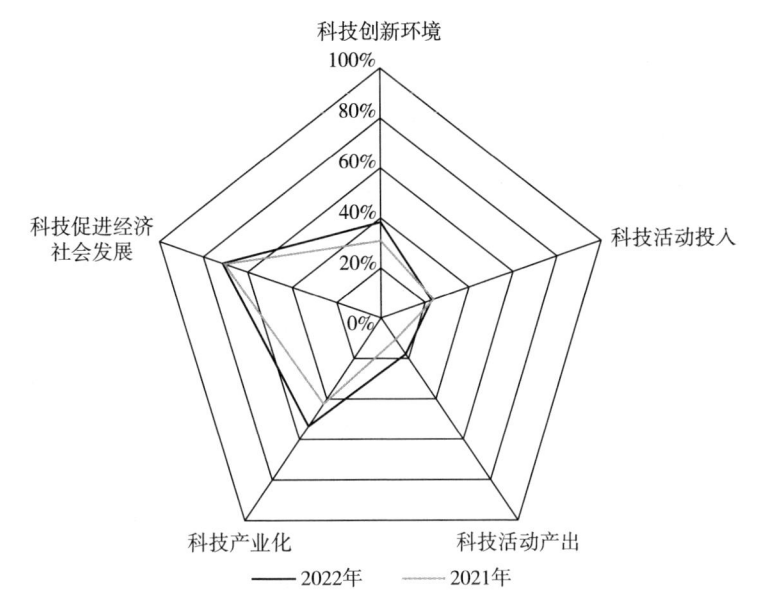

图 23　2022 年和 2021 年大足区科技创新发展一级指标相对值

资料来源：作者根据数据资料计算整理得出。

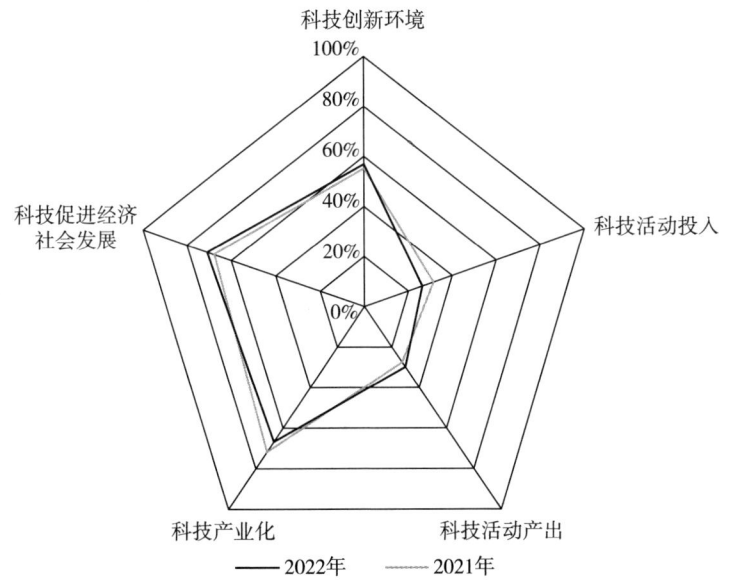

图 24　2022 年和 2021 年璧山区科技创新发展一级指标相对值

资料来源：作者根据数据资料计算整理得出。

（十九）铜梁区科技创新发展情况

铜梁区2022年科技创新发展指数值为41.48%。从一级指标看，科技促进经济社会发展指标相对值为61.33%，科技创新环境和科技产业化指标相对值相近，分别是55.99%和53.59%，科技活动投入与科技活动产出指标相对值相对较低，分别是23.31%和21.38%（见图25）。从一级指标相对值的变化上看，科技创新环境、科技产业化和科技促进经济社会发展指标在2022年的相对值均高于2021年的相对值，其余2个一级指标在2022年的相对值均低于2021年的相对值，表明铜梁区科技创新发展整体态势良好。

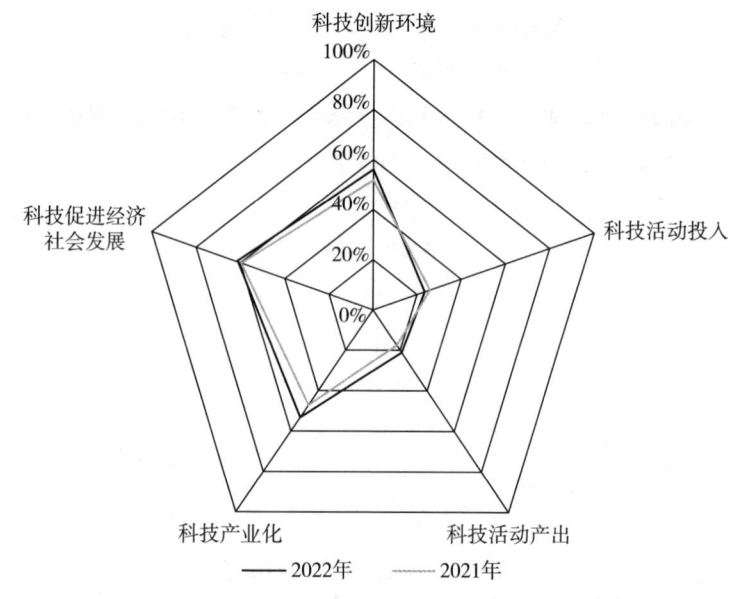

图25 2022年和2021年铜梁区科技创新发展一级指标相对值

资料来源：作者根据数据资料计算整理得出。

（二十）潼南区科技创新发展情况

潼南区2022年科技创新发展指数值为36.77%。从一级指标看，科技产业化指标相对值为62.88%，科技促进经济社会发展指标相对值为48.85%，科技创新环境、科技活动投入与科技活动产出指标相对值相对较低，分别是39.73%、24.46%和18.77%（见图26）。从一级指标相对值的变化上看，科技产业化、科技促进经济社会发展和科技活动产出指标在2022年的相对值均高于2021年的相对值，其余2个一级指标在2022年的相对值均低于2021年的相对值，表明潼南区科技创新发展整体态势良好。

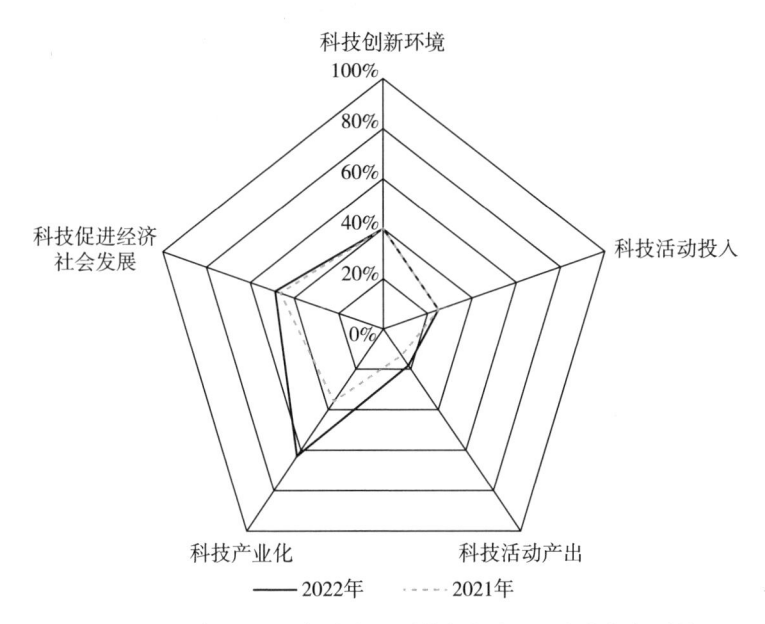

图26 2022年和2021年潼南区科技创新发展一级指标相对值

资料来源：作者根据数据资料计算整理得出。

（二十一）荣昌区科技创新发展情况

荣昌区2022年科技创新发展指数值为54.35%。从一级指标看，科技产业化指标相对值为84.82%，科技创新环境与科技促进经济社会发展指标相对值相近，分别是74.93%和70.50%，科技活动产出与科技活动投入指标相对值相对较低，分别是26.00%和24.92%（见图27）。从一级指标相对值的变化上看,科技活动投入与科技活动产出指标在2022年的相对值均略低于2021年的相对值,其余3个一级指标在2022年的相对值均高于2021年的相对值,表明荣昌区整体科技创新发展态势较好。

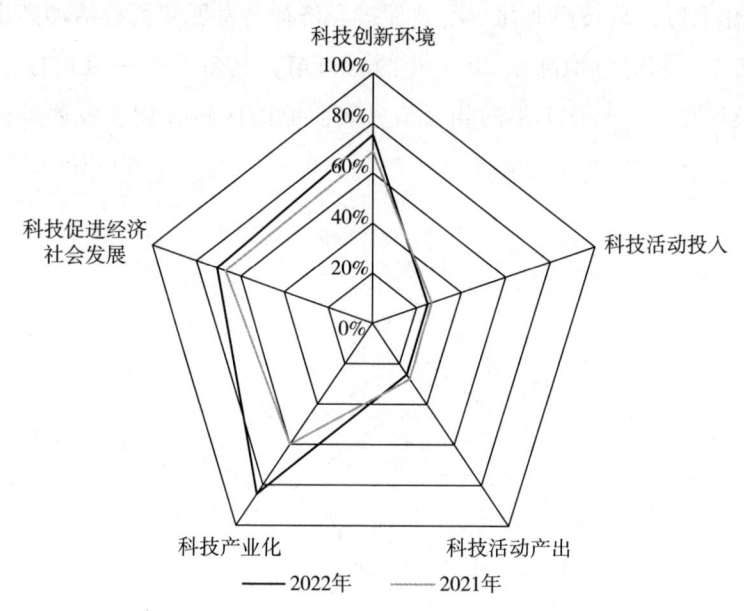

图27 2022年和2021年荣昌区科技创新发展一级指标相对值

资料来源:作者根据数据资料计算整理得出。

(二十二)广安市科技创新发展情况

广安市2022年科技创新发展指数值为27.71%。从一级指标看,科技促进经济社会发展与科技产业化指标相对值相近,分别是42.88%和40.25%,科技创新环境、科技活动投入与科技活动产出指标相对值相对较低,分别是26.04%、22.00%和17.25%(见图28)。从一级指标相对值的变化上看,科技创新环境、科技产业化与科技促进经济社会发展指标在2022年的相对值均高于2021年的相对值,其余2个一级指标在2022年的相对值均低于2021年的相对值,表明广安市科技创新发展整体态势良好。

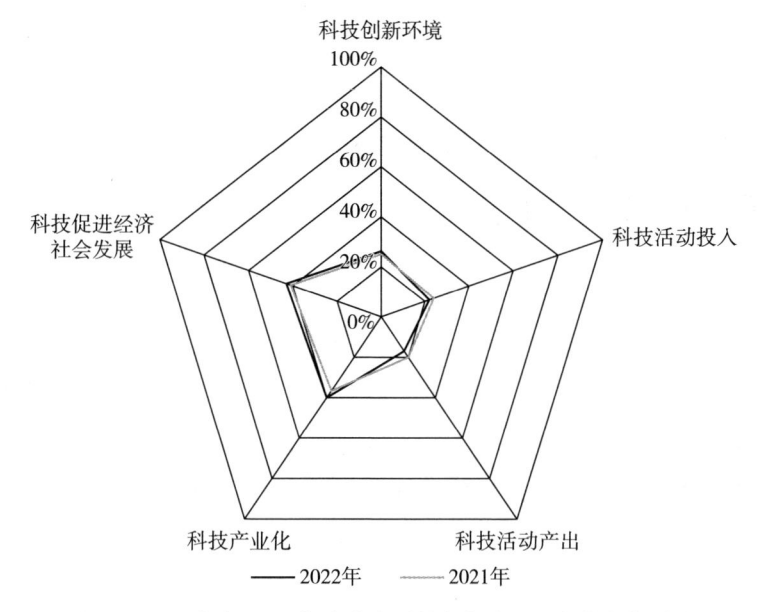

图 28 2022 年和 2021 年广安市科技创新发展一级指标相对值

资料来源：作者根据数据资料计算整理得出。

B.6 成都都市圈科技创新发展报告（2023~2024）

廖祖君　李冰洁[*]

摘　要： 本报告基于成渝地区双城经济圈科技创新发展指数测算结果，运用描述性统计分析和比较分析法，通过指数比较分析成都都市圈4个城市2022年科技创新发展情况及相较于2021年的变化，以相对值分析4个城市在科技创新环境、科技活动投入、科技活动产出、科技产业化、科技促进经济社会发展五个维度的发展情况。相关数据显示，成都都市圈科技创新发展呈现"中心—外围"分布特征，成都市科技创新发展水平较高，德阳市科技创新发展水平略高于成渝地区双城经济圈平均水平，眉山市和资阳市科技创新发展水平相对较低。成都都市圈中的成都市和德阳市在科技创新环境、科技活动投入、科技活动产出、科技促进经济社会发展四个维度上均高于成渝地区双城经济圈平均水平，在科技产业化上，成都市表现出明显优势，其他3个城市则低于成渝地区双城经济圈平均水平。在成都都市圈中，成都市的科技创新发展牢牢占据成渝地区双城经济圈第1位，德阳市和眉山市的科技创新发展指数值有所提高。

关键词： 科技创新　科技创新能力　成都都市圈

---

[*] 廖祖君，四川省社会科学院《社会科学研究》杂志社社长、常务副总编，博士，二级研究员，博士研究生导师，博士后合作导师，主要研究方向为区域经济、农村经济；李冰洁，重庆工商大学数学与统计学院硕士研究生，主要研究方向为应用统计。

一 2022年成都都市圈科技创新发展情况

（一）科技创新总体发展情况

2022年成都都市圈科技创新发展态势较好，平均水平较高，但首尾差异较大。在4个城市中，2个城市的科技创新发展指数值高于成渝地区双城经济圈平均值（42.28%），分别是成都市（72.52%）和德阳市（43.51%），科技创新发展总体处在相对较高水平；2个城市的科技创新发展指数值低于成渝地区双城经济圈平均值，分别是眉山市（31.25%）和资阳市（28.66%），科技创新发展总体水平需加快提升（见图1）。2022年成都都市圈科技创新发展指数值提升幅度较大的是眉山市，从28.28%提高到31.25%，其次，德阳市从40.65%提高到43.51%，成都市从71.43%提高到72.52%；1个城市的科技创新发展指数值有所下降，资阳市从29.02%下降到28.66%。

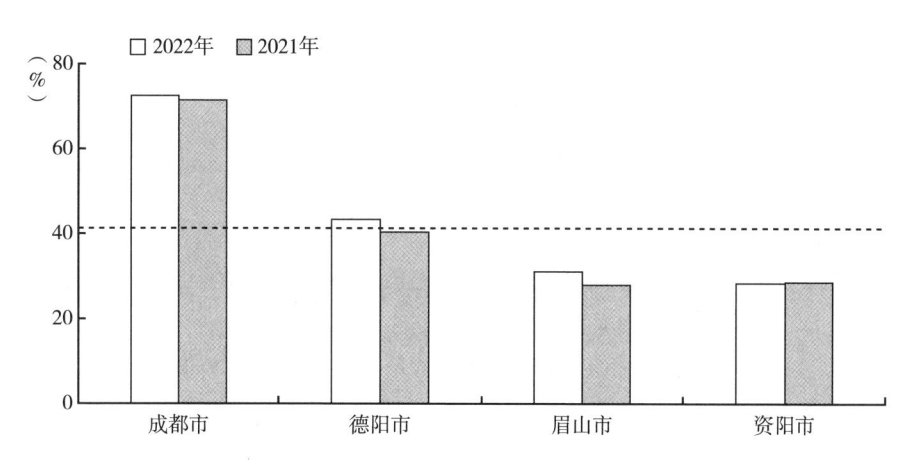

图1 2022年和2021年成都都市圈科技创新发展指数值

资料来源：作者根据数据资料计算整理得出。

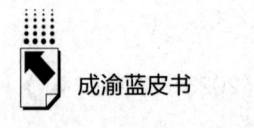

（二）科技创新分维度的发展情况

1. 科技创新环境的发展情况

2022年成都都市圈科技创新环境整体发展水平较高，但中前端与中后端差异明显。在4个城市中，2个城市的科技创新环境指数值高于成渝地区双城经济圈平均值（12.30%），分别是成都市（18.19%）和德阳市（12.65%），科技创新环境总体发展处在相对较高水平；2个城市的科技创新环境指数值低于成渝地区双城经济圈平均值，分别是眉山市（9.44%）和资阳市（4.70%），科技创新环境总体发展水平有待进一步提升（见图2）。2022年成都都市圈科技创新环境指数值提升幅度较大的是眉山市，从7.88%提高到9.44%，其次，德阳市从11.70%提高到12.65%，成都市从17.85%提高到18.19%；1个城市的科技创新环境指数值有所下降，资阳市从4.74%下降到4.70%。

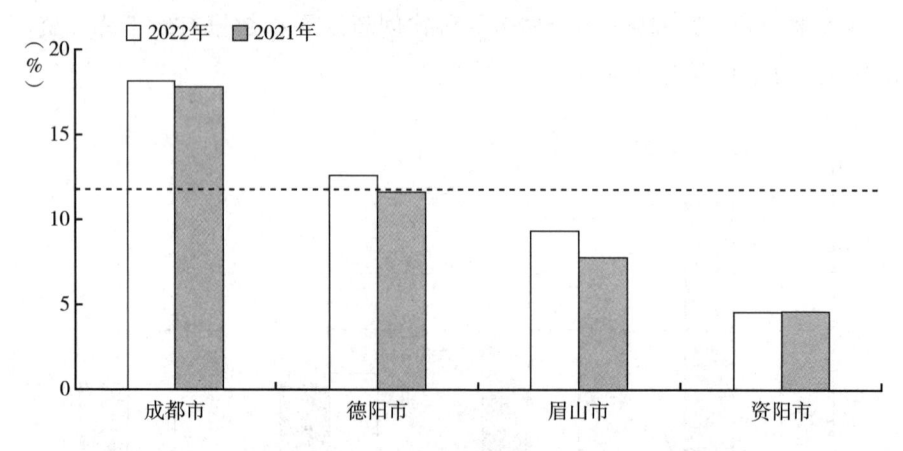

图2 2022年和2021年成都都市圈科技创新环境指数值

资料来源：作者根据数据资料计算整理得出。

2. 科技活动投入的发展情况

2022年成都都市圈科技活动投入整体水平较高。在4个城市中，3个城市的科技活动投入指数值高于成渝地区双城经济圈平均值（5.82%），分别是成都市（10.05%）、资阳市（6.66%）和德阳市（6.22%），科技活动投入总体发展处在相对较高水平；1个城市的科技活动投入指数值低于成渝地区双城经济圈平均值，即眉山市（5.56%），其科技活动投入有待增加（见图3）。2022年成都都市圈科技活动投入指数提升幅度较大的是眉山市，从4.88%提高到5.56%，其次，成都市从9.72%提高到10.05%；2个城市的科技活动投入指数值有所下降，德阳从6.45%下降到6.22%，资阳市从7.39%下降到6.66%。

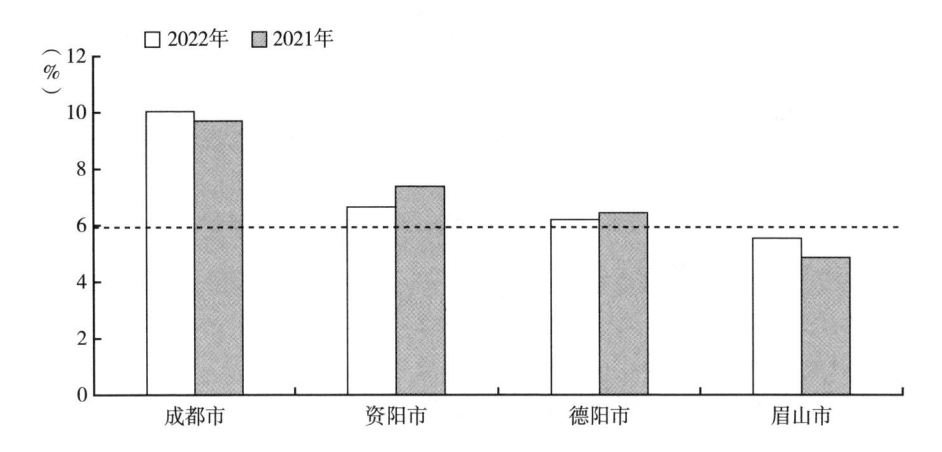

图3 2022年和2021年成都都市圈科技活动投入指数值

资料来源：作者根据数据资料计算整理得出。

3. 科技活动产出的发展情况

2022成都都市圈科技活动产出整体水平较高，各城市间呈现递减趋势，首尾差异较大。在4个城市中，2个城市的科技活动产出指数值高于成渝地区双城经济圈平均值（8.35%），分别是成都市（23.53%）和德阳市（10.34%），科技活动产出水平处在相对较高水平；2个城市的科技活动产出指数值低于成渝地区双城经济圈平均值，分别是资阳市（4.40%）和眉山市（4.22%），科技活动产出水平有待进一步提升（见图4）。2022年成都都市圈科技活动产出指数值提升幅度较大的是德阳市，从9.11%提高到10.34%，其次，成都市从23.50%提高到23.53%；2个城市的科技活动产出指数值有所下降，眉山市从4.28%下降到4.22%，资阳市从4.53%下降到4.40%。

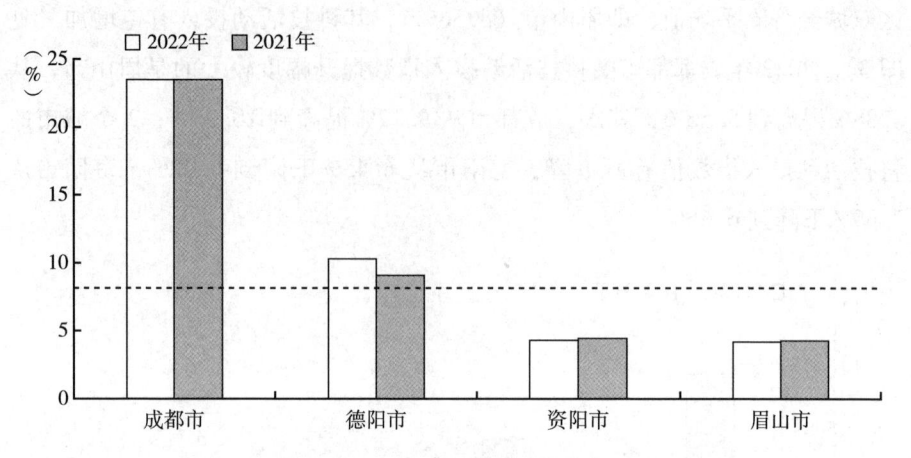

图4　2022年和2021年成都都市圈科技活动产出指数值

资料来源：作者根据数据资料计算整理得出。

4.科技产业化的发展情况

2022年成都都市圈科技产业化整体发展态势良好，但呈现首尾差异较大的特征。在4个城市中，1个城市的科技产业化指数值高于成渝地区双城经济圈平均值（8.72%），即成都市（11.77%），科技产业化总体发展处在相对较高水平；3个城市的科技产业化指数值低于成渝地区双城经济圈平均值，分别是德阳市（7.73%）、眉山市（6.93%）和资阳市（3.50%），科技产业化发展总体水平有待进一步提升（见图5）。2022年成都都市圈科技产业化指数值提升幅度较大的是德阳市，从7.11%提高到7.73%，眉山市从6.40%提高到6.93%，成都市和资阳市这2个城市的科技产业化指数值也有不同程度的提高。

5.科技促进经济社会发展的发展情况

2022年成都都市圈科技促进经济社会发展态势良好。在4个城市中，2个城市的科技促进经济社会发展指数值高于成渝地区双城经济圈平均值（7.09%），分别是资阳市（9.41%）和成都市（8.98%），科技促进经济社

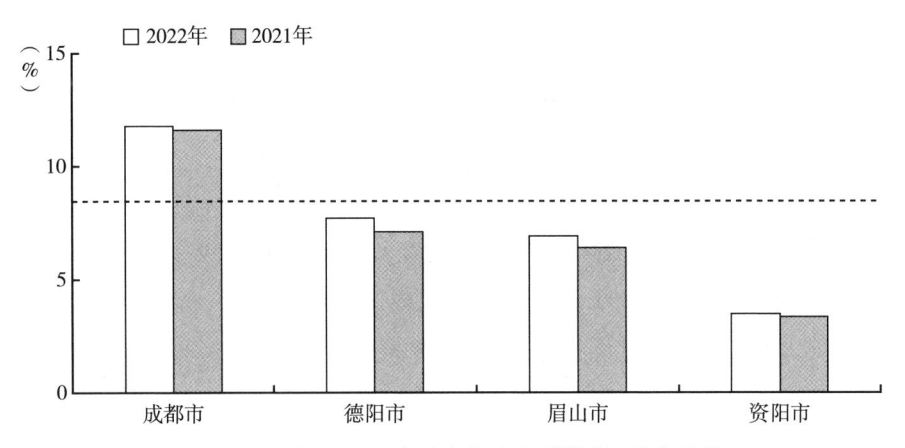

图5 2022年和2021年成都都市圈科技产业化指数值

资料来源：作者根据数据资料计算整理得出。

会发展总体处在相对较高水平；2个城市的科技创新发展指数值低于成渝地区双城经济圈平均值，分别是德阳市（6.57%）和眉山市（5.10%），科技促进经济社会发展水平有待进一步提升（见图6）。2022年成都都市圈科技促进经济社会发展环境指数值提升幅度较大的是资阳市，从9.00%提高到9.41%，其次，德阳从6.28%提高到6.57%，成都市从8.73%提高到8.98%，眉山市从4.85%提高到5.10%。

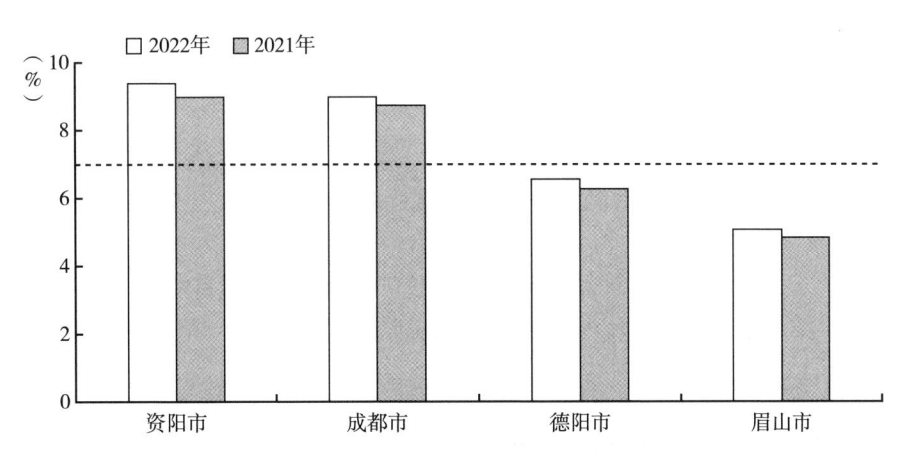

图6 2022年和2021年成都都市圈科技促进经济社会发展指数值

资料来源：作者根据数据资料计算整理得出。

二 2022年成都都市圈各城市科技创新发展情况

（一）成都市科技创新发展情况

成都市2022年科技创新发展指数值为72.52%。从一级指标看，科技活动产出指标相对值达到99.76%，接近达成100%的目标，科技促进经济社会发展、科技产业化与科技创新环境指标相对值相近，分别是69.86%、69.68%和68.89%，科技活动投入指标相对值相对较低，为49.59%（见图7）。从一级指标相对值的变化上看，5个一级指标在2022年的相对值均高于2021年的相对值，表明成都市科技创新发展态势较好。

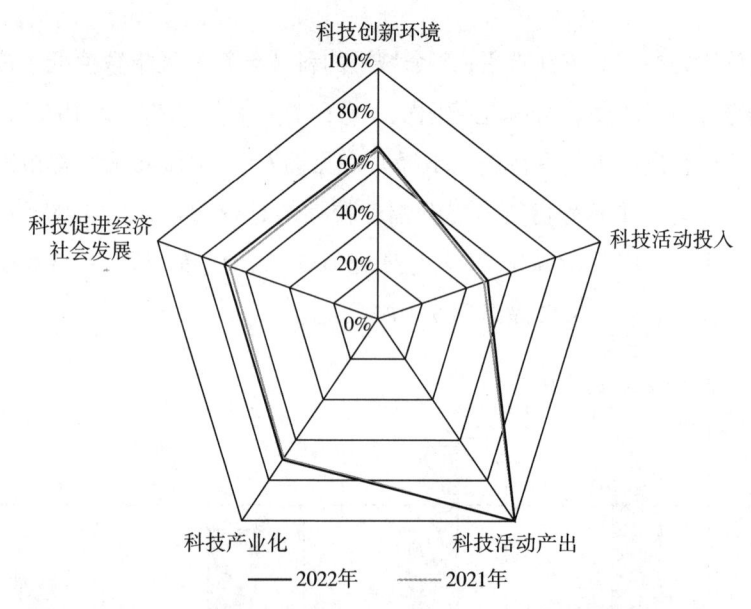

图7 2022年和2021年成都市科技创新发展一级指标相对值

资料来源：作者根据数据资料计算整理得出。

（二）德阳市科技创新发展情况

德阳市2022年科技创新发展指数值为43.51%。从一级指标看，科技促进经济社会发展指标相对值达到51.05%,科技创新环境、科技产业化和科技活动产出指标相对值相近,分别是47.93%、45.74%和43.84%,科技活动投入指标相对值相对较低,为30.71%(见图8)。从一级指标相对值的变化上看,科技活动投入指标在2022年的相对值略低于2021年的相对值,其余4个一级指标在2022年的相对值均高于2021年的相对值,表明德阳市科技创新发展整体态势较好。

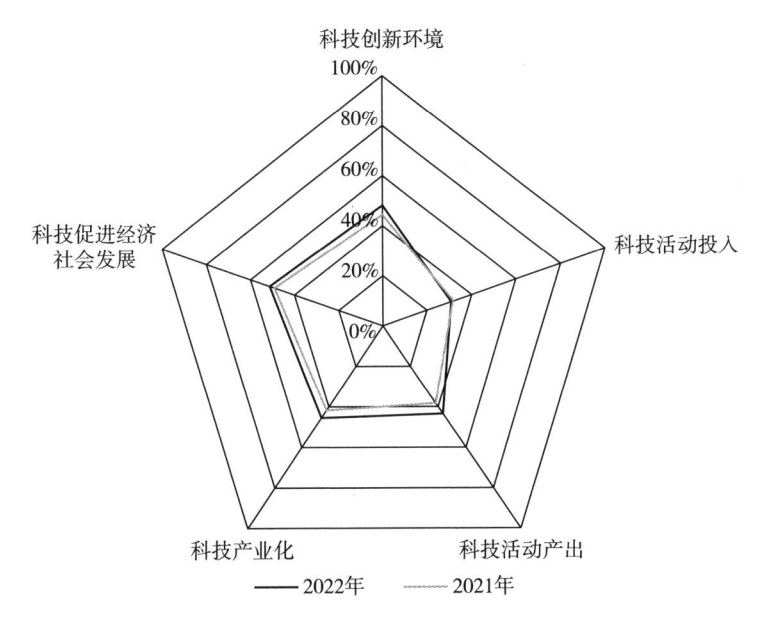

图8 2022年和2021年德阳市科技创新发展一级指标相对值

资料来源:作者根据数据资料计算整理得出。

(三)眉山市科技创新发展情况

眉山市2022年科技创新发展指数值为31.25%。从一级指标看,科技产业化和科技促进经济社会发展指标相对值相近,分别是41.02%和39.67%,科技创新环境、科技活动投入与科技活动产出指标相对值相对较低,分别是35.77%、27.43%和17.88%(见图9)。从一级指标相对值的变化上看,科技活动产出指标在2022年的相对值略低于2021年的相对值，其余4个一级指标在2022年的相对值均高于2021年的相对值，表明眉山市科技创新发展整体态势较好。

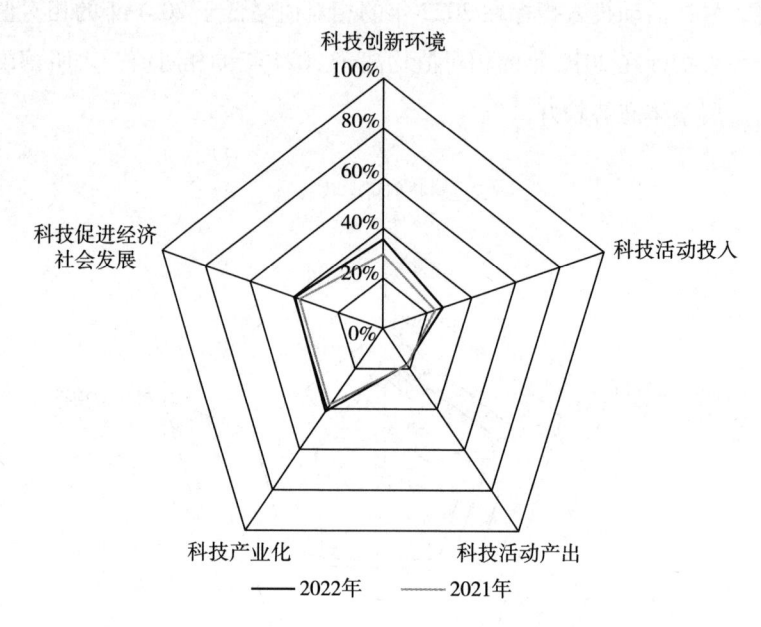

图9　2022年和2021年眉山市科技创新发展一级指标相对值

资料来源：作者根据数据资料计算整理得出。

（四）资阳市科技创新发展情况

资阳市2022年科技创新发展指数值为28.66%。从一级指标看，科技促进经济社会发展指标相对值为73.14%，科技活动投入指标相对值为32.87%，科技产业化、科技活动产出与科技创新环境指标相对值相对较低，分别是20.70%、18.65%和17.81%（见图10）。从一级指标相对值的变化上看，科技产业化与科技促进经济社会发展指标在2022年的相对值均高于2021年的相对值，其余3个一级指标在2022年的相对值均低于2021年的相对值，表明资阳市科技创新发展整体水平有待提升。

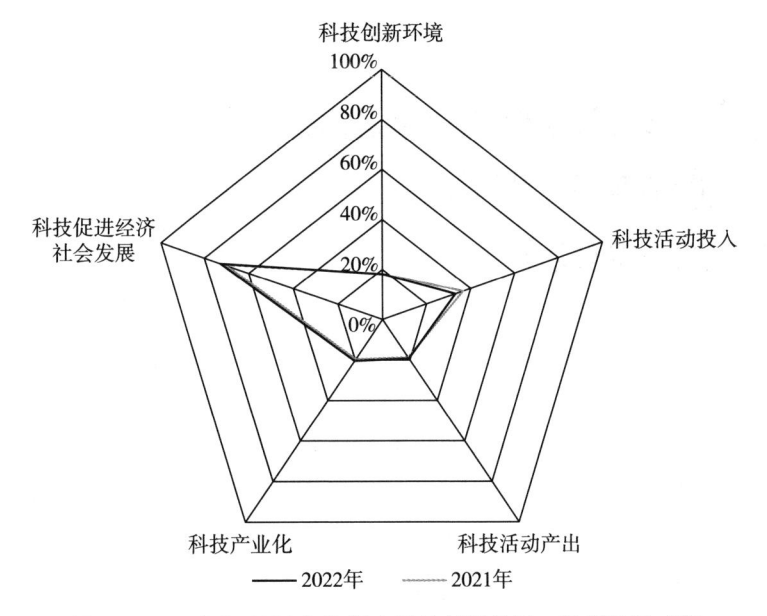

图 10　2022 年和 2021 年资阳市科技创新发展一级指标相对值

资料来源：作者根据数据资料计算整理得出。

B.7 成渝地区双城经济圈北翼 科技创新发展报告 （2023~2024）

刘晗 赵婷婷[*]

摘　要： 本报告基于成渝地区双城经济圈科技创新发展指数测算结果，运用描述性统计分析和比较分析法，通过指数比较分析成渝地区双城经济圈北翼2022年科技创新发展情况及相较于2021年的变化，以相对值分析成渝地区双城经济圈北翼在科技创新环境、科技活动投入、科技活动产出、科技产业化、科技促进经济社会发展五个维度的发展情况。相关数据显示，成渝地区双城经济圈北翼科技创新发展具有一定差距，绵阳市和万州区发展水平较高，其他的市区县发展水平低于成渝地区双城经济圈平均水平，科技创新发展整体水平有待提升。绵阳市和万州区的科技创新发展指数值分别为56.47%和46.68%，都在科技创新环境上具有优势。成渝地区双城经济圈北翼的绵阳市、万州区和遂宁市科技创新指数值增幅较大，发展势头较为良好。

关键词： 科技创新　科技创新能力　成渝地区双城经济圈

---

[*] 刘晗，重庆工商大学产业经济研究院副院长，博士，硕士研究生导师，主要研究方向为产业结构与区域经济发展；赵婷婷，重庆工商大学经济学院硕士研究生，主要研究方向为西方经济学。

一 2022年成渝地区双城经济圈北翼科技创新发展情况

（一）科技创新总体发展情况

2022年成渝地区双城经济圈北翼科技创新发展水平有待提升。在成渝地区双城经济圈北翼中，科技创新发展指数值高于成渝地区双城经济圈平均值（42.28%）的分别是绵阳市（56.47%）、万州区（46.68%），科技创新发展总体处在相对较高水平；科技创新发展指数值低于成渝地区双城经济圈平均值的分别是遂宁市（36.24%）、南充市（32.07%）、黔江区（32.06%）、梁平区（31.14%）、垫江县（27.63%）、达州市（27.61%）、忠县（27.21%）、开州区（25.11%）、云阳县（22.16%）和丰都县（16.08%），科技创新发展总体水平有待进一步提升（见图1）。2022年成渝地区双城经济圈北翼科技创新发展指数值提升幅度较大的是万州区，从40.29%提高到46.68%，其次，绵阳市从52.76%提高到56.47%，遂宁市从32.62%提高到36.24%。忠县、达州市、开州区、南充市、黔江区、梁平区的科技创新发展指数值也有不同程度的提高。

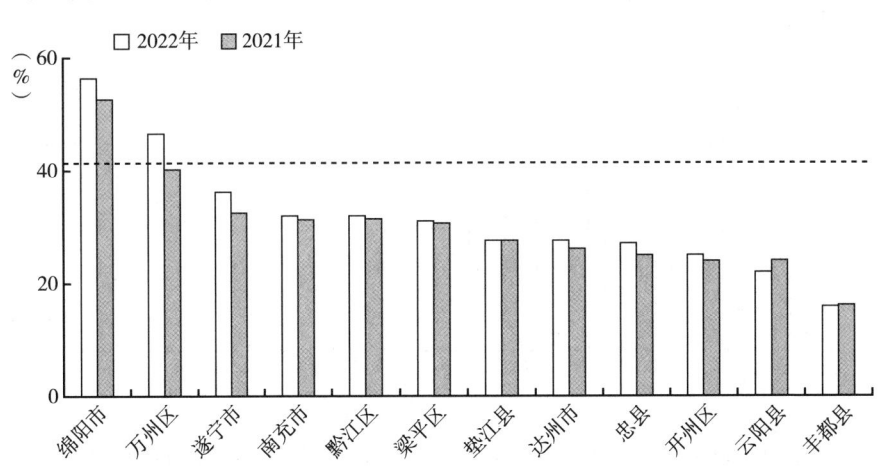

图1 2022年和2021年成渝地区双城经济圈北翼科技创新发展指数值

资料来源：作者根据数据资料计算整理得出。

（二）科技创新分维度的发展情况

1. 科技创新环境的发展情况

2022年成渝地区双城经济圈北翼科技创新环境水平相对较低。在成渝地区双城经济圈北翼中，科技创新环境指数值高于成渝地区双城经济圈平均值（12.30%）的分别是绵阳市（19.43%）、万州区（16.32%）；科技创新环境指数值低于成渝地区双城经济圈平均值的分别是黔江区（11.41%）、梁平区（9.73%）、遂宁市（9.20%）、开州区（7.31%）、南充市（7.01%）、忠县（6.49%）、垫江县（5.66%）、达州市（5.33%）、丰都县（4.92%）和云阳县（3.92%），科技创新环境发展水平有待进一步提升（见图2）。2022年成渝地区双城经济圈北翼科技创新环境指数值提升幅度较大的是万州区，从12.04%提高到16.32%，其次，忠县从4.30%提高到6.49%，开州区从5.58%提高到7.31%。云阳县、绵阳市、遂宁市、黔江区和达州市的科技创新环境指数值也有不同程度的提高。南充市、丰都县、垫江县和梁平区的科技创新环境指数值有不同程度的降低。

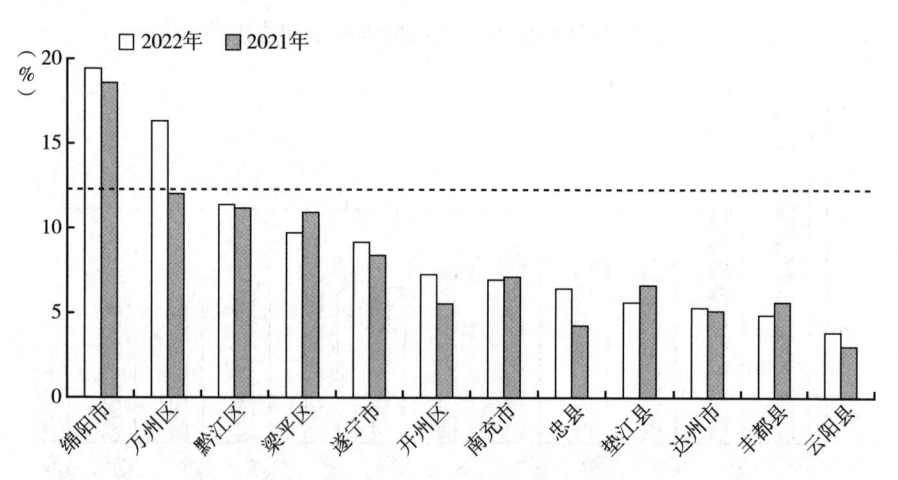

图2　2022年和2021年成渝地区双城经济圈北翼科技创新环境指数值

资料来源：作者根据数据资料计算整理得出。

2.科技活动投入的发展情况

2022年成渝地区双城经济圈北翼科技活动投入有待加强。在成渝地区双城经济圈北翼中，科技活动投入指数值高于成渝地区双城经济圈平均值（5.82%）的分别是万州区（9.95%）、绵阳市（8.37%）；科技活动投入指数值低于成渝地区双城经济圈平均值的分别是遂宁市（5.62%）、云阳县（5.55%）、黔江区（5.17%）、达州市（5.04%）、忠县（4.46%）、南充市（4.46%）、开州区（4.22%）、梁平区（4.01%）、垫江县（3.60%）和丰都县（3.26%），科技活动投入水平有待进一步提升（见图3）。2022年成渝地区双城经济圈北翼科技活动投入指数值提升幅度较大的是万州区，从7.81%提高到9.95%，其次是绵阳市，从6.57%提高到8.37%。遂宁市、南充市、达州市和黔江区的科技活动投入指数值也有不同程度的提高。丰都县、梁平区、垫江县、开州区、忠县和云阳县的科技活动投入指数值有不同程度的降低。

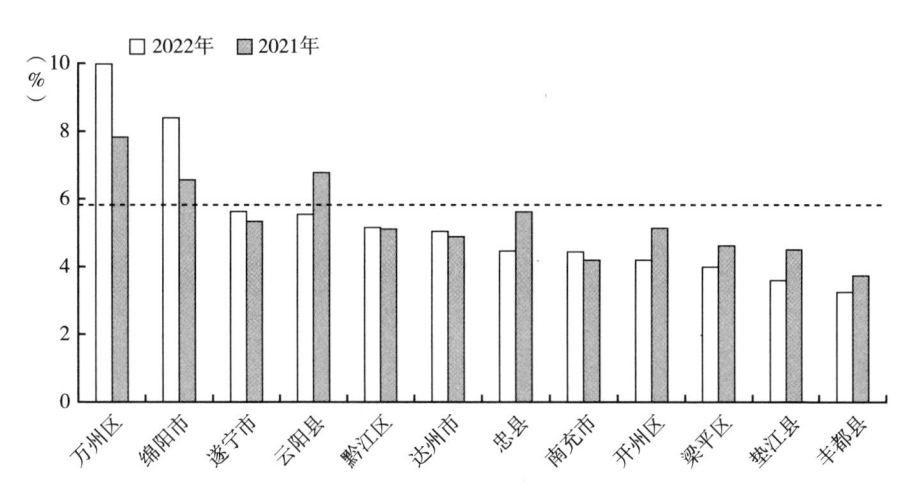

图3 2022年和2021年成渝地区双城经济圈北翼科技活动投入指数值

资料来源：作者根据数据资料计算整理得出。

3.科技活动产出的发展情况

2022年成渝地区双城经济圈北翼科技活动产出情况差距较大。在成渝地区双城经济圈北翼中,科技活动产出指数值高于成渝地区双城经济圈平均值(8.35%)的分别是绵阳市(9.88%)、南充市(9.48%)和万州区(8.40%),科技活动产出指数值低于成渝地区双城经济圈平均值的分别是遂宁市(7.30%)、达州市(5.70%)、黔江区(4.35%)、梁平区(1.88%)、垫江县(1.65%)、开州区(1.56%)、忠县(1.46%)、丰都县(0.91%)和云阳县(0.67%),科技活动产出水平有待进一步提升(见图4)。2022年成渝地区双城经济圈北翼科技活动产出指数值提升幅度较大的是遂宁市,从5.43%提高到7.30%,垫江县、忠县、南充市、梁平区和绵阳市的科技活动产出指数值也有不同程度的提高。达州市、丰都县、云阳县、黔江区、开州区和万州区的科技活动产出指数值有不同程度的降低。

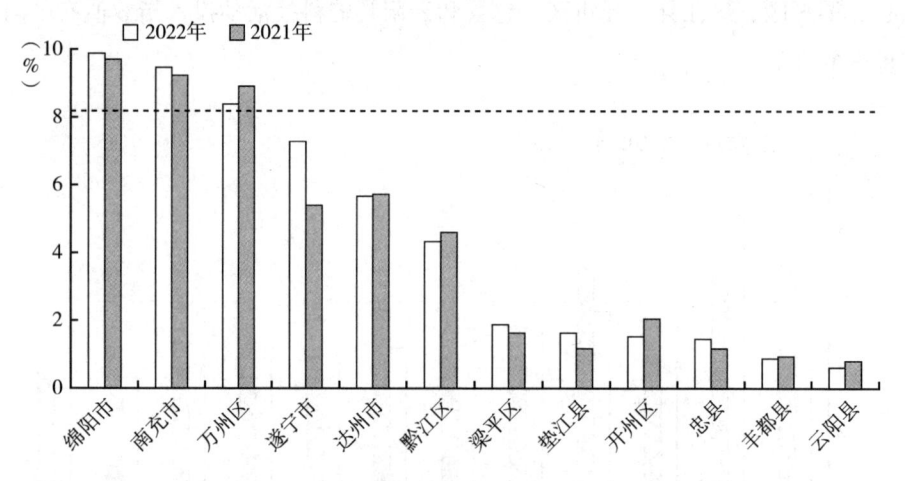

图4 2022年和2021年成渝地区双城经济圈北翼科技活动产出指数值

资料来源:作者根据数据资料计算整理得出。

4. 科技产业化的发展情况

2022年成渝地区双城经济圈北翼科技产业化程度有待提高。在成渝地区双城经济圈北翼中,科技产业化指数值高于成渝地区双城经济圈平均值(8.72%)的分别是绵阳市(11.95%)、垫江县(10.11%)和忠县（9.62%）；科技产业化指数值低于成渝地区双城经济圈平均值的分别是遂宁市（8.01%）、万州区（7.09%）、梁平区（7.06%）、开州区（6.95%）、达州市（6.74%）、黔江区（6.01%）、南充市（5.32%）、云阳县（2.42%）和丰都县（2.28%），科技产业化发展水平有待进一步提升（见图5）。2022年成渝地区双城经济圈北翼科技产业化指数值提升幅度较大的是垫江县，从9.00%提高到10.11%，其次是梁平区，从5.97%提高到7.06%。达州市、丰都县、忠县、绵阳市、开州区、遂宁市、黔江区、万州区和南充市的科技产业化指数值也有不同程度的提高。

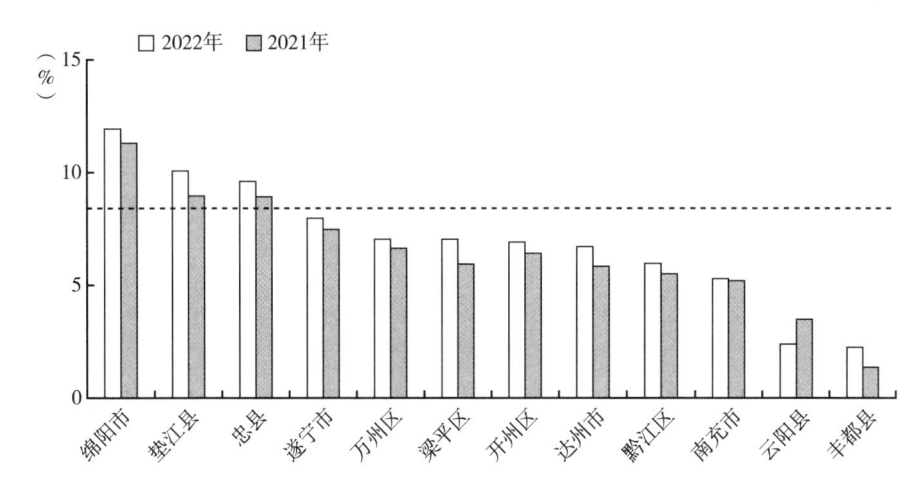

图5　2022年和2021年成渝地区双城经济圈北翼科技产业化指数值

资料来源：作者根据数据资料计算整理得出。

5.科技促进经济社会发展的发展情况

2022年成渝地区双城经济圈北翼科技促进经济社会发展情况相对平稳。在成渝地区双城经济圈北翼中，科技促进经济社会发展指数值高于成渝地区双城经济圈平均值（7.09%）的分别是云阳县（9.60%）和梁平区（8.45%）；科技促进经济社会发展指数值低于成渝地区双城经济圈平均值的分别是绵阳市（6.82%）、垫江县（6.61%）、遂宁市（6.12%）、南充市（5.81%）、忠县（5.17%）、黔江区（5.12%）、开州区（5.09%）、万州区（4.91%）、达州市（4.81%）和丰都县（4.70%），科技促进经济社会发展水平有待进一步提升（见图6）。2022年成渝地区双城经济圈北翼科技促进经济社会发展指数值提升幅度较大的是梁平区，从7.51%提高到8.45%。垫江县、绵阳市、南充市、达州市、开州区、遂宁市、忠县、丰都县、黔江区和万州区的科技促进经济社会发展指数值也有不同程度的提高。

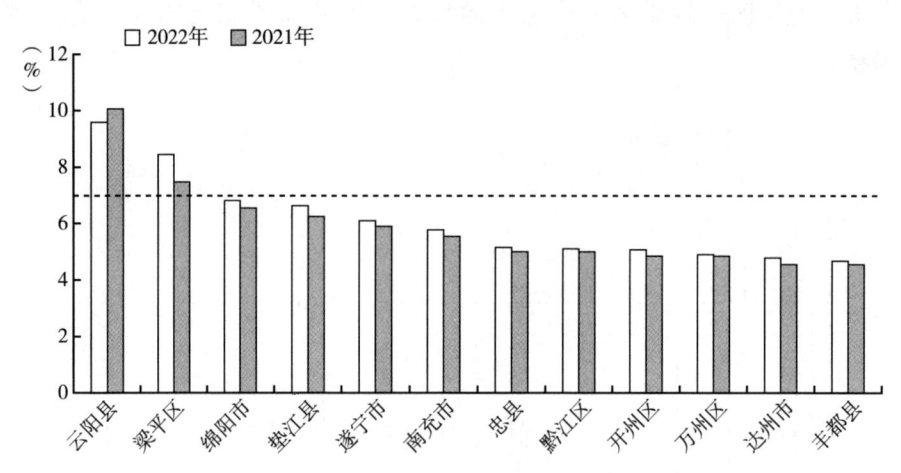

图6　2022年和2021年成渝地区双城经济圈北翼科技促进经济社会发展指数值

资料来源：作者根据数据资料计算整理得出。

二　2022年成渝地区双城经济圈北翼各区域科技创新发展情况

（一）绵阳市科技创新发展情况

绵阳市2022年科技创新发展指数值为56.47%。从一级指标看，科技创新环境指标和科技产业化指标相对值较高，分别是73.61%和70.78%，科技促进经济社会发展指标相对值达到53.07%，科技活动产出和科技活动投入指标相对值较低，分别是41.90%和41.32%（见图7）。从一级指标相对值的变化上看，5个一级指标在2022年的相对值均高于2021年的相对值，表明绵阳市科技创新发展态势较好。

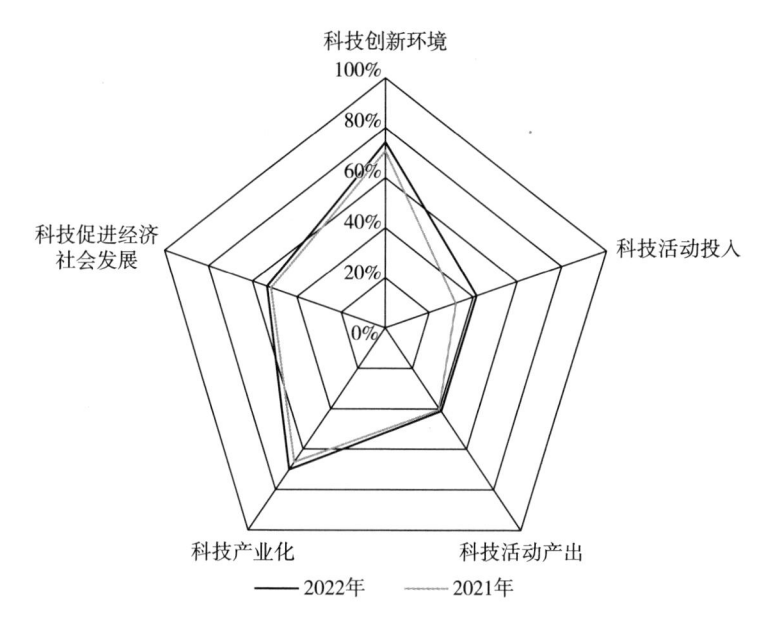

图7　2022年和2021年绵阳市科技创新发展一级指标相对值

资料来源：作者根据数据资料计算整理得出。

（二）遂宁市科技创新发展情况

遂宁市2022年科技创新发展指数值为36.24%。从一级指标看，科技促进经济社会发展指标相对值达到47.56%，科技产业化指标相对值达到47.40%，科技创新环境指标相对值为34.86%，科技活动产出和科技活动投入指标相对值较低，分别是30.93%和27.72%（见图8）。从一级指标相对值的变化上看，5个一级指标在2022年的相对值均高于2021年的相对值，表明遂宁市科技创新发展态势较好。

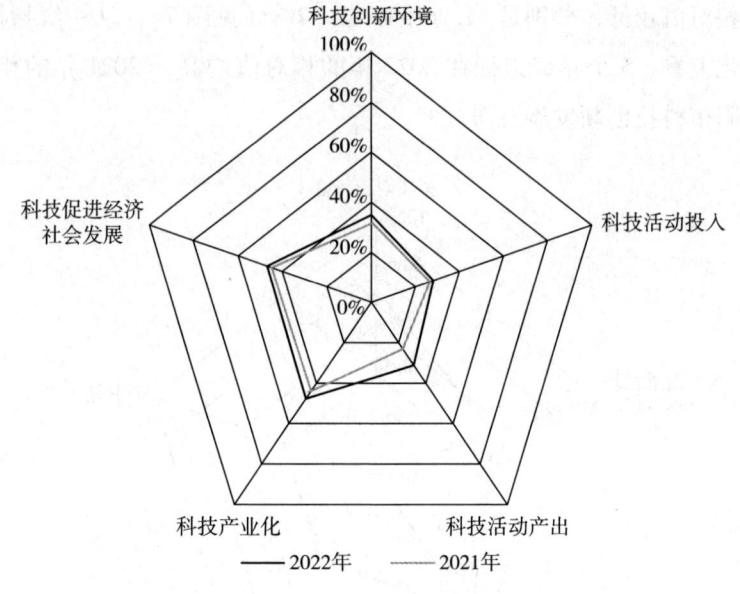

图 8　2022 年和 2021 年遂宁市科技创新发展一级指标相对值

资料来源：作者根据数据资料计算整理得出。

（三）南充市科技创新发展情况

南充市 2022 年科技创新发展指数值为 32.07%。从一级指标看，科技促进经济社会发展指标相对值达到 45.16%，科技活动产出指标相对值达到 40.18%，科技产业化指标相对值达到 31.49%，科技创新环境和科技活动投入指标相对值较低，分别是 26.55% 和 22.01%（见图 9）。从一级指标相对值的变化上看，5 个一级指标在 2022 年的相对值均与 2021 年的相对值无太大差距，表明南充市科技创新发展态势平稳。

（四）达州市科技创新发展情况

达州市 2022 年科技创新发展指数值为 27.61%。从一级指标看，科技产业化指标相对值达到 39.88%，科技促进经济社会发展指标相对值达到 37.39%，科技创新环境、科技活动产出和科技活动投入指标相对值较低，

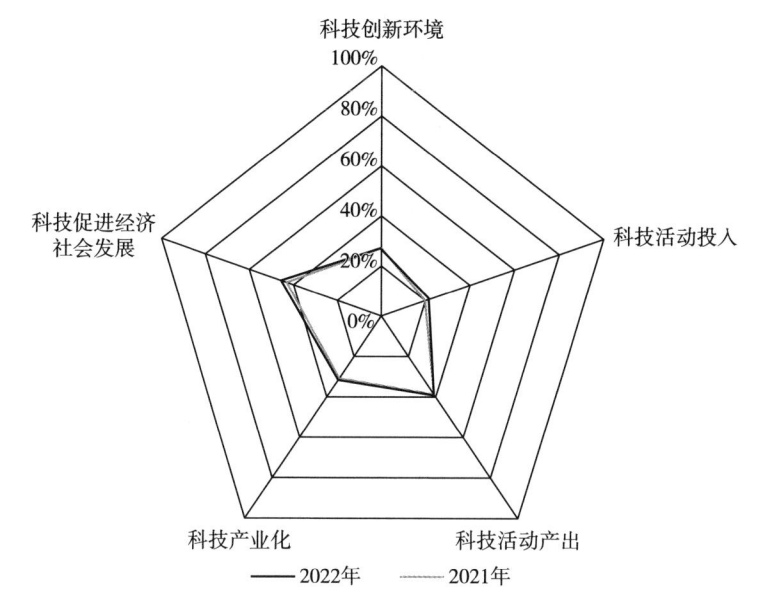

图 9　2022 年和 2021 年南充市科技创新发展一级指标相对值

资料来源：作者根据数据资料计算整理得出。

分别是 20.18%、24.15% 和 24.88%（见图 10）。从一级指标相对值的变化上看，5 个一级指标在 2022 年的相对值均高于 2021 年的相对值，表明达州市科技创新发展态势良好。

（五）垫江县科技创新发展情况

垫江县 2022 年科技创新发展指数值为 27.63%。从一级指标看，科技产业化指标相对值达到 59.83%，科技促进经济社会发展指标相对值达到 51.44%，科技创新环境指标相对值为 21.46%，科技活动产出和科技活动投入指标相对值较低，分别是 7.00% 和 17.76%（见图 11）。从一级指标相对值的变化上看，科技创新环境和科技活动投入指标在 2022 年的相对值均低于 2021 年的相对值，其余 3 个一级指标在 2022 年的相对值均高于 2021 年的相对值，表明垫江县科技创新发展有待进一步加强。

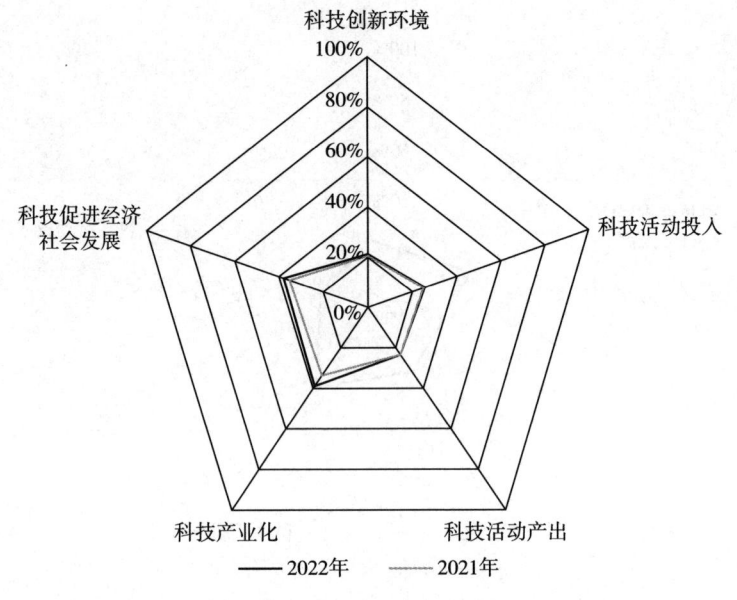

图 10 2022 年和 2021 年达州市科技创新发展一级指标相对值

资料来源：作者根据数据资料计算整理得出。

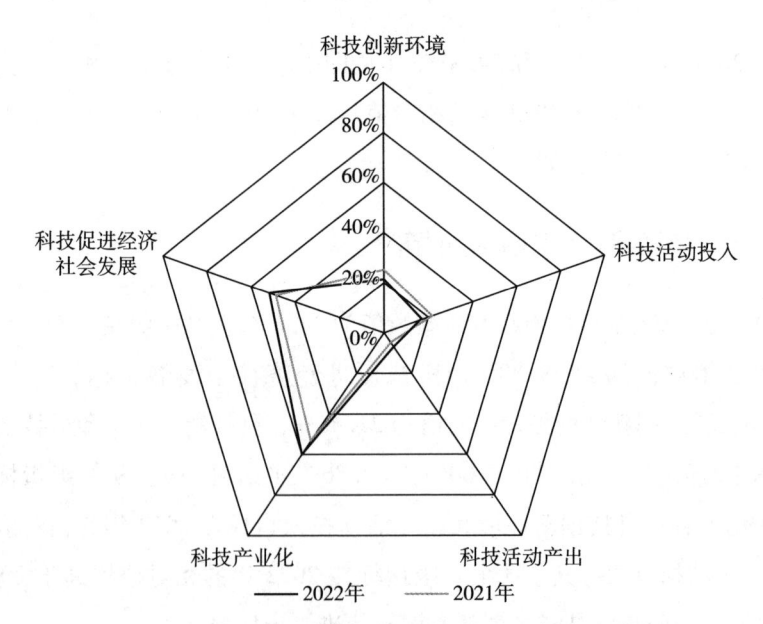

图 11 2022 年和 2021 年垫江县科技创新发展一级指标相对值

资料来源：作者根据数据资料计算整理得出。

（六）丰都县科技创新发展情况

丰都县2022年科技创新发展指数值为16.08%。从一级指标看，科技促进经济社会发展指标相对值达到36.53%，科技创新环境指标相对值为18.65%，科技活动投入指标相对值为16.11%，科技产业化和科技活动产出指标相对值较低，分别是13.52%和3.86%（见图12）。从一级指标相对值的变化上看，科技创新环境和科技活动投入指标在2022年的相对值均低于2021年的相对值，其余3个一级指标在2022年的相对值均高于2021年的相对值，表明丰都县科技创新发展有待进一步加强。

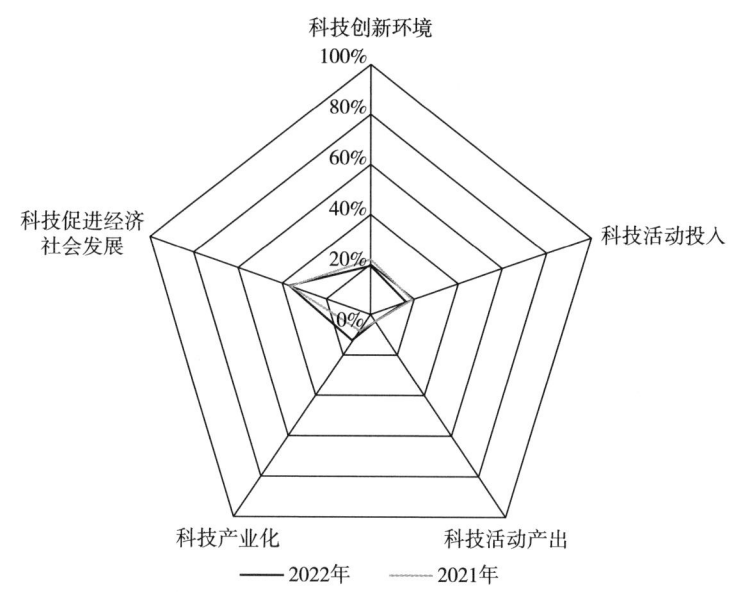

图12　2022年和2021年丰都县科技创新发展一级指标相对值

资料来源：作者根据数据资料计算整理得出。

（七）梁平区科技创新发展情况

梁平区2022年科技创新发展指数值为31.14%。从一级指标看，科技促进经济社会发展指标相对值达到65.69%，科技产业化指标相对值达到41.83%，科技创新环境指标相对值为36.87%，科技活动产出和科技活动投入指标相对值较低，分别是7.97%和19.79%（见图13）。从一级指标相对值的变化上看，科技创新环境和科技活动投入指标在2022年的相对值均低于2021年的相对值，其余3个一级指标在2022年的相对值均高于2021年的相对值，表明梁平区科技创新发展有待进一步加强。

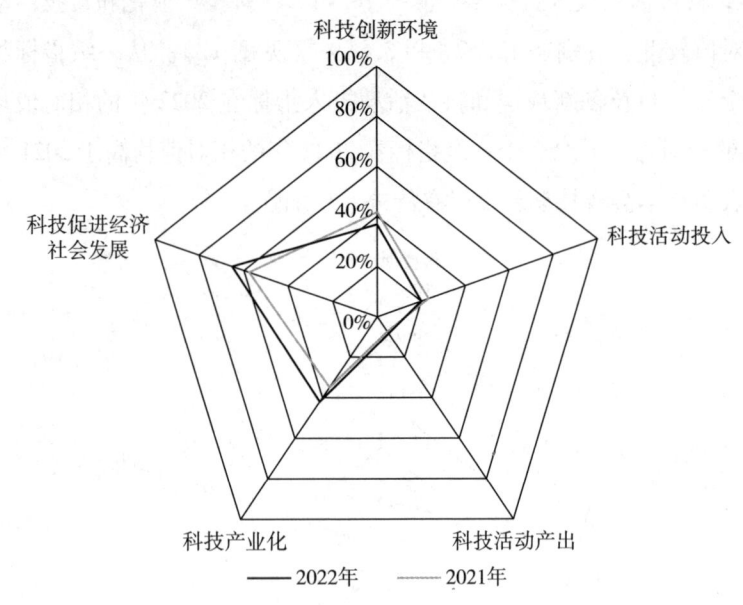

图 13　2022 年和 2021 年梁平区科技创新发展一级指标相对值

资料来源：作者根据数据资料计算整理得出。

（八）忠县科技创新发展情况

忠县2022年科技创新发展指数值为27.21%。从一级指标看，科技产业化指标相对值达到56.95%，科技促进经济社会发展指标相对值达到40.20%，科技创新环境指标相对值为24.60%，科技活动产出和科技活动投入指标相对值较低，分别是6.21%和22.04%（见图14）。从一级指标相对值的变化上看，科技活动投入指标在2022年的相对值低于2021年的相对值，其余4个一级指标在2022年的相对值均高于2021年的相对值，表明忠县科技创新发展水平有待进一步提高。

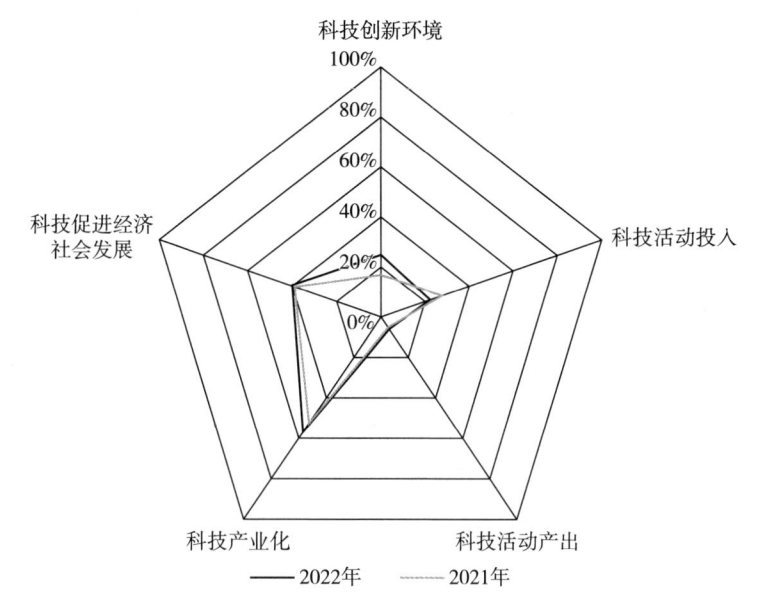

成渝地区双城经济圈北翼科技创新发展报告（2023~2024）

图14 2022年和2021年忠县科技创新发展一级指标相对值

资料来源：作者根据数据资料计算整理得出。

（九）黔江区科技创新发展情况

黔江区2022年科技创新发展指数值为32.06%。从一级指标看，科技创新环境指标相对值为43.21%，科技促进经济社会发展指标相对值达到39.83%，科技产业化、科技活动产出和科技活动投入指标相对值较低，分别是35.61%、18.44%和25.49%（见图15）。从一级指标相对值的变化上看，5个一级指标在2022年的相对值均与2021年的相对值差距不大，表明黔江区科技创新发展态势平稳。

（十）万州区科技创新发展情况

万州区2022年科技创新发展指数值为46.68%。从一级指标看，科技创新环境指标相对值为61.82%，科技活动投入指标相对值达到49.12%，科技产业化指标相对值达到42.00%，科技促进经济社会发展指标相对值达到

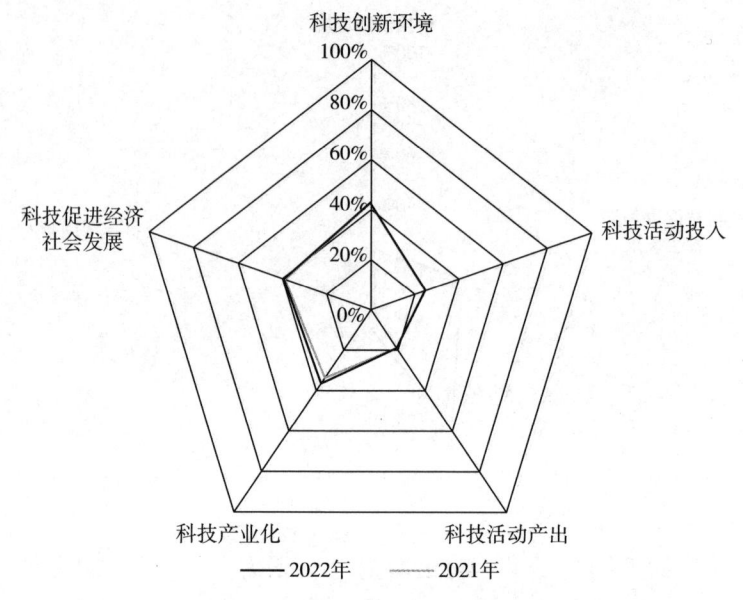

图 15　2022 年和 2021 年黔江区科技创新发展一级指标相对值

资料来源：作者根据数据资料计算整理得出。

38.22%，科技活动产出指标相对值达到 35.59%（见图 16）。从一级指标相对值的变化上看，科技活动产出指标在 2022 年的相对值低于 2021 年的相对值，其余 4 个一级指标在 2022 年的相对值均高于 2021 年的相对值，表明万州区科技创新发展总体较好。

（十一）开州区科技创新发展情况

开州区 2022 年科技创新发展指数值为 25.11%。从一级指标看，科技产业化指标相对值达到 41.12%，科技促进经济社会发展指标相对值达到 39.55%，科技创新环境指标相对值为 27.68%，科技活动产出和科技活动投入指标相对值较低，分别是 6.59% 和 20.81%（见图 17）。从一级指标相对值的变化上看，科技活动产出和科技活动投入指标在 2022 年的相对值均低于 2021 年的相对值，其余 3 个一级指标在 2022 年的相对值均高于 2021 年的相对值，表明开州区科技创新发展水平有待进一步提高。

成渝地区双城经济圈北翼科技创新发展报告（2023~2024）

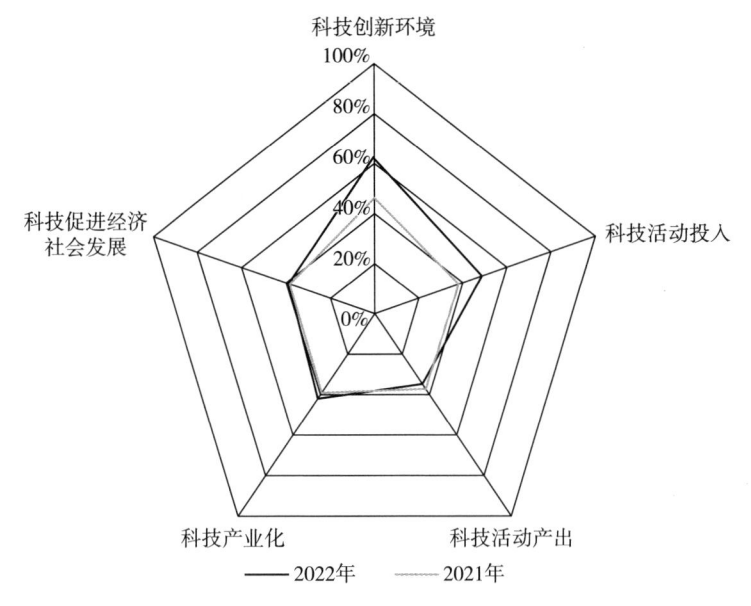

图 16　2022 年和 2021 年万州区科技创新发展一级指标相对值

资料来源：作者根据数据资料计算整理得出。

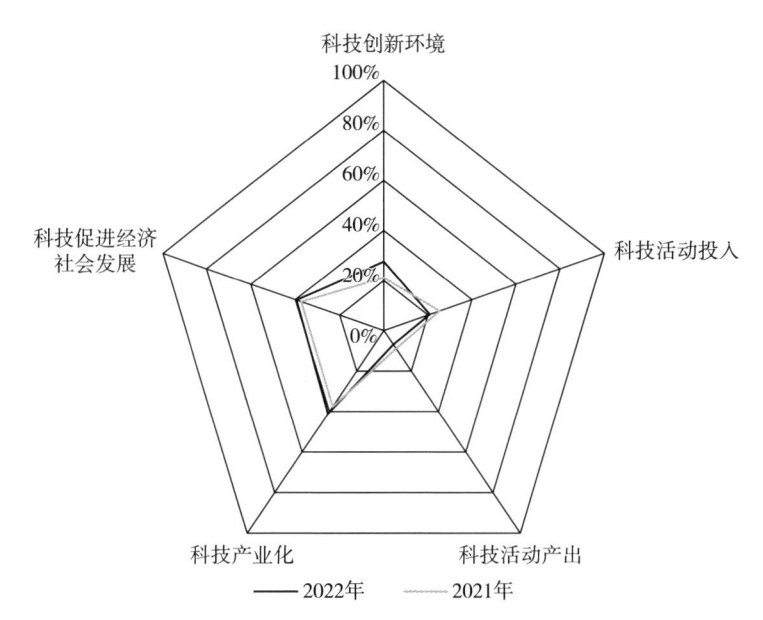

图 17　2022 年和 2021 年开州区科技创新发展一级指标相对值

资料来源：作者根据数据资料计算整理得出。

（十二）云阳县科技创新发展情况

云阳县2022年科技创新发展指数值为22.16%。从一级指标看，科技促进经济社会发展指标相对值达到74.63%，科技活动投入指标相对值为27.40%，科技创新环境、科技产业化和科技活动产出指标相对值较低，分别是14.83%、14.35%和2.85%（见图18）。从一级指标相对值的变化上看，科技创新环境指标在2022年的相对值高于2021年的相对值，其余4个一级指标在2022年的相对值均低于2021年的相对值，表明云阳县科技创新发展态势不佳。

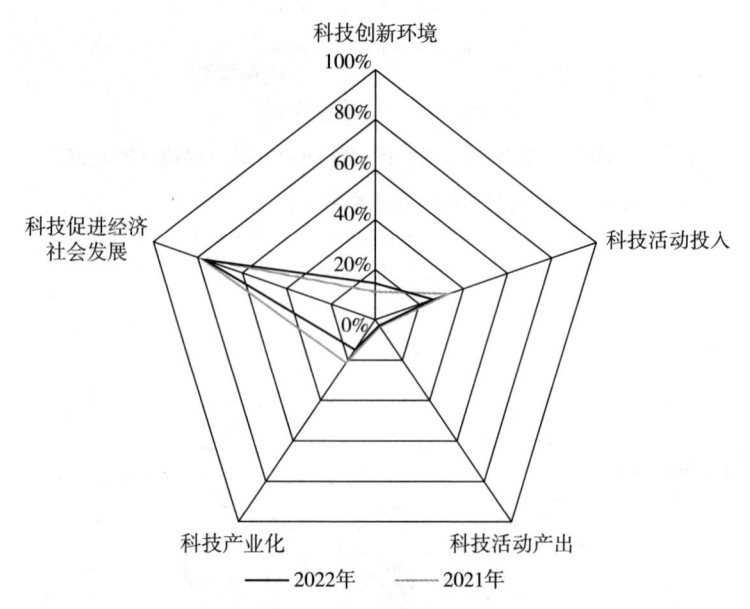

图18 2022年和2021年云阳县科技创新发展一级指标相对值

资料来源：作者根据数据资料计算整理得出。

B.8 成渝地区双城经济圈南翼科技创新发展报告（2023~2024）

刘晗 高仪[*]

摘　要： 本报告基于成渝地区双城经济圈科技创新发展指数测算结果，运用描述性统计分析和比较分析法，通过指数比较分析成渝地区双城经济圈南翼6个城市2022年科技创新发展情况及相较于2021年的变化，以相对值分析6个城市在科技创新环境、科技活动投入、科技活动产出、科技产业化、科技促进经济社会发展五个维度的发展情况。相关数据显示，成渝地区双城经济圈南翼6个城市科技创新发展指数值均低于成渝地区双城经济圈平均值，科技创新发展整体水平有待提升。成渝地区双城经济圈南翼在科技活动投入和科技活动产出方面表现较好，2个城市的科技活动投入指数值高于成渝地区双城经济圈平均值，3个城市的科技活动产出指数值高于成渝地区双城经济圈平均值。成渝地区双城经济圈南翼科技创新发展整体态势良好，6个城市的科技创新发展指数值均有所提高。

关键词： 科技创新　科技创新能力　成渝地区双城经济圈

---

[*] 刘晗，重庆工商大学产业经济研究院副院长，博士，硕士研究生导师，主要研究方向为产业结构与区域经济发展；高仪，重庆工商大学经济学院硕士研究生，主要研究方向为西方经济学。

一 2022年成渝地区双城经济圈南翼科技创新发展情况

（一）科技创新总体发展情况

2022年成渝地区双城经济圈南翼科技创新发展整体水平不高。6个城市的科技创新发展指数值均低于成渝地区双城经济圈平均值（42.28%），分别是自贡市（40.71%）、泸州市（38.75%）、宜宾市（37.84%）、乐山市（36.34%）、内江市（35.33%）和雅安市（29.64%），科技创新发展总体水平有待进一步提升（见图1）。2022年成渝地区双城经济圈南翼科技创新发展指数值提升幅度较大的是宜宾市，从31.26%提高到37.84%，其次是乐山市，从30.76%提高到36.34%。内江市、自贡市、雅安市和泸州市这4个城市的科技创新发展指数值也有不同程度的提高。

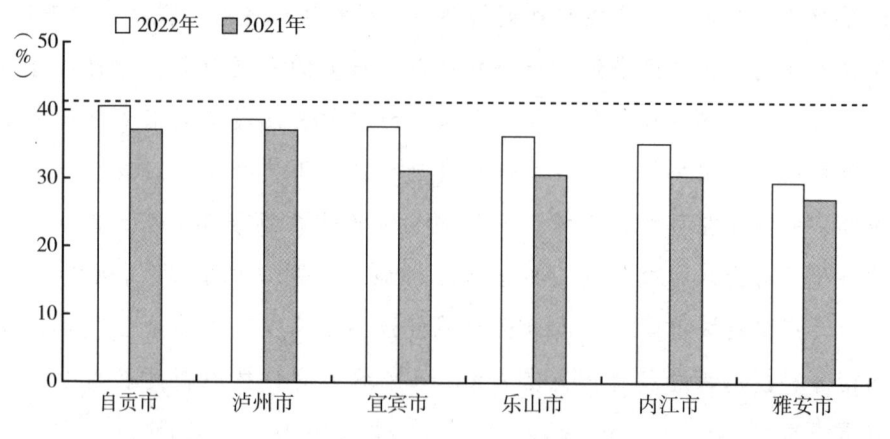

图1　2022年和2021年成渝地区双城经济圈南翼科技创新发展指数值

资料来源：作者根据数据资料计算整理得出。

（二）科技创新分维度的发展情况

1. 科技创新环境的发展情况

2022年成渝地区双城经济圈南翼科技创新环境情况不佳。6个城市的科技创新环境指数值均低于成渝地区双城经济圈平均值（11.79%），分别是内江市（11.67%）、泸州市（9.87%）、宜宾市（9.43%）、自贡市（8.29%）、乐山市（7.38%）和雅安市（5.97%）（见图2）。2022年成渝地区双城经济圈南翼科技创新环境指数值提升幅度较大的是内江市，从8.17%提高到11.67%。宜宾市、自贡市、乐山市和雅安市这4个城市的科技创新环境指数值也有不同程度的提高。

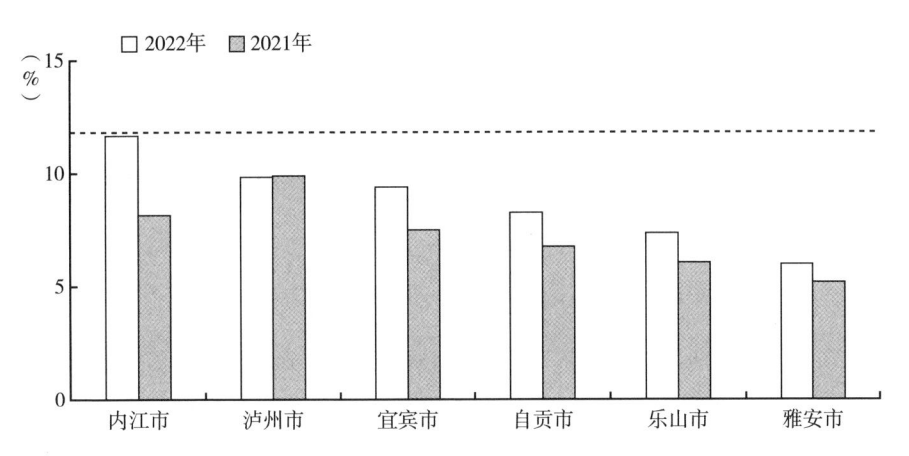

图2 2022年和2021年成渝地区双城经济圈南翼科技创新环境指数值

资料来源：作者根据数据资料计算整理得出。

2.科技活动投入的发展情况

2022年成渝地区双城经济圈南翼科技活动投入情况相对平稳。在6个城市中，2个城市的科技活动投入指数值高于成渝地区双城经济圈平均值（5.89%），分别是宜宾市（8.09%）和自贡市（6.18%）；4个城市的科技活动投入指数值低于成渝地区双城经济圈平均值，分别是乐山市（5.61%）、泸州市（5.37%）、雅安市（5.97%）和内江市（4.45%）（见图3）。2022年成渝地区双城经济圈南翼科技活动投入指数值提升幅度较大的是宜宾市，从6.65%提高到8.09%。雅安市、乐山市和内江市这3个城市的科技活动投入指数值也有不同程度的提高。泸州市和自贡市这2个城市的科技活动投入指数值有不同程度的降低。

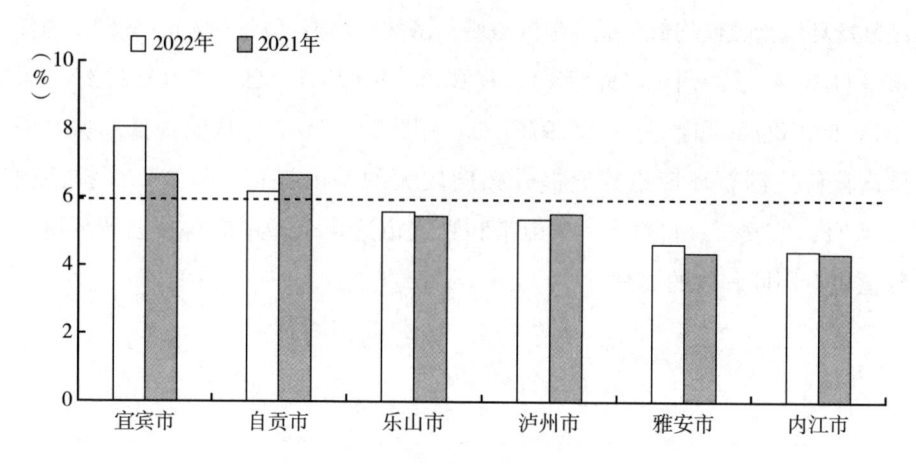

图3 2022年和2021年成渝地区双城经济圈南翼科技活动投入指数值

资料来源：作者根据数据资料计算整理得出。

3.科技活动产出的发展情况

2022年成渝地区双城经济圈南翼科技活动产出情况相对较好。在6个城市中，3个城市的科技活动产出指数值高于成渝地区双城经济圈平均值（8.35%），分别是泸州市（11.77%）、自贡市（10.68%）和雅安市（10.26%）；3个城市的科技活动产出指数值低于成渝地区双城经济圈平均值，分别是乐山市（7.95%）、内江市（6.35%）和宜宾市（5.52%）（见图4）。2022年成渝地区双城经济圈南翼科技活动产出指数值提升幅度较大的是自贡市，从9.61%提高到10.68%。宜宾市、泸州市、内江市和雅安市这4个城市的科技活动产出指数值也有不同程度的提高。

4.科技产业化的发展情况

2022年成渝地区双城经济圈南翼科技产业化情况较平稳。在6个城市中，1个城市的科技产业化指数值高于成渝地区双城经济圈平均值（8.72%），是乐山市（10.28%）；5个城市的科技产业化指数值低于成渝地区双城经济圈平均值，分别是宜宾市（8.36%）、自贡市（7.76%）、内江市（7.55%）、泸州市（6.40%）和雅安市（5.08%）（见图5）。2022年成渝地区双城经济圈南翼科技产业化指数值提升幅度较大的是乐

成渝地区双城经济圈南翼科技创新发展报告（2023~2024）

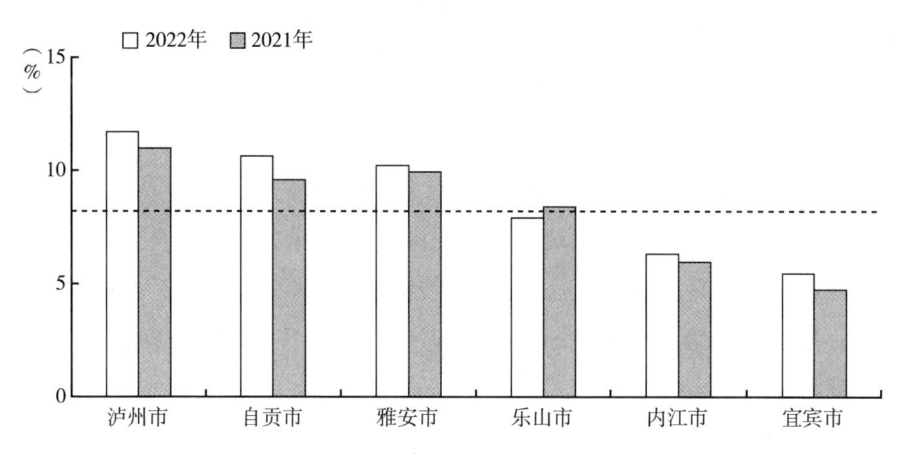

图4　2022年和2021年成渝地区双城经济圈南翼科技活动产出指数值

资料来源：作者根据数据资料计算整理得出。

山市，从5.92%提高到10.28%，其次，宜宾市从6.20%提高到8.36%，自贡市从6.70%提高到7.76%。雅安市、泸州市和内江市这3个城市的科技产业化指数值也有不同程度的提高。

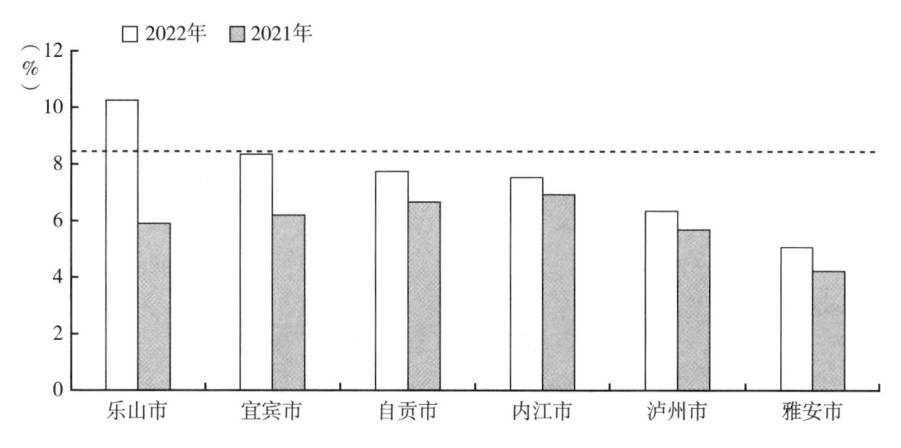

图5　2022年和2021年成渝地区双城经济圈南翼科技产业化指数值

资料来源：作者根据数据资料计算整理得出。

5.科技促进经济社会发展的发展情况

2022年成渝地区双城经济圈南翼科技促进经济社会发展情况不佳。在6

个城市中，1个城市的科技促进经济社会发展指数值高于成渝地区双城经济圈平均值（7.09%），是自贡市（7.81%）；5个城市的科技促进经济社会发展指数值低于成渝地区双城经济圈平均值，分别是宜宾市（6.45%）、泸州市（5.35%）、内江市（5.31%）、乐山市（5.11%）和雅安市（3.67%）（见图6）。2022年成渝地区双城经济圈南翼科技促进经济社会发展指数值提升幅度较大的是自贡市，从7.49%提高到7.81%。宜宾市、泸州市、内江市、乐山市和雅安市这5个城市的科技促进经济社会发展指数值也有不同程度的提高。

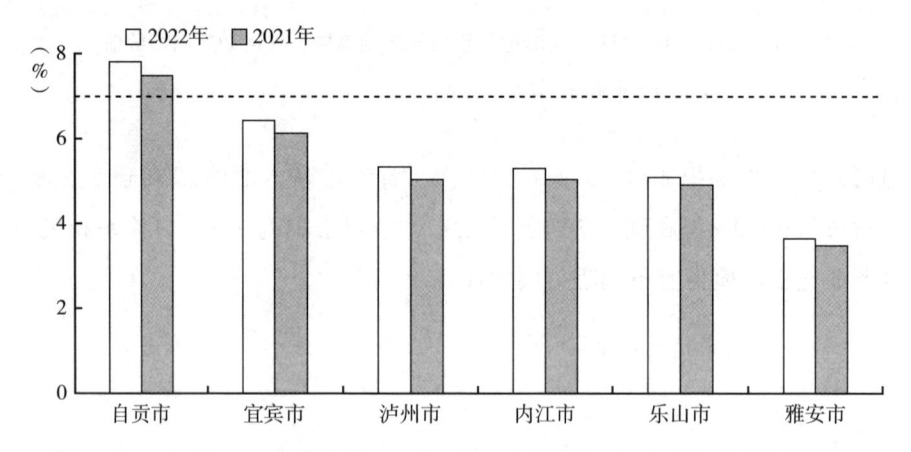

图6　2022年和2021年成渝地区双城经济圈南翼科技促进经济社会发展指数值

资料来源：作者根据数据资料计算整理得出。

二　2022年成渝地区双城经济圈南翼各城市科技创新发展情况

（一）雅安市科技创新发展情况

雅安市2022年科技创新发展指数值为29.64%。从一级指标看，科技活动产出、科技产业化、科技促进经济社会发展指标相对值分别为43.51%、30.06%、28.56%，科技创新环境和科技活动投入指标相对值较低，分别是

22.61%和22.97%（见图7）。从一级指标相对值的变化上看，5个一级指标在2022年的相对值均高于2021年的相对值，表明雅安市科技创新发展态势较好。

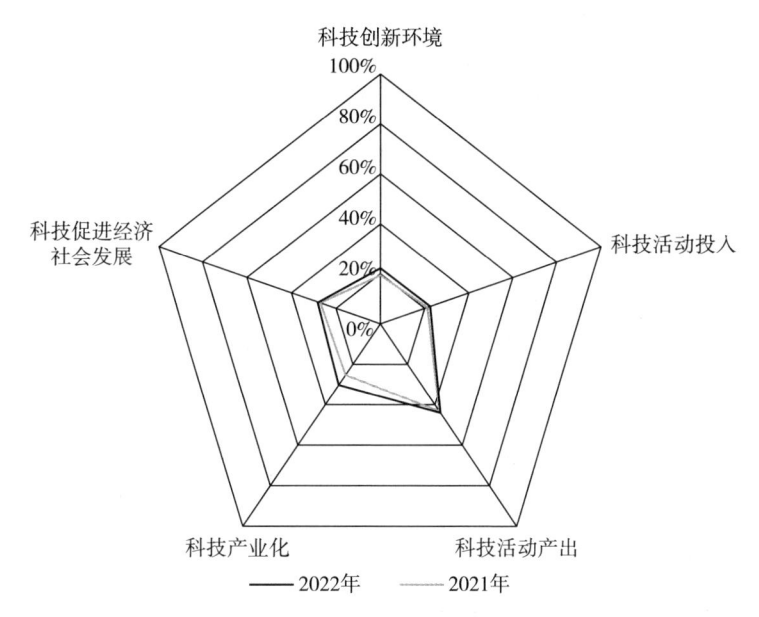

图7 2022年和2021年雅安市科技创新发展一级指标相对值

资料来源：作者根据数据资料计算整理得出。

（二）乐山市科技创新发展情况

乐山市2022年科技创新发展指数值为36.34%。从一级指标看，科技产业化指标相对值达到60.88%，科技促进经济社会发展、科技创新环境、科技活动产出和科技活动投入指标相对值较低，分别是39.75%、27.97%、33.72%和27.70%（见图8）。从一级指标相对值的变化上看，4个一级指标在2022年的相对值均高于2021年的相对值，科技活动产出指标在2022年的相对值低于2021年的相对值，表明乐山市科技创新发展态势较好。

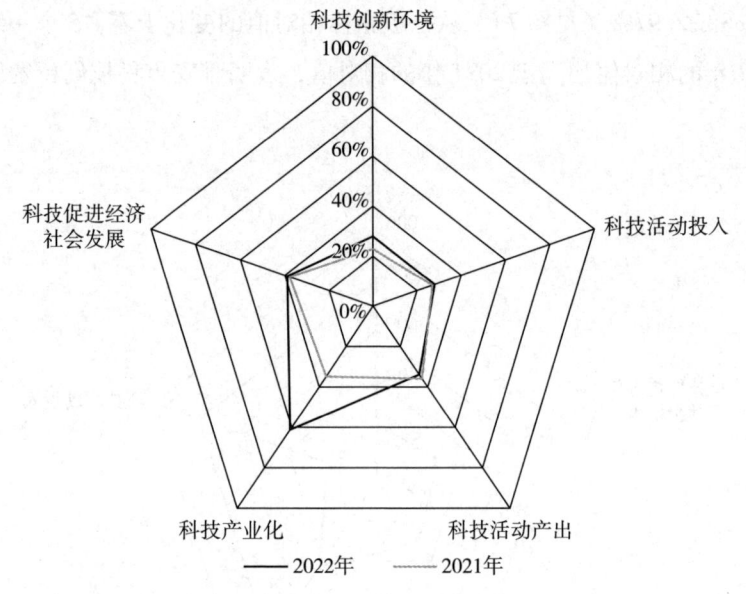

图8　2022年和2021年乐山市科技创新发展一级指标相对值

资料来源：作者根据数据资料计算整理得出。

（三）内江市科技创新发展情况

内江市2022年科技创新发展指数值为35.33%。从一级指标看，科技促进经济社会发展、科技创新环境、科技产业化、科技活动产出和科技活动投入指标相对值分别是41.28%、44.21%、44.69%、26.92%和21.97%（见图9）。从一级指标相对值的变化上看，5个一级指标在2022年的相对值均高于2021年的相对值，表明内江市科技创新发展态势较好。

（四）自贡市科技创新发展情况

自贡市2022年科技创新发展指数值为40.71%。从一级指标看，科技促进经济社会发展、科技创新环境、科技产业化、科技活动产出和科技活动投入指标相对值分别为60.75%、31.39%、45.93%、45.26%和30.50%（见图10）。从一级指标相对值的变化上看，4个一级指标在2022年的相对值

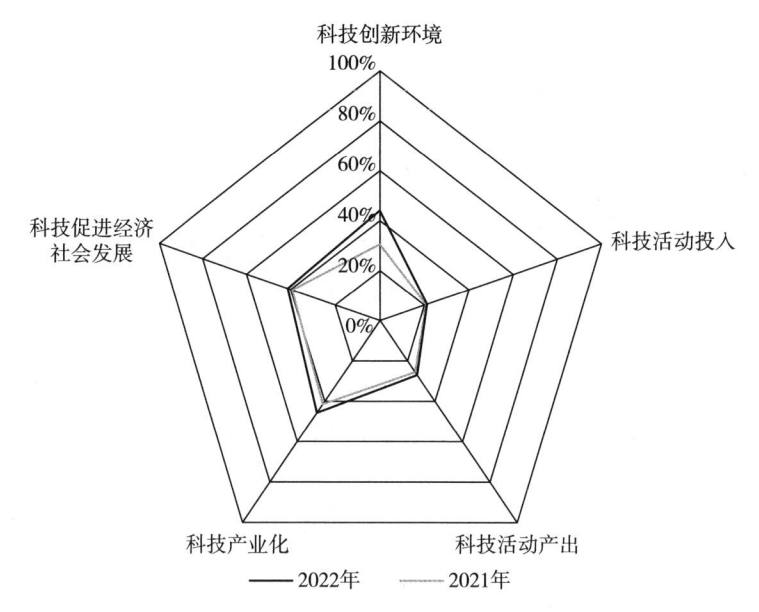

成渝地区双城经济圈南翼科技创新发展报告（2023~2024）

图 9　2022 年和 2021 年内江市科技创新发展一级指标相对值

资料来源：作者根据数据资料计算整理得出。

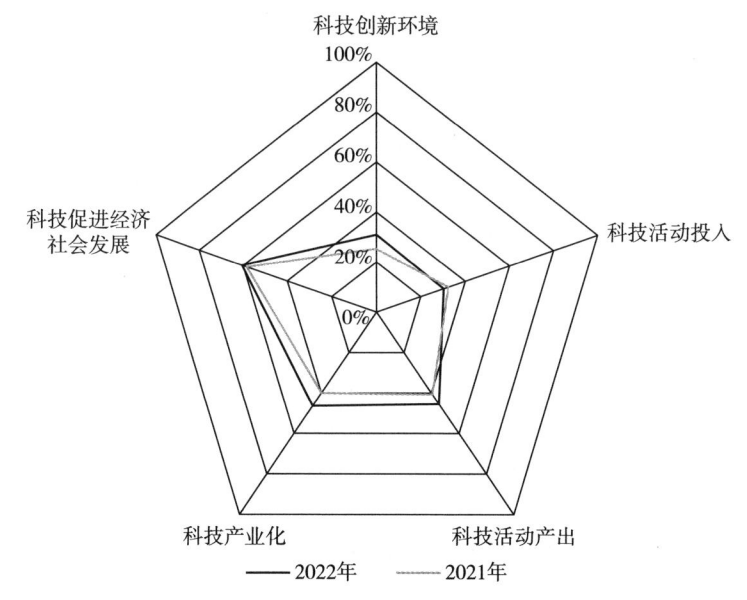

图 10　2022 年和 2021 年自贡市科技创新发展一级指标相对值

资料来源：作者根据数据资料计算整理得出。

均高于2021年的相对值,科技活动投入指标在2022年的相对值低于2021年的相对值,表明自贡市科技创新发展水平有待进一步提高。

(五)宜宾市科技创新发展情况

宜宾市2022年科技创新发展指数值为37.84%。从一级指标看,科技促进经济社会发展、科技创新环境、科技产业化、科技活动产出和科技活动投入指标相对值分别是50.18%、35.71%、49.47%、23.40%和39.92%(见图11)。从一级指标相对值的变化上看,5个一级指标在2022年的相对值均高于2021年的相对值,表明宜宾市科技创新发展态势较好。

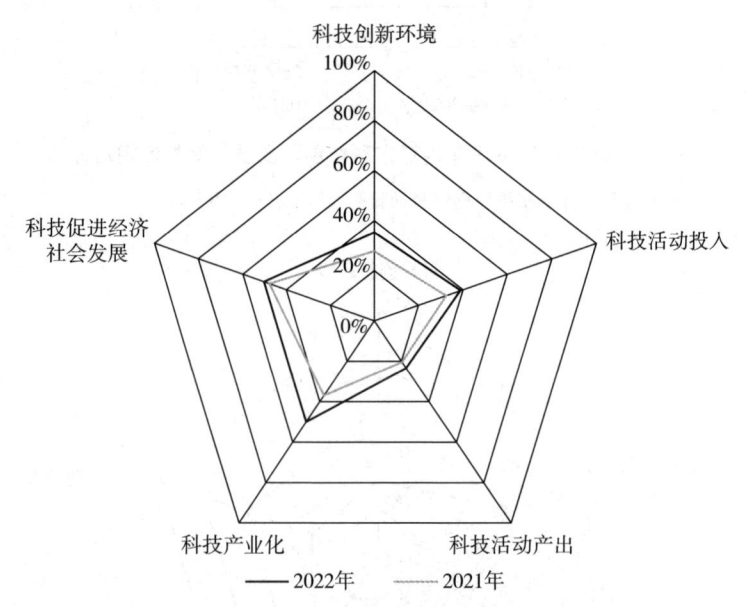

图11 2022年和2021年宜宾市科技创新发展一级指标相对值

资料来源:作者根据数据资料计算整理得出。

(六)泸州市科技创新发展情况

泸州市2022年科技创新发展指数值为38.75%。从一级指标看,科技促进经济社会发展、科技创新环境、科技产业化、科技活动产出和科技活动投入指标相对值分别是41.58%、37.38%、37.88%、49.89%和26.52%（见图12）。从一级指标相对值的变化上看，5个一级指标在2022年的相对值均与2021年的相对值无太大差距，表明泸州市科技创新发展态势较平稳。

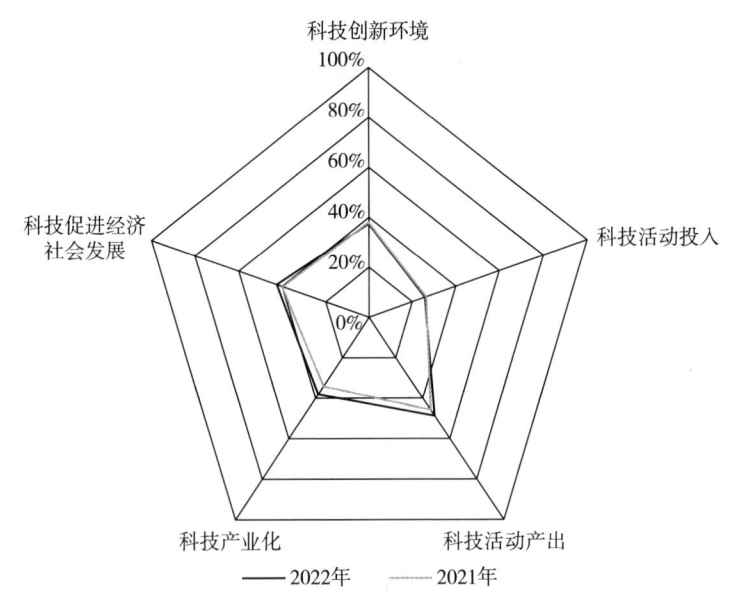

图12 2022年和2021年泸州市科技创新发展一级指标相对值

资料来源：作者根据数据资料计算整理得出。

专题篇

B.9 成渝地区双城经济圈科技创新投入产出效率研究

王靖 彭宇佳[*]

摘　要： 本报告基于成渝地区双城经济圈科技创新投入和产出数据，运用数据包络分析法测度成渝地区双城经济圈44个市区县科技创新投入产出效率，采用 Malmquist 指数动态分析科技创新投入产出效率的演进趋势。数据测算结果显示，成渝地区双城经济圈21个市区县处于科技创新投入产出效率最优状态，23个市区县尚未达到科技创新投入产出效率的前沿面水平。成渝地区双城经济圈14个市区县2022年科技创新投入产出效率较2021年有所提高，提高较快的是渝北区、九龙坡区、大渡口区和乐山市，11个市区县科技创新投入产出效率有所下降，19个市区县科技创新投入产出效率没有变化。成渝地区双城经济圈科技创新投入产出效率提高的原因主要是技术进步带来的产出前沿面的扩张，18个市区县

---

[*] 王靖，重庆工商大学成渝地区双城经济圈建设研究院博士研究生，主要研究方向为产业经济学；彭宇佳，重庆工商大学数学与统计学院硕士研究生，主要研究方向为应用统计。

技术进步指数大于1，只有7个市区县技术进步指数小于1。

关键词： 科技创新　投入产出效率　成渝地区双城经济圈

一　科技创新投入产出描述性统计

（一）科技创新投入统计

2022年成渝地区双城经济圈科技创新投入呈现显著的差异，具体如表1所示。在硕士及以上人数/R&D人员数方面，渝中区以5.40的最大值居首位，而长寿区则以0.34的最小值垫底；在企业R&D研究人员占全社会R&D研究人员的比重方面，资阳市以95.28的最大值引人瞩目，而渝中区以19.95的最小值排名靠后。在其他关键指标上，绵阳市在R&D经费内部支出占GDP的比重方面以7.15的最大值领跑，而丰都县则以0.36的最小值居末位；成都市在地方财政科技支出占地方财政一般预算支出的比重方面以8.37的最大值遥遥领先，而大渡口区以0.18的最小值排名靠后；潼南区在规模以上工业企业R&D经费内部支出占主营业务收入的比重方面以6.20的最大值脱颖而出，而绵阳市以0.39的最小值排名靠后；规模以上工业企业技术获取和技术改造经费支出占主营业务收入的比重最大值为2.12，对应万州区，而渝中区则以0的最小值显示相对较低的水平。

表1　2022年成渝地区双城经济圈科技创新投入变量的描述性统计

变量名称	观测值	均值	标准差	最小值	最大值
硕士及以上人数/R&D人员数（人/人年）	44	1.88	1.21	0.34	5.40
企业R&D研究人员占全社会R&D研究人员的比重（%）	44	40.01	19.93	19.95	95.28
R&D经费内部支出占GDP的比重（%）	44	1.99	1.57	0.36	7.15

169

续表

变量名称	观测值	均值	标准差	最小值	最大值
地方财政科技支出占地方财政一般预算支出的比重(%)	44	1.52	1.41	0.18	8.37
规模以上工业企业R&D经费内部支出占主营业务收入的比重(%)	44	1.68	1.31	0.39	6.20
规模以上工业企业技术获取和技术改造经费支出占主营业务收入的比重(%)	44	0.27	0.38	0	2.12

资料来源：作者根据数据资料计算整理得出。

（二）科技创新产出统计

2022年成渝地区双城经济圈科技创新产出呈现明显的差异，具体如表2所示。在万名R&D人员发表科技论文数方面，渝中区以20065的最大值遥遥领先，而潼南区和梁平区的最小值为0，说明这两个区域在科技创新产出方面较为薄弱。万人有效发明专利拥有量的最大值为59.95，对应南岸区，而最小值为0.55，对应自贡市。技术合同成交额占GDP的比重最大值为15.49，对应渝北区，而最小值为0，表现较弱的区域包括潼南区和梁平区。数字经济增加值占GDP的比重最大值为28.51，对应北碚区，而最小值为1.31，对应万州区。

表2　2022年成渝地区双城经济圈科技创新产出变量的描述性统计

变量名称	观测值	均值	标准差	最小值	最大值
万名R&D人员发表科技论文数（篇/万人）	44	2576	3787	0	20065
万人有效发明专利拥有量(件/万人)	44	12.37	15.06	0.55	59.95
技术合同成交额占GDP的比重(%)	44	1.06	2.63	0	15.49
数字经济增加值占GDP的比重(%)	44	6.99	5.32	1.31	28.51

资料来源：作者根据数据资料计算整理得出。

二 科技创新投入产出效率测度方法

(一) 方法简介

DEA 是一种用于评估多输入多输出效率的方法，通常用于衡量各种单位（如公司、组织或生产者）的效率。其基本思路是通过比较单位的输入与输出，找到一种最优组合，即"包络面"，使得任何一个单位都不可能在任一输出上提高而不增加任何输入。该部分利用 DEA 方法中的 CCR 和 BCC 模型以及 Malmquist 生产率指数对 2022 年成渝地区双城经济圈内 44 个市区县的科技创新投入产出效率进行测算。

(二) 测度过程

假设有 n 个单位，每个单位有 m 个输入和 s 个输出，输入用 x 表示，输出用 y 表示，那么第 i 个单位的输入向量为 $x_i = (x_{i1}, x_{i2}, \cdots, x_{im})$，输出向量为 $y_i = (y_{i1}, y_{i2}, \cdots, y_{is})$。为了计算效率，本报告引入权重用来表示每个输入和输出在总效率中的重要性，设定权重向量为 $w = (w_1, w_2, \cdots, w_m)$，表示输入的权重，$v = (v_1, v_2, \cdots, v_s)$ 表示输出的权重。DEA 的效率评估模型可以用如下的线性规划模型表示：

$$\text{Max} \frac{\sum_{j=1}^{s} v_j y_{ij}}{\sum_{k=1}^{m} w_k x_{ik}}$$

上式的约束条件有以下三个。

第一，对于所有 j，$v_j y_{ij} \leqslant \sum_{k=1}^{m} w_k x_{ik}$，$j = 1, 2, \cdots, s$。

第二，对于所有 k，$w_k x_{ik} \leqslant \sum_{j=1}^{s} v_j y_{ij}$，$k = 1, 2, \cdots, m$。

第三，对于所有 i，$w_k \geqslant 0$，$v_j \geqslant 0$。

通过解决上述线性规划问题，即可得到每个单位的效率值。

通过 DEA 方法计算 $MI(t-1, t)$ 的基本思路为：

$$MI(t-1,t) = \frac{TFP(x_t,y_t)/TFP(benchmark)}{TFP(x_{t-1},y_{t-1})/TFP(benchmark)}$$

$$MI^{t-1}(t-1,t) = \frac{Score\_t-1(x\_t,y\_t)}{Score\_t-1(x\_t-1,y\_t-1)}$$

其中，

$Score\_t-1(x\_t,y\_t)$ 为 $TFP(x_t,y_t)/TFP(benchmark_{t-1})$
$Score\_t-1(x\_t-1,y\_t-1)$ 为 $TFP(x_{t-1},y_{t-1})/TFP(benchmark_{t-1})$

这是参比 $t-1$ 期前沿得出的 $MI(t-1, t)$。同理，参比 t 期前沿可以计算得出另一个 $MI(t-1, t)$：

$$MI^t(t-1,t) = \frac{Score\_t(x\_t,y\_t)}{Score\_t(x\_t-1,y\_t-1)}$$

Färe 等根据 Caves 等（1982）计算 Malmquist 指数的方法，[①] 采用上述两个 Malmquist 指数的几何平均值作为被评价 DMU 的 Malmquist 指数，即

$$MI(t-1,t) = \sqrt{MI^{t-1}_{(t-1,t)} \times MI^t_{(t-1,t)}}$$

$$= \sqrt{\frac{Score\_t-1(x\_t,y\_t)}{Score\_t-1(x\_t-1,y\_t-1)} \times \frac{Score\_t(x\_t,y\_t)}{Score\_t(x\_t-1,y\_t-1)}}$$

其中，

$Score\_t(x\_t,y\_t)$
$Score\_t-1(x\_t-1,y\_t-1)$

这分别是 K 在 t 期和 $t-1$ 期的技术效率值，其比值是两个时期的技术效率变化（Technical Efficiency Change，EC）：

$$EC(t-1,t) = \frac{Score\_t(x\_t,y\_t)}{Score\_t-1(x\_t-1,y\_t-1)}$$

[①] Färe, R., Grosskopf, S., Norris, M., Zhang, Z., "T Productivity Growth, Technical Progress, and Efficiency Change in Industrialized Countries," *The American Economic Review* 1 (1994); Caves, D. W., Christensen, L. R., Diewert, W. E., "The Economic Theory of Index Numbers and the Measurement of Input, Output and Productivity," *Econometrica* 6 (1982): 1393-1414.

Malmquist 指数可以分解为技术效率变化和技术变化（Technological Change，TC）：

$$MI = EC \times TC$$

$$MI(t-1,t) = \sqrt{MI_{(t-1,t)}^{t-1} \times MI_{(t-1,t)}^{t}}$$

$$= \sqrt{\frac{Score\_t-1(x\_t,y\_t)}{Score\_t-1(x\_t-1,y\_t-1)} \times \frac{Score\_t(x\_t,y\_t)}{Score\_t(x\_t-1,y\_t-1)}}$$

$$= \frac{Score\_t(x\_t,y\_t)}{Score\_t-1(x\_t-1,y\_t-1)}$$

$$\times \sqrt{\frac{Score\_t-1(x\_t-1,y\_t-1)}{Score\_t(x\_t-1,y\_t-1)} \times \frac{Score\_t-1(x\_t,y\_t)}{Score\_t(x\_t,y\_t)}}$$

$$MI = EC(t-1,t) \times TC(t-1,t)$$

其中，$TC(t-1,t) = \sqrt{\frac{Score\_t-1(x\_t-1,y\_t-1)}{Score\_t(x\_t-1,y\_t-1)} \times \frac{Score\_t-1(x\_t,y\_t)}{Score\_t(x\_t,y\_t)}}$

在 MaxDEA 软件的输出结果中，无论是投入导向还是产出导向，Malmquist 指数的含义均为：大于 1.00 表示生产率提高，小于 1.00 表示生产率降低。EC 和 TC 的含义也是如此。

三 科技创新投入产出效率测度结果

（一）静态模型测度结果

2022 年成渝地区双城经济圈科技创新投入产出效率的静态模型测度结果如表 3 所示。

表 3 2022 年成渝地区双城经济圈科技创新投入产出效率的静态模型测度结果

市区县	BCC 模型	CCR 模型
巴南区	1.0000	1.0000
北碚区	1.0000	1.0000
璧山区	1.0000	1.0000
长寿区	1.0000	1.0000

续表

市区县	BCC 模型	CCR 模型
成都市	1.0000	1.0000
达州市	0.8635	0.8593
大渡口区	0.9396	0.9349
大足区	1.0000	1.0000
德阳市	0.7957	0.5932
垫江县	1.0000	0.5580
丰都县	1.0000	0.6746
涪陵区	1.0000	0.4771
广安市	1.0000	1.0000
合川区	1.0000	0.6481
江北区	1.0000	1.0000
江津区	1.0000	1.0000
九龙坡区	1.0000	1.0000
开州区	1.0000	0.7146
乐山市	1.0000	1.0000
梁平区	1.0000	0.9065
泸州市	1.0000	1.0000
眉山市	0.6780	0.6293
绵阳市	0.7832	0.7609
内江市	1.0000	0.9403
南岸区	1.0000	1.0000
南充市	1.0000	1.0000
南川区	1.0000	0.9252
綦江区	1.0000	0.3701
黔江区	1.0000	1.0000
荣昌区	0.8675	0.7308
沙坪坝区	1.0000	1.0000
遂宁市	0.7597	0.6869
铜梁区	1.0000	0.8565
潼南区	1.0000	0.8799
万州区	0.6014	0.5274
雅安市	1.0000	1.0000
宜宾市	0.5590	0.5372
永川区	1.0000	1.0000
渝北区	1.0000	1.0000
渝中区	1.0000	1.0000

续表

市区县	BCC 模型	CCR 模型
云阳县	1.0000	0.5642
忠县	1.0000	0.6601
资阳市	1.0000	1.0000
自贡市	0.7864	0.7855

资料来源：作者基于数据资料运用 MaxDEA 软件计算得出。

（二）动态模型测度结果

2022 年成渝地区双城经济圈科技创新投入产出效率的动态模型测度结果如表 4 所示。

表 4　2022 年成渝地区双城经济圈科技创新投入产出效率的动态模型测度结果

市区县	MI	EC	TC	OBTC	IBTC	MATC
巴南区	1.4029	1.0000	1.4029	1.0120	1.5666	0.8849
北碚区	0.8953	1.0000	0.8953	1.1247	1.6084	0.4949
璧山区	1.0000	1.0000	1.0000	1.1859	0.8433	1.0000
长寿区	1.0000	1.0000	1.0000	1.6293	0.6138	1.0000
成都市	1.0488	1.0000	1.0488	1.0137	1.0590	0.9770
达州市	0.9476	0.8818	1.0746	0.9969	0.9907	1.0880
大渡口区	2.6716	0.9396	2.8434	1.6901	1.1996	1.4024
大足区	1.0000	1.0000	1.0000	0.9369	1.0674	1.0000
德阳市	1.1209	1.1226	0.9985	1.0166	1.0230	0.9600
垫江县	1.0000	1.0000	1.0000	0.9414	1.0623	1.0000
丰都县	1.0000	1.0000	1.0000	1.0000	1.0000	1.0000
涪陵区	1.0000	1.0000	1.0000	2.0483	0.4882	1.0000
广安市	1.0000	1.0000	1.0000	1.2597	0.7938	1.0000
合川区	0.4686	1.0000	0.4686	1.7634	1.2101	0.2196
江北区	1.1202	1.0000	1.1202	1.1328	1.2505	0.7908
江津区	1.0000	1.0000	1.0000	1.5161	0.6596	1.0000
九龙坡区	2.8214	1.0000	2.8214	1.0898	2.5143	1.0297
开州区	1.0000	1.0000	1.0000	1.0449	0.9570	1.0000

续表

市区县	MI	EC	TC	OBTC	IBTC	MATC
乐山市	2.4253	1.0000	2.4253	1.1331	2.4859	0.8610
梁平区	1.0000	1.0000	1.0000	1.2198	0.8198	1.0000
泸州市	1.0622	1.0000	1.0622	1.0605	1.2158	0.8238
眉山市	0.7930	0.6780	1.1696	1.0049	0.9230	1.2609
绵阳市	1.0198	0.7832	1.3021	1.0372	0.9678	1.2972
内江市	1.8093	1.0000	1.8093	1.1276	1.6046	1.0000
南岸区	1.1894	1.0000	1.1894	1.6627	1.1779	0.6073
南充市	1.0000	1.0000	1.0000	1.0096	0.9904	1.0000
南川区	1.0000	1.0000	1.0000	1.3822	0.7235	1.0000
綦江区	1.0000	1.0000	1.0000	1.4703	0.6801	1.0000
黔江区	1.0000	1.0000	1.0000	1.1729	0.8526	1.0000
荣昌区	0.9314	0.8675	1.0737	0.9620	1.1161	1.0000
沙坪坝区	0.4810	1.0000	0.4810	1.4038	1.8045	0.1899
遂宁市	0.8628	0.7909	1.0910	0.9875	1.1423	0.9672
铜梁区	1.0000	1.0000	1.0000	0.9404	1.0633	1.0000
潼南区	1.0000	1.0000	1.0000	0.9663	1.0349	1.0000
万州区	1.0108	0.6014	1.6807	1.1138	0.9961	1.5149
雅安市	0.4660	1.0000	0.4660	1.1232	1.9105	0.2172
宜宾市	0.9477	0.8957	1.0581	1.0158	1.0043	1.0371
永川区	1.0000	1.0000	1.0000	1.1414	0.8761	1.0000
渝北区	3.0681	1.1597	2.6457	2.6606	1.0497	0.9473
渝中区	1.0000	1.0000	1.0000	0.9282	1.0774	1.0000
云阳县	1.0000	1.0000	1.0000	1.0000	1.0000	1.0000
忠县	1.3113	1.4016	0.9356	2.0905	0.5113	0.8753
资阳市	0.9676	1.0000	0.9676	1.1102	1.1267	0.7736
自贡市	0.9732	0.8653	1.1246	1.0099	0.9403	1.1843

注：OBTC 为产出偏移技术变化，IBTC 为投入偏移技术变化，MATC 为技术变化幅度。
资料来源：作者基于数据资料运用 MaxDEA 软件计算得出。

四 科技创新投入产出效率测度分析

（一）重庆都市圈

在 BCC 模型结果方面，渝中区、江北区、沙坪坝区、九龙坡区、南岸区、北碚区、渝北区、巴南区等市区县表现出相对较高的创新投入产出效率,效率值均为 1.00,反映了这些地区在科技创新方面的绩效较好。而涪陵区、长寿区、江津区、合川区、永川区等市区县的 BCC 模型效率值也较高,为 1.00,显示了它们在创新投入和产出方面的平衡。在 CCR 模型结果方面,大部分市区县在科技创新方面取得了较好的成果,例如渝中区、江北区、沙坪坝区、九龙坡区等。然而,也有一些市区县的 CCR 模型效率值相对较低,如德阳市、垫江县、丰都县、涪陵区、开州区、眉山市等,需要进一步优化科技创新投入产出效益,特别是垫江县、丰都县、綦江区、万州区、宜宾市等的 CCR 模型效率值较低,需要关注和改进其科技创新策略。

根据动态模型测度结果,具体分析如下。

在渝中区,Malmquist 指数为 1.00,显示了技术水平相对稳定,没有显著的技术变化。技术效率变化和技术变化都为 1.00,其趋势相互抵消,呈现相对平衡的状态。产出偏移技术变化和投入偏移技术变化的值相对稳定,分别为 0.93 和 1.08,而技术变化幅度为 1.00,表明了整体上技术水平在 2022 年未发生明显变化。

大渡口区展现出显著的科技创新成果,Malmquist 指数为 2.67,暗示了技术的进步。技术效率变化为 0.94,表明 2022 年生产过程的技术效率有所降低。技术变化为 2.84,反映了大渡口区的科技水平整体取得了显著的成果。产出偏移技术变化和技术变化幅度分别为 1.69 和 1.40,显示了技术进步的方向和幅度。

江北区的 Malmquist 指数为 1.12,显示了一定程度的技术进步。技术效率变化和技术变化均不小于 1.00,分别为 1.00 及 1.12,表示该区的科技投入在 2022 年取得了进步。产出偏移技术变化和技术变化幅度同样为正值,表明了技术进步的方向和幅度。

沙坪坝区的 Malmquist 指数为 0.48,表明了其在 2022 年的技术相对退步。技术效率变化和技术变化的趋势相互抵消,分别为 1.00 和 0.48,技术变化不理想。产出偏移技术变化为较小正值,而技术变化幅度为 0.19,可见该年沙坪坝区技术有所退步。

九龙坡区的Malmquist指数为2.82，显示了显著的技术进步。技术效率变化和技术变化均呈正向趋势，分别为1.00和2.82，反映了该区在科技创新方面取得的显著成果。产出偏移技术变化和技术变化幅度同样为正值，说明了技术进步方向明确。

南岸区的Malmquist指数为1.19，表明了其在2022年的技术水平相对稳定，未出现明显的技术进步。技术效率变化和技术变化分别为1.00和1.19。产出偏移技术变化为正值，而技术变化幅度为0.61，显示了技术有所退步。

北碚区的Malmquist指数为0.90，显示了一定程度的技术退步。技术效率变化和技术变化分别为1.00和0.89，可见技术变化起主导作用。产出偏移技术变化为较小正值，而技术变化幅度为0.49，表明了技术退步的幅度相对较小。

渝北区的Malmquist指数为3.07，显示了显著的技术进步。技术效率变化和技术变化均呈正向趋势，分别为1.16和2.64，反映了该区在科技创新方面取得的显著成果。产出偏移技术变化和技术变化幅度同样为正值，说明了技术进步方向明确。

巴南区的Malmquist指数为1.40，表明了其在2022年的技术水平相对稳定，未出现明显的技术进步。技术效率变化和技术变化分别为1.00和1.40，呈现相对平衡的状态。产出偏移技术变化为正值1.01，而技术变化幅度为0.88，显示了技术退步。

涪陵区的Malmquist指数为1.00，表明了其在2022年的技术水平相对稳定，未出现明显的技术进步。技术效率变化和技术变化也均为1.00，呈现相对平衡的状态。产出偏移技术变化和投入偏移技术变化的值分别为2.05和0.49，技术变化幅度为1.00，表明了整体上技术水平在2022年未发生明显变化。

在长寿区，Malmquist指数为1.00，显示了技术水平相对稳定，未出现明显的技术进步。具体数值上，技术效率变化为1.00，表明在2022年生产过程的技术效率未发生显著变化。技术变化同样为1.00，表示长寿区的技术水平整体保持不变。产出偏移技术变化和投入偏移技术变化的值也相对稳定，而技术变化幅度为1.00，表明了整体上技术水平在2022年未发生明显变化。

在江津区，Malmquist指数为1.00，显示了技术水平相对稳定，未出现明显的技术进步。具体数值上，技术效率变化和技术变化均为1.00，表明了2022年生产过程的技术效率和技术水平整体未发生显著变化。产出偏移技术变化和投入偏移技术变化的值分别为1.52和0.66，而技术变化幅度为1.00，表明了整体上技术水平在2022年未发生明显变化。

在合川区，Malmquist指数为0.47，显示了其在2022年存在一定程度的技术退步。具体数值上，技术效率变化和技术变化分别为1.00和0.47，可见主要是技术变化导致的Malmquist指数较低。产出偏移技术变化为1.76，投入偏移技术变化为1.21，可见主要是产出的变化使技术变化的测量发生偏移，而技术变化幅度为0.22，显示了技术退步。

在永川区，Malmquist指数为1.00，显示了未出现明显的技术进步。具体数值上，技术效率变化和技术变化均为1.00，表示生产过程的技术效率未发生显著变化。产出偏移技术变化和技术变化幅度分别为1.14和0.88，说明技术进步的方向明确。

在南川区，Malmquist指数为1.00，显示了技术水平相对稳定，未出现明显的技术进步。具体数值上，技术效率变化和技术变化均为1.00，表明了2022年生产过程的技术效率和技术水平整体未发生显著变化。产出偏移技术变化和投入偏移技术变化的值也相对稳定，而技术变化幅度为1.00，表明了整体上技术水平在2022年未发生明显变化。

在綦江区，Malmquist指数为1.00，显示了技术水平相对稳定，未出现明显的技术进步。具体数值上，技术效率变化和技术变化均为1.00，表明了2022年生产过程的技术效率和技术水平整体未发生显著变化。产出偏移技术变化和投入偏移技术变化的值分别为1.48和0.68，可见投入与产出的变化使技术变化的测量发生偏移。而技术变化幅度为1.00，表明了整体上技术水平在2022年未发生明显变化。

在大足区，Malmquist指数为1.00，显示了技术水平相对稳定，未出现明显的技术进步。具体数值上，技术效率变化和技术变化均为1.00，呈现相对平衡的状态。投入偏移技术变化和产出偏移技术变化的值均处于1.00

左右，而技术变化幅度为1.00，显示了技术退步的幅度相对较小。

在璧山区，Malmquist指数为1.00，显示了技术水平相对稳定，未出现明显的技术进步。具体数值上，技术效率变化和技术变化均为1.00，表明了2022年生产过程的技术效率和技术水平整体未发生显著变化。产出偏移技术变化和投入偏移技术变化的值也相对稳定，分别为1.19和0.84，技术变化幅度为1.00，表明了整体上技术水平在2022年未发生明显变化。

在铜梁区，Malmquist指数为1.00，显示了技术水平相对稳定，未出现明显的技术进步。具体数值上，技术效率变化和技术变化均为1.00，表明了2022年生产过程的技术效率和技术水平整体未发生显著变化。产出偏移技术变化和投入偏移技术变化的值也相对稳定，分别为0.94和1.06，而技术变化幅度为1.00，表明了整体上技术水平在2022年未发生明显变化。

在潼南区，Malmquist指数为1.00，显示了技术水平相对稳定，未出现明显的技术进步。具体数值上，技术效率变化和技术变化均为1.00，表明了2022年生产过程的技术效率和技术水平整体未发生显著变化。产出偏移技术变化和投入偏移技术变化的值分别为0.97和1.03，而技术变化幅度为1.00，表明了整体上技术水平在2022年未发生明显变化。

在荣昌区，Malmquist指数为0.93，显示了其在2022年存在一定程度的技术退步。具体数值上，技术效率变化和技术变化的趋势相互抵消，分别为0.87和1.07。产出偏移技术变化为0.96，而技术变化幅度为1.00，表明了整体上技术水平在2022年未发生明显变化。

在广安市，Malmquist指数为1.00，显示了技术水平相对稳定，未出现明显的技术进步。具体数值上，技术效率变化和技术变化均为1.00，表明了2022年生产过程的技术效率和技术水平整体未发生显著变化。产出偏移技术变化和投入偏移技术变化的值也相对稳定，分别为1.26和0.80，而技术变化幅度为1.00，表明了整体上技术水平在2022年未发生明显变化。

（二）成都都市圈

根据静态模型测度结果，成都市在BCC模型和CCR模型的结果中均取得了较高的效率值，分别为1.00，表明该地区在科技创新投入和产出的平衡方面取得了显著的成绩。这反映了成都市在科技创新领域的较强实力和有效管理，为地区经济的可持续发展提供了有力支持。相比之下，德阳市BCC模型效率值为0.79，CCR模型效率值为0.59，显示了该地区在科技创新效益方面存在一定的改进空间。需要关注的是，德阳市在CCR模型效率值方面相对较低，需要调整科技创新策略以提高效益。眉山市的BCC模型效率值为0.68，CCR模型效率值为0.63，表明其在科技创新方面的效率有待提高。眉山市在科技创新投入和产出之间存在一定的不平衡，建议采取措施以优化科技创新资源的利用，提高绩效。资阳市在BCC模型和CCR模型的结果中均取得了较高的效率值，表明该地区在科技创新方面取得了显著的成就。资阳市可能已经采取了有效的科技创新策略，使其在科技创新投入和产出之间保持了较好的平衡。

根据动态模型测度结果，具体分析如下。

成都市在2022年表现出了一定的技术进步。Malmquist指数为1.05，大于1.00，这表明了整体技术效率有所提高。具体来说，技术效率变化为1.00，技术变化为1.05，表示技术水平整体上有所提升。这表明了成都市在研发和科技创新方面取得了一定的成就。产出偏移技术变化和投入偏移技术变化的值均处于1.00左右，无明显变化，技术变化幅度等于0.98，表示技术的变化是向后发展的，即技术退步。

德阳市在2022年表现出了一定的技术进步。Malmquist指数为1.12，技术效率变化等于1.12，说明了整体生产率的改变主要是由技术效率的波动引起的。技术变化接近1.00，表示技术水平相对稳定。产出偏移技术变化和投入偏移技术变化的值均处于1.00左右，无明显变化，技术变化幅度为0.96，表示存在一定的技术退步。

眉山市在2022年表现出了一定的技术退步。Malmquist指数为0.79，小于1.00，这表明了整体技术效率下降。技术效率变化为0.68，小于1.00，说明了生产率的下降主要是由技术效率的降低引起的。技术变化为1.17，表示整体技术水平有所上升。产出偏移技术变化和投入偏移技术变化的值均接近1.00，无明显变化，技术变化幅度为1.26，存在一定程度的技术进步。

资阳市在2022年表现出了一定的技术退步。Malmquist指数为0.97，小于1.00，这表明了整体技术效率有所下降。技术效率变化等于1.00，说明了技术效率无明显变化。技术变化为0.97，大于1.00，表示技术水平整体上有所提升。产出偏移技术变化和投入偏移技术变化的值均约为1.11，无明显变化，技术变化幅度为0.77，小于1.00，表示技术的变化是向后发展的。

（三）成渝地区双城经济圈北翼

根据静态模型测度结果，在科技创新投入产出效率测度中，绵阳市BCC模型效率值为0.78，CCR模型效率值为0.76，表现相对均衡，但有一定改进空间。遂宁市BCC模型效率值为0.76，CCR模型效率值为0.69，显示在科技创新方面稍显不足，需要改善。南充市在BCC模型和CCR模型的结果中均表现较好，效率值都为1.00，显示在科技创新方面取得了稳定和良好的成绩。达州市BCC模型效率值为0.86，CCR模型效率值为0.86，表明在科技创新投入和产出方面表现不错。垫江县BCC模型效率值为1.00，CCR模型效率值为0.56，显示在科技创新投入产出效率上存在差距，需要加强效益以提高科技创新绩效。丰都县BCC模型效率值为1.00，CCR模型效率值为0.67，显示在科技创新投入产出效率上有一定的提高空间。梁平区BCC模型效率值为1.00，CCR模型效率值为0.91，表明在科技创新效益方面表现较好。忠县BCC模型效率值为1.00，CCR模型效率值为0.66，显示在科技创新投入产出效率上有一定提升空间。黔江区BCC模型效率值和CCR模型效率值均为1.00，显示在科技创新投入和产出方面相对平衡。万州区BCC模型效率值为0.60，CCR模型效率值为0.53，显示在科技创新投入产出效率上存在提升空间。开州区BCC模型效率值为1.00，CCR模型效率值为0.71，显示在科技创新效益方面表现良好。云阳县BCC模型效率值为1.00，CCR模型效率值为0.56，表明在科技创新投入和产出方面存在一定的不平衡，需要调整科技创新策略以提高效益。

根据动态模型测度结果，具体分析如下。

绵阳市在2022年取得了技术创新的进步。其Malmquist指数为1.02，表示总体效率略有提升。具体来说，技术效率变化为0.78，低于1.00，表明了在维持相同投入产出水平下，该地区的技术效率有所下降。而技术变化为1.30，大于1.00，说明了绵阳市在2022年实现了技术创新，推动了前沿的进步，即技术前沿前移。绵阳市的技术进步主要体现在产出的变化上，即产出偏移技术变化，具体数值为1.04。技术变化幅度为1.30，存在一定程度的技术进步。

遂宁市在2022年整体技术创新稍有退步。其Malmquist指数为0.86，略低于1.00，表示总体效率略有下降。具体来说，技术效率变化为0.79，技术变化为1.09。这说明了遂宁市在2022年实现了技术创新，但技术效率有所下降，可能是由于在维持相同投入产出水平下，产出水平相对较低。此外，遂宁市的技术进步主要体现在投入的变化上，投入偏移技术变化的值为1.14。技术变化幅度为0.97，存在一定程度的技术退步。

南充市在2022年保持了相对稳定的技术水平。其Malmquist指数为1.00，表示总体效率没有明显的提升或下降。技术效率变化为1.00，技术变化为1.00。这说明了南充市在2022年保持了相对一致的技术水平，未出现明显的技术创新或退步。技术变化幅度为1.00，不存在明显的技术进步和技术退步。

达州市在2022年技术创新稍有退步。其Malmquist指数为0.95，表示总体效率略有下降。具体来说，技术效率变化为0.88，技术变化为1.07。这说明了达州市在2022年实现了技术创新，但技术效率相对下降，产出偏移技术变化和投入偏移技术变化的值均接近1.00，无明显变化，技术变化幅度为1.09，不存在明显的技术进步和技术退步。

垫江县在2022年保持了相对稳定的技术水平。其Malmquist指数为1.00，表示总体效率没有明显的提升或下降。技术效率变化为1.00，技术变化为1.00。这说明垫江县在2022年保持了相对一致的技术水平，未出现明显的技术创新或退步。产出偏移技术变化和投入偏移技术变化的值均处于1.00左右，无明显变化，技术变化幅度为1.00，不存在明显的技术进步和技术退步。

丰都县在2022年保持了相对稳定的技术水平。其Malmquist指数为1.00，表示总体效率没有明显的提升或下降。技术效率变化为1.00，技术变化为1.00。这说明了丰都县在2022年保持了相对一致的技术水平，未出现明显的技术创新或退步。产出偏移技术变化和投入偏移技术变化的值均为1.00，无明显变化，技术变化幅度为1.00，不存在明显的技术进步和技术退步。

梁平区在2022年保持了相对稳定的技术水平。其Malmquist指数为1.00，表示总体效率没有明显的提升或下降。技术效率变化为1.00，技术变化为1.00。这说明了梁平区在2022年保持了相对一致的技术水平，未出现明显的技术创新或退步。产出偏移技术变化和投入偏移技术的值分别为1.22和0.82，效果相互抵消，技术变化幅度为1.00，不存在明显的技术进步和技术退步。

忠县在2022年取得了整体技术创新的进步。其Malmquist指数为1.31，表示总体效率有所提升。具体来看，技术效率变化为1.40，技术变化为0.93。这说明了忠县在2022年实现了技术创新，技术效率相对提升，可能是由于在维持相同投入产出水平下，产出水平相对较高。技术进步主要体现在产出的变化上，产出偏移技术变化为2.09。

黔江区在2022年保持了相对稳定的技术水平。其Malmquist指数为1.00，表示总体效率没有明显的提升或下降。技术效率变化为1.00，技术变化也为1.00。这说明黔江区在2022年保持了相对一致的技术水平，未出现明显的技术创新或退步。产出偏移技术变化和投入偏移技术的值分别为1.17和0.85，效果相互抵消，技术变化幅度为1.00，不存在明显的技术进步和技术退步。

万州区在2022年取得了整体技术创新的进步。其Malmquist指数为1.01，表示总体效率略有提升。具体来看，技术效率变化为0.60，技术变化为1.68。这说明万州区在2022年实现了技术创新，技术效率相对下降，可能是由于在维持相同投入产出水平下，产出水平相对较低。技术进步主要体现在产出的变化上，产出偏移技术变化的值为1.11。技术变化幅度为

1.51，存在明显的技术进步。

开州区在 2022 年保持了相对稳定的技术水平。其 Malmquist 指数为 1.00，表示总体效率没有明显的提升或下降。技术效率变化为 1.00，技术变化为 1.00。这说明了开州区在 2022 年保持了相对一致的技术水平，未出现明显的技术创新或退步。产出偏移技术变化和投入偏移技术的值分别为 1.04 和 0.96，效果相互抵消，技术变化幅度为 1.00，不存在明显的技术进步和技术退步。

云阳县在 2022 年保持了相对稳定的技术水平。其 Malmquist 指数为 1.00，表示总体效率没有明显的提升或下降。技术效率变化为 1.00，技术变化为 1.00。这说明云阳县在 2022 年保持了相对一致的技术水平，未出现明显的技术创新或退步。产出偏移技术变化、投入偏移技术分技术和技术变化幅度均为 1.00，不存在明显的技术进步和技术退步。

（四）成渝地区双城经济圈南翼

根据静态模型测度结果，在科技创新投入和产出效率测度中，雅安市 BCC 模型和 CCR 模型效率值均为 1.00，表明该市在科技创新投入和产出方面取得了显著的成绩，呈现较高的绩效水平。乐山市 BCC 模型效率值为 1.00，显示了在科技创新投入和产出方面取得了良好的平衡，CCR 模型效率值为 1.00，也表明了乐山市在科技创新效益方面表现出较高的水平，为地区经济的可持续发展提供了有力支持。内江市 BCC 模型效率值为 1.00，展示了在科技创新投入和产出方面较好的绩效。然而，CCR 模型效率值为 0.94，略低于 BCC 模型效率值，显示了存在一些提升的空间，需要调整科技创新策略以提高效益水平。自贡市的 BCC 模型效率值为 0.79，CCR 模型效率值为 0.79，表明该市在科技创新方面取得了相对均衡的成绩，但依然有一定的提升潜力。宜宾市 BCC 模型效率值为 0.56，CCR 模型效率值为 0.54，显示了在科技创新投入和产出方面存在一些不平衡，需要加强效益以提高整体绩效水平。泸州市 BCC 模型效率值为 1.00，CCR 模型效率值为 1.00，展示了在科技创新方面取得了显著的成功，呈现较高的绩效水平。

根据动态模型测度结果，具体分析如下。

雅安市2022年技术创新稍有退步。其Malmquist指数为0.47，表示总体效率略有下降。具体来说，技术效率变化为1.00，技术变化为0.47。这说明雅安市在2022年未实现明显的技术创新，但技术效率相对提升。产出偏移技术变化和投入偏移技术的值分别为1.12和1.91，技术变化幅度为0.22，存在明显的技术退步。

乐山市在2022年取得了整体技术创新的进步。其Malmquist指数为2.42，表示总体效率有显著的提升。具体来说，技术效率变化为1.00，技术变化为2.43。这说明乐山市在2022年实现了技术创新，技术效率相对保持稳定。产出偏移技术变化和投入偏移技术的值分别为1.13和2.49，技术变化幅度为0.86，存在较小的技术退步。

内江市在2022年取得了整体技术创新的进步。其Malmquist指数为1.81，表示总体效率有所提升。具体来说，技术效率变化为1.00，技术变化为1.81。这说明内江市在2022年实现了技术创新，技术效率相对提升，可能是由于在维持相同投入和产出水平下，产出水平相对较高。产出偏移技术变化和投入偏移技术的值分别为1.13和1.60，技术进步主要体现在投入的变化上，技术变化幅度为1.00，不存在明显的技术进步和技术退步。

自贡市在2022年取得了整体技术创新的进步。其Malmquist指数为0.97，表示总体效率略有下降。具体来说，技术效率变化为0.87，技术变化为1.12。这说明自贡市在2022年实现了技术创新，但技术效率相对下降，产出偏移技术变化和投入偏移技术变化的值均超过1.00，无明显变化，技术变化幅度为1.18，存在技术进步。

宜宾市在2022年取得了整体技术创新的进步。其Malmquist指数为0.95，表示总体效率略有下降。具体来说，技术效率变化为0.90，技术变化为1.06。这说明宜宾市在2022年实现了技术创新，但技术效率相对下降，产出偏移技术变化和投入偏移技术变化的值均超过1.00，无明显变化，技术变化幅度为1.04，不存在明显的技术进步。

泸州市在2022年保持了相对稳定的技术水平。其Malmquist指数为1.06，表示总体效率没有明显的提升或下降。技术效率变化为1.00，技术变化为1.06。这说明泸州市在2022年保持了相对一致的技术水平,未出现明显的技术创新或退步,产出偏移技术变化、投入偏移技术分技术和技术变化幅度均处于1.00左右,不存在明显的技术进步和技术退步。

参考文献

Charnes, A. W., Cooper, W. W., Rhodes, E. L., "Measuring the Efficiency of Decision Making Units," *European Journal of Operational Research* 2 (1978).

Banker, R. D., Charnes, A. W., Cooper, W. W., "Some Models for Estimating Technical and Scale Inefficiencies in Data Envelopment Analysis," *Management Science* 9 (1984).

B.10
成渝地区双城经济圈科技创新发展比较优势研究

丁黄艳　欧阳雨薇*

摘　要： 本报告基于成渝地区双城经济圈科技产业化指标和科技促进经济社会发展指标数据，运用波士顿矩阵分析法对44个市区县的科技创新发展比较优势进行分析。相关数据显示，2022年重庆都市圈科技转化力和科技促进力均具有比较优势，科技转化力的比较优势更为突出，22个市区县中有11个区位于比较优势的"高—高"区域，有8个区位于比较优势的"高—低"区域，只有2个市区位于比较优势的"低—低"区域。成都都市圈中成都市科技转化力和科技促进力均具有比较优势，资阳市具有一定的科技促进力优势，德阳市和眉山市则位于比较优势的"低—低"区域。成渝地区双城经济圈北翼和南翼的科技转化力与科技促进力均优势不显，北翼12个市区县中有7个市区县位于比较优势的"低—低"区域，南翼6个城市中有4个城市位于比较优势的"低—低"区域。

关键词： 科技创新　比较优势　科技转化力　科技促进力

一　概念界定与分析逻辑

（一）核心概念的内涵阐释

科技转化力是指一个地区在科学研究领域展开活动时，积极将研究成

---

* 丁黄艳，重庆工商大学数学与统计学院社会经济统计系副主任，博士，副教授，硕士研究生导师，主要研究方向为区域经济发展与统计分析；欧阳雨薇，重庆工商大学数学与统计学院硕士研究生，主要研究方向为统计学。

果转化为新的产业,从而使科技成果真正成为生产力的能力。这一概念体现了一个地区在科研成果产业化方面的韧性和创新力,通过科技产业化相对值来全面衡量其在科技领域的实际影响力。科技转化力的内涵深远且多层次,不仅包含了科研成果的直接应用,还强调了新产业的形成过程。科技研究的意义不仅在于增加知识储备,还在于推动社会和经济的发展。通过将科研成果有机地转化为新的产业,一个地区可以形成更为多元化和创新性的经济结构,从而提升整体产业水平,增加就业机会,促进经济的可持续增长。还需注意的是,衡量科技转化力的有效工具之一是科技产业化指标。这一指标综合考量了科研成果的产业化速度、产业结构的优化和科技创新的推动力等多个方面。通过科技产业化相对值,能够更准确地评估一个地区在科技转化方面的表现,为科研活动的规划和实施提供有力的数据支持。在科技转化的过程中,直接将科研成果转变为实际应用是关键一环。这包括技术的转让、专利的推广以及创新性技术的商业化等。当科学研究能够顺利过渡到实际应用阶段,不仅有助于提高生产效率,还能够满足市场需求,促使新的产业形成并蓬勃发展。除此之外,科技转化力不仅强调了研究机构、产业界和政府之间密切的合作关系,而且强调了对产业结构的优化和升级。通过将科研成果引入新兴产业领域,一个地区的产业结构可以更加多元化,从而降低对传统产业的依赖度,提高整体抗风险能力。新兴产业的涌现不仅创造了更多的就业机会,还为经济的可持续增长提供了动力。

科技促进力是指一个地区在科学技术创新活动中所形成的新技术、新工艺和新方法,并将其成功应用于经济生产活动,从而推动经济发展的能力。这一概念反映了一个地区在科技创新方面的实际推动效果,通过科技促进经济社会发展相对值来全面评估其在科技应用方面的表现。还需知道的是科技促进力的内涵,它的内涵是在科技创新的实际应用中,将创新成果融入经济体系,实现技术的商业化和产业化。除此之外,科技促进力关注的主要是新技术在经济中的推动作用。新技术的成功应用不仅体现在科研的成果,还需要在实际生产中产生显著的经济效益。科技促进经济社会发展指标是衡量科技促进力的重要工具。该指标综合考虑了新技术应用的广度和深度、经济效益的提升以及社会发展的全面性等多个方面。通过科技促进经济社会发展相对值，可以更准确地评估一个地区在科技应用方面的成效，为科技政策的调整和创新战略的制定提供科学依据。科技促进力不仅关注经济效益，还注重社会的全面发展。新技术的成功应用应当促使社会各方面的进步，包括提高生活质量、优化资源利用、促进社会公平和可持续发展等。因此，科技促进经济社会发展指标还应考量新技术应用对社会全面进步做出的贡献。总的来说，科技促进力不仅是科技创新的结果，还是科技应用的深刻体现。通过科技促进经济社会发展指标的全面评估，能够更好地了解一个地区在科技应用方面获得的成就和面临的挑战，为推动科技促进力的提升提供科学依据，实现科技创新与经济发展的有机结合。

（二）比较优势的分析逻辑

本报告通过如图1所示的示意图来判断成渝地区双城经济圈内不同市区县科技创新发展的比较优势。横轴和纵轴分别是科技转化力和科技促进力的数值，分别用科技产业化相对值和科技促进经济社会发展相对值来衡量。由于比较优势分析的是两种能力的相对强弱，在单位一致的情况下可以省略对单位的描述，因而可以把相对值中的"%"进行省略，即某城市的科技产业化相对值为100%，意味着该城市科技转化力数值为100。

图中两条虚线分别表示成渝地区双城经济圈科技促进力和科技转化力的平均值，根据两条虚线可以把坐标轴划分成4个象限，其中，第Ⅰ象限表明城市在科技转化力和科技促进力上均有比较优势，第Ⅱ象限表明城市在科技促进力上有比较优势，但在科技转化力上表现出相对劣势，第Ⅲ象限表明城市在科技转化力和科技促进力上均表现出相对劣势，第Ⅳ象限表明在科技转化力上有比较优势，但在科技促进力上表现出相对劣势。

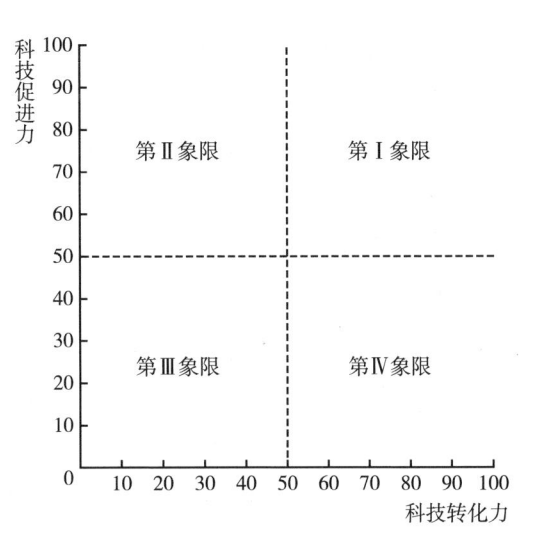

图 1 科技创新发展比较优势判定

资料来源：作者自绘。

二 重庆都市圈科技创新发展的比较优势分析

（一）2022年比较优势情况

如图2所示，2022年，在重庆都市圈中，位于第Ⅰ象限的区有11个，渝中区的科技转化力和科技促进力分别达到54.57与99.95，江北区的科技转化力和科技促进力分别达到72.12与98.57，南岸区的科技转化力和科技促进力分别达到67.48与85.66，渝北区的科技转化力和科技促进力分别达到58.02与77.12，大足区的科技转化力和科技促进力分别达到53.12与71.61，璧山区的科技转化力和科技促进力分别达到66.82与70.95，九龙坡区的科技转化力和科技促进力分别达到58.60与70.07，荣昌区的科技转化力和科技促进力分别达到84.82与70.50，巴南区的科技转化力和科技促进力分别达到59.04与64.42，铜梁区的科技转化力和科技促进力分别达到53.59与61.33，永川区的科技转化力和科技促进力分别达到58.29与

58.16，表明这些区在科技转化力和科技促进力上均具有比较优势。位于第Ⅱ象限的区有1个，沙坪坝区的科技转化力和科技促进力分别达到43.20与73.76，在科技促进力上具有比较优势，但在科技转化力上表现出相对劣势。位于第Ⅲ象限的市区有2个，分别为广安市、南川区，广安市的科技转化力和科技促进力分别达到40.25与42.88，南川区的科技转化力和科技促进力分别达到28.86与39.99，表明这些城市在科技转化力和科技促进力上均表现出相对劣势。位于第Ⅳ象限的区有8个，江津区的科技转化力和科技促进力分别达到52.01与44.04，涪陵区的科技转化力和科技促进力分别达到69.98与53.35，长寿区的科技转化力和科技促进力分别达到61.55与50.03，潼南区的科技转化力和科技促进力分别达到62.88与48.85，北碚区的科技转化力和科技促进力分别达到79.91与51.53，大渡口区的科技转化力和科技促进力分别达到92.65与49.53，合川区的科技转化力和科技促进力分别达到57.42与39.89，綦江区的科技转化力和科技促进力分别达到54.68与39.39，表明这些城市在科技转化力上有比较优势，但在科技促进力上表现出相对劣势。

2022年，在重庆都市圈内，各市区的科技创新水平呈现多样性。位于第Ⅰ象限的11个区在科技转化力和科技促进力上均表现出比较优势，其中渝中区、江北区、南岸区等的强科技促进力可能得益于成熟的科技生态和强大的产业链，使得科技成果更好地转化为实际产业。位于第Ⅱ象限的沙坪坝区在科技促进力上具有一定优势，但需要更多关注相对较弱的科技转化力，需要通过加强产学研用融合、鼓励技术创新等手段，提高科技成果的产业化水平。位于第Ⅲ象限的广安市、南川区2个市区在科技转化力和科技促进力上处于相对劣势，需要采取更多的政策支持和加大资源投入，提升科技创新的基础设施、人才培养等方面的能力，以改善其科技创新竞争力。位于第Ⅳ象限的8个区在科技转化力上具有比较优势，但在科技促进力上相对较弱。这些区需要加强技术推广、创新产业链，以便更好地促进科技成果的应用和产业化。除此之外，提升科技转化力的关键在于促进科技成果的产业化和应用，而提高科技促进力则需要建立更加完善的科技创新生态系统，加强产业链衔接、人才培养和政策支持。政府和相关机构可以通过制定有针对性的政策，加大对科技创新的投入和支持，同时推动产学研用深度融合，以促进重庆都市圈科技创新水平的全面提升。

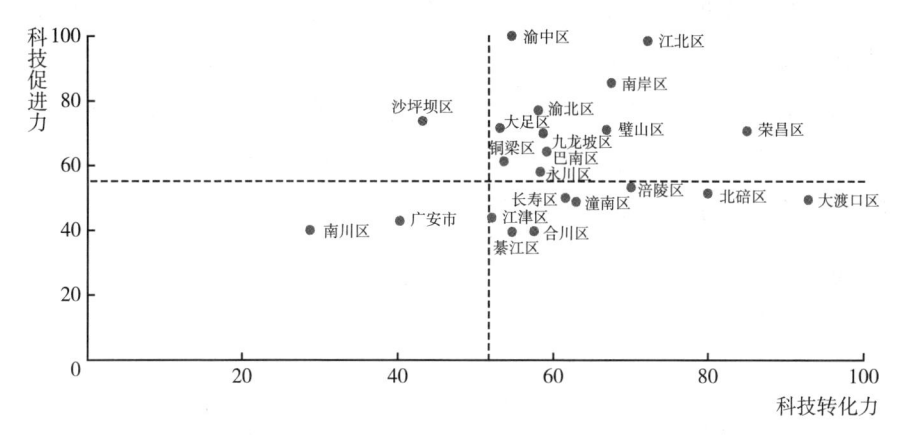

图 2 2022 年重庆都市圈科技创新发展的比较优势

资料来源：作者根据数据资料计算整理得出。

（二）比较优势的变化情况

图 3 为 2021 年重庆都市圈科技创新发展的比较优势，对比 2022 年和 2021 年的情况可以发现，渝中区、江北区、渝北区、南岸区、九龙坡区、璧山区、荣昌区、巴南区、永川区两年均在第Ⅰ象限，沙坪坝两年均在第Ⅱ象限，南川区、广安市两年均在第Ⅲ象限，江津区、长寿区、合川区、涪陵区、大渡口区、北碚区两年均在第Ⅳ象限。铜梁区、大足区 2021 在第Ⅱ象限，2022 在第Ⅰ象限，潼南区、綦江区 2021 年在第Ⅲ象限，2022 年在第Ⅳ象限。

总的来说，对比 2022 年和 2021 年的情况，重庆都市圈内各市区的科技创新发展呈现一定的动态性。第Ⅰ象限的区在科技转化力和科技促进力上保持了相对优势，显示出其在科技创新领域的稳健表现。第Ⅱ象限的区保持了相对优势，但是需要关注提升科技转化力的问题，以更全面地推动科技成果的产业化和应用。第Ⅲ象限的市区在科技创新上面临较大挑战，可能需要更多的政策支持和资源注入来夯实科技创新基础。第Ⅳ象限的区呈现不同程度的变化，一些区致力于提高科技转化力，而另一些区则需要提高科技促进力。科技创新发展的动态变化反映了各市区在科技领域付出的不懈努力以及面临的具体挑战。那些持续保持优势的市区需要巩固并深化其科技创新生态系统，而处于相对劣势的市区则可以通过调整政策、加强基础设施建设等手段提升科技创新水平。这种动态的变化为各市区提供了调整和优化科技创新战略的机会，以适应不断演变的科技环境。

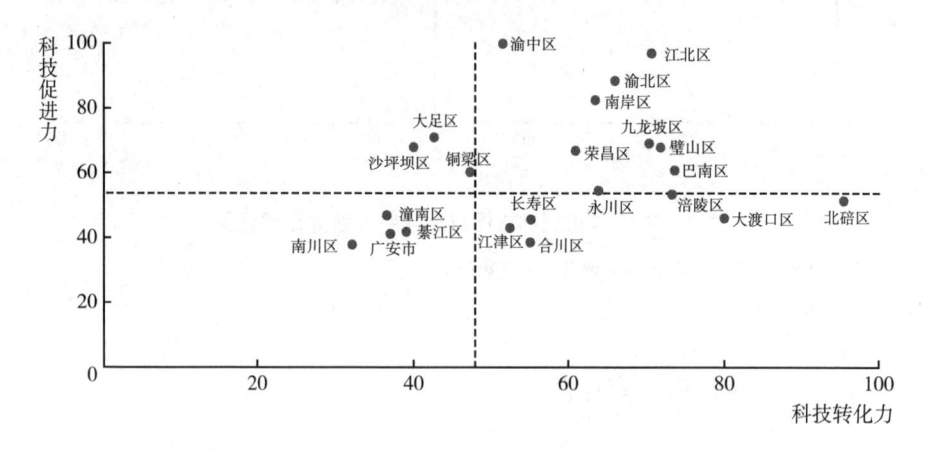

图3 2021年重庆都市圈科技创新发展的比较优势

资料来源：作者根据数据资料计算整理得出。

三 成都都市圈科技创新发展的比较优势分析

（一）2022年比较优势情况

如图4所示，2022年，在成都都市圈中，位于第Ⅰ象限的城市有1个，成都市的科技转化力和科技促进力分别达到69.67与69.86，在科技转化力和科技促进力上均具有比较优势。位于第Ⅱ象限的城市有1个，资阳市的科技转化力和科技促进力分别达到20.70与73.14，在科技促进力上具有比较优势，但在科技转化力上表现出相对劣势，位于第Ⅲ象限的城市有2个，分别为德阳市和眉山市，德阳市的科技转化力和科技促进力分别达到45.74与51.05，眉山市的科技转化力和科技促进力分别达到41.02与39.67，表明这些城市在科技转化力和科技促进力上均表现出相对劣势，暂无城市位于第Ⅳ象限。

总的来说，2022年，成都都市圈内各城市的科技创新发展呈现多样性的特征。首先，成都市作为该区域的核心城市，在科技转化力和科技促进力上展现了全面优势，成为第Ⅰ象限的独特代表。其相对较强的科技转化力和科技促进力不仅体现了成都市强大的科技创新基础，还彰显了其具有的成功推动科技成果产业化的能力，为整个都市圈的科技创新做出了积极贡献。其次，位于第Ⅱ象限的资阳市，在科技促进力上表现出比较优势，然而科技转化力相对较弱。这反映了该城市在促进科技成果应用方面做出的努力，但需要更多关注如何提高科技成果产业化的水平，以全面推动科技创新。最后，第Ⅲ象限的德阳市和眉山市均在科技创新中表现出相对劣势。德阳市的科技转化力和科技促进力均处于相对较低水平，而眉山市在这两个方面的能力也相对较弱。这些城市需要在科技创新政策、基础设施建设和人才引进等方面加大投入，以提高其科技创新水平，迎头赶上成都都市圈内其他城市。换句话说，

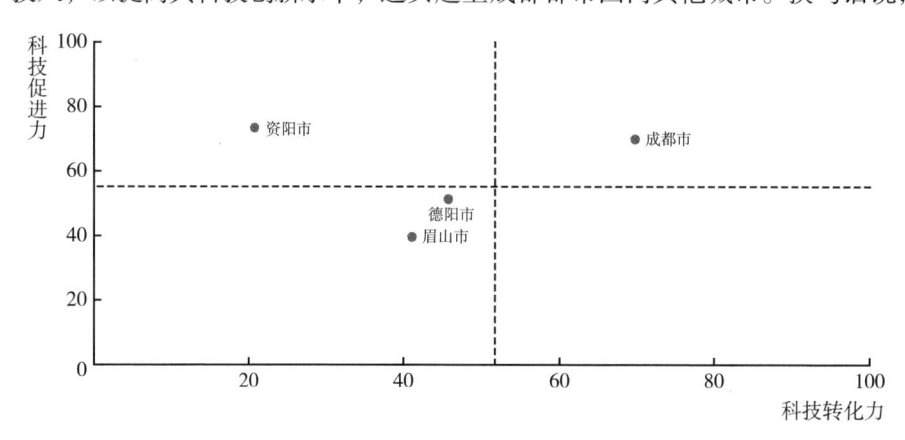

图4 2022年成都都市圈科技创新发展的比较优势

资料来源：作者根据数据资料计算整理得出。

成都都市圈内各城市在科技创新方面呈现差异化的发展态势。持续夯实科技创新基础、加强科技成果产业化、完善科技创新体系，对于成都都市圈实现科技创新全面提升至关重要。城市间的互通互补、各展所长，将有助于构建更为强大和协同的科技创新系统，为成都都市圈的可持续发展奠定更为坚实的基础。

（二）比较优势的变化情况

图5为2021年成都都市圈科技创新发展的比较优势，对比2022年和2021年的情况可以发现，成都都市圈各城市在科技转化力和科技促进力上的比较优势没有太大变化，成都市两年都在第Ⅰ象限，这可能反映了成都市在科技创新方面持续的政策支持和优越的创新生态，为城市的科技创新做出了持续的贡献。资阳市两年都在第Ⅱ象限，科技促进力相对较强，但科技转化力表现相对劣势，这表明资阳市在促进科技成果应用上有一定的优势，但需要更多的努力来提高科技成果产业化的水平。德阳市和眉山市两年都在第Ⅲ象限，科技转化力和科技促进力相对较弱。这反映了这两个城市在科技创新领域仍然面临一定的挑战，需要通过加大科技创新政策支持和加强基础设施建设等方式，增强其科技创新竞争力。

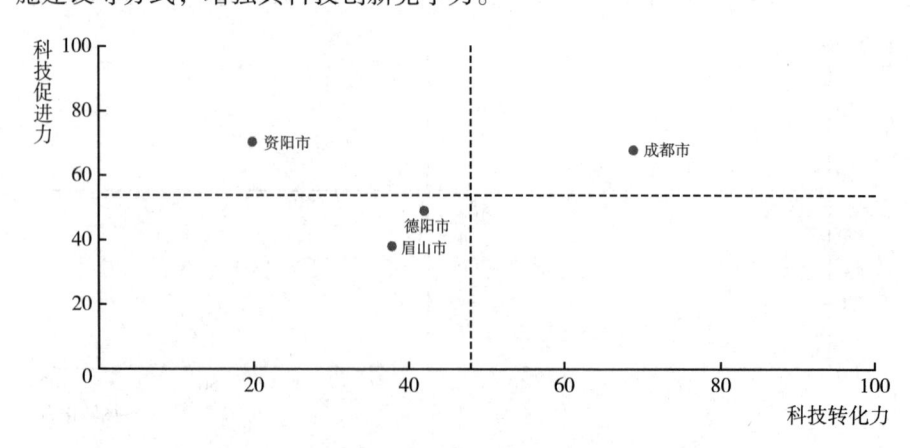

图5　2021年成都都市圈科技创新发展的比较优势

资料来源：作者根据数据资料计算整理得出。

总的来说，成都都市圈内各城市在科技创新方面的比较优势相对稳定，但不同城市之间的发展差异依然存在。持续巩固和拓展科技创新的基础、推动在科技促进和科技转化方面的平衡发展，将有助于成都都市圈科技创新水平的全面提升。这种比较优势的相对稳定性为都市圈内各城市提供了稳定的发展基础，同时强调了科技政策的连续性和长期性的重要性。

四 成渝地区双城经济圈北翼科技创新发展的比较优势分析

（一）2022年比较优势情况

如图6所示，2022年，在成渝地区双城经济圈北翼中，没有市区县位于第Ⅰ象限。位于第Ⅱ象限的区县有2个，分别是云阳县和梁平区，云阳县的科技转化力和科技促进力分别达到14.35与74.63，梁平区的科技转化力和科技促进力分别达到41.83与65.69，这两个地方在科技促进力上具有比较优势，但在科技转化力上表现出相对劣势，位于第Ⅲ象限的市区县有7个，丰都县的科技转化力和科技促进力分别达到13.52与36.53，南充市的科技转化力和科技促进力分别达到31.49与45.16，黔江区的科技转化力和科技促进力分别达到35.61与39.83，达州市的科技转化力和科技促进力分别达到39.88与37.39，开州区的科技转化力和科技促进力分别达到41.12与39.55，遂宁市的科技转化力和科技促进力分别达到47.40与47.56，万州区的科技转化力和科技促进力分别达到42.00与38.22，表明这些城市在科技转化力和科技促进力上均表现出相对劣势。位于第Ⅳ象限的市县有3个，忠县的科技转化力和科技促进力分别达到56.95与40.20，垫江县的科技转化力和科技促进力分别达到59.83与51.44，绵阳市的科技转化力和科技促进力分别达到70.78和53.07，表明这些城市在科技转化力上有比较优势，但在科技促进力上表现出相对劣势。

2022年，在成渝地区双城经济圈北翼中，各市区县的科技创新发展呈

现多样性的特征，反映了地区内科技创新水平的不均衡性。首先，没有市区县位于第Ⅰ象限中，这意味着在科技转化力和科技促进力的双重维度下，成渝地区双城经济圈北翼各市区县整体上没有表现出综合性的优势。这反映了它们存在一些共同的挑战或者需要在科技创新方面寻找平衡点。其次，位于第Ⅱ象限的云阳县和梁平区在科技促进力上表现出相对优势，但在科技转化力上相对较弱。这提示其在促进科技成果应用方面取得了一定的成绩，但需要更多的投入和政策支持来提高科技成果产业化的水平。位于第Ⅲ象限的丰都县、南充市、黔江区、达州市、开州区、遂宁市、万州区，都在科技转化力和科技促进力上表现出相对劣势。这反映了其在科技创新方面面临共同的挑战，包括科技转化的效率较低以及科技成果的应用和推广较差。位于第Ⅳ象限的忠县、垫江县、绵阳市，在科技转化力上有比较优势，但在科技促进力上相对较弱。这说明这些城市在将科技成果转化为实际应用方面已经取得了一定的进展，但需要加强科技促进力以确保这些成果更广泛地影响和推动经济社会的发展。

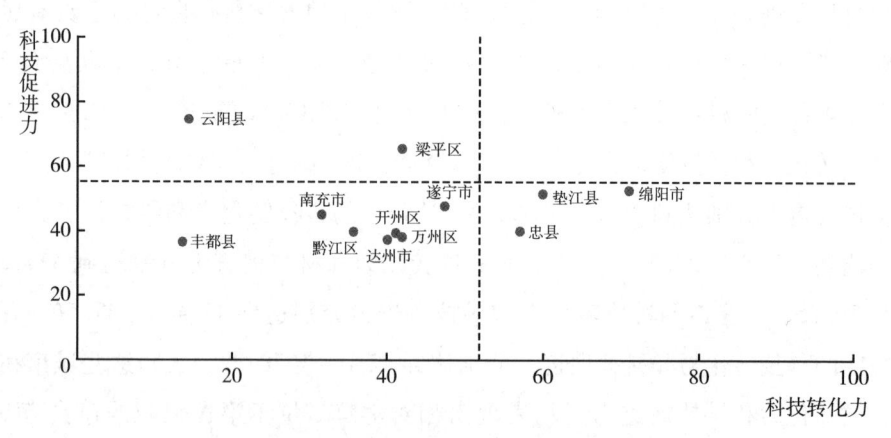

图6 2022年成渝地区双城经济圈北翼科技创新发展的比较优势

资料来源：作者根据数据资料计算整理得出。

总的来说，成渝地区双城经济圈北翼的各市区县在科技创新方面存在各自的优势和劣势。在未来的发展中，这些城市可以通过加大政策支持、优化科技创新体系、加强产业合作等手段，进一步提升科技创新的整体水平，推动地区经济的可持续增长。同时，透过经验交流和合作，城市间可互相学习，共同应对科技创新领域的挑战，实现共同繁荣。

（二）比较优势的变化情况

图 7 为 2021 年成渝地区双城经济圈北翼科技创新发展的比较优势，对比 2022 年和 2021 年的情况可以发现，在科技转化力和科技促进力的双重维度下，北翼各市区县的相对位置并未发生显著变化，呈现一定的稳定性，这一稳定性反映了这些市区县在科技创新领域的整体发展趋势。云阳县、梁平区两年均在第Ⅱ象限，表示这两个地方在科技促进力上表现出较大的优势，但在科技转化力上相对较弱。这意味着这两个地方在促进科技成果应用和推广方面取得了显著的成绩，但仍需要提升科技成果产业化的水平。丰都县、黔江区、南充市、达州市、万州区、开州区、遂宁市两年均在第Ⅲ象限，这些市区县在两年中都位于相对劣势的区域。这可能反映了这些市区县在科技创新方面仍然面临共同的挑战，包括提高科技转化效率和加强科技成果的应用推广。忠县、垫江县、绵阳市两年均位于第Ⅳ象限，表示在科技转化力上有较大优势，但在科技促进力上相对较弱。这表明这些市县在将科技成果转

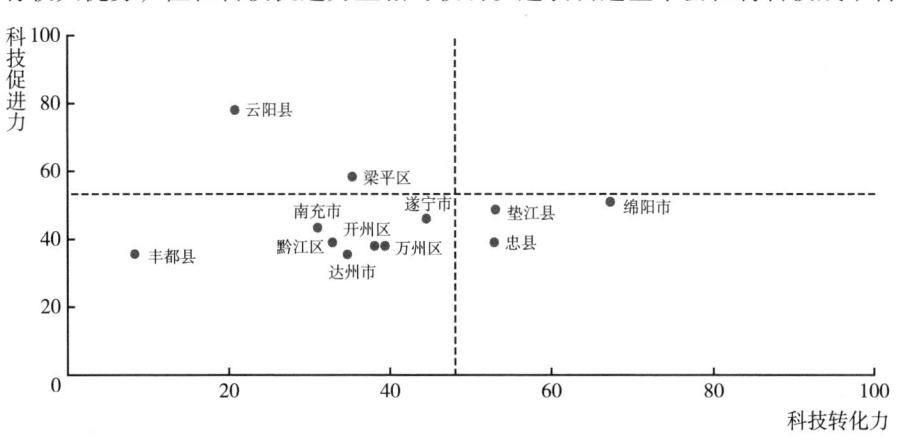

图 7　2021 年成渝地区双城经济圈北翼科技创新发展的比较优势

资料来源：作者根据数据资料计算整理得出。

化为实际应用方面取得了显著进展，但需要进一步加强科技促进力，以确保这些成果更广泛地影响和推动地区经济社会的发展。

总的来说，成渝地区双城经济圈北翼各市区县在科技创新方面保持了一定的相对稳定性，但不同市区县之间的发展差异仍然存在。这种比较优势的相对稳定性为城市提供了一定的发展基础，同时强调了科技政策的连续性和长期性的重要性。未来，这些市区县可以通过深化科技政策、推动产学研用深度融合、加强科技创新生态建设等手段，共同推动科技创新水平的全面提升，为地区经济的可持续增长奠定更为坚实的基础。

五 成渝地区双城经济圈南翼科技创新发展的比较优势分析

（一）2022年比较优势情况

如图8所示，2022年，在成渝地区双城经济圈南翼中，没有城市位于第Ⅰ象限。位于第Ⅱ象限的城市有1个，自贡市的科技转化力和科技促进力分别达到45.93与60.75，说明自贡市在科技促进力上有比较优势，但在科技转化力上表现出相对劣势，位于第Ⅲ象限的城市有4个，宜宾市的科技转化力和科技促进力分别达到49.47与50.18，泸州市的科技转化力和科技促进力分别达到37.88与41.58，内江市的科技转化力和科技促进力分别达到44.69与41.28，雅安市的科技转化力和科技促进力分别达到30.06与28.56，表明这些城市在科技转化力和科技促进力上均表现出相对劣势。位于第Ⅳ象限的城市有1个，乐山市的科技转化力和科技促进力分别达到60.88与39.75，表明乐山市在科技转化力上有比较优势，但在科技促进力上表现出相对劣势。

总的来说，2022年，在成渝地区双城经济圈南翼中，科技创新发展呈现丰富的特色，各城市在科技转化力和科技促进力方面表现出不同的特色和优劣势。通过对各城市的综合分析，可以得出一些总体趋势和发展建议。没有城市位于第Ⅰ象限，意味着在科技转化力和科技促进力的双重维

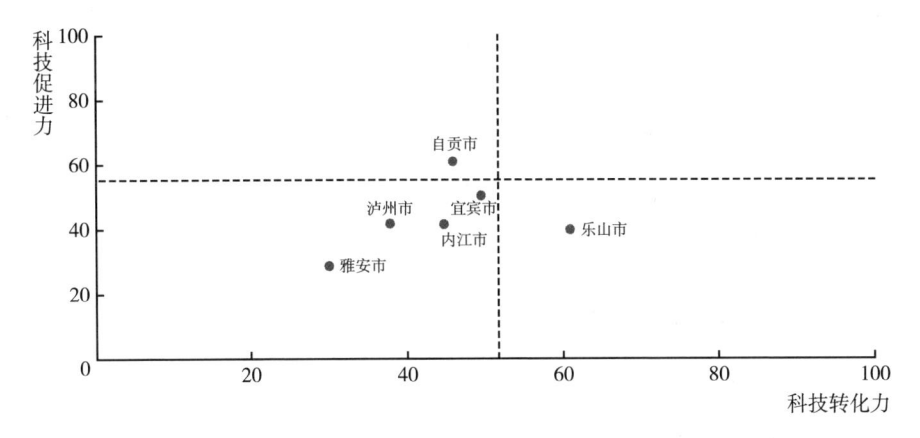

图8 2022年成渝地区双城经济圈南翼科技创新发展的比较优势

资料来源：作者根据数据资料计算整理得出。

度下，南翼城市整体上没有表现出综合性的优势。这反映了其面临一些共同的挑战，如科技资源配置不均、科技成果转化难度较大等。因此，南翼城市在科技创新战略的制定过程中，需要更加关注整体协同发展，促使各城市形成合力。位于第Ⅱ象限的自贡市在科技促进力上具有相对优势，但在科技转化力上相对较弱。这提示自贡市在科技成果应用和推广方面取得了一定成绩，但需要更多的政策和资源支持来提升科技成果产业化的水平。因此，自贡市可以通过进一步深化产学研用融合、优化科技服务体系等手段，提高科技转化力水平。位于第Ⅲ象限的城市包括宜宾市、泸州市、内江市、雅安市，这些城市在两个维度上均表现出相对劣势。这反映了这些城市在科技创新方面面临的共同挑战，包括提高科技转化效率与加强科技成果的应用和推广。因此，这些城市需要加大科技创新投入、优化科技政策环境、鼓励企业创新，以提升整体科技创新水平。位于第Ⅳ象限的乐山市在科技转化力上具有比较优势，但在科技促进力上相对较弱。这表明乐山市在将科技成果转化为实际应用方面取得了一定进展，但需要更多的支持来推动科技成果的应用和推广。因此，乐山市可以通过加强科技推广渠道建设、提高企业科技创新能力等途径，全面提升科技促进力水平。换句话说，成渝地区双城经济圈南翼城市在科技创新方面存在各自的优势和劣势。在未来的发展中，这些城市可以通过深化科技政策、推动产学研用深度融合、加强科技创新生态建设等手段，共同推动科技创新水平的全面提升，为地区经济的可持续增长奠定更为坚实的基础。同时，经验的交流和合作将在这一过程中发挥重要作用，使各城市更好地共享科技创新的成果，共同推动成渝地区双城经济圈的繁荣发展。

（二）比较优势的变化情况

图9为2021年成渝地区双城经济圈南翼科技创新发展的比较优势，对比2022年和2021年的情况可以看出，各城市在科技转化力和科技促进力两个维度上的相对位置保持了相对稳定，整体趋势没有发生显著的变化。然而，对比这两年的数据，一些城市的细微变化仍值得关注，这对科技创新战略的调整和城市发展路径的规划具有一定的启示作用。自贡市两年都在第Ⅱ象限，该城市在科技促进力上一直表现出相对的优势，而在科技转化力上相对较弱，这表明自贡市在科技创新领域注重了对科技成果的应用和推广，取得了一定的成绩。然而，为了进一步提升整体科技创新水平，自贡市可以在加强科技服务平台建设、优化科技创新政策等方面寻找新的发展动力。雅安市、泸州市、宜宾市、内江市两年都在第Ⅲ象限，这些城市在两年中均位于相对劣势的区域。这反映了这些城市在科技创新方面面临的共同挑战，包括提高科技转化效率与加强科技成果的应用和推广。这些城市需要更加注重科技创新政策的制定与执行，提高对企业科技创新的支持度，以促进科技成果的产业化和市场化。乐山市在两年中的变化较为显著，乐山市在2021年位于第Ⅲ象限，在2022年位于第Ⅳ象限，这表明乐山市在科技转化力上取得了一定的进展，但在科技促进力方面存在相对的不足。乐山市可以通过加大科技推广和市场化力度，提高科技成果的社会影响力，推动科技创新更好地助力地方经济的发展。

总的来说，成渝地区双城经济圈南翼城市科技创新优势尚待培育，还没有形成较为明显的科技转化力、科技促进力的比较优势，需要在夯实本地区科技创新基础的同时，积极与成渝地区双城经济圈其他地区，特别是重庆主城和成都市进行产业合作，通过产业分工与联动，实现科技资源的共享，协同强化科技转化力、同步提高科技促进力。

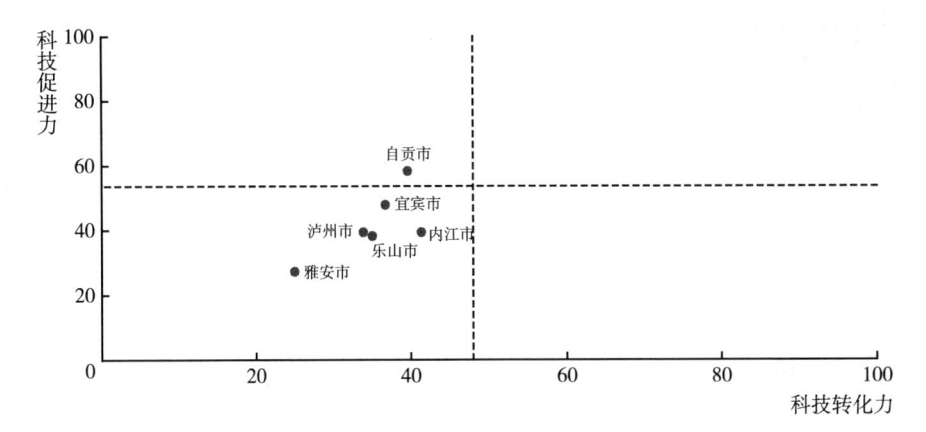

图9　2021年成渝地区双城经济圈南翼科技创新发展的比较优势

资料来源：作者根据数据资料计算整理得出。

B.11
成渝地区双城经济圈科技工作者发展现状研究

柏群 杨森媚*

摘　要： 本报告对科技工作者相关概念和统计口径进行定义，采用基于专业技术统计口径对成渝地区双城经济圈科技工作者数量进行测算，分别从年龄、职业和学历分析科技工作者的结构特征。相关数据显示，成渝地区双城经济圈科技工作者数量稳步增长，占就业总人数的比重持续提高，以16~45岁的青年科技工作者为主，职业以工程技术和教学为主，研究生学历层次的科技工作者数量显著增加。成渝地区双城经济圈科技工作者主要分布在重庆都市圈和成都都市圈，重庆市中心九区和成都市科技工作者数量多于其他地区，成渝地区双城经济圈北翼科技工作者较多的是绵阳市和万州区，成渝地区双城经济圈南翼科技工作者主要集中于宜宾市。

关键词： 科技工作者　专业技术　成渝地区双城经济圈

一　科技工作者发展状况调研框架

（一）相关概念

科技工作者是我国特有的概念，从相关政策和学术研究的概念认识和统

---

* 柏群，重庆工商大学党委常委、副校长，二级教授，硕士研究生导师，主要研究方向为科技创新与产业发展；杨森媚，重庆工商大学工商管理学院硕士研究生，主要研究方向为企业管理。

计测度中，与科技工作者相近的指标还有 R&D 人员、科技人才、科技人力资源、科技活动人员等。科技工作者与上述相近指标的概念既存在包含与被包含关系，也存在交叉与交叠关系，在实际运用中经常出现概念混淆和混用的情况。为厘清科技工作者的准确定义，下面将分析科技工作者与相近指标的概念、联系和区别。

1. R&D 人员的概念阐释

根据科技部主编的《中国科学技术指标 2020》，R&D 人员分为直接 R&D 人员和 R&D 研究人员两类。R&D 人员是指报告期 R&D 活动单位中从事基础研究、应用研究和研究与试验发展活动的直接人员、管理人员和辅助人员。R&D 研究人员是指从事新知识、新产品、新工艺、新方法、新系统的构想或创造的专业人员及 R&D 项目（课题）主要负责人员和 R&D 结构的高级管理人员，一般应具有中高级以上职称或博士研究生学历。可以推断，R&D 研究人员是 R&D 人员中部分从事复杂科技工作且具有更高技术水平的人员。在统计上，R&D 人员分为全时人员和非全时人员。全时人员是指在报告年度内参与研究与试验发展活动时间占全年工作时间 90% 及以上的人员。相对应地，非全时人员即指在报告年度内参与研究与试验发展活动时间占全年工作时间 90% 以下的人员。在统计结果显示上，非全时人员需折合成全时人员加以计算比较。

2. 科技人才的概念阐释

科技人才是对从事科学技术高端工作且在思想、精神上有贡献的人员的别称。科技人才的统计概念相对模糊，特别是在物质贡献上融入了道德和时代贡献内涵后，使得科技人才统计的标准难以把握。当前，在对科技人才概念理解上，存在三种比较典型的观点：一是认为科技人才是科技精英，如享受国务院政府特殊津贴的科技人员；二是认为科技人才是持有大学以上科技专业学历证书的人才；三是认为科技人才是科技人力资源，也是科技活动人员，甚至是 R&D 研究人员。上述观点普遍存在将科技人才精英化、学历化的倾向，强调少数科技工作者对科技事业发展的多数贡献。2003 年全国人才工作会议中提出人才应当具备以下属性：一是有知识、有能力；二是能够进行创造性劳动；三是在政治、精神、物质三个文明建设中做出贡献。据此判断，科技人才是有品德、有科技才能的人，是有某种科技特长的人，是掌握知识或生产工艺技能的人。① 在统计实践上，科技部发布的《中国科技人才发展报告（2020）》中以 R&D 人员总体情况及结构特点为对象进行重点分析，在数量上将科技人才与 R&D 人员对等起来；② 上海、天津、安徽等省（市）发布的科技人才报告、科技工作报告、科技统计公报等资料中，把战略型新兴产业高端人才、顶尖科学家、海外归国人才等作为衡量科技人才质量的重要指标③。

3. 科技人力资源的概念阐释

科技人力资源的国际通用定义出自 1995 年经济合作与发展组织（OECD）与欧盟统计局（Eurostat）合作出版的《弗拉斯卡蒂丛书——科技人力资源手册》，该手册对科技人力资源的定义为"实际从事或有潜力从事系统性科学和技术知识的产生、促进、传播和应用活动的人力资源"。现代国家之间的竞争进入白热化阶段，科技人力资源作为竞争地位的重要参考标准，能够满足政府及有关单位经济和科技发展及政策分析的需要。在统计口径上，科技人力资源是指完成了科学技术领域的第三层次教育，或者虽然不具备上述正式资格但从事通常需要上述资格的科学技术职业的人。根据该口径，目前国际通行的做法是把完成大专及以上文化教育的劳动者和拥有中高级专业技能资格证明的劳动者纳入科技人力资源。中国科协创新战略研究院公开发布的《中国科技人力资源发展研究报告（2020）》中，将学科目录中的工、农、医、理学的本专科及以上学历纳入科技人力资源统计范畴，同时将管理学、经济学、哲学、法学、历史学、教育学中的高校毕业生经过折算调整后部分纳入统计范畴。此外，还包括国家教育机构认证的技师和高级

---

① 杜谦、宋卫国：《科技人才定义及相关统计问题》，《中国科技论坛》2004 年第 5 期，第 137~141 页。
② 《中国科技人才发展报告（2020）》，科学技术文献出版社，2021，第 8 页。
③ 王建平主编《上海市科技人才发展研究报告（2021）》，上海交通大学出版社，2021，第 12 页。

技师、乡村医生和卫生员。① 整体而言,科技人力资源侧重考察科技工作者的培养渠道环节,至于上述科技类学科专业的高等毕业生是否从事科技活动,则并非科技人力资源统计的考察范畴。

4. 科技活动人员的概念阐释

科技活动人员是指直接从事科技活动,以及从事科技活动管理和为科技活动提供直接服务的人员。我国的科技活动人员是按"职业"和"岗位"来统计的,在统计上是指在报告年度内,从事科技活动的时间(不包括加班时间)占全年工作时间10%及以上的人员,包括参与科技项目(课题)活动的管理人员、技术人员及其他人员。根据我国专业技术岗位目录,科技活动人员涵盖了工程技术人员、农业技术人员、科学研究人员、卫生技术人员、教学人员等五大类,但不包括中小学、幼儿教育工作者,律师,公证人员,工艺美术人员,艺术人员,企业政治思想工作等人。与R&D人员、科技人才、科技人力资源等指标相比,科技活动人员是按科技活动分类的科技工作者,在概念和统计口径上最为接近科技工作者。在统计实践上,目前有关科技活动人员的替代指标多惯用R&D人员,这是因为R&D人员定义清晰、统计制度相对成熟,且属于科技活动人员的一部分,可以通过相对较窄的口径窥见科技活动人员情况。②

5. 科技工作者的概念阐释

科技工作者是我国特有的概念,被广泛应用于中央和各级地方政府的政策制定和文件资料中。2003年,首次全国科技工作者状况调查将科技工作者定义为"在自然科学领域掌握相关专业的系统知识,从事科学技术的研究、开发、传播、推广、应用,以及专门从事科技工作管理等方面的人员"。2017年,第四次全国科技工作者状况调查进一步完善其定义,认为科技工作者"是以科技工作为职业的人员,即实际从事系统性科学和技术知识的产生、发展、传播和应用活动的劳动力,涵盖了专业技术人员、科技活

---

① 《中国科技人力资源发展研究报告(2020)》,清华大学出版社,2021,第12页。
② 《工业企业科技活动统计年鉴(2016)》,中国统计出版社,2016,第9页。

动人员、R&D 人员、科学家和工程师等多个层次的人员"。在实践中，将国家设定的 17 类专业技术人员的前 5 类作为科技工作者的统计对象，具体包括工程技术人员、农业技术人员、科学研究人员、卫生技术人员以及教学人员。虽然科技工作者的概念和统计对象相对清晰，但在已有的统计资料中，还未有严格对标上述统计口径进行总体状况的统计测量。目前，政府对外公布的科技工作者数量，采用的是科技人力资源指标。地方政府公开发布的有关科技工作者的发展报告，采用的是 R&D 人员指标。[1] 学术研究中对科技工作者的统计分析，采用的是抽样调查方法，只见一域而不见全局。[2]

从上述科技人员相关概念的阐述可以看到，R&D 人员、科技人才、科技工作者、科技活动人员的概念存在层层递进的关系，概念重心在于正在从事科学技术事业的劳动者，而科技人力资源的概念重心在于潜在和正在从事科学技术事业的劳动者，统计口径更宽。虽然上述概念阐述存在相对明显的区分，但由于我国科技人员统计事业起步相对较晚，许多特有的提法缺乏现实的统计普查或调查，从而导致在概念量化上存在多重混用的情况。譬如 R&D 人员、科技人才、科技工作者、科技活动人员等统计指标的数据性现状经常用 R&D 人员全时当量表示，这明显缩小了后三者的统计口径。又者，在一些新闻资料中出现了用科技人力资源总量来代表科技工作者规模，这明显扩大了后者的统计口径。在此背景下，厘清科技工作者的概念，进而探索科技工作者总体状况的可行性统计口径和方法，将对摸清我国科技工作者底数具有重要政策价值和实践意义。

（二）统计口径

科技工作者是我国特有的提法，在现有统计实践上存在三种口径，即学

---

[1] 马兴发主编《上海科技工作者发展报告（2015—2019）》，上海科学普及出版社，2020，第 4 页。
[2] 秦定龙等：《第二次重庆市科技工作者状况调查报告分析》，《今日科苑》2021 年第 9 期，第 47~59 页；于巧玲、邓大胜、史慧：《女性科技工作者现状分析——基于第四次全国科技工作者状况调查数据》，《今日科苑》2018 年第 12 期，第 87~91 页。

历口径、行业口径、专业技术口径，下面将逐一分析各类统计口径的基本情况。

1.基于学历统计口径

基于学历口径来统计科技工作者，重心在考察科技工作者的潜在人群，OECD 和 Eurostat 合作出版的《弗拉斯卡蒂丛书——科技人力资源手册》详细阐述了使用学历来测算科技工作者的标准和方法，中国科协创新战略研究院发布的"中国科技人力资源发展研究报告"系列出版物沿用了此种方法。

科技工作者的学历统计口径主要体现在三个方面：一是毕业生所学专业要与科技活动相关；二是毕业生学历层次不得低于大专；三是学历教育经历包含普通高校、成人高校、高等自考、网络自考等形式。具体来看，从学科专业范围上看，根据其与科技活动的紧密程度被分为核心学科、外延学科和不纳入学科三类，其中核心学科包含工学、理学、农学、医学四大类，外延学科包含管理学、经济学、法学、教育学四大类，不纳入学科包含文学、历史学、哲学和艺术学四大类。根据学科相关性程度，通过抽样调查方式获得统计折算系数。从学历层次上看，分为大专、本科、硕士研究生、博士研究生四个层次，其中研究生层次毕业生全部纳入科技工作者统计对象，大专和本科层次要根据所学专业进行比例折算。从教育经历上看，主要涉及普通高校、成人高校、高等自学考试等三类，根据培养能力的不同，三类培养途径被赋予不同的调整值。

从前文可以看到，通过学历口径来统计科技工作者数量，实质上是测度科技工作者的源头数量，即科技类、能力类毕业生的情况，这类毕业生具备从事科技活动的能力，但在实际工作中无法确定从事科技活动的比例。在统计实践上，根据学历口径，秦定龙等测算得出重庆市科技工作者数量在 2019 年底达到 236 万人，其中女科技工作者数量约为 106 万人，这是在宽口径下测得的结果。[①]

2.基于行业统计口径

基于行业口径来统计科技工作者，重心在于行业本身具有科技活动的属

---

① 秦定龙等：《第二次重庆市科技工作者状况调查报告分析》，《今日科苑》2021 年第 9 期，第 47~59 页。

性，对此类明显体现科技活动属性行业的从业人员进行数量统计。根据国家统计局发布的《国民经济行业分类》和相关学术资料，符合行业口径的门类分为三类，即科研院所、高等院校、企业R&D人员。毋庸置疑，这三类行业从业人员均符合科技工作者的概念，但问题在于，上述三类行业的科技工作者主要服务于研发及技术应用类别，这明显缩小了科技工作者的理论内涵和统计对象，相关统计结果口径偏窄。

3. 基于专业技术统计口径

基于专业技术口径来统计科技工作者，重心在于就业市场中工作者的职业身份，这类统计口径被广泛用于我国各类科技人才统计和科技活动人员统计中。基于专业技术口径进行的科技工作者统计，主要参考人社部发布的专业技术人员分类标准。人社部将我国专业技术人员划分为14类，具体如下所示。

（1）工程类的注册建造师、注册建筑师、注册结构工程师、注册安全工程师、注册设备工程师、造价工程师及助理工程师等级别的工程技术人员。

（2）农业类的农牧师等技术人员、科研人员。

（3）卫生技术类的主任医师、副主任医师、主治医师等技术人员。

（4）教学科研类的教授、副教授、助理教授、高级教师、教师等人员。

（5）民用航空飞行技术人员、船舶技术人员。

（6）经济类的经济师、助理经济师、经济员，包括证券交易、保险行业。

（7）企业法律顾问类的一级企业法律顾问、二级企业法律顾问、三级企业法律顾问。

（8）会计类的高级会计师、会计师、助理会计师、会计员。

（9）统计类的统计师、助理统计师、统计员。

（10）翻译类的翻译、助理翻译等人员、图书资料、档案馆的馆员、助理馆员、文博人员、新闻、出版人员。

（11）律师类的高级律师、一级律师、二级律师、三级律师。

（12）公证类的一级公证员、二级公证员、三级公证员。

（13）广播电视播音人员、工艺美术人员、体育人员、艺术人员。

(14)指拥有特定的专业技术（不论是否得到有关部门的认定），并以其专业技术从事专业工作的人。

上述专业技术人员分类中，被纳入科技工作者统计范围的专业技术人员有五类，分别为科学研究人员、工程技术人员、农业技术人员、卫生专业技术人员、教学人员。这五类专业技术人员既符合科技工作者的概念定义，也与我国各级科技工作者会议的参会人群身份保持一致。

综上所述，基于学历口径来统计科技工作者存在明显高估之嫌，与之相反，基于行业口径来统计科技工作者存在明显低估的情况。从三种统计口径的侧重点可以看到，学历统计口径侧重于对科技人力资源的显示，行业统计口径侧重于对科技工作者群体中的研发和技术应用及推广人员的统计。相较之下，专业技术统计口径既能从职业技能上对科技工作者进行区分，也与国家相关制度和实践相契合。

（三）测度方法

本报告采用基于专业技术统计口径来对重庆市和四川省科技工作者进行测算，运用到《重庆市第七次人口普查年鉴》《重庆统计年鉴》《四川省第七次人口普查年鉴》《四川省科技年鉴》《中国科技人力资源发展研究报告》《中国科技人才发展报告》等统计资料，测算了成渝地区双城经济圈科技工作者的总规模、区县结构、年龄结构、职业结构、学历结构等内容，根据测算内容，对相关测度方法做如下阐释。

1. 科技工作者总量（M）

$$M^t = \sum_{i=1}^{5} m_i^t$$

其中，t 表示测算年份，i 表示专业技术类别。

对于重庆市第六次人口普查时期科技工作者数量的测度，《重庆市第六次人口普查年鉴》中由于将就业人员按职业大类进行统计，未显示专业技术人员类别。因此，对 2010 年重庆市科技工作者数量的测度，需要借助折算系数进行分劈。本报告将重庆市第七次人口普查资料中的科技工作者与专业技术人员的比例作为折算系数，进行调整。

对于第六次人口普查与第七次人口普查时期的科技工作者数量，本报告采用年均增长率进行折算处理。

2. 各区县女科技工作者数量（M_n）

$$M_n = Q_n \times \frac{M}{Q}$$

其中，n 表示区县，Q 表示专业技术人员。《重庆市人口普查年鉴》关于区县就业人员身份特征是按职业大类进行划分的，因此，将全市科技工作者与全市专业技术人员的比例（M/Q）作为折算系数进行区域分劈。

3. 科技工作者年龄结构

科技工作者年龄结构分为三个阶段：青年（16~45岁）、中年（46~60岁）、老年（60岁以上）。根据上述划分标准，本报告将重庆市、四川省第七次人口普查年鉴中相关指标在同一阶段上的数据，进行合并处理。

4. 科技工作者职业结构

本报告按专业技术类别来统计科技工作者数量，根据该口径可以对科技工作者职业类型进行划分，分为科学研究、工程技术、农业技术、卫生专业技术以及教学五类。相关数据在人口普查年鉴上已经列明。

5. 科技工作者学历结构

科技工作者学历结构由于缺乏原始数据，需要借助相关统计资料和折算经验进行分劈计算。本报告参考《中国科技人力资源发展研究报告》的折算思路，将就业人员中具有硕士研究生学历及以上的工作者全部纳入科技工作者范围，然后根据总量控制计算出本科及以下学历的人数。

二 成渝地区双城经济圈科技工作者总量分析

根据前述对科技工作者指标的文献梳理和统计实践，本部分从三类口径上量化分析成渝地区双城经济圈科技工作者的发展状况，分别是 R&D 人员、科技人力资源以及科技工作者。通过对三类口径分析结果的比较，可以洞察口径差异所导致的统计差别程度,从而进一步加深对科技工作者概念与统计范式的理解。

(一)成渝地区双城经济圈科技工作者基本现状

1. 成渝地区双城经济圈R&D人员基本现状

R&D人员指标是从窄口径上对科技工作者规模进行度量,从指标解释上看,R&D人员情况显示了科技工作者中从事研发工作及其相关辅助工作的人员情况。2010~2020年,重庆市与四川省R&D人员数量如表1所示。

表1 2010~2020年重庆市与四川省R&D人员数量

单位:人

年份	重庆市	四川省
2010	58886	83800
2011	65287	82485
2012	72609	98011
2013	83722	109708
2014	93167	119676
2015	97774	116842
2016	111943	124614
2017	131977	144821
2018	151117	158847
2019	160668	170776
2020	166227	189829

资料来源:2011~2022年《重庆统计年鉴》、2011~2022年《四川省科技年鉴》。

2010~2020年,川渝地区R&D人员增量明显,重庆市R&D人员数量从2010年的58886人增加至2020年的166227人,增幅达到182.3%,年均增速为10.9%。四川省R&D人员数量从2010年的83800人增加至2020年的189829人,增幅达到126.5%,年均增速为8.5%。从总量上对比可发现,2010年以来重庆市R&D人员数量一直小于四川省的R&D人员数量,2010年重庆市R&D人员与四川省R&D人员在数量上相差24914人,到2020年差距有小幅缩小,其中差距最小的是2018年,仅仅相差7730人。从纵向时间上对比,重庆市R&D人员数量环比增长速度均大于零，四川省R&D人员数量环比增长速度在2011年与2015年小于零，前者的发展更加稳定，增长幅度更大。

图1展示了2010~2019年重庆市与四川省R&D人员在就业总人数中的占比情况。2010~2019年，重庆市R&D人员在就业总人数中的占比从4.0‰上升到10.0‰，增幅超过2倍；四川省R&D人员在就业总人数中的占比从2.0‰上升到4.0‰，增幅达到2倍。R&D人员占比稳步提高是就业市场竞争均衡的结果，一方面反映出R&D人员供给数量不断增多，另一方面反映出经济发展对R&D人员的需求不断增多，这两个方面共同推动经济高质量发展。其中，川渝地区R&D人员占就业总人数的比重变化不同是因为，虽然四川省R&D人员在数量上比重庆市多，且四川省每年就业总人数比重庆市多，但四川省R&D人员增长速度比重庆市慢。

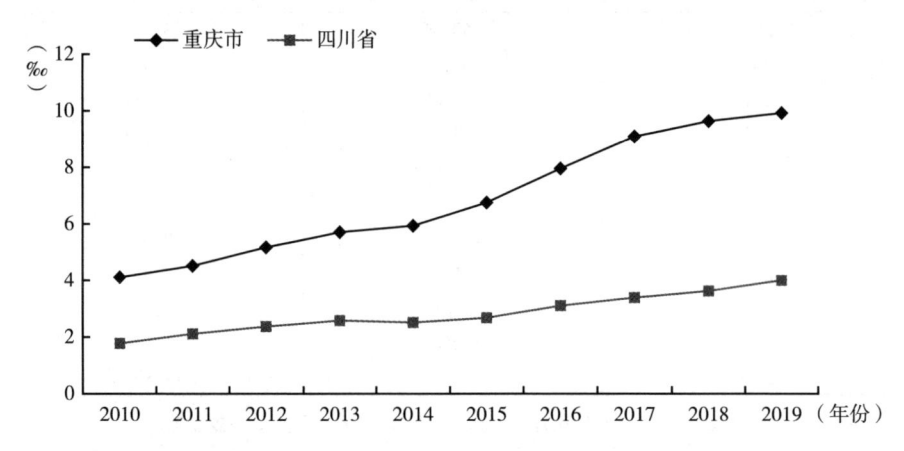

图1　2010~2019年重庆市与四川省R&D人员占就业总人数的比重变化

资料来源：2011~2021年《重庆统计年鉴》、2011~2020年《四川省统计年鉴》。

R&D人员的就业方向主要分为高等院校、科研机构、企业以及其他未分类领域，其中企业是R&D人员的主要就业部门，其次是高等院校，再次是科研机构。

表2显示了2018年重庆市和四川省R&D人员在制造业细分行业中的分布情况。重庆市R&D人员主要流入制造业，汽车制造、电子设备、运输设

备等技术密集型行业吸纳 R&D 人员较多，设备修理、废弃资源和纺织服装吸纳 R&D 人员较少，四川省 R&D 人员主要流入电子设备、医药制造、化学制品等技术性行业，与重庆市 R&D 人员流入大方向相同，但四川省 R&D 人员流入食品加工、饮料制造行业的占比要比重庆市的占比高。

重庆市 R&D 人员有 95265 人流入制造业部门，在人员总量中占比为 63.0%；四川省 R&D 人员有 115861 人流入制造业部门，占比 72.9%。从细分产业上看，技术密集型制造业吸纳 R&D 人员最多。重庆市汽车制造业吸纳 R&D 人员最多，为 24964 人；其次是电子设备业，为 12687 人。四川省电子设备业吸纳 R&D 人员最多，为 27779 人；其次是医药制造业，为 8740 人，出现了断层现象。

表 2 2018 年重庆市和四川省 R&D 人员在制造业细分行业中的分布情况

单位：人

行业类别	R&D 人员 重庆市	R&D 人员 四川省	行业类别	R&D 人员 重庆市	R&D 人员 四川省
食品加工	1536	2827	非金属矿	4470	4104
食品制造	912	2257	黑金冶压	976	5285
饮料制造	535	5692	有金冶压	3175	2677
烟草制品	331	216	金属制品	2843	4360
纺织业	337	1076	通用设备	5478	7325
纺织服装	114	129	专用设备	4221	6043
皮革制品	338	292	汽车制造	24964	6121
木材加工	324	271	运输设备	8867	5722
家具制造	266	1240	电气器材	5208	7190
造纸制品	930	991	电子设备	12687	27779
印刷复制	973	545	仪器仪表	2293	1578
娱乐用品	455	36	其他制造	1991	256
燃料加工	124	695	废弃资源	52	107
化学制品	3754	8559	设备修理	15	314
医药制造	4682	8740	制造业合计	95265	115861
化纤制造	185	1159	其他企业	55852	42986
橡塑制品	2229	2275	人员合计	151117	158847

资料来源：《重庆市经济普查年鉴（2018）》（第二产业卷）、《四川省经济普查年鉴（2018）》（第二产业卷）。

在重庆市"33618"现代制造业集群体系规划设计和《四川省"十四五"制造业高质量发展规划》下，抢抓成渝地区双城经济圈建设等一系列国家战略机遇，可以不断吸引 R&D 人员为其高质量发展提供重要智力支撑。

表3全面显示了2010年、2015年、2020年重庆市 R&D 人员的就业分布情况。近十年，重庆市 R&D 人员就业流动呈现从事业部门（高等院校与科研机构）到企业部门再到事业部门的特点。2010年，重庆市有62.1%的 R&D 人员就职于企业部门，有33.2%就职于事业部门；到2015年，就职于企业部门的 R&D 人员占比上升到71.4%，提高了近10个百分点；再到2020年，R&D 人员在企业部门中的就业占比下降到70.2%，下降幅度较小，略超过1个百分点。总体来看，R&D 人员在企业承担科技研发工作的占比呈上升趋势。

表3 重庆市 R&D 人员的就业分布

单位：人，%

行业	2010年 R&D人员	占比	2015年 R&D人员	占比	2020年 R&D人员	占比
高等院校	15904	27.0	20011	20.5	33040	19.9
科研机构	3633	6.2	4933	5.0	9649	5.8
企业	36586	62.1	69775	71.4	116750	70.2
其他	2763	4.7	3055	3.1	6788	4.1
合计	58886	100.0	97774	100.0	166227	100.0

资料来源：2011年、2016年、2022年《重庆统计年鉴》。

表4全面显示了2010年、2015年、2020年四川省 R&D 人员的就业分布。自2010年以来，四川省 R&D 人员的就业呈现从企业部门向事业部门流动，再向企业部门流动的特点。2020年，四川省在企业中就业的 R&D 人员占比超过60.0%。2010年四川省有55.9%的 R&D 人员就职于企业部门，有38.8%的 R&D 人员就职于事业部门；到2015年，就职于

企业部门的R&D人员占比下降到53.6%，降低幅度较小，略超2个百分点；再到2020年，R&D人员在企业部门中的就业占比又上升到60.4%，上升了近7个百分点。同时，对比重庆市与四川省R&D人员就业分布可以发现，四川省R&D人员近十年在科研机构的占比高于重庆市R&D人员在科研机构的占比。

表4 四川省R&D人员的就业分布

单位：人，%

行业	2010年 R&D人员	占比	2015年 R&D人员	占比	2020年 R&D人员	占比
高等院校	14569	17.4	17613	15.1	29463	15.5
科研机构	17905	21.4	31863	27.3	42359	22.3
企业	46866	55.9	62683	53.6	114587	60.4
其他	4461	5.3	4683	4.0	3420	1.8
合计	83801	100.0	116842	100.0	189829	100.0

资料来源：2011年、2016年、2021年《四川省科技年鉴》。

表5详细展示了2018年重庆市R&D人员的区县分布情况。从区县分布来看，重庆市R&D人员主要聚集在主城都市区，特别是在中心城区和次中心节点区县；渝东北城镇群以"万—开"板块R&D人员分布较多，而渝东南城镇群R&D人员分布较少。R&D人员分布呈空间极化格局，中心城区R&D人员总计有51459人，占全市R&D人员的53.1%，主城都市区R&D人员总计有38430人，占比高达39.6%，其中璧山区、涪陵区、江津区、永川区、长寿区、綦江区、合川区R&D人员数均超过3000人。相比之下，渝东北地区R&D人员仅占6.1%，且有46.9%的R&D人员集中在万州区和开州区。渝东南地区R&D人员占比仅为1.1%。而属于成渝地区双城经济圈规划范围的重庆市中心城区和万州区、涪陵区、綦江区等区县的R&D人员总计有95734人，占比超过90%。

表5 2018年重庆市R&D人员的区县分布

单位：人

区县	R&D人员	区县名称	R&D人员
渝中区	358	潼南区	1164
大渡口区	2176	荣昌区	2305
江北区	7510	万州区	1686
沙坪坝区	4526	开州区	1110
九龙坡区	10170	梁平区	1051
南岸区	4750	城口县	—
北碚区	6283	丰都县	293
渝北区	11040	垫江县	731
巴南区	4646	忠县	381
涪陵区	5479	云阳县	238
长寿区	3255	奉节县	326
江津区	5461	巫山县	81
合川区	3046	巫溪县	64
永川区	3323	黔江区	355
南川区	762	武隆区	161
綦江区	3243	石柱县	235
大足区	1759	秀山县	104
璧山区	6041	酉阳县	143
铜梁区	2592	彭水县	102

资料来源：《重庆市经济普查年鉴（2018）》（第二产业卷）。

表6显示了2018年四川省R&D人员的地级市分布。从四川省的各地级市分布来看，R&D人员绝大部分集中在成都平原经济区，尤其是集中在成都市、德阳市、绵阳市，川南经济区R&D人员主要集中在宜宾市，而在川东北、攀西、川西生态经济区的R&D人员分布离散、数量少。四川省R&D人员主要分布在成都平原经济区，R&D人员总计有88001人，占R&D人员的73.6%，其中分布在成都市的R&D人员有47185人，占成都平原经济区R&D人员的53.6%。川南经济区R&D人员总计有19221人，占16.1%，其中只有宜宾市的R&D人员高于8000人。同时四川省属于成渝地区双城经济圈的地级市有成都市、自贡市、泸州市、德阳市、绵阳市、遂宁市、内江

市、乐山市、南充市、眉山市、宜宾市、广安市、达州市、雅安市、资阳市，这些地区的R&D人员总计有113215人，占比高达94.6%。

表6 2018年四川省R&D人员的地级市分布

单位：人

地区	R&D人员	地区	R&D人员
成都市	47185	南充市	2244
自贡市	3899	眉山市	2314
攀枝花市	3125	宜宾市	8844
泸州市	3086	广安市	985
德阳市	10983	达州市	2764
绵阳市	18564	雅安市	1264
广元市	1947	巴中市	693
遂宁市	3274	资阳市	1066
内江市	3392	阿坝州	188
乐山市	3351	凉山州	472

资料来源：《四川省经济普查年鉴（2018）》（第二产业卷）。

2. 成渝地区双城经济圈科技人力资源基本现状

R&D人员是从窄口径上反映了科技工作者的数量和结构，但存在严重低估科技工作者总体规模的问题，在当前科技工作者统计数据相对稀缺的情况下，科技人力资源通常被作为反映科技工作者的权宜指标。需要注意地是，科技人力资源与科技工作者的概念存在明显差别，前者是反映了潜在的从事科技工作的人群，而后者指正在从事科技工作的人群。

图2显示了2016年、2018年、2020年重庆市和四川省科技人力资源总量。截至2020年重庆市科技人力资源总量达到171万人，四川省科技人力资源总量达到354万人，四川省的科技人力资源与重庆市的人力资源的差额高于100万人，四川省和重庆市在31个省（区、市）中分别排名第7、第21。

科技人力资源丰裕度的决定因素有两个：一是当地高等教育招生规模，二是当地生源数量。如图3所示，从截至2020年31个省（区、市）

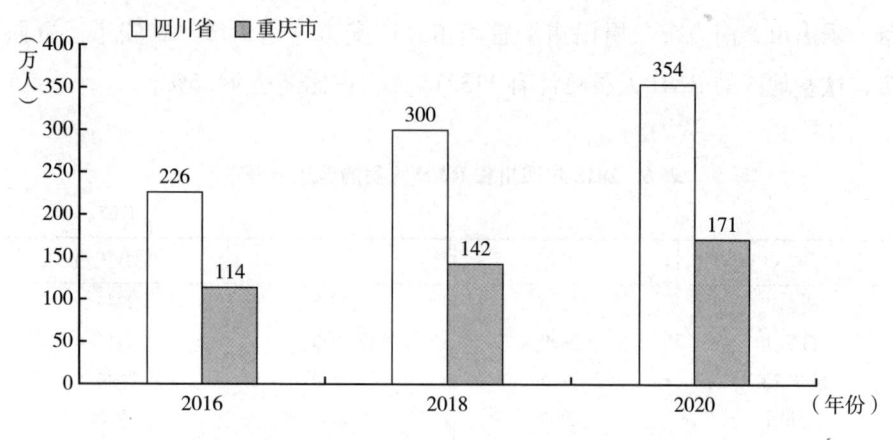

图2　重庆市和四川省科技人力资源总量

资料来源：2016年、2018年、2020年《中国科技人力资源发展研究报告》。

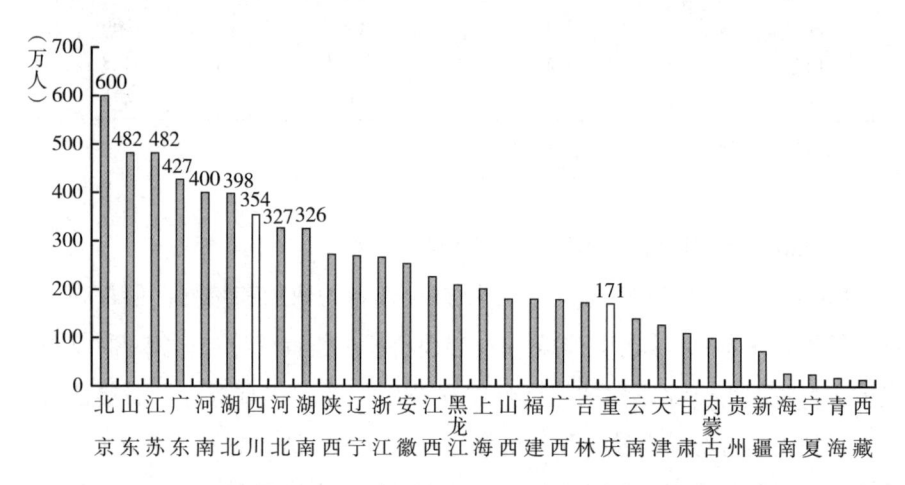

图3　截至2020年31个省（区、市）科技人力资源数量及排序

资料来源：《中国科技人力资源发展研究报告（2020）》。

科技人力资源排序可以看到，高等学校教育资源较多、招生规模较大的省（市）具有较多的科技人力资源，如北京市（600万人，排名第1，占8.38%）、江苏省（482万人，排名第3，占6.81%）、广东省（427万人，排名第4，占5.92%）、湖北省（398万人，排名第6，占5.56%）、四川省（354万人，排名第7，占5.11%）等；生源规模大的省份，科技人力资源数量丰裕度较高,如山东省(482万人,排名第2,占6.81%)、河南省(400万人,排名第5,占5.59%)、河北省(327万人,排名第8,占4.57%)等。科技人力资源数量在100万人以下的有5个,分别是新疆维吾尔自治区、海南省、宁夏回族自治区、青海省和西藏自治区。可以看出,我国科技人力资源数量的区域差异比较显著。相比之下,浙江、上海、天津等东部沿海科技实力发达的省(市),科技人力资源丰裕度却较低。这是因为科技人力资源的统计对象是潜在的科技工作者,且忽略了潜在科技工作者在省际流动的情况,从而导致科技人力资源数量排名与省(市)科技实力不匹配的情况。

(二)成渝地区双城经济圈科技工作者总量测度

前述对重庆市和四川省R&D人员和科技人力资源基本现状进行了统计描述,其中R&D人员是在窄口径上对科技工作者进行的测量,导致科技工作者数量被严重低估。虽然科技人力资源总量大幅提高了科技工作者的数量,但其统计对象是潜在的科技工作者且忽略了潜在科技工作者在省际流动的情况,造成统计结果出现一定程度的测量误差。本报告根据对科技工作者概念、统计口径、测度方法的阐述,并对比男女科技工作者的数量,在新的统计视角上对科技工作者进行测量,得到了成渝地区科技工作者的数量。

如表7所示,截至2020年,重庆市科技工作者总量为1159390人,重庆市女科技工作者数量为590960人,2010~2020年的年均增速为6.7%,在2019年实现了对男科技工作者数量的反超。2010~2020年,重庆市科技工作者总量从689160人增加到1159390人,增加了470230人,年均增幅5.3%;重庆市男科技工作者数量从388240人增加到568340人,增加了180100人,年均增幅3.9%;重庆市女科技工作者数量从308010人增加到590960人,增加了282950人,年均增幅6.7%。

表7　2010~2020年重庆市科技工作者总量及性别结构

单位：人

年份	科技工作者总量	男科技工作者	女科技工作者
2010	689160	388240	308010
2011	725957	403321	328749
2012	764719	418988	350884
2013	805551	435264	374509
2014	848563	452172	399726
2015	893871	469736	426640
2016	941598	487983	455366
2017	991874	506939	486027
2018	1044835	526631	518752
2019	1100623	547088	553680
2020	1159390	568340	590960

注：本表借助折算系数进行分劈，将科技工作者与专业技术人员的比例作为折算系数。
资料来源：《重庆市第六次人口普查年鉴》（1%人口抽样调查）、《重庆市第七次人口普查年鉴》（1%人口抽样调查）。

如表8所示，截至2020年，四川省科技工作者总量为2918620人，女科技工作者数量为1510920人，2010~2020年的年均增速为7.4%，在2018年实现了对男科技工作者数量的反超。2010~2020年，四川省科技工作者总量从1679600人增加到2918620人，增加了1239020人，年均增幅5.7%；四川省男科技工作者数量从942740人增加到1407700人，增加了464960人，年均增幅4.1%；四川省女科技工作者数量从736860人增加到1510920人，增加了774060人，年均增幅7.4%。

表8　2010~2020年四川省科技工作者总量及性别结构

单位：人

年份	科技工作者总量	男科技工作者	女科技工作者
2010	1679600	942740	736860
2011	1775019	981304	791718
2012	1875859	1021446	850661
2013	1982428	1063230	913991
2014	2095051	1106724	982036

续表

年份	科技工作者总量	男科技工作者	女科技工作者
2015	2214072	1151996	1055148
2016	2339855	1199121	1133702
2017	2472783	1248173	1218104
2018	2613264	1299231	1308791
2019	2761725	1352379	1406228
2020	2918620	1407700	1510920

注：本表借助折算系数进行分劈，将科技工作者与专业技术人员的比例作为折算系数。
资料来源：《四川省第六次人口普查年鉴》《四川省第七次人口普查年鉴》。

近十年，成渝地区的女科技工作者数量增长较快，重庆的女科技工作者数量从2010年落后于男科技工作者8万多人到2019年实现反超，截至2020年，根据重庆市第七次人口普查资料，女科技工作者基础数量超过男科技工作者基础数量2万多人；四川省的女科技工作者从2010年落后于男科技工作者20多万人到2018年实现反超，截至2020年，根据四川省第七次人口普查资料，女科技工作者基础数量超过男科技工作者基础数量10万多人。

科技人力资源规模决定科技工作者的数量，为了进一步辨析二者关系，挖掘科技工作者规模增长的潜力，本报告计算了2020年31个省（区、市）科技工作者数量以及科技人力资源数量，具体如表9所示。

表9 2020年31个省（区、市）科技工作者与科技人力资源情况

单位：万人

省（区、市）	科技工作者	科技人力资源	差额	省（区、市）	科技工作者	科技人力资源	差额
北京	156.2	600	443.8	湖北	219.6	398	178.4
天津	59.4	127	67.6	湖南	208.3	326	117.7
河北	240.5	327	86.5	广东	459.7	427	-32.7
山西	127.5	181	53.5	广西	137.1	180	42.9
内蒙古	93.0	100	7.0	海南	28.0	27	-1
辽宁	148.0	270	122.0	重庆	115.9	171	55.1

续表

省（区、市）	科技工作者	科技人力资源	差额	省（区、市）	科技工作者	科技人力资源	差额
吉 林	83.5	173	89.5	四 川	291.9	354	62.1
黑龙江	88.9	210	121.1	贵 州	113.7	100	-13.7
上 海	150.3	202	51.7	云 南	152.4	140	-12.4
江 苏	322.9	482	159.1	西 藏	9.9	14	4.1
浙 江	238.9	267	28.1	陕 西	144.3	273	128.7
安 徽	193.3	254	60.7	甘 肃	86.2	110	23.8
福 建	145.2	181	35.8	青 海	21.7	18	-3.7
江 西	148.7	227	78.3	宁 夏	27.9	25	-2.9
山 东	345.7	181	-164.7	新 疆	102.1	73	-29.1
河 南	289.3	400	110.7	合 计	4950.0	6818	1868.0

资料来源：《中国人口普查年鉴（2020）》《中国科技人力资源发展研究报告（2020）》。

重庆市科技工作者数量占31个省（区、市）科技工作者总量的比重为2.3%，在直辖市中排名第三，重庆市科技人力资源数量比科技工作者数量多55.1万人，四川省科技工作者数量占31个省（区、市）科技工作者总量的比重为5.9%，其科技人力资源数量比科技工作者数量多62.1万人，是西南4个省（市）科技人力资源与科技工作者差额最大的。从总体来看，科技人力资源作为科技工作者的源泉，科技人力资源总量比科技工作者总量多1868.0万人，科技人力资源对科技工作者的转化率为67.8%，专业学习与职业领域匹配度较高。从地区来看，北京、江苏、广东等省（市）的科技人力资源数量排名前列，均超过400万人；广东、山东、江苏、四川、河南、河北、浙江、湖北、湖南等省份的科技工作者数量排名前列，均超过200万人。从科技人力资源与科技工作者的差额来看，全国23个省（区、市）的差额为正，表明这些省（区、市）的科技人力资源数量能够全面覆盖科技工作者数量，其中有15个省（区、市）的差额低于100万人，表明这些省（区、市）的科技人力资源数量要少于其他省份，与当地的科技工作者数量差距较小；有8个省（区）的差额为负，表明这些省（区）的科技人力资源数量要少于科技工作者数量，科技人力资源数量不足，导致需要从其他地区引进科技工作者。总体来看，东部地区科技人力资源供给要高于西部地区。当前，重庆市与四川省的科技人力资源数量均能够全面覆盖科技工作者数量，在西南4个省（市）科技人力资源总量中的占比达到68.6%。

（三）成渝地区双城经济圈科技工作者区县分布

本报告对成渝地区双城经济圈科技工作者区县分布进行了研究，计算了2010年和2020年重庆市各区县和四川省各地级市的科技工作者数量。其中关于重庆市各区县科技工作者数量统计的相关研究尚处在待补充阶段，本报告以全市科技工作者占专业技术人员的比例为折算系数，通过重庆市第六次、第七次人口普查数据对各区县科技工作者数量进行估算，统计结果如表10所示。

表10 2010年和2020年重庆市各区县科技工作者数量

单位：人

区县	2010年	2020年	增量	区县	2010年	2020年	增量
渝北区	67848	142025	74177	璧山区	10338	20832	10494
九龙坡区	52444	80070	27625	铜梁区	10722	18461	7739
沙坪坝区	46847	82182	35335	梁平区	10848	17708	6860
南岸区	43915	65308	21393	垫江县	10301	17516	7215
江北区	37956	58862	20906	荣昌区	10139	16534	6395
万州区	35453	56277	20824	奉节县	11379	17472	6093
渝中区	37092	46973	9881	大足区	10227	15877	5650
巴南区	17590	45171	27581	黔江区	7421	15766	8345
合川区	19207	38451	19244	潼南区	8847	15640	6793
北碚区	20817	37631	16814	丰都县	9164	14318	5154
江津区	23593	35652	12059	南川区	8677	13713	5036
永川区	27116	34308	7192	酉阳县	7591	11645	4054
涪陵区	21983	33134	11151	彭水县	7783	12096	4313
綦江区	10486	29789	19303	石柱县	5885	9519	3634
云阳县	12413	27049	14636	巫山县	6026	10043	4017
开州区	16165	27086	10921	秀山县	6447	8802	2355

续表

区县	2010年	2020年	增量	区县	2010年	2020年	增量
大渡口区	10840	21267	10427	武隆区	5679	9474	3795
长寿区	14237	19813	5576	巫溪县	5679	6683	1004
忠县	10855	20809	9954	城口县	3751	5435	1684

资料来源：《重庆市第六次人口普查年鉴》《重庆市第七次人口普查年鉴》。

从规模来看，2020年渝北区科技工作者数量最多，与其他区县已拉开明显差距，沙坪坝区和九龙坡区科技工作者均超过8万人，以上三个中心城区科技工作者合计占比为26.2%。从增长幅度来看，从重庆市第六次人口普查到第七次人口普查，渝北区科技工作者增量最大，达到74177人，占到总增量的15.6%。具体来看，2020年渝北区科技工作者数量为142025人，排名第一，比排名第二的沙坪坝区多59843人；中心城区科技工作者合计数量579489人，占重庆市科技工作者总量的比重为50%。涪陵区、合川区、江津区、永川区等主城都市区内次中心区县的科技工作者总量排名在上中游，"万开云"片区科技工作者数量合计达到110412人，是渝东北城镇群科技工作者相对集中的区域。渝东南城镇群各区县科技工作者数量相对较少且分散，数量排名在全市下游。从成渝地区双城经济圈的空间角度来看，重庆市中属于成渝地区双城经济圈的区县科技工作者总增量为444680人，占总增量的93%。从增量来看，从重庆市第六次人口普查到第七次人口普查，全市科技工作者增量共计475628人，其中7个区县增量超过2万人，9个区县增量超过1万人，22个区县增量在1万人以下。

由表11可知，从规模来看，2020年成都市科技工作者数量最多，与其他市州已拉开明显差距，南充市、绵阳市和达州市科技工作者数量均超过15万人，其中成都市、绵阳市属于成都平原经济区，其科技工作者占比为39.9%，南充市和达州市属于川东北经济区，其占比为12.6%。从增长幅度来看，2010~2020年，成都市科技工作者的增量最大，达到470590人，占总增量的38.0%。

表 11　2010 年和 2020 年四川省各地级市科技工作者数量

单位：人

市州	2010 年	2020 年	增量
成都市	503280	973870	470590
自贡市	53140	71860	18720
泸州市	72390	118810	46420
德阳市	78600	108070	29470
绵阳市	106690	191880	85190
遂宁市	52250	97880	45630
内江市	64810	93660	28850
乐山市	66850	91060	24210
南充市	108430	193100	84670
眉山市	49750	84030	34280
宜宾市	70640	139480	68840
广安市	51510	80520	29010
达州市	82360	175670	93310
雅安市	24960	40520	15560
资阳市	51910	55420	3510
攀枝花市	35840	52310	16470
广元市	49850	79650	29800
巴中市	55840	97990	42150
阿坝州	17410	29190	11780
甘孜州	19780	31430	11650
凉山州	63310	112220	48910

具体来看，2020 年成都市科技工作者数量为 973870 人，排名第一，比排名第二的南充市多 780770 人；成都平原经济区科技工作者合计数量 1642730 人，占四川省科技工作者总量的比重为 56.3%。南充市、达州市、宜宾市、泸州市等川南和川东北城市的科技工作者总量排名在上中游，川东北城市的科技工作者合计达到 626930 人，是科技工作者相对集中的区

域。攀西、川西生态经济区的科技工作者数量相对较少,排名在全省下游。从成渝地区双城经济圈的空间角度来看,以成都市、自贡市、泸州市为代表的属于成渝地区双城经济圈城市的科技工作者总增量为1078260人,占总增量的87%。从增量来看,全省科技工作者增量共计1239020人,其中成都市的增量超过40万人,4个市的增量超过5万人,15个市州的增量超过1万人。

从以上描述可知,科技工作者空间分布格局存在进一步极化的趋势,重庆市在主城都市区范围内,中心城区特别是依托高新区和西部科学城的渝北区、九龙坡区、沙坪坝区,科技工作者数量与其他区县已经拉开明显差距。在渝东北城镇群范围内,"万开云"片区科技工作者数量集聚度得到提高。四川省科技工作者主要集中在以成都市为代表的成都平原经济区,两地空间分布格局保持不变。

三 成渝地区双城经济圈科技工作者结构特征

前文对成渝地区双城经济圈科技工作者数量规模和空间分布进行了统计描述分析,摸清了成渝地区科技工作者底数。为了解科技工作者质量状况,基于数据可得性,本报告从年龄结构、职业结构、学历结构等三个维度进一步展开分析。

(一)成渝地区双城经济圈科技工作者年龄结构

根据重庆市、四川省第七次人口普查结果,通过作图对科技工作者的年龄结构进行了直观展示。其中,年龄结构分为青年(16~45岁)、中年(46~60岁)、老年(60岁以上),职业结构根据人社部发布的专业技术人员分类标准进行梳理。

如表12、图4所示,从年龄结构来看,2020年重庆市青年科技工作者占比超过七成,科技工作者群体整体偏年轻化,科技潜力大。2020年重庆市青年科技工作者人数为860120人，占比为74.19%；中年科技工作者人数为285260人，占比为24.60%，老年科技工作者人数为14010人，占比为1.21%。

表12　2020年重庆市科技工作者年龄与职业结构

单位：人

年龄	科技工作者	科学研究	工程技术	农业技术	卫生专业技术	教学
16~45岁	860120	5560	261330	4240	212930	376060
46~60岁	285260	1330	87320	4820	53580	138210
60岁以上	14010	60	3060	840	6740	3310
合计	1159390	6950	351710	9900	273250	517508

资料来源：《重庆市第七次人口普查年鉴》。

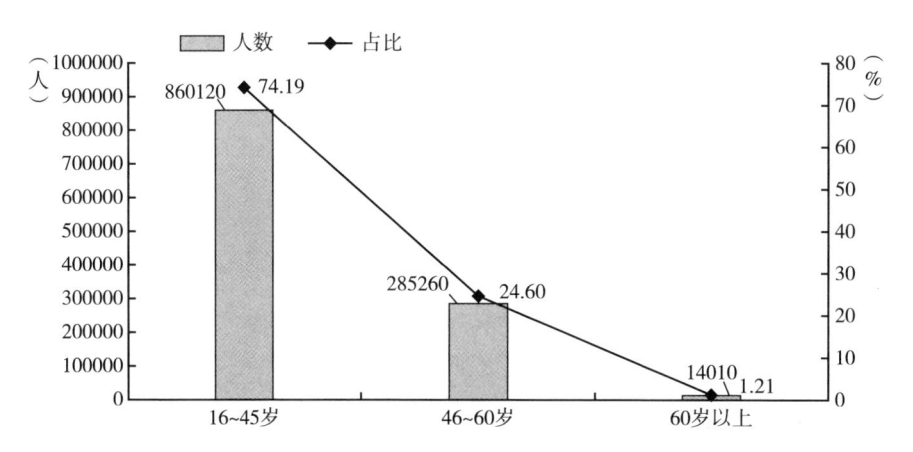

图4　2020年重庆市科技工作者年龄结构

如表13、图5所示，从年龄结构来看，2020年四川省青年科技工作者占比超过七成，与重庆市科技工作者在年龄结构上的分布相似，整体呈现年轻化的特点。2020年四川省青年科技工作者人数为2156760人，占比为73.90%；中年科技工作者人数为711210人，占比为24.37%，老年科技工作者人数为50650人，占比为1.74%。

表 13 2020 年四川省科技工作者年龄与职业结构

单位：人

年龄	科技工作者	科学研究	工程技术	农业技术	卫生专业技术	教学
16~45 岁	2156760	20190	595010	16830	557290	967440
46~60 岁	711210	8200	207400	19810	144180	331620
60 岁以上	50650	250	7920	5020	26690	10770
合计	2918620	28640	810330	41660	728160	1309830

资料来源：《四川省第七次人口普查年鉴》。

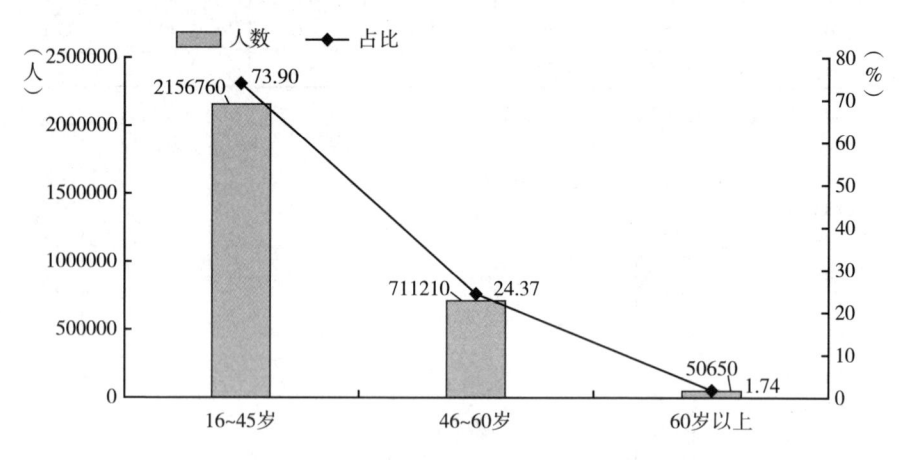

图 5 2020 年四川省科技工作者年龄结构

可以看出，在成渝地区青年科技工作者是科技阵线的主力军，特别是在科学研究、工程技术、卫生专业技术以及教学中，规模较大、占比较高，在农业技术中占比较低。近十年，成渝地区科技工作者总量迅速扩大，从2010 年的 2368760 人增加到 4078010 人，增量为 1709250 人，增幅接近翻番。新的科技工作者为科技事业注入了新动力，特别是卫生专业技术、工程技术和教学领域，吸纳了大量青年科技工作者。

（二）成渝地区双城经济圈科技工作者职业结构

专业技术类别是科技工作者统计测度的口径来源，同时反映了科技工作者的职业领域。本报告将川渝地区科技工作者的职业结构分为五种类型，分别是科学研究、工程技术、农业技术、卫生专业技术、教学。

如图6所示，2020年重庆市科技工作者中，有44.64%从事教学工作，有30.34%从事工程技术工作，二者合计占比超过70.00%，合计人数超过80万人，是重庆市科技工作者最为集中的职业领域。相比之下，卫生专业技术领域的科技工作者有273250人，占比为23.57%。科学研究领域和农业技术领域的科技工作者相对较少，二者的占比不足2.00%。

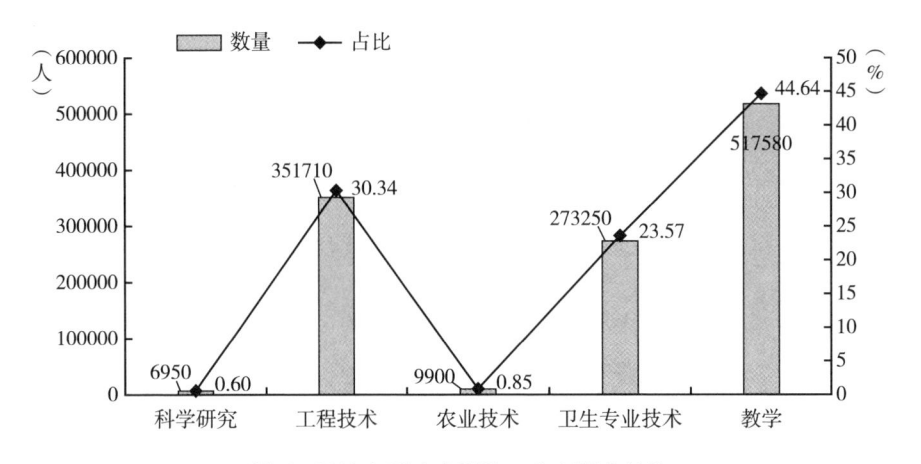

图6 2020年重庆市科技工作者职业结构

如图7所示，2020年四川省科技工作者中，有44.88%从事教学工作，有27.76%从事工程技术工作，二者合计占比超过70%，合计人数超过200万，是科技工作者最为集中的职业领域。相比之下，卫生专业技术领域的科技工作者有728160人，占比为24.95%。

由此可知，重庆市科技工作者的职业领域分布情况与四川省科技工作者的职业领域分布存在同质性，科技工作者绝大部分集聚在工程技术和教学领域。从事科学研究和农业技术的科技工作者占比极低，其中重庆市二者的占比均不足1%，四川省科学研究领域的科技工作者占比不足1%，农业技术领域的科技工作者占比不足2%，从事卫生专业技术的科技工作者也相对较少。

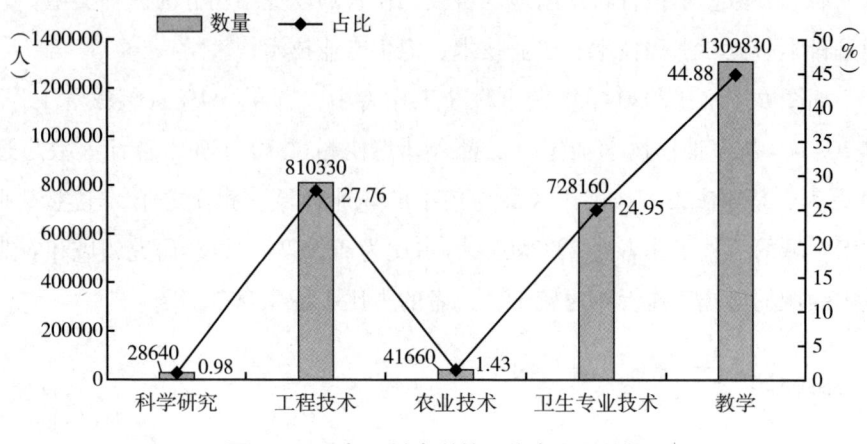

图7 2020年四川省科技工作者职业结构

(三)成渝地区双城经济圈科技工作者学历结构

接受高等教育是扩大科技工作者群体的主要途径,本报告梳理了第六次人口普查、第七次人口普查成渝地区双城经济圈科技工作者的学历结构,将学历结构分为本科及以下、硕士研究生、博士研究生三个层次。由于第六次人口普查统计制度中将研究生层次单列处理,因此在本部分的表中,将2010年硕士研究生和博士研究生合并显示。

如表14所示,2020年重庆市科技工作者博士研究生学历层次有18030人,硕士研究生学历层次有138490人,本科及以下学历层次有1002870人,与2010年相比,研究生学历层次人数增加了109620人,本科及以下学历层次增加了360610人。2020年重庆市科技工作者中拥有研究生学历层次的比重为13.51%,比2010年高出了6.7个百分点;本科及以下学历层次的人数增加了30多万人,比重从93.19%下降到86.50%。2010~2020年,重庆市科技工作者本科及以下学历的人数增幅为56%,研究生学历的人数增幅为234%,科技工作者向科技领域深层次探索的能力获得明显提升。

表 14 2010 年和 2020 年重庆市科技工作者学历结构

单位：人，%

年份	本科及以下	硕士研究生	博士研究生	科技工作者
2010	642260	46900		689160
	93.19	6.81		100
2020	1002870	138490	18030	1159390
	86.50	11.95	1.56	100

资料来源：《重庆市第六次人口普查年鉴》《重庆市第七次人口普查年鉴》。

由表 15 可知，2020 年四川省科技工作者博士研究生学历层次有 38840 人，硕士研究生学历层次有 319970 人，本科及以下学历层次有 2559810 人，与 2010 年相比，研究生学历层次人数增加了 259240 人，本科及以下学历层次增加了 979780 人。2020 年四川省科技工作者中拥有研究生学历层次的比重为 12.29%，比 2010 年高出了 6.36 个百分点；本科及以下学历层次的人数约增加了 98 万人，比重从 94.07% 下降到 87.71%。科技工作者本科及以下学历的人数增幅为 620%，研究生学历的人数增幅为 260%。

表 15 2010 年和 2020 年四川省科技工作者学历结构

单位：人，%

年份	本科及以下	硕士研究生	博士研究生	科技工作者
2010	1580030	99570		1679600
	94.07	5.93		100
2020	2559810	319970	38840	2918620
	87.71	10.96	1.33	100

资料来源：《四川省第七次人口普查年鉴》《中国人口普查年鉴（2020）》。

从 2010 年与 2020 年科技工作者学历结构可以看出，重庆市与四川省的科技工作者学历结构分布相似，且本科人数在总量上不断增加，但是占比却在下降。

四 结论及启示

科技自立自强、人才引领驱动是推动中国式现代化深入发展的主旨要义。作为人才强国战略下的行动主体，认清科技工作者发展状况和结构特点，有组织地推动科技工作者发挥人才效能，对新时代高质量发展具有重要意义。本报告聚焦成渝地区双城经济圈科技工作者发展情况，相对完整地阐述了科技工作者与相近概念的联系与区别，构建了科技工作者的统计调查框架，在此基础上测度了重庆市和四川省科技工作者总量和结构特征，主要结论如下。

第一，以专业技术为统计口径，运用人口普查数据和相关折算系数，科学构建科技工作者统计测度体系，为科技工作者的统计实践提供了可行性方案。当前，在概念上与科技工作者相近，在统计实践上经常产生相互代替的指标有R&D人员、科技人才、科技人力资源、科技活动人员等，但科技工作者侧重于对就业市场正在从事科技事业工作人员的度量，以R&D人员或科技人才来测量科技工作者会产生低估，以科技人力资源或科技活动人员来测量则又会产生高估。本报告在参考人社部的专业技术人员分类标准和科技部的科技工作者管理制度等政策文件，将专业技术人员中的科学研究人员、工程技术人员、农业技术人员、卫生专业技术人员、教学人员等五类归纳为科技工作者，这既与国家科技人才、科技工作者管理制度相吻合，也有效降低了已有统计资料对科技工作者的低估或高估程度。

第二，2020年，重庆市科技工作者总量为1159390人，2010~2020年的年均增速为5.3%，重庆市科技工作者数量占31个省（区、市）科技工作者总量的比重为2.3%，在直辖市中排名第3，四川省科技工作者总量为2918620人，2010~2020年的年均增速5.7%，重庆市科技工作者数量占31个省（区、市）科技工作者的比重为5.9%，四川省是西南4个省（市）科技人力资源数量与科技工作者数量差额最大的。从全国范围来看，2020年科技工作者总量为4950万人，主要集中在高等教育资源丰裕和学生规模较大的省份，重庆市占比为2.3%。从科技人力资源与科技工作者的供求关系来看，重庆市和四川省科技人力资源数量多于科技工作者数量，实现了对科技工作者的基本覆盖。

  第三，从空间来看，2020年重庆市中心城区特别是依托高新区和西部科学城的渝北区、九龙坡区、沙坪坝区科技工作者数量与其他区县已经拉开明显差距，四川省成都市科技工作者的数量较多，与其他市州已拉开明显差距，南充市、绵阳市和达州市科技工作者均超过15万人，且重庆市、四川省属于成渝地区双城经济圈规划内的区域科技工作者总增量占比均超过八成；从年龄来看，2020年重庆市和四川省的青年科技工作者占比均超过七成，科技工作者群体整体偏年轻化，科技潜力大；从职业来看，2020年重庆市和四川省的科技工作者绝大部分集聚在工程技术和教学领域；从学历来看，2020年重庆市和四川省的科技工作者中拥有研究生学历层次的比重均超过10%，科技工作者向科技领域深层次探索的能力获得明显提升。

B.12
成渝地区双城经济圈科技产业发展现状研究

柏群 杨森媚*

摘　要： 本报告对成渝地区双城经济圈电子信息产业、生物医药产业、航空航天产业、新材料产业、高技术服务业发展现状进行分析，运用案例分析法分析科技型企业和园区的典型案例。成渝地区双城经济圈高新技术产业总体发展良好，优势产业稳定发展、新兴产业快速发展，已经成为成渝地区双城经济圈经济发展的新动力，电子信息产业、新能源汽车产业、装备制造产业发展较好，科技产业围绕区域中心向外辐射，高新技术产品主要集中在近郊区，发展不平衡。为此，需要积极探索实践赶超发展的路径和模式，加大创新投入；整合优势产业，立足新能源汽车、电子信息等重点产业，推进高新技术产业集群化发展，推动高新技术产业高质量发展；以区域中心城市为核心、以创新发展为导向、以小城镇为依托，制定差异化的创新发展策略。

关键词： 科技产业　科技型企业　科技产业园区　成渝地区双城经济圈

一　科技产业发展综合概况

根据重庆市统计局发布的数据，重庆市2022年规模以上工业战略性新

---

* 柏群，重庆工商大学党委常委、副校长，二级教授，硕士研究生导师，主要研究方向为科技创新与产业发展；杨森媚，重庆工商大学工商管理学院硕士研究生，主要研究方向为企业管理。

兴产业增加值占规模以上工业增加值的比重为31.1%，高技术制造业增加值占规模以上工业增加值的比重为19.0%。与上年相比，高技术产业投资在固定投资中所占比重提高了16.6个百分点，达到9.8%。在规模以上工业中，电子产业所占比重下降了3.0个百分点，装备产业所占比重下降了0.3个百分点，医药产业所占比重提高了6.1个百分点，材料产业所占比重提高了3.9个百分点，能源工业所占比重提高了11.3个百分点。其中，铁路、船舶、航空航天和其他运输设备制造业所占比重下降了5.7个百分点，计算机、通信和其他电子设备制造业所占比重下降了8.4个百分点。

根据成都市统计局发布的数据，成都市2022年规模以上工业增加值同比增长了5.6%。规模以上高技术制造业增加值增长了4.9%，其中电子及通信设备制造业增长了7.3%。五个主要行业的工业增加值共增长了3.0%，其中电子信息产业增长了12.0%、医药健康产业增长了2.7%、装备产业增长了2.2%、绿色健康产业增长了1.6%、新材料产业下降了17.8%。

（一）电子信息产业综合概况

在电子信息产业领域，重庆市出台《重庆市数字产业发展"十四五"规划》《重庆市国民经济和社会发展第十四个五年规划和二〇三五年远景目标纲要》《重庆建设国家数字经济创新发展试验区工作方案》等多项文件，为电子信息技术的发展创造了有利条件。《成渝地区双城经济圈建设规划纲要》明确提出，川渝两地要联手打造具有国际竞争力的电子信息产业集群。2021年12月，重庆四川党政联席会议第四次会议提出，深入推进新一代信息技术与制造业深度融合，合力打造一批世界级产业集群。

近年来，川渝两地的电子信息产业已经发展成了"千亿"的支柱产业。"十三五"末，川渝两地电子信息产业产值将超过2万亿元，占中国工业总量的14%左右，成为中国电子信息产业"第四极"，同时是经济发展的重要支柱。成渝地区电子信息产业合计有从业人员近100万人，有规模以上企业2100多家，有核心元器件、卫星导航等院士团队20多个，有电子装备材料、新型显示等省级顶尖团队100多个，形成研发、材料、元器件、整机、软件服务等完整的电子信息产业体系。

成渝地区电子信息先进制造业集群已于2022年底被认定为"国家级"，集群综合实力居国内前列，2022年规模达到1.68万亿元，占全国的比重达到10.9%，已成为中国大陆第三、全球前十的电子信息制造业聚集地，建成全球最大的计算机整机生产基地、最大的OLED生产基地、重要的智能手机生产基地以及中国柔性显示产业最大集聚地。集群创新能力保持国内领先，集聚电子信息相关的本科院校48所，拥有国家级的技术创新平台45个，无线电等领域技术实力全国第一，网络信息安全、卫星互联网等领域创新能力位居全国第一方阵。

（二）生物医药产业综合概况

在生物医药产业领域，《成渝地区双城经济圈建设规划纲要》提出，将协同发展生物医药、医疗器械、现代中药产业，共建西部大健康产业基地。成渝地区双城经济圈内的医疗产业，将进入融合发展的黄金期，开启高质量发展的新征程。

成都市积极推动生物医药产业高质量发展，并于2019年出台《关于促进成都医药健康产业高质量发展的实施意见》和《促进成都生物医药产业高质量发展若干政策》，提出到2030年，建成世界级医药健康产业高地，将成都打造成为全球生物医药创新创造中心、面向"一带一路"医疗健康服务首选地、国际医药供应链枢纽城市。2022年5月，《成都市"十四五"生物经济发展规划》发布，按照"核心区引领、融合区支撑、创新区推动"的"3+3+N"产业布局，构建"以核心区为引领、以融合区为支撑、以创新区为推动"的新型生物经济发展模式，打造以"三医+"为核心、以"生物+""BT+IT"为先导的生物经济创新区，以"核心区引领、融合区支撑、创新区带动"为目标，构建"核心区引领，融合区支撑，创新区推动"的新型生态经济模式。

重庆市高度重视生物医药产业发展，将其作为全市十大战略性新兴产业之一，纳入支柱产业重点打造，并于2020年4月出台《重庆市促进大健康产业高质量发展行动计划（2020—2025 年）》，提出到 2025 年，基本形成内涵丰富、结构合理的健康产业体系，努力将重庆打造成国家医学名城、西部医疗高地、国家重要医药基地和国际知名康养胜地。2022 年 3 月，重庆市人民政府办公厅印发了《重庆市加快生物医药产业发展若干措施》，明确提出了至"十四五"末全市医药产业规模达到 2000 亿元，在研创新药物超过 100 个，5 个新药获批上市，初步形成"1+5+N"的产业布局体系，力争形成 1 个国家级生物医药产业集聚区，并指出了两个主要的发展方向：生物药、数字医疗器械。同时，提出了打造以重庆国际生物城为核心的国家级生物医药产业集群，继续在两江新区、重庆高新区、长寿经开区、涪陵区、大渡口区等 5 个产业集聚发展产业基地。

四川与重庆的生物医药产业基础良好，截至 2021 年底，四川药品批准文号共 7998 个，重庆药品批准文号共 3681 个；四川二、三类医疗器械注册证共 1947 个，重庆二、三类医疗器械注册证共 1666 个。目前，成渝地区生物医药产业发展势头迅猛，并呈现区域集聚态势。其中，成都市提出打造世界级、万亿级现代化医药健康产业体系，聚焦生物医药、医疗健康、医药商贸等重点领域，重点打造由成都未来医学城、成都天府国际生物城、成都医学城、天府中药城、华西医美健康城等产业功能区构成的产业空间体系。重庆市把生物制药列为战略性新兴产业，以化学制药、中药、医疗器械、生物制药、保健品等为主要方向，重点打造两江新区、高新区、巴南重庆国际生物城、涪陵现代中药产业园、荣昌医（兽）药产业园等五大集群。

（三）航空航天产业综合概况

在航空航天产业领域，《成渝地区双城经济圈建设规划纲要》提出打造国际航空门户枢纽。高质量建成成都天府国际机场，打造国际航空枢纽，实施成都双流国际机场扩能改造，实现成都天府国际机场与成都双流国际机场"两场一体"运营。推进重庆江北国际机场改扩建，规划研究重庆新机场建设，提升重庆国际枢纽功能。2022 年 3 月 15 日，中国民航局正式发布《关于加快成渝世界级机场群建设的指导意见》，明确提出以提升国际功能和增强国际竞争力为导向，加快构建成都"两场一体"运营体系，到2035年成渝世界级机场群全面建成，成为支撑民航发展的"第四极"。

2020年4月公布的《成都市航空产业发展规划（2020—2025年）》（征求意见稿）明确指出，将构建以青羊总部经济功能区为核心，以新都现代交通产业功能区为新增长极，以高新航空经济区、双流航空经济区、淮州新城等为多点的"一核、一极、多点"总体布局结构，加快形成"特色鲜明、重点突出、多点协作"的航空产业空间格局。聚焦全面增强整机装备研制能力、全面提升航空发动机研制水平、优化提升机载和航电设备研制能级、全面提升民机关键大部件总装集成水平、大力发展航空维修服务和再制造、积极培育机场地面设备和空管设备六大发展重点。

2021年12月13日，重庆市人民政府办公厅发布《关于印发重庆市民航发展"十四五"规划（2021—2025年）的通知》，该通知指出要完善机场布局，规划新增重庆新机场，研究新增支线或通用机场布点，加快推进江北国际机场T3B航站楼及第四跑道建设项目，推进万州机场改扩建、机场总体规划修编及口岸设施完善工作，形成现代化机场体系；大力推进民航协同发展，依托成渝地区双城经济圈建设的沟通协商机制，推动在区域民航重大规划布局方面形成发展合力。

成都高新区拥有发展航空航天产业的较好基础，其中基础研究、应用转化、生产制造和专业服务全链条领先，形成了以航空装备为主导，以北斗产业、无人机制造为"两翼"的发展格局，聚集中电科航空、海特集团等航空航天企业80余家。成都双流国际机场、重庆江北国际机场业务量居全国前列，有力地服务和支撑了区域经济社会发展。针对成渝地区双城经济圈高质量发展要求，对标世界级机场群的基本特征，成都、重庆机场的国际枢纽功能不强，机场群综合保障能力不足，区域民航协同发展机制不健全，创新驱动和产业协同发展水平不高等短板较为突出，与京津冀、长三角、粤港澳机场群相比仍存在较大的差距，服务成渝地区双城经济圈高质量发展的战略支撑能力亟待加强。

（四）新材料产业综合概况

在新材料产业领域，2022年12月重庆市经济和信息化委员会印发《重庆市材料工业高质量发展"十四五"规划》，指出到2025年全市材料工业总产值和增加值增速保持合理水平，新材料产业规模持续扩大，企业效益稳步提升，提高先进有色合金产业、高性能纤维和复合材料产业及新能源材料产业三大特色新材料产业发展水平。

2022年5月9日，成都市经济和信息化局印发《成都市"十四五"制造业高质量发展规划》，指出新型材料产业聚焦发展"四大优势材料+四大特色材料"，以技术驱动、场景驱动和需求驱动为核心，研发和引进一批关键战略材料和先进基础材料，培育一批具有关键材料自主设计研发能力的重点企业技术中心，到2025年营业收入力争达到2500亿元，打造国际一流、特色突出、国内领先的绿色、低碳、循环的新型材料产业高地。

2020年，重庆全市规模以上材料工业企业超过1100家，总产值达到3233亿元，培育百亿级企业4家，新材料占材料工业总产值的比重比"十二五"末提升了21.8个百分点。产业结构调整迈出新步伐。"十三五"期间，化解钢铁产能816万吨、电解铝18.5万吨、水泥420万吨、烧结砖10亿标砖，钢铁、电解铝、水泥、平板玻璃产能利用率80%以上。创新驱动激发新动能。创建6家国家级企业技术中心、2家市级制造业创新中心，成立重庆市轻量化材料产业联盟，建成3家智能工厂和27个数字化车间，3家企业获评5G+工业互联网先导应用和创新示范智能工厂，4种产品获评国家制造业单项冠军产品。成都市新型材料产业规模实现持续增长。规模以上工业企业主营业务收入从2018年的1153.4亿元规模增长至2019年的1403.7亿元，进入全国第二梯队前列；2021年1~10月，成都市新型材料产业规模以上工业企业实现营收1669.2亿元，同比增长21.2%，产业规模进入全国第二梯队前列。2021年成都市新型材料产业规模以上工业企业实现营收可达到2062.0亿元。[①]

---

① 《重庆市材料工业高质量发展"十四五"规划》。

（五）高技术服务业综合概况

在高技术服务业领域，2018年12月，重庆高新区结合实际运行情况对《重庆高新区促进国家检验检测高技术服务业集聚区发展办法》进行了修订，进一步放宽集聚区准入条件，将取得资质认证经费补贴提高至最高20万元，并在企业取得资质当年最需要扶持时给予租金全额返还扶持。2021年6月13日，重庆高新区管委会印发《重庆高新区"十四五"高技术服务业发展规划》，着力补短板、寻求新突破，加快构建与科学城战略定位相匹配的高技术服务业体系。

成都天府新区出台了《四川天府新区高技术服务业发展规划》《四川天府新区关于支持高技术服务业发展的若干政策》《成都科学城高技术服务业产业链全景图》文件，为高技术服务业的发展提供便利。

依靠制造业基础和科技创新资源，成都高新区高技术服务业稳定发展。截至2021年12月底，天府新区集聚高技术服务机构324家，其中规模以上高技术服务机构达到28家，占规模以上服务业企业的50%以上；规模以上高技术服务业营业收入达到80.6亿元，同比增长43%，对规模以上服务业贡献率达到63.7%，高技术服务业占天府新区主导产业的比重进一步提高。

2018年，重庆高新区获批建设西部地区唯一的国家检验检测高技术服务业集聚区（重庆）。截至目前，该集聚区内已入驻重庆车辆检测研究院、中国赛宝（西南）实验室等检验检测机构25家。研发孵化拥有丰富资源基础，高新区所辖重庆大学城集聚14所高等院校，超瞬态物质科学实验装置、长江上游种质创制大科学装置等重大科学基础设施项目加紧推进。有225个市级及以上研发平台，其中包括国家重点实验室、国家应用数学中心和新型高端研发机构。此外，还有137家国家高新技术企业，以及14个市级及以上的孵化器和众创空间，其中国家级5个，A类评价国家级孵化器2家。全社会研发经费支出占地区生产总值的比重为4.8%，万人发明专利拥有量达42.3件，检验检测初步形成集聚特色。

二 科技型企业和园区典型案例分析

（一）长安汽车案例分析

1. 长安汽车情况概述[①]

长安汽车是中国四大汽车企业之一，有着161年的悠久历史。在全球有9家制造企业、27家工厂。长安汽车是中国最优秀的汽车品牌之一，旗下有长安启源、深蓝汽车、阿维塔、长安凯程、长安福特、长安马自达等。截至2023年8月，长安汽车旗下品牌的销量已累计突破2473.96万辆。公司拥有来自30个国家的1.7万多名工程技术人员，分布在中国的重庆、北京、上海、河北定州、安徽合肥，意大利都灵，日本横滨，英国伯明翰，美国底特律和德国慕尼黑的"六国十地"全球协同研发网络中。同时，长安汽车建立了一套完善的车辆研究开发过程及试验系统，以确保每款产品都能够满足用户10年或26万公里的使用需求。

长安汽车的全球研发中心坐落于重庆两江新区鱼复工业园，于2019年4月9日正式投入使用。该研发中心占地1000余亩，总投资达43亿元，是一个整合全球资源的开放式共享智慧研发平台，在汽车研发领域具有七大功能，覆盖了设计、试验、管理等七大领域。该研发中心下设12个领域，包括模拟分析、噪声振动、碰撞安全等，共计180间实验室，其中混合动力、空调、非金属材料3个最大的实验室占地2500平方米。

2. 创新是科技型企业的"动力之核"

长安汽车历史悠久，其发展史可追溯到洋务运动时期，李鸿章创立的上海洋炮局是长安汽车的前身。其百年历史的每一个关键节点都离不开技术创新的支撑。

[①] 该部分资料来源于重庆长安汽车股份有限公司网站，https：//www.changan.com.cn/cca/m_companyinfo/introduce。

第一次创业：随着新中国的成立，战时任务结束，这时长安汽车极具前瞻性地注意到了中国汽车工业的空白现状，并在1958年生产出中国第一辆吉普车。在和平时代，市场对军工产品的需求大幅减少，长安汽车意识到转型迫在眉睫后，大胆探索"兵转民"的道路，1984年，长安汽车生产出中国第一辆微型汽车，正式进入汽车领域，开启了第一次创业。

第二次创业：2003年，为了满足大众日益高涨的私家车出行需求，长安汽车直接从商用转向乘用车领域，开启了第二次创业。

第三次创业：2017年，长安汽车正式开启第三次创业，即创新创业计划，这一次长安汽车将眼光创新性地放到了"电气化与智能化"上，尤其是着眼于芯片、核心算法等关键技术，努力掌握自主可控的全栈式智能化能力，构建科技新生态。在新能源领域，2017年发布的"香格里拉计划"使长安汽车取得数万项技术成果，其中对新能源产品序列起到主导作用的技术不胜枚举；2018年发布的"北斗天枢计划"，则令长安汽车从容进入"软件定义汽车"时代。长安汽车已掌握多传感器感知、多种感知技术融合等200余项核心技术；2022年，长安汽车发布数字纯电品牌"深蓝汽车"，目前已掌握新能源"大三电"等核心技术；长安汽车在2022年推出了智能品牌"诸葛智能"，以"诸葛交互、诸葛智驾、诸葛生态"为牵引，打通了用户新能源汽车智能使用体验的全场景。目前，长安汽车已掌握视觉感知、多模融合等核心技术。

3. 长安汽车人力资源现状

人力资源素质和规模，是衡量一个企业实力的基本标准，也是企业持续经营的重要保障。目前，长安汽车已经拥有一批高层次的技术研究与开发人才，他们既有专业的教育背景，也有广泛的职业背景，他们是企业技术创新、企业转型的基础保障。

目前，长安汽车企业内部员工的分工情况如表1所示，公司有超过半数的员工从事生产工作，而研发人员不足10%。按照行业价值链的原则，处于行业价值链高附加值的部分，企业的人力资本比较弱，而处于行业价值链低端的部分，员工数量则较多。目前，该公司在人才配置、经营模式等方面仍需进行调整。

表 1 长安汽车人力资本分工

单位：人，%

按专业划分	数量	占比
财务人员	349	0.85
技术人员	8777	21.32
生产人员	26424	64.18
销售人员	1034	2.51
行政管理人员	561	1.36
研发人员	4026	9.78

注：中商产业研究院（数据库）没有公布研发人员的数量，本报告通过其他人员的数量及其占比，按百分比大致估算得到。

数据来源：中商产业研究院（数据库），https://s.askci.com/stock/summary/000625/employee/。

表 2 展示了长安汽车人力资本要素构成。由此可以看出，长安汽车虽然作为科技型企业，但人力资本质量结构仍有待改善，要不断地加大对高学历人员的招募力度，促进企业内部人员质量的提高，进而提高工作效率。

表 2 长安汽车人力资本要素构成

单位：人，%

按受教育程度划分	数量	占比
本科及以上	11188	27.17
博士以上	143	0.35
大专	8551	20.77
研究生	1915	4.65
中专及以下	19376	47.06

4. 市场与自身现状

当前，科学技术革命、产业变革方兴未艾。在这个过程中，汽车工业与能源、交通和信息通信等多个行业的科技结合速度越来越快。电动化、智能化、网联化是当今世界汽车工业发展的趋势。在汽车产品形态、出行方式和能源消耗等方面，新能源汽车行业正面临空前的发展契机。

这既对我国汽车工业的发展提出了新的要求，也对我国的汽车工业提出了新的挑战。

(1) 市场现状

长安汽车的竞争公司吉利、长城自 2016 年开始先后推出了领克、WEY 等独立中高端品牌，售价主要集中在 15 万元以上。2020 年，领克全年销量达 17.5 万辆，同比增长 37%。长安汽车直到 2020 年才推出了定位于中高端市场的 UNI 系列，但售价仍在 10 万~15 万元的市场区间。2021 年，长安汽车 UNI 系列实现销量 12 万辆，占比约为 8%。[①]

(2) 自身现状

现阶段，长安汽车正努力开发新能源，公司将以长安启源、深蓝汽车、阿维塔三大智能电动汽车为核心，构建全新的发展模式，以满足各领域的需要，加快向智能化、低碳化的交通科技型企业转变。2023 年 9 月，长安汽车举办了"2023 长安汽车科技生态大会"。大会中，长安汽车总结阶段性成果，首发智能化领域全新量产技术成果，现场进行新汽车场景化演绎，并发布"数智新汽车"长安启源 CD701。

5. 技术研发能力

长安汽车全球智能研发平台的启用及全球研发中心落户重庆，标志着长安汽车正式进入"自主创新、国际协作"的研发 4.0 时代，是长安汽车推动智慧城市发展的关键一步。

长安汽车针对新能源汽车产业发展滞后的现状，与众多企业、大学、科研院所建立了战略伙伴关系，并围绕新能源、智能化等产业发展方向进行了深入的探讨。目前，长安汽车与华为、腾讯、博世、青山携手成立了联合创新中心。

长安汽车和华为成立了一个新的研发中心，双方将在智能化和新能源等方面持续合作，共同构筑一个新的汽车产业生态。在智能化上，长安逸动搭

---

① 《全面解读长安汽车：合资品牌低迷不振，自主品牌大而不强》，腾讯网，2022 年 7 月 11 日，https://new.qq.com/rain/a/20220711A05W2F00。

载了华为的4G通信模组；在新能源领域，双方将组建5个专家团队，致力于打造世界级的纯电动汽车平台。长安汽车与腾讯成立的联合创新中心将围绕用户生态、无人驾驶、信息安全、大数据、新零售、后市场等各个领域展开深度研究，给长安汽车的用户带来全新的驾驶和购车体验，以及不断迭代更新的车主增值服务。与此同时，长安汽车开始与青山、博世等公司在变速箱的研发、动力总成、智能控制等方面进行深入的合作。这些项目的研究成果，将在今后长安汽车中逐渐得到应用。

6.长安汽车面临的挑战与机遇

长安汽车是国内最大的汽车制造商之一，也是全球最大的汽车制造商之一。长安汽车虽然在过去几年取得了显著的发展，但仍然面临一些挑战。随着科技的迅速发展和市场需求的变化，长安汽车需要在抓住机遇的同时，应对挑战，以保持自身的竞争力和持续发展。

（1）面临的挑战

外部挑战。长安汽车面临的一个主要挑战是激烈的竞争。中国汽车市场竞争非常激烈，长安汽车必须不断创新和改进，以保持竞争力。此外，政府正在实施新的环保法规，这可能会增加长安汽车的成本。

技术挑战。汽车行业正在迅速发展，新的技术不断涌现。长安汽车必须不断投资研究和开发，以确保它能够跟上最新的技术发展。

（2）面临的机遇

尽管面临这些挑战，但长安汽车仍然有许多机遇。中国汽车市场仍然很大，并且预计未来几年继续扩大。长安汽车可以通过推出新产品和扩大其销售网络来把握这一机遇。

智能驾驶技术快速发展的机遇。随着人工智能（AI）、传感器技术和自动驾驶技术的不断进步，智能驾驶已经成为汽车行业的热点话题。长安汽车可以利用自身技术实力和研发能力，积极推动智能驾驶技术的应用和发展，提升产品竞争力。

新能源汽车的机遇。随着环保意识的增强和政府对新能源汽车的支持，新能源汽车市场正在迅速发展。长安汽车可以加大对新能源汽车技术的研发投入，推出更多的电动车型，满足市场需求，同时降低对传统燃油车型的依赖。

借助SWOT分析工具，本报告对长安汽车所处的战略发展环境进行了研判（见表3），并依据战略发展环境的实际情况，进行长安汽车总体发展战略的定位。

表3 长安汽车SWOT分析

企业面临的优势	企业面临的劣势
企业基础优势 享受政策优势 企业品牌优势 合资经营优势	新能源技术仍处于起步阶段 人力资本结构有待优化
企业面临的机遇	企业面临的挑战
产业应用范围日渐广泛 产业政策环境不断优化 市场需求增长较快 科学技术对产业发展的支持	交货与成本压力增加，需要更加高效的管理 更大的竞争压力，需要拥有更具竞争力的战略和产品 过分依赖合资经营，需要独立发展能力

长安汽车科技发展的主攻方向是品牌的焕新以及全域产品推出的提速，加速推进智能化"北斗天枢计划"的实施，以智能驾驶、智能网联、智能交互三大领域技术为支撑，实现智能网联运营，分阶段打造智能汽车平台；加速掌握核心科技，加快推进新能源"香格里拉计划"的实施；构建新生态，向数字化转型；加大人才引进力度，调整人才结构。在人才战略方面，长安汽车着力打造智能化、新能源、软件领域研发团队，吸引软件、算法、人工智能等领域的高精尖人才，加强紧缺专业人才的引进与联合培养，优化人才结构，提升竞争力。

（二）重庆海尔工业园案例分析

1. 企业概况

2005年7月，重庆海尔工业园最终确定在重庆市港城工业园区落户。这是海尔集团（以下简称"海尔"）在全球的第十五个工业园，也是国内最后一个工业园。项目总占地约 1600 亩，总投资 30 亿元，建筑总面积约 100 万平方米。它将成为海尔在中国西部的综合性创新基地，集研发、制造、营销和物流服务于一体。

海尔主要致力于制造家电产品，如洗衣机、冰箱、空调等，并且积极开展智能家居解决方案和物联网技术的研究与开发。海尔作为实体经济的代表性企业，始终坚持以工业为核心，在智能住宅和工业互联网两条主线上进行布局，着力打造高端品牌、场景品牌、生态品牌。海尔在科技创新的推动下，努力为世界各地的客户提供个性化的智能生活，帮助企业在实现数字化转型的过程中，推动我国经济与社会的高质量发展和可持续发展。

重庆海尔长期以来都非常重视企业社会责任，积极参与慈善事业和社区发展项目，致力于改善当地社区的生活条件。此外，还注重环境保护，采取了各种措施来降低生产过程中的能耗和排放。

2. 企业发展现状

重庆海尔作为中国领先的家电制造企业，一直致力于科技创新和技术发展，这具体体现在其在该领域的成就。

（1）持续投入研发和创新

重庆海尔注重科技创新，并将其视为发展的核心驱动力。重庆海尔每年都将一定比例的销售额投入研发，用于开发新产品、改进现有的产品和探索新的科技应用。这使得海尔能在科技领域保持领先地位，并不断推出具有创新性和竞争力的产品。

（2）应用人工智能技术

作为智能家电行业的领军企业，海尔正在积极地应用人工智能技术，通过大数据、5G+AI、5G+AR、RFID 等 36 类智能技术的应用，实现了从端到端的全流程数字化和智能化，不仅能将产品制造交付周期缩短，而且能减少成本，在保证产品品质的同时大大提升生产效率，满足了国内外市场个性化的智慧厨房需求，为消费者提供了更加智能、便捷且具有个性化的产品及服务。其家电产品可通过智能手机或其他智能设备远程控制和监控，用户可以根据需求对家中的电器随时随地进行操作和管理。海尔还开发了具有人工智能功能的家电产品，如智能冰箱、智能洗衣机等，用户可以根据自己的习惯和需求自动调整这些产品的工作模式，这些产品为用户提供了更加智能化的使用体验。通过广泛应用人工智能技术，海尔在科技领域取得了显著的成就，并给用户带来了更高品质的生活。

（3）物联网技术的应用

物联网技术的应用是未来科技发展的重要趋势，海尔早早就意识到了其潜力，并积极投入物联网技术的研发和应用中。海尔的家电产品可以通过互联网连接起来，形成一个智能家庭网络。此外，海尔智家还开发了一套智能家居系统，通过物联网技术将家庭的各种设备和系统连接起来，实现智能化的家居管理和控制，为用户提供了更加便捷和智能化的生活方式。

目前，海尔智慧楼宇已在物联多联机领域、磁悬浮空调、空气源热泵等细分市场持续领跑，成为用户首选品牌，而取得该成绩的关键在于海尔智慧楼宇原创科技的引领性。重庆海尔的这些努力，使海尔在科技领域取得了显著的成就，并为用户提供了更高品质的产品和服务。随着科技的不断进步和发展，海尔将为用户带来更多的惊喜和便利。

3. 企业面临的机遇与挑战

随着科技的不断进步和发展，重庆海尔作为一家领先的科技型企业，面临许多机遇和挑战。本报告将探讨重庆海尔在科技方面所面临的机遇以及存在的挑战，并提出相应的应对策略。

（1）技术竞争

科技的快速发展给重庆海尔带来了巨大的机遇。通过不断的进行技术创新，重庆海尔可以开发更先进的产品、提供更高效的服务、满足不断变化的市场需求。例如，利用人工智能和大数据分析技术，可以提高产品的智能化水平，进而给用户带来更好的体验。但与此同时，科技行业的竞争十分激烈，海尔在技术层面面临来自国内外竞争对手的挑战。其他企业不断进行技术创新，可能会推出与重庆海尔产品相竞争的新产品。故重庆海尔需要加强自身的技术研发能力，不断提升产品的技术含量，保持市场竞争力。

（2）市场扩展

科技的进步使重庆海尔的市场得到了扩展。随着全球市场的开放和互联网的普及，重庆海尔可以将目光投向国际市场，开拓更广阔的业务领域。重庆海尔可以与国际伙伴合作研发新产品，拓展海外市场，实现更大规模的发展。

（3）人才培养

科技行业对高素质的人才需求量大，重庆海尔作为一家科技型企业，可以通过引进优秀的人才来提升自身的竞争力。重庆海尔通过与高等院校和研究机构的合作，吸引更多的科研人员，为自身的科技创新提供强有力的支持。但人才的培养又是一个长期而复杂的过程，重庆海尔需要投入大量资源来吸引和培养高素质的科研与技术人员。重庆海尔需要在摸索中建立较完善的人才培养体系，提供良好的职业发展机会，吸引和留住优秀的人才。

4. 发展策略

重庆海尔致力于家电制造，拥有多年的经验和技术积累。为了提升自身的核心竞争力，企业一直注重科技创新、研发投入和人才培养，并制定了一系列发展策略。

另外，持续创新对重庆海尔的发展至关重要。通过持续创新，企业能够保持竞争优势，提高运营效率，创造更多的商业机会，并获得更高的利润。因此，重庆海尔应该继续注重科技创新，培养创新文化，加强人才引进，并与高等院校和科研机构加强合作，以保持企业的可持续竞争力和推动企业的发展。

首先，企业在科技创新方面注重引进和吸收国内外先进技术。企业积极与国内外知名企业和高等院校合作，组织技术人员参加国内外技术交流会议和研讨会，不断学习和掌握最新的技术和理论。同时，企业加强自主研发能力，设立专业的研发机构和实验室，加强技术创新和产品开发能力。此外，企业还积极推进数字化转型，推动智能制造、物联网等技术的应用，提高生产效率和产品质量。

其次，企业在研发投入方面加大了力度。企业注重长期投入，将研发经费作为企业发展的重要支出之一。企业设立了专项研发基金，每年投入大量资金用于技术创新和产品研发。公司还加强了研发团队的建设，吸引了一批高素质的技术人才加入企业，打造了一支专业化、高效率的研发团队。

最后，企业在人才培养方面注重提高员工的技术水平和创新能力。企业制订了人才培养计划，包括培训、交流、派遣等方式，为员工提供广阔的发展空间和机会。企业还注重知识产权保护，增强知识产权意识和保护能力，为科技创新提供保障。未来，企业将继续加大技术创新和研发投入力度，提高员工的技术水平和创新能力，不断推动企业的发展和进步。

5. 借鉴与启示

在介绍该企业的背景、发展策略、技术创新与产品研发、人才培养与团队建设的基础上，本报告探讨了该企业在科技领域的发展经验和未来展望，通过分析和论述，旨在为其他科技型企业的发展提供借鉴和启示。

（1）保持技术领先、坚持创新和可持续发展

通过坚持创新驱动、技术突破和可持续发展，海尔在市场上取得了卓越的成绩。同时，国际化战略的实施为企业提供了更广阔的发展空间。在科技型企业的发展中，创新和可持续发展是不可或缺的要素，通过技术的领先地位，企业可以获得产品的差异化和市场竞争优势。但企业不仅要在核心技术上保持领先，还要积极探索新的技术应用，不断提升产品的性能和功能。因此，要想在科技领域取得成功，就必须保持技术的领先地位，不断提升自身的技术实力。

（2）注重产品智能化和用户体验

海尔注重提升用户体验，将智能化技术应用到产品中。海尔通过智能控制、远程监控等功能，为客户提供更便捷、舒适的使用体验。因此，企业只有关注用户需求，将智能化技术与产品相结合，为用户提供更优质的体验，才能有更广阔的市场。

（三）重庆市南川区中医药科技产业园区案例分析

1. 重庆市南川区中医药科技产业园区概况

重庆市南川区中医药科技产业园区成立于2016年，是市经信委、市科

委、市科协命名的重庆市特色产业（中药材科技）基地、重庆市院士专家工作站，也是重庆市唯一的中医药科技产业园区。园区位于国家现代农业示范区、全国休闲农业及乡村旅游示范区——南川生态大观园，近重庆主城，区位交通优越，生态优美。该园区规划面积10平方公里，其中一期5平方公里土地整治正在大规模展开，二期5平方公里拓园调规正在全面启动。目前，已形成3平方公里框架、"四横七纵"路网、8.1万平方米安置房，建成1000亩中药材种植园、5000吨污水处理厂、中国金佛山中医药文化博览馆、科技创新孵化中心等。

南川区中药材种植历史悠久，有着非常深厚的文化底蕴。为满足抗日战争需要，1937年政府在南川建立药物种植研究所，规模种植治疗疟疾的特效药常山。新中国成立后，南川大规模种植的中药材，成为当地农民重要的经济收入来源。目前，以金佛山为中心的南川及周边区县常年种植中药材100万亩以上，常年出产中药材2.5万吨以上。

近年来，随着时代的进步、科技的发展，南川区以科技为中心，充分把握资源优势，遵循中医药发展规律，逐步形成了系统的科技产业园，并编制了《南川区中医药产业发展规划（2019—2025年）》，制定了《南川区中医药传承创新发展行动方案（2021—2025年）》，坚持把中医药产业作为科技战略性新兴支柱产业和第一优势特色产业进行培育和发展。南川区计划到2025年力争实现全区中医药产业产值300亿元以上，建成重庆市中医药传承创新发展示范区和中药材科技基地。

2. 重庆市南川区中医药科技产业园区主要产业与理念

南川区中医药科技产业园区重点围绕医药、医疗器械、健康食品、美丽产业等领域，是以大数据、云计算、物联网为代表的新一代信息科学技术产业园区，也是以航空航天、高端装备为代表的特色科技产业园区以及以新能源、生物医药等为代表的新兴科技产业园区。该园区已经形成了完善的产业集群，并不断加快特色转型，融入新一代科学信息技术，成为推动高质量发展的创新能极。面对科技发展中遇到的困难和挑战，南川区中医药科技产业园区敢想敢闯敢试，自成立之日起便被赋予了开放包容的精神禀赋，始终保持开放的胸怀，在招商引资、经济运行、基础开发、园区合作、基层管理等方面始终秉承全心全意为企业服务的理念，全力推动外资、外贸、外包齐头并进，在科技产业、科学技术、科学管理等方面，园区始终坚持开放的原则，为企业更好更快地发展提供了有力支撑。

3. 重庆市南川区中医药科技产业园区发展情况及成效

中药资源是中医药事业赖以生存和发展的重要物质基础，也是国家重要的战略性资源。而南川区在发展中医药科技产业园区方面具有独特的优势，近年来也取得了很多成果。据第四次全国中药资源普查和《重庆金佛山生物资源名录》记载，南川区现有中药资源4967种，其中药用植物4180种、药用动物491种、药用矿物43种、药用真菌253种（见图1），值得一提的是国家重点保护及珍稀药材就有103种。

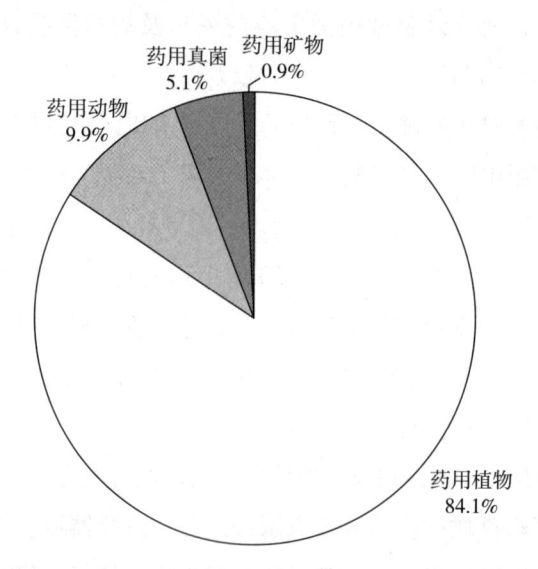

图1 第四次全国中药资源普查时南川区中医药资源情况

其中，"南川玄参"作为当地特色药材，近年来随着科技的发展，种植技术、环境等不断进步、优化，产量也有所提升，预计产量比一般玄参高近两成，亩产将突破1500公斤，其种植面积达到了3万余亩，占全国玄参种植面积的50%。"南川玄参"还在科技的帮助下入选了2023年首批全国名特优新农产品，南川区也因此享有"中国玄参药材产业之乡"的美称。

南川区大力推动中医药科技产业园区的发展，以科技为中心加快建设重庆市现代中药绿色制造基地、国家中药材生态种植基地、中国西南地区中药材交易集散地、国家中医药健康旅游示范基地等，形成了"种、加、销、医、养、研"全产业链发展格局。该园区自成立起在各个方面逐步取得了显著的成效。一是科学培育中药材，培育中药材龙头企业9家、专业合作社33个、药农10万余人，玄参、天麻、白芷等20余种道地大宗优势药材的种植面积常年保持在30万亩。二是中医药科技产业园区已累计投入3亿元，完成6公里路网、800亩工业用地平场、2.4万方安置房建设，5平方公里园区初具雏形。三是签约落户企业26家，正式合同投资额106.2亿元。该园区成功吸引康美药业、天圣药业等龙头企业入驻，百味珍药业中药饮片加工等7个项目先后落地和开工，总投资50亿元。四是与市药研所、川渝生物医药共建实验室，与重庆医科大学、成都中医药大学等科研院校机构合作成立中医药院士专家站，建设中医药科技研发检测中心，推进互联网医疗健康服务平台和"智慧药房"，打造中国西部最大的中医药科学研发创新和精深加工基地。由此可见，随着科技的发展，南川区凭借独特的优势发展中医药产业，近年来取得了丰硕的成果，并且已经成为全国中医药产业投资热土。

4. 重庆市南川区中医药科技产业园区面临的挑战及发展对策

南川区中医药科技产业园区还处于发展阶段，产业形态还处于起步阶段，虽然满足了重庆都市圈一体化发展的需要和产业高质量发展的需要，但目前南川区中医药科技产业园区仍然面临资源集聚力度不够、创新主体少、科技平台不优、科研人才匮乏等诸多问题。

要想促进该园区在科技方面的健康发展，就要制定相应的政策措施。首先，依托科技创新，促进中药产业链的健康发展，包括品种培育、生产升级、中医药服务的供给等。其次，可设立高新技术企业培育库，指导制药企业在此基础上进行科研开发。同时，积极争取市药研所医药生物技术研究中心在高新区落户，并在此基础上建立大健康产品的研究和中试生产线。另外，还可以利用中药材专业合作社，帮助药农有针对性地开发企业生产所需的中药材品种，建立生产基地，专门为企业提供原料。同时，积极推进重庆市中医药高等专科学校和金佛山中医药科技创新中心的建设，形成一批具有国际影响力的中医药产业集群示范区。南川区要加大力度，拓展中药产品的销路，实现资源优势向经济优势的最大化转化。

5. 重庆市南川区中医药科技产业园区的借鉴与启示

中医药是中华民族的瑰宝。党的十八大以来，中医药发展上升为国家战略，党的二十大报告指出要促进中医药传承的创新与发展。无论是从政策利好行业方面，还是从居民收入增加方面，或是从老龄化使中医药需求的增长方面，都可以看出发展中医药科技产业的光明前景。所以，重庆市南川区充分利用自身优势，紧扣国家科技战略，遵循中医药发展规律，努力把自身打造成为国家重要的中医药科技产业基地，实现了"产与城的相互成就"。此外，随着科技的发展、时代的进步，只有不断地追求创新与进步，才能在日新月异的科技竞争中站稳脚跟，不断取得新的成就。在新时代下，总的来说就是要对自身进行明确的定位，充分利用科技、环境和资源优势，结合国家培育方向和政策的导向，以战略性新兴科技产业发展带动传统产业转型、优势产业升级，加快形成更具发展活力和市场竞争力的业务布局与结构，向更多样化、科技化、生态化、数字化等趋势发展。

三 主要结论及对策建议

（一）主要结论

第一，成渝地区双城经济圈高新技术产业总体发展良好，优势产业稳定发展、新兴产业快速发展，已经成为成渝地区双城经济圈经济发展的新动力。重庆市有效高新技术企业总数突破6000家，成都高新区有效高新技术企业总数突破4000家。2022年，重庆市高技术制造业增加值占规模以上工业增加值的比重为 19.0%。成都市 2022 年规模以上工业增加值比上年增长了 5.6%，五个主要行业的工业增加值合计增长了 3.0%。

科技部、财政部和国家税务总局印发的《高新技术企业认定管理办法》，中共中央、国务院印发的《成渝地区双城经济圈建设规划纲要》等有关高科技产业发展的相关政策，以及成渝两地财政在基础设施建设、产业发展、科技创新、市场开放、生态环境保护、公共服务、人才引进等七个方面对成渝地区高科技产业进行的扶持，将为唱好"双城记"、构建经济圈、共同打造高层次的区域合作示范提供坚实的基础，对推动新时代西部大开发起到了重要的支撑作用，为高科技产业的发展创造了良好的环境。

第二，从产业发展来看，成渝地区双城经济圈电子信息、新能源汽车、装备制造等产业发展良好，特别是重庆的汽车制造业占了 40.4%，成都的电脑、通信及其他电子产品的制造业和软件与信息服务部门的占比共为 15.3%。在细分市场上，成都处于整个产业链的前端，如软件、芯片设计、医药等，而重庆则处于整个产业链的后端，在后端制造方面更具优势。此外，成渝地区在机器人、汽车及零部件研发、轨道交通等方面，已经初步建立了合作创新的模式。成渝地区高新技术产业层次较低、领先技术较少，产业升级和结构优化能力不足。重庆市高新技术产业集群发展不够，高新技术企业数量占全区企业的比重不足 50%，重点产业中拥有核心技术和带动性强的企业不多。同时，成渝等地存在对人才的引进与培养不够的问题。尽管成渝地区已经建立了一批高新技术产业园区，在人才引进方面给予了一定的扶持，但科研院所的力量比较薄弱、人才的引进与培养存在不足，造成了科技创新人才的匮乏。

第三，从空间来看，成渝地区双城经济圈科技产业由区域中心向外辐射，发展不均衡。高新技术产品大多在近郊地区，重庆市、九龙坡区、江北区、沙坪坝区、南岸区、巴南区、涪陵区的高新技术产品产值超过 10 亿元。就两地的工业发展情况而言，其产业链有由成渝主城向其他城市转移的趋势，并在两地间形成了"双向扩张"的格局。在产业转移和扩散的初级阶段，成渝地区仍然处于相对较低端的位置。与此同时，成渝地区在科技创新上存在明显的落后。重庆市、成都市是内陆城市，其科技创新环境与条件和沿海城市有一定差距，高新技术企业及创新团队数量稀少，创新资源与创新氛围亟待挖掘和改善。

（二）对策建议

第一，积极探索实践赶超发展的路径和模式，加大创新投入。创新投入体现在经费、人员等方面，多种投入要素会显著地影响高新技术企业的创新水平。要想提高高新技术企业的盈利水平，就必须充分利用现有资源。以国家自主创新示范区的创建为契机，确定创新生态发展的核心内涵，探寻新的发展途径和方式，重塑我国特有的创新地位。争取国家部委和市级有关部门对高新区的支持，着力打造若干个具有引领、带动作用的核心区域，不断巩固和提高创新层次的基础与动能。

第二，成渝地区双城经济圈应该整合优势产业，立足新能源汽车、电子信息等重点产业，推进高新技术产业集群化发展，推动高新技术产业高质量发展。但是，就各自的优势细分市场和产业链连接而言，成渝两地产业关联程度较高、创新能力较强，加速了成渝一体化合作系统的构建，有利于创新要素的高效流通与高效集聚。要想利用电子信息、新能源汽车等优势产业促进科技成果转化，成渝地区就要在各方面加大力度，加大科技合作交流力度、加大协作创新力度，共同打造重要的工业创新功能平台，鼓励成渝两地行业骨干企业建立行业创新功能平台。

第三，成渝地区双城经济圈要以区域中心城市为核心、以创新发展为导向、以小城镇为依托，制定差异化的创新发展策略。成渝地区双城经济圈应立足于核心与外围区域之间的共生性，在政策导向上，应充分尊重各区域创新发展的特征与实现途径，积极推进各区域之间的政策协调与交流，形成科学的创新资源分配方案。

具体来说，成渝两大核心城市和德阳市、绵阳市与宜宾市要在进一步筑牢创新发展根基的同时，发挥其创新资源、创新能力、创新产业等优势，积极与中小城市进行创新互动，对周边中小城市的创新发展进行科学合理的定位，并通过高效的资源配置，持续挖掘中小城市创新发展的潜能，使自己的创新资源优势成为辐射和带动周围中小城市的力量。成渝地区双城经济圈应进一步学习借鉴其他城市群协同创新体系建设的经验做法，主动加强与长三角、粤港澳大湾区、京津冀等区域的协同创新发展，推进科技协同创新、产业协同创新和体制机制协同创新。突出"集群化"发展，打造西部科技城等区域集群化协同发展体系，加强内部交流，搭建协同创新、数据共享、人才交流、资金共建等平台。

附录一
成渝地区双城经济圈
科技创新发展监测值

表1 成渝地区双城经济圈科技创新发展监测值

序号	三级指标	2021年	2022年
T1	万人R&D人员数(人年/万人)	31.16	32.31
T2	法人单位中科学研究和技术服务业的占比(%)	5.78	5.80
T3	每名R&D人员研发仪器和设备支出(万元/人)	2.58	3.18
T4	万人累计孵化企业数(个/万人)(T4)	0.93	1.08
T5	每百家工业企业中设立研发机构的比重(%)	15.67	18.07
T6	有R&D活动的企业占比(%)	35.43	34.50
T7	硕士及以上人数/R&D人员数(人/人年)	2.39	2.56
T8	企业R&D研究人员占全社会R&D研究人员的比重(%)	45.09	43.21
T9	R&D经费内部支出占GDP的比重(%)	2.35	2.48
T10	地方财政科技支出占地方财政一般预算支出的比重(%)	2.06	3.03
T11	规模以上工业企业R&D经费内部支出占主营业务收入的比重(%)	1.19	1.23
T12	规模以上工业企业技术获取和技术改造经费支出占主营业务收入的比重(%)	0.30	0.33
T13	万名R&D人员发表科技论文数(篇/万人)	4023.70	4179.49
T14	万人有效发明专利拥有量(件/万人)	11.06	13.66
T15	技术合同成交额占GDP的比重(%)	1.71	2.22
T16	数字经济增加值占GDP的比重(%)	8.02	7.88
T17	规模以上工业企业新产品销售收入占主营业务收入的比重(%)	16.78	16.68
T18	每万家企业法人中高新技术企业数(家/万家)	109.29	133.72
T19	高技术制造业区位熵	1.00	1.00
T20	高新技术企业营业收入占工业主营业务收入的比重(%)	38.88	42.61
T21	高新技术企业劳动生产率(万元/人)	140.00	149.65
T22	高新技术企业利润率(%)	5.40	5.99

附录一 成渝地区双城经济圈科技创新发展监测值

续表

序号	三级指标	2021年	2022年
T23	人均GDP（元/人）	74940.90	78571.49
T24	就业人员劳动生产率（万元/人）	12.02	12.85
T25	综合能耗产出率（亿元/万吨标煤）	5.68	7.86
T26	万元地区生产总值用水量（立方米/万元）	35.43	34.60
T27	空气质量优良天数占比（%）	88.03	87.60

表2 重庆经济圈科技创新发展监测值

序号	三级指标	2021年	2022年
T1	万人R&D人员数（人年/万人）	43.66	45.36
T2	法人单位中科学研究和技术服务业的占比（%）	4.54	4.88
T3	每名R&D人员研发仪器和设备支出（万元/人）	1.84	2.27
T4	万人累计孵化企业数（个/万人）（T4）	1.18	1.34
T5	每百家工业企业中设立研发机构的比重（%）	26.85	33.04
T6	有R&D活动的企业占比（%）	46.60	42.61
T7	硕士及以上人数/R&D人员数（人/人年）	1.81	1.91
T8	企业R&D研究人员占全社会R&D研究人员的比重（%）	46.99	32.37
T9	R&D经费内部支出占GDP的比重（%）	2.31	2.51
T10	地方财政科技支出占地方财政一般预算支出的比重（%）	1.54	1.56
T11	规模以上工业企业R&D经费内部支出占主营业务收入的比重（%）	1.59	1.82
T12	规模以上工业企业技术获取和技术改造经费支出占主营业务收入的比重（%）	0.33	0.32
T13	万名R&D人员发表科技论文数（篇/万人）	2376.24	2509.38
T14	万人有效发明专利拥有量（件/万人）	14.85	18.33
T15	技术合同成交额占GDP的比重（%）	0.71	2.07
T16	数字经济增加值占GDP的比重（%）	8.65	8.07
T17	规模以上工业企业新产品销售收入占主营业务收入的比重（%）	26.40	26.07
T18	每万家企业法人中高新技术企业数（家/万家）	84.49	100.34
T19	高技术制造业区位熵	1.00	1.00
T20	高新技术企业营业收入占工业主营业务收入的比重（%）	48.67	53.40
T21	高新技术企业劳动生产率（万元/人）	158.59	156.70
T22	高新技术企业利润率（%）	5.69	5.01
T23	人均GDP（元/人）	92748.66	96434.93

续表

序号	三级指标	2021年	2022年
T24	就业人员劳动生产率(万元/人)	18.82	19.43
T25	综合能耗产出率(亿元/万吨标煤)	5.76	6.13
T26	万元地区生产总值用水量(立方米/万元)	23.27	22.49
T27	空气质量优良天数占比(%)	88.16	88.41

表3 四川经济圈科技创新发展监测值

序号	三级指标	2021年	2022年
T1	万人R&D人员数(人年/万人)	26.24	27.16
T2	法人单位中科学研究和技术服务业的占比(%)	6.84	6.56
T3	每名R&D人员研发仪器和设备支出(万元/人)	3.38	4.13
T4	万人累计孵化企业数(个/万人)(T4)	0.83	0.98
T5	每百家工业企业中设立研发机构的比重(%)	10.35	11.03
T6	有R&D活动的企业占比(%)	30.11	30.68
T7	硕士及以上人数/R&D人员数(人/人年)	2.76	2.99
T8	企业R&D研究人员占全社会R&D研究人员的比重(%)	44.58	47.40
T9	R&D经费内部支出占GDP的比重(%)	2.38	2.46
T10	地方财政科技支出占地方财政一般预算支出的比重(%)	2.24	3.52
T11	规模以上工业企业R&D经费内部支出占主营业务收入的比重(%)	0.98	0.94
T12	规模以上工业企业技术获取和技术改造经费支出占主营业务收入的比重(%)	0.28	0.33
T13	万名R&D人员发表科技论文数(篇/万人)	5798.19	5921.58
T14	万人有效发明专利拥有量(件/万人)	9.56	11.81
T15	技术合同成交额占GDP的比重(%)	2.25	2.30
T16	数字经济增加值占GDP的比重(%)	7.69	7.77
T17	规模以上工业企业新产品销售收入占主营业务收入的比重(%)	11.54	12.02
T18	每万家企业法人中高新技术企业数(家/万家)	130.53	161.12
T19	高技术制造业区位熵	1.00	1.00
T20	高新技术企业营业收入占工业主营业务收入的比重(%)	33.47	37.25
T21	高新技术企业劳动生产率(万元/人)	127.66	144.88
T22	高新技术企业利润率(%)	5.15	6.71
T23	人均GDP(元/人)	67923.92	71512.13
T24	就业人员劳动生产率(万元/人)	10.07	10.88
T25	综合能耗产出率(亿元/万吨标煤)	5.64	9.25
T26	万元地区生产总值用水量(立方米/万元)	41.97	41.05
T27	空气质量优良天数占比(%)	87.76	86.03

附录一 成渝地区双城经济圈科技创新发展监测值

表 4 成都市科技创新发展监测值

序号	三级指标	2021 年	2022 年
T1	万人 R&D 人员数(人年/万人)	48.47	49.70
T2	法人单位中科学研究和技术服务业的占比(%)	8.28	7.95
T3	每名 R&D 人员研发仪器和设备支出(万元/人)	3.08	3.48
T4	万人累计孵化企业数(个/万人)(T4)	1.70	1.90
T5	每百家工业企业中设立研发机构的比重(%)	12.50	13.15
T6	有 R&D 活动的企业占比(%)	30.31	31.48
T7	硕士及以上人数/R&D 人员数(人/人年)	3.80	4.12
T8	企业 R&D 研究人员占全社会 R&D 研究人员的比重(%)	40.13	42.65
T9	R&D 经费内部支出占 GDP 的比重(%)	3.11	3.17
T10	地方财政科技支出占地方财政一般预算支出的比重(%)	5.08	8.37
T11	规模以上工业企业 R&D 经费内部支出占主营业务收入的比重(%)	1.14	1.08
T12	规模以上工业企业技术获取和技术改造经费支出占主营业务收入的比重(%)	0.30	0.30
T13	万名 R&D 人员发表科技论文数(篇/万人)	7953.35	8242.77
T14	万人有效发明专利拥有量(件/万人)	23.95	29.83
T15	技术合同成交额占 GDP 的比重(%)	5.09	5.13
T16	数字经济增加值占 GDP 的比重(%)	9.53	9.69
T17	规模以上工业企业新产品销售收入占主营业务收入的比重(%)	12.49	13.67
T18	每万家企业法人中高新技术企业数(家/万家)	189.23	242.61
T19	高技术制造业区位熵	1.92	1.90
T20	高新技术企业营业收入占工业主营业务收入的比重(%)	49.65	51.25
T21	高新技术企业劳动生产率(万元/人)	118.07	131.90
T22	高新技术企业利润率(%)	5.27	5.25
T23	人均 GDP(元/人)	94622.00	98149.00
T24	就业人员劳动生产率(万元/人)	13.32	14.30
T25	综合能耗产出率(亿元/万吨标煤)	29.37	29.72
T26	万元地区生产总值用水量(立方米/万元)	25.82	25.92
T27	空气质量优良天数占比(%)	76.50	81.90

表 5　自贡市科技创新发展监测值

序号	三级指标	2021 年	2022 年
T1	万人 R&D 人员数（人年/万人）	14.14	13.69
T2	法人单位中科学研究和技术服务业的占比（%）	4.50	4.32
T3	每名 R&D 人员研发仪器和设备支出（万元/人）	1.28	3.07
T4	万人累计孵化企业数（个/万人）(T4)	0.30	0.34
T5	每百家工业企业中设立研发机构的比重（%）	9.08	14.07
T6	有 R&D 活动的企业占比（%）	26.24	33.11
T7	硕士及以上人数/R&D 人员数（人/人年）	2.14	2.53
T8	企业 R&D 研究人员占全社会 R&D 研究人员的比重（%）	63.01	54.90
T9	R&D 经费内部支出占 GDP 的比重（%）	0.98	1.05
T10	地方财政科技支出占地方财政一般预算支出的比重（%）	1.72	1.25
T11	规模以上工业企业 R&D 经费内部支出占主营业务收入的比重（%）	1.03	1.09
T12	规模以上工业企业技术获取和技术改造经费支出占主营业务收入的比重（%）	0.36	0.20
T13	万名 R&D 人员发表科技论文数（篇/万人）	2720.97	3041.36
T14	万人有效发明专利拥有量（件/万人）	5.56	6.57
T15	技术合同成交额占 GDP 的比重（%）	0.54	0.58
T16	数字经济增加值占 GDP 的比重（%）	6.55	6.80
T17	规模以上工业企业新产品销售收入占主营业务收入的比重（%）	10.67	12.49
T18	每万家企业法人中高新技术企业数（家/万家）	56.14	56.51
T19	高技术制造业区位熵	0.41	0.40
T20	高新技术企业营业收入占工业主营业务收入的比重（%）	27.27	33.58
T21	高新技术企业劳动生产率（万元/人）	186.84	192.25
T22	高新技术企业利润率（%）	5.80	7.37
T23	人均 GDP（元/人）	64595.00	66819.74
T24	就业人员劳动生产率（万元/人）	11.82	12.93
T25	综合能耗产出率（亿元/万吨标煤）	29.02	29.93
T26	万元地区生产总值用水量（立方米/万元）	38.09	37.60
T27	空气质量优良天数占比（%）	81.10	78.60

附录一 成渝地区双城经济圈科技创新发展监测值

表6 泸州市科技创新发展监测值

序号	三级指标	2021年	2022年
T1	万人R&D人员数(人年/万人)	11.46	12.62
T2	法人单位中科学研究和技术服务业的占比(%)	3.67	3.52
T3	每名R&D人员研发仪器和设备支出(万元/人)	4.38	3.67
T4	万人累计孵化企业数(个/万人)(T4)	0.68	0.70
T5	每百家工业企业中设立研发机构的比重(%)	8.39	8.40
T6	有R&D活动的企业占比(%)	36.72	36.49
T7	硕士及以上人数/R&D人员数(人/人年)	2.04	2.09
T8	企业R&D研究人员占全社会R&D研究人员的比重(%)	51.34	48.71
T9	R&D经费内部支出占GDP的比重(%)	0.92	1.02
T10	地方财政科技支出占地方财政一般预算支出的比重(%)	0.98	1.07
T11	规模以上工业企业R&D经费内部支出占主营业务收入的比重(%)	0.68	0.62
T12	规模以上工业企业技术获取和技术改造经费支出占主营业务收入的比重(%)	0.32	0.24
T13	万名R&D人员发表科技论文数(篇/万人)	9187.79	8890.67
T14	万人有效发明专利拥有量(件/万人)	1.87	2.12
T15	技术合同成交额占GDP的比重(%)	0.46	0.61
T16	数字经济增加值占GDP的比重(%)	5.70	5.57
T17	规模以上工业企业新产品销售收入占主营业务收入的比重(%)	5.41	5.25
T18	每万家企业法人中高新技术企业数(家/万家)	42.44	39.56
T19	高技术制造业区位熵	0.37	0.38
T20	高新技术企业营业收入占工业主营业务收入的比重(%)	14.94	17.19
T21	高新技术企业劳动生产率(万元/人)	136.30	142.88
T22	高新技术企业利润率(%)	7.29	8.98
T23	人均GDP(元/人)	56507.00	61025.57
T24	就业人员劳动生产率(万元/人)	8.35	9.07
T25	综合能耗产出率(亿元/万吨标煤)	16.22	16.82
T26	万元地区生产总值用水量(立方米/万元)	48.00	46.01
T27	空气质量优良天数占比(%)	88.50	84.40

表 7　德阳市科技创新发展监测值

序号	三级指标	2021 年	2022 年
T1	万人 R&D 人员数(人年/万人)	35.69	36.10
T2	法人单位中科学研究和技术服务业的占比(%)	6.79	6.52
T3	每名 R&D 人员研发仪器和设备支出(万元/人)	3.20	4.01
T4	万人累计孵化企业数(个/万人)(T4)	0.41	0.53
T5	每百家工业企业中设立研发机构的比重(%)	8.59	8.09
T6	有 R&D 活动的企业占比(%)	32.06	28.70
T7	硕士及以上人数/R&D 人员数(人/人年)	1.07	1.20
T8	企业 R&D 研究人员占全社会 R&D 研究人员的比重(%)	59.98	56.26
T9	R&D 经费内部支出占 GDP 的比重(%)	3.20	3.30
T10	地方财政科技支出占地方财政一般预算支出的比重(%)	1.39	1.23
T11	规模以上工业企业 R&D 经费内部支出占主营业务收入的比重(%)	1.21	1.04
T12	规模以上工业企业技术获取和技术改造经费支出占主营业务收入的比重(%)	0.33	0.31
T13	万名 R&D 人员发表科技论文数(篇/万人)	2580.27	2677.43
T14	万人有效发明专利拥有量(件/万人)	6.76	7.74
T15	技术合同成交额占 GDP 的比重(%)	0.39	0.55
T16	数字经济增加值占 GDP 的比重(%)	5.90	6.04
T17	规模以上工业企业新产品销售收入占主营业务收入的比重(%)	11.76	11.08
T18	每万家企业法人中高新技术企业数(家/万家)	88.66	92.49
T19	高技术制造业区位熵	0.37	0.34
T20	高新技术企业营业收入占工业主营业务收入的比重(%)	25.24	29.36
T21	高新技术企业劳动生产率(万元/人)	133.05	155.47
T22	高新技术企业利润率(%)	6.02	7.20
T23	人均 GDP(元/人)	76824.00	81388.90
T24	就业人员劳动生产率(万元/人)	10.67	11.68
T25	综合能耗产出率(亿元/万吨标煤)	21.35	21.66
T26	万元地区生产总值用水量(立方米/万元)	66.14	64.89
T27	空气质量优良天数占比(%)	80.60	82.70

附录一 成渝地区双城经济圈科技创新发展监测值

表8 绵阳市科技创新发展监测值

序号	三级指标	2021年	2022年
T1	万人R&D人员数(人年/万人)	61.03	60.12
T2	法人单位中科学研究和技术服务业的占比(%)	9.18	8.81
T3	每名R&D人员研发仪器和设备支出(万元/人)	4.25	6.48
T4	万人累计孵化企业数(个/万人)(T4)	1.92	2.24
T5	每百家工业企业中设立研发机构的比重(%)	10.83	11.15
T6	有R&D活动的企业占比(%)	35.11	33.94
T7	硕士及以上人数/R&D人员数(人/人年)	0.92	1.03
T8	企业R&D研究人员占全社会R&D研究人员的比重(%)	30.14	39.66
T9	R&D经费内部支出占GDP的比重(%)	7.14	7.15
T10	地方财政科技支出占地方财政一般预算支出的比重(%)	1.81	4.55
T11	规模以上工业企业R&D经费内部支出占主营业务收入的比重(%)	1.80	1.81
T12	规模以上工业企业技术获取和技术改造经费支出占主营业务收入的比重(%)	0.63	0.66
T13	万名R&D人员发表科技论文数(篇/万人)	2137.45	1899.71
T14	万人有效发明专利拥有量(件/万人)	14.36	17.73
T15	技术合同成交额占GDP的比重(%)	0.34	0.47
T16	数字经济增加值占GDP的比重(%)	6.94	6.97
T17	规模以上工业企业新产品销售收入占主营业务收入的比重(%)	24.22	24.53
T18	每万家企业法人中高新技术企业数(家/万家)	93.10	100.29
T19	高技术制造业区位熵	2.14	2.16
T20	高新技术企业营业收入占工业主营业务收入的比重(%)	50.02	63.74
T21	高新技术企业劳动生产率(万元/人)	141.81	169.88
T22	高新技术企业利润率(%)	2.45	3.93
T23	人均GDP(元/人)	68696.00	74049.41
T24	就业人员劳动生产率(万元/人)	8.70	9.46
T25	综合能耗产出率(亿元/万吨标煤)	26.13	26.33
T26	万元地区生产总值用水量(立方米/万元)	52.71	50.59
T27	空气质量优良天数占比(%)	88.50	88.80

表 9　遂宁市科技创新发展监测值

序号	三级指标	2021 年	2022 年
T1	万人 R&D 人员数(人年/万人)	12.14	11.63
T2	法人单位中科学研究和技术服务业的占比(%)	4.38	4.20
T3	每名 R&D 人员研发仪器和设备支出(万元/人)	3.24	3.36
T4	万人累计孵化企业数(个/万人)(T4)	0.45	0.59
T5	每百家工业企业中设立研发机构的比重(%)	9.92	9.90
T6	有 R&D 活动的企业占比(%)	36.47	35.39
T7	硕士及以上人数/R&D 人员数(人/人年)	1.37	1.67
T8	企业 R&D 研究人员占全社会 R&D 研究人员的比重(%)	91.71	84.51
T9	R&D 经费内部支出占 GDP 的比重(%)	0.93	0.99
T10	地方财政科技支出占地方财政一般预算支出的比重(%)	0.70	0.62
T11	规模以上工业企业 R&D 经费内部支出占主营业务收入的比重(%)	0.85	0.79
T12	规模以上工业企业技术获取和技术改造经费支出占主营业务收入的比重(%)	0.24	0.26
T13	万名 R&D 人员发表科技论文数(篇/万人)	1530.85	2411.25
T14	万人有效发明专利拥有量(件/万人)	2.07	2.82
T15	技术合同成交额占 GDP 的比重(%)	0.32	0.39
T16	数字经济增加值占 GDP 的比重(%)	5.62	5.61
T17	规模以上工业企业新产品销售收入占主营业务收入的比重(%)	8.10	9.16
T18	每万家企业法人中高新技术企业数(家/万家)	61.89	64.40
T19	高技术制造业区位熵	0.91	0.93
T20	高新技术企业营业收入占工业主营业务收入的比重(%)	24.15	27.35
T21	高新技术企业劳动生产率(万元/人)	96.57	116.32
T22	高新技术企业利润率(%)	7.23	7.35
T23	人均 GDP(元/人)	54300.00	58137.00
T24	就业人员劳动生产率(万元/人)	8.03	8.86
T25	综合能耗产出率(亿元/万吨标煤)	24.21	24.39
T26	万元地区生产总值用水量(立方米/万元)	54.22	55.00
T27	空气质量优良天数占比(%)	95.10	90.10

附录一 成渝地区双城经济圈科技创新发展监测值

表 10 内江市科技创新发展监测值

序号	三级指标	2021 年	2022 年
T1	万人 R&D 人员数(人年/万人)	12.48	10.89
T2	法人单位中科学研究和技术服务业的占比(%)	4.32	4.15
T3	每名 R&D 人员研发仪器和设备支出(万元/人)	3.14	7.81
T4	万人累计孵化企业数(个/万人)(T4)	0.43	0.80
T5	每百家工业企业中设立研发机构的比重(%)	9.66	8.78
T6	有 R&D 活动的企业占比(%)	28.26	29.55
T7	硕士及以上人数/R&D 人员数(人/人年)	1.35	1.83
T8	企业 R&D 研究人员占全社会 R&D 研究人员的比重(%)	51.38	51.81
T9	R&D 经费内部支出占 GDP 的比重(%)	0.88	1.01
T10	地方财政科技支出占地方财政一般预算支出的比重(%)	0.40	0.31
T11	规模以上工业企业 R&D 经费内部支出占主营业务收入的比重(%)	0.66	0.64
T12	规模以上工业企业技术获取和技术改造经费支出占主营业务收入的比重(%)	0.21	0.06
T13	万名 R&D 人员发表科技论文数(篇/万人)	2422.67	2467.16
T14	万人有效发明专利拥有量(件/万人)	1.63	1.99
T15	技术合同成交额占 GDP 的比重(%)	0.12	0.16
T16	数字经济增加值占 GDP 的比重(%)	7.17	7.21
T17	规模以上工业企业新产品销售收入占主营业务收入的比重(%)	19.33	17.38
T18	每万家企业法人中高新技术企业数(家/万家)	66.18	64.74
T19	高技术制造业区位熵	0.27	0.28
T20	高新技术企业营业收入占工业主营业务收入的比重(%)	13.53	15.57
T21	高新技术企业劳动生产率(万元/人)	95.17	103.20
T22	高新技术企业利润率(%)	8.08	9.79
T23	人均 GDP(元/人)	51377.00	54078.00
T24	就业人员劳动生产率(万元/人)	8.75	9.72
T25	综合能耗产出率(亿元/万吨标煤)	16.19	16.79
T26	万元地区生产总值用水量(立方米/万元)	43.66	44.66
T27	空气质量优良天数占比(%)	89.60	83.80

表 11 乐山市科技创新发展监测值

序号	三级指标	2021 年	2022 年
T1	万人 R&D 人员数(人年/万人)	10.72	10.69
T2	法人单位中科学研究和技术服务业的占比(%)	4.37	4.19
T3	每名 R&D 人员研发仪器和设备支出(万元/人)	3.71	11.03
T4	万人累计孵化企业数(个/万人)(T4)	0.17	0.20
T5	每百家工业企业中设立研发机构的比重(%)	5.68	5.36
T6	有 R&D 活动的企业占比(%)	24.29	22.66
T7	硕士及以上人数/R&D 人员数(人/人年)	2.48	2.78
T8	企业 R&D 研究人员占全社会 R&D 研究人员的比重(%)	57.03	57.84
T9	R&D 经费内部支出占 GDP 的比重(%)	0.94	1.03
T10	地方财政科技支出占地方财政一般预算支出的比重(%)	0.22	0.18
T11	规模以上工业企业 R&D 经费内部支出占主营业务收入的比重(%)	0.84	0.68
T12	规模以上工业企业技术获取和技术改造经费支出占主营业务收入的比重(%)	0.18	0.14
T13	万名 R&D 人员发表科技论文数(篇/万人)	3840.82	3385.94
T14	万人有效发明专利拥有量(件/万人)	2.84	3.18
T15	技术合同成交额占 GDP 的比重(%)	0.13	0.14
T16	数字经济增加值占 GDP 的比重(%)	6.39	6.42
T17	规模以上工业企业新产品销售收入占主营业务收入的比重(%)	13.08	14.60
T18	每万家企业法人中高新技术企业数(家/万家)	50.26	54.68
T19	高技术制造业区位熵	0.35	0.29
T20	高新技术企业营业收入占工业主营业务收入的比重(%)	25.86	34.05
T21	高新技术企业劳动生产率(万元/人)	135.54	188.09
T22	高新技术企业利润率(%)	3.72	25.91
T23	人均 GDP(元/人)	69850.00	73226.00
T24	就业人员劳动生产率(万元/人)	10.39	11.31
T25	综合能耗产出率(亿元/万吨标煤)	11.59	11.42
T26	万元地区生产总值用水量(立方米/万元)	58.45	56.44
T27	空气质量优良天数占比(%)	87.20	86.00

附录一 成渝地区双城经济圈科技创新发展监测值

表 12 南充市科技创新发展监测值

序号	三级指标	2021年	2022年
T1	万人 R&D 人员数(人年/万人)	7.87	9.58
T2	法人单位中科学研究和技术服务业的占比(%)	4.72	4.53
T3	每名 R&D 人员研发仪器和设备支出(万元/人)	6.07	4.46
T4	万人累计孵化企业数(个/万人)(T4)	0.09	0.15
T5	每百家工业企业中设立研发机构的比重(%)	13.52	12.81
T6	有 R&D 活动的企业占比(%)	33.25	34.43
T7	硕士及以上人数/R&D 人员数(人/人年)	2.98	2.64
T8	企业 R&D 研究人员占全社会 R&D 研究人员的比重(%)	23.60	22.79
T9	R&D 经费内部支出占 GDP 的比重(%)	0.85	0.91
T10	地方财政科技支出占地方财政一般预算支出的比重(%)	0.22	0.35
T11	规模以上工业企业 R&D 经费内部支出占主营业务收入的比重(%)	0.40	0.39
T12	规模以上工业企业技术获取和技术改造经费支出占主营业务收入的比重(%)	0.05	0.24
T13	万名 R&D 人员发表科技论文数(篇/万人)	7153.37	7017.38
T14	万人有效发明专利拥有量(件/万人)	0.59	0.73
T15	技术合同成交额占 GDP 的比重(%)	0.14	0.17
T16	数字经济增加值占 GDP 的比重(%)	6.11	6.36
T17	规模以上工业企业新产品销售收入占主营业务收入的比重(%)	3.16	2.05
T18	每万家企业法人中高新技术企业数(家/万家)	36.89	30.86
T19	高技术制造业区位熵	0.27	0.31
T20	高新技术企业营业收入占工业主营业务收入的比重(%)	14.86	18.06
T21	高新技术企业劳动生产率(万元/人)	142.41	153.46
T22	高新技术企业利润率(%)	7.13	7.06
T23	人均 GDP(元/人)	46589.00	48343.00
T24	就业人员劳动生产率(万元/人)	6.56	7.18
T25	综合能耗产出率(亿元/万吨标煤)	24.43	25.27
T26	万元地区生产总值用水量(立方米/万元)	54.50	53.25
T27	空气质量优良天数占比(%)	94.00	92.10

表 13　眉山市科技创新发展监测值

序号	三级指标	2021 年	2022 年
T1	万人 R&D 人员数(人年/万人)	11.37	11.67
T2	法人单位中科学研究和技术服务业的占比(%)	4.62	4.44
T3	每名 R&D 人员研发仪器和设备支出(万元/人)	2.33	3.98
T4	万人累计孵化企业数(个/万人)(T4)	0.49	0.61
T5	每百家工业企业中设立研发机构的比重(%)	7.35	9.59
T6	有 R&D 活动的企业占比(%)	29.12	24.97
T7	硕士及以上人数/R&D 人员数(人/人年)	1.90	2.21
T8	企业 R&D 研究人员占全社会 R&D 研究人员的比重(%)	91.85	91.41
T9	R&D 经费内部支出占 GDP 的比重(%)	0.76	1.00
T10	地方财政科技支出占地方财政一般预算支出的比重(%)	0.31	0.48
T11	规模以上工业企业 R&D 经费内部支出占主营业务收入的比重(%)	0.58	0.73
T12	规模以上工业企业技术获取和技术改造经费支出占主营业务收入的比重(%)	0.04	0.09
T13	万名 R&D 人员发表科技论文数(篇/万人)	1173.17	1003.98
T14	万人有效发明专利拥有量(件/万人)	2.85	3.30
T15	技术合同成交额占 GDP 的比重(%)	0.06	0.07
T16	数字经济增加值占 GDP 的比重(%)	6.69	6.56
T17	规模以上工业企业新产品销售收入占主营业务收入的比重(%)	7.09	8.30
T18	每万家企业法人中高新技术企业数(家/万家)	58.27	58.07
T19	高技术制造业区位熵	0.49	0.44
T20	高新技术企业营业收入占工业主营业务收入的比重(%)	24.00	27.06
T21	高新技术企业劳动生产率(万元/人)	153.63	163.02
T22	高新技术企业利润率(%)	5.89	6.86
T23	人均 GDP(元/人)	52346.00	55273.00
T24	就业人员劳动生产率(万元/人)	8.07	8.79
T25	综合能耗产出率(亿元/万吨标煤)	17.57	18.05
T26	万元地区生产总值用水量(立方米/万元)	80.56	74.23
T27	空气质量优良天数占比(%)	87.42	85.20

附录一 成渝地区双城经济圈科技创新发展监测值

表 14 宜宾市科技创新发展监测值

序号	三级指标	2021 年	2022 年
T1	万人 R&D 人员数(人年/万人)	14.91	16.29
T2	法人单位中科学研究和技术服务业的占比(%)	4.39	4.21
T3	每名 R&D 人员研发仪器和设备支出(万元/人)	3.77	3.29
T4	万人累计孵化企业数(个/万人)(T4)	0.27	0.59
T5	每百家工业企业中设立研发机构的比重(%)	8.38	7.61
T6	有 R&D 活动的企业占比(%)	22.16	23.93
T7	硕士及以上人数/R&D 人员数(人/人年)	1.58	1.68
T8	企业 R&D 研究人员占全社会 R&D 研究人员的比重(%)	73.06	75.60
T9	R&D 经费内部支出占 GDP 的比重(%)	1.32	1.40
T10	地方财政科技支出占地方财政一般预算支出的比重(%)	1.42	1.68
T11	规模以上工业企业 R&D 经费内部支出占主营业务收入的比重(%)	0.81	0.83
T12	规模以上工业企业技术获取和技术改造经费支出占主营业务收入的比重(%)	0.47	0.95
T13	万名 R&D 人员发表科技论文数(篇/万人)	1177.92	1460.10
T14	万人有效发明专利拥有量(件/万人)	2.39	2.50
T15	技术合同成交额占 GDP 的比重(%)	0.26	0.33
T16	数字经济增加值占 GDP 的比重(%)	5.58	5.57
T17	规模以上工业企业新产品销售收入占主营业务收入的比重(%)	14.48	13.91
T18	每万家企业法人中高新技术企业数(家/万家)	49.31	62.01
T19	高技术制造业区位熵	0.51	0.69
T20	高新技术企业营业收入占工业主营业务收入的比重(%)	18.21	24.59
T21	高新技术企业劳动生产率(万元/人)	155.69	173.61
T22	高新技术企业利润率(%)	4.93	8.84
T23	人均 GDP(元/人)	68481.00	74341.00
T24	就业人员劳动生产率(万元/人)	8.73	9.20
T25	综合能耗产出率(亿元/万吨标煤)	17.57	18.05
T26	万元地区生产总值用水量(立方米/万元)	80.56	74.23
T27	空气质量优良天数占比(%)	87.42	85.20

表 15　广安市科技创新发展监测值

序号	三级指标	2021年	2022年
T1	万人R&D人员数(人年/万人)	4.78	8.64
T2	法人单位中科学研究和技术服务业的占比(%)	3.31	3.18
T3	每名R&D人员研发仪器和设备支出(万元/人)	3.68	1.71
T4	万人累计孵化企业数(个/万人)(T4)	0.23	0.31
T5	每百家工业企业中设立研发机构的比重(%)	16.17	15.42
T6	有R&D活动的企业占比(%)	28.55	39.30
T7	硕士及以上人数/R&D人员数(人/人年)	2.59	1.77
T8	企业R&D研究人员占全社会R&D研究人员的比重(%)	67.03	78.03
T9	R&D经费内部支出占GDP的比重(%)	0.47	0.54
T10	地方财政科技支出占地方财政一般预算支出的比重(%)	0.23	0.21
T11	规模以上工业企业R&D经费内部支出占主营业务收入的比重(%)	0.30	0.42
T12	规模以上工业企业技术获取和技术改造经费支出占主营业务收入的比重(%)	0.01	0.02
T13	万名R&D人员发表科技论文数(篇/万人)	1939.17	1221.95
T14	万人有效发明专利拥有量(件/万人)	0.56	0.69
T15	技术合同成交额占GDP的比重(%)	0.10	0.15
T16	数字经济增加值占GDP的比重(%)	7.11	7.51
T17	规模以上工业企业新产品销售收入占主营业务收入的比重(%)	1.86	2.04
T18	每万家企业法人中高新技术企业数(家/万家)	44.94	41.05
T19	高技术制造业区位熵	0.85	0.70
T20	高新技术企业营业收入占工业主营业务收入的比重(%)	23.01	23.30
T21	高新技术企业劳动生产率(万元/人)	235.16	199.58
T22	高新技术企业利润率(%)	5.57	8.07
T23	人均GDP(元/人)	43558.00	43901.00
T24	就业人员劳动生产率(万元/人)	8.13	8.81
T25	综合能耗产出率(亿元/万吨标煤)	20.88	21.73
T26	万元地区生产总值用水量(立方米/万元)	52.19	51.09
T27	空气质量优良天数占比(%)	90.70	87.70

附录一　成渝地区双城经济圈科技创新发展监测值

表 16　达州市科技创新发展监测值

序号	三级指标	2021 年	2022 年
T1	万人 R&D 人员数(人年/万人)	5.59	6.12
T2	法人单位中科学研究和技术服务业的占比(%)	2.71	2.61
T3	每名 R&D 人员研发仪器和设备支出(万元/人)	3.60	1.78
T4	万人累计孵化企业数(个/万人)(T4)	0.14	0.20
T5	每百家工业企业中设立研发机构的比重(%)	9.20	13.49
T6	有 R&D 活动的企业占比(%)	29.18	28.27
T7	硕士及以上人数/R&D 人员数(人/人年)	1.92	2.04
T8	企业 R&D 研究人员占全社会 R&D 研究人员的比重(%)	62.56	65.17
T9	R&D 经费内部支出占 GDP 的比重(%)	0.70	0.73
T10	地方财政科技支出占地方财政一般预算支出的比重(%)	0.51	0.39
T11	规模以上工业企业 R&D 经费内部支出占主营业务收入的比重(%)	0.67	0.65
T12	规模以上工业企业技术获取和技术改造经费支出占主营业务收入的比重(%)	0.10	0.10
T13	万名 R&D 人员发表科技论文数(篇/万人)	2834.45	2646.73
T14	万人有效发明专利拥有量(件/万人)	0.46	0.55
T15	技术合同成交额占 GDP 的比重(%)	0.04	0.09
T16	数字经济增加值占 GDP 的比重(%)	6.74	6.74
T17	规模以上工业企业新产品销售收入占主营业务收入的比重(%)	5.52	6.56
T18	每万家企业法人中高新技术企业数(家/万家)	31.68	32.32
T19	高技术制造业区位熵	0.23	0.28
T20	高新技术企业营业收入占工业主营业务收入的比重(%)	27.07	27.97
T21	高新技术企业劳动生产率(万元/人)	146.86	158.26
T22	高新技术企业利润率(%)	6.53	8.43
T23	人均 GDP(元/人)	43646.00	46388.00
T24	就业人员劳动生产率(万元/人)	6.24	6.78
T25	综合能耗产出率(亿元/万吨标煤)	17.43	18.06
T26	万元地区生产总值用水量(立方米/万元)	53.88	51.86
T27	空气质量优良天数占比(%)	89.30	88.80

表 17　雅安市科技创新发展监测值

序号	三级指标	2021 年	2022 年
T1	万人 R&D 人员数（人年/万人）	13.51	17.88
T2	法人单位中科学研究和技术服务业的占比(%)	2.13	2.05
T3	每名 R&D 人员研发仪器和设备支出(万元/人)	1.75	1.38
T4	万人累计孵化企业数(个/万人)(T4)	0.18	0.19
T5	每百家工业企业中设立研发机构的比重(%)	6.27	7.82
T6	有 R&D 活动的企业占比(%)	23.08	31.01
T7	硕士及以上人数/R&D 人员数(人/人年)	1.68	1.27
T8	企业 R&D 研究人员占全社会 R&D 研究人员的比重(%)	23.88	27.10
T9	R&D 经费内部支出占 GDP 的比重(%)	1.10	1.19
T10	地方财政科技支出占地方财政一般预算支出的比重(%)	1.75	1.83
T11	规模以上工业企业 R&D 经费内部支出占主营业务收入的比重(%)	0.92	0.79
T12	规模以上工业企业技术获取和技术改造经费支出占主营业务收入的比重(%)	0.10	0.29
T13	万名 R&D 人员发表科技论文数(篇/万人)	13529.53	10724.47
T14	万人有效发明专利拥有量(件/万人)	2.81	3.34
T15	技术合同成交额占 GDP 的比重(%)	0.06	0.08
T16	数字经济增加值占 GDP 的比重(%)	7.23	7.27
T17	规模以上工业企业新产品销售收入占主营业务收入的比重(%)	8.33	6.12
T18	每万家企业法人中高新技术企业数(家/万家)	41.53	41.77
T19	高技术制造业区位熵	0.13	0.27
T20	高新技术企业营业收入占工业主营业务收入的比重(%)	16.23	14.73
T21	高新技术企业劳动生产率(万元/人)	93.59	98.90
T22	高新技术企业利润率(%)	3.78	6.30
T23	人均 GDP(元/人)	58617.00	62980.46
T24	就业人员劳动生产率(万元/人)	12.76	13.01
T25	综合能耗产出率(亿元/万吨标煤)	0.13	0.27
T26	万元地区生产总值用水量(立方米/万元)	67.81	62.49
T27	空气质量优良天数占比(%)	96.20	93.20

表 18　资阳市科技创新发展监测值

序号	三级指标	2021 年	2022 年
T1	万人 R&D 人员数(人年/万人)	2.99	4.21
T2	法人单位中科学研究和技术服务业的占比(%)	3.93	3.77
T3	每名 R&D 人员研发仪器和设备支出(万元/人)	4.79	4.22
T4	万人累计孵化企业数(个/万人)(T4)	0.04	0.05
T5	每百家工业企业中设立研发机构的比重(%)	8.40	8.68
T6	有 R&D 活动的企业占比(%)	24.00	20.38
T7	硕士及以上人数/R&D 人员数(人/人年)	4.45	3.57
T8	企业 R&D 研究人员占全社会 R&D 研究人员的比重(%)	94.81	95.28
T9	R&D 经费内部支出占 GDP 的比重(%)	0.47	0.54
T10	地方财政科技支出占地方财政一般预算支出的比重(%)	1.22	1.22
T11	规模以上工业企业 R&D 经费内部支出占主营业务收入的比重(%)	0.76	0.79
T12	规模以上工业企业技术获取和技术改造经费支出占主营业务收入的比重(%)	0.05	0.03
T13	万名 R&D 人员发表科技论文数(篇/万人)	1534.67	777.15
T14	万人有效发明专利拥有量(件/万人)	1.41	1.60
T15	技术合同成交额占 GDP 的比重(%)	0.10	0.32
T16	数字经济增加值占 GDP 的比重(%)	7.33	7.14
T17	规模以上工业企业新产品销售收入占主营业务收入的比重(%)	4.59	5.30
T18	每万家企业法人中高新技术企业数(家/万家)	28.79	32.37
T19	高技术制造业区位熵	0.36	0.36
T20	高新技术企业营业收入占工业主营业务收入的比重(%)	17.77	20.63
T21	高新技术企业劳动生产率(万元/人)	179.91	198.49
T22	高新技术企业利润率(%)	0.45	0.00
T23	人均 GDP(元/人)	38717.00	41782.29
T24	就业人员劳动生产率(万元/人)	12.85	14.35
T25	综合能耗产出率(亿元/万吨标煤)	46.43	47.38
T26	万元地区生产总值用水量(立方米/万元)	62.55	61.17
T27	空气质量优良天数占比(%)	88.80	88.80

表 19　重庆市万州区科技创新发展监测值

序号	三级指标	2021年	2022年
T1	万人R&D人员数(人年/万人)	15.33	16.45
T2	法人单位中科学研究和技术服务业的占比(%)	3.02	3.01
T3	每名R&D人员研发仪器和设备支出(万元/人)	1.30	2.08
T4	万人累计孵化企业数(个/万人)(T4)	1.01	1.01
T5	每百家工业企业中设立研发机构的比重(%)	17.26	51.63
T6	有R&D活动的企业占比(%)	35.12	30.43
T7	硕士及以上人数/R&D人员数(人/人年)	1.91	1.96
T8	企业R&D研究人员占全社会R&D研究人员的比重(%)	29.51	30.31
T9	R&D经费内部支出占GDP的比重(%)	0.88	0.96
T10	地方财政科技支出占地方财政一般预算支出的比重(%)	2.50	2.44
T11	规模以上工业企业R&D经费内部支出占主营业务收入的比重(%)	1.01	0.79
T12	规模以上工业企业技术获取和技术改造经费支出占主营业务收入的比重(%)	1.23	2.12
T13	万名R&D人员发表科技论文数(篇/万人)	4719.03	4210.88
T14	万人有效发明专利拥有量(件/万人)	2.93	3.54
T15	技术合同成交额占GDP的比重(%)	0.12	0.15
T16	数字经济增加值占GDP的比重(%)	1.90	1.31
T17	规模以上工业企业新产品销售收入占主营业务收入的比重(%)	23.87	17.21
T18	每万家企业法人中高新技术企业数(家/万家)	35.88	41.88
T19	高技术制造业区位熵	0.62	0.51
T20	高新技术企业营业收入占工业主营业务收入的比重(%)	30.83	27.89
T21	高新技术企业劳动生产率(万元/人)	97.05	88.22
T22	高新技术企业利润率(%)	2.22	6.10
T23	人均GDP(元/人)	69543.71	71397.00
T24	就业人员劳动生产率(万元/人)	12.79	13.05
T25	综合能耗产出率(亿元/万吨标煤)	4.37	3.29
T26	万元地区生产总值用水量(立方米/万元)	28.00	25.60
T27	空气质量优良天数占比(%)	93.15	95.07

附录一　成渝地区双城经济圈科技创新发展监测值

表20　重庆市涪陵区科技创新发展监测值

序号	三级指标	2021年	2022年
T1	万人R&D人员数(人年/万人)	45.39	48.33
T2	法人单位中科学研究和技术服务业的占比(%)	3.70	4.12
T3	每名R&D人员研发仪器和设备支出(万元/人)	1.80	2.28
T4	万人累计孵化企业数(个/万人)(T4)	0.89	1.11
T5	每百家工业企业中设立研发机构的比重(%)	37.46	42.31
T6	有R&D活动的企业占比(%)	53.71	47.12
T7	硕士及以上人数/R&D人员数(人/人年)	0.58	0.59
T8	企业R&D研究人员占全社会R&D研究人员的比重(%)	56.79	26.39
T9	R&D经费内部支出占GDP的比重(%)	2.24	2.31
T10	地方财政科技支出占地方财政一般预算支出的比重(%)	1.53	1.61
T11	规模以上工业企业R&D经费内部支出占主营业务收入的比重(%)	1.30	1.40
T12	规模以上工业企业技术获取和技术改造经费支出占主营业务收入的比重(%)	0.11	0.25
T13	万名R&D人员发表科技论文数(篇/万人)	1698.21	1034.19
T14	万人有效发明专利拥有量(件/万人)	6.02	6.25
T15	技术合同成交额占GDP的比重(%)	1.48	0.35
T16	数字经济增加值占GDP的比重(%)	3.00	2.47
T17	规模以上工业企业新产品销售收入占主营业务收入的比重(%)	31.12	26.56
T18	每万家企业法人中高新技术企业数(家/万家)	62.21	76.37
T19	高技术制造业区位熵	0.80	0.88
T20	高新技术企业营业收入占工业主营业务收入的比重(%)	39.93	47.69
T21	高新技术企业劳动生产率(万元/人)	266.67	275.12
T22	高新技术企业利润率(%)	13.25	10.23
T23	人均GDP(元/人)	125806.39	134655.00
T24	就业人员劳动生产率(万元/人)	27.05	28.68
T25	综合能耗产出率(亿元/万吨标煤)	2.75	2.78
T26	万元地区生产总值用水量(立方米/万元)	20.23	19.20
T27	空气质量优良天数占比(%)	91.51	89.32

表 21 重庆市渝中区科技创新发展监测值

序号	三级指标	2021 年	2022 年
T1	万人 R&D 人员数(人年/万人)	47.83	50.94
T2	法人单位中科学研究和技术服务业的占比(%)	5.87	5.87
T3	每名 R&D 人员研发仪器和设备支出(万元/人)	3.11	2.78
T4	万人累计孵化企业数(个/万人)(T4)	5.32	6.02
T5	每百家工业企业中设立研发机构的比重(%)	0.00	0.00
T6	有 R&D 活动的企业占比(%)	50.00	50.00
T7	硕士及以上人数/R&D 人员数(人/人年)	5.14	5.40
T8	企业 R&D 研究人员占全社会 R&D 研究人员的比重(%)	7.73	54.17
T9	R&D 经费内部支出占 GDP 的比重(%)	0.73	0.69
T10	地方财政科技支出占地方财政一般预算支出的比重(%)	0.68	0.73
T11	规模以上工业企业 R&D 经费内部支出占主营业务收入的比重(%)	11.48	5.33
T12	规模以上工业企业技术获取和技术改造经费支出占主营业务收入的比重(%)	0.00	0.00
T13	万名 R&D 人员发表科技论文数(篇/万人)	12014.02	20065.01
T14	万人有效发明专利拥有量(件/万人)	24.72	28.69
T15	技术合同成交额占 GDP 的比重(%)	0.04	0.09
T16	数字经济增加值占 GDP 的比重(%)	4.24	5.88
T17	规模以上工业企业新产品销售收入占主营业务收入的比重(%)	0.00	0.00
T18	每万家企业法人中高新技术企业数(家/万家)	51.80	90.03
T19	高技术制造业区位熵	3.97	3.80
T20	高新技术企业营业收入占工业主营业务收入的比重(%)	198.74	206.25
T21	高新技术企业劳动生产率(万元/人)	208.09	209.41
T22	高新技术企业利润率(%)	1.99	1.98
T23	人均 GDP(元/人)	257805.45	267738.00
T24	就业人员劳动生产率(万元/人)	46.99	47.71
T25	综合能耗产出率(亿元/万吨标煤)	811.60	889.86
T26	万元地区生产总值用水量(立方米/万元)	4.55	4.50
T27	空气质量优良天数占比(%)	82.74	82.19

附录一 成渝地区双城经济圈科技创新发展监测值

表22 重庆市大渡口区科技创新发展监测值

序号	三级指标	2021年	2022年
T1	万人R&D人员数(人年/万人)	53.69	59.37
T2	法人单位中科学研究和技术服务业的占比(%)	3.98	4.00
T3	每名R&D人员研发仪器和设备支出(万元/人)	2.08	1.89
T4	万人累计孵化企业数(个/万人)(T4)	0.00	1.38
T5	每百家工业企业中设立研发机构的比重(%)	36.00	45.00
T6	有R&D活动的企业占比(%)	54.67	52.50
T7	硕士及以上人数/R&D人员数(人/人年)	1.41	1.36
T8	企业R&D研究人员占全社会R&D研究人员的比重(%)	71.74	37.83
T9	R&D经费内部支出占GDP的比重(%)	3.47	3.63
T10	地方财政科技支出占地方财政一般预算支出的比重(%)	1.36	1.80
T11	规模以上工业企业R&D经费内部支出占主营业务收入的比重(%)	2.69	2.33
T12	规模以上工业企业技术获取和技术改造经费支出占主营业务收入的比重(%)	0.36	0.31
T13	万名R&D人员发表科技论文数(篇/万人)	529.31	326.89
T14	万人有效发明专利拥有量(件/万人)	19.60	22.77
T15	技术合同成交额占GDP的比重(%)	1.20	5.42
T16	数字经济增加值占GDP的比重(%)	7.82	7.66
T17	规模以上工业企业新产品销售收入占主营业务收入的比重(%)	24.52	43.65
T18	每万家企业法人中高新技术企业数(家/万家)	105.50	125.59
T19	高技术制造业区位熵	2.75	2.43
T20	高新技术企业营业收入占工业主营业务收入的比重(%)	137.51	131.99
T21	高新技术企业劳动生产率(万元/人)	222.27	235.50
T22	高新技术企业利润率(%)	8.34	11.46
T23	人均GDP(元/人)	73562.50	78831.00
T24	就业人员劳动生产率(万元/人)	14.94	16.13
T25	综合能耗产出率(亿元/万吨标煤)	8.72	9.95
T26	万元地区生产总值用水量(立方米/万元)	16.45	15.60
T27	空气质量优良天数占比(%)	80.55	83.56

表 23　重庆市江北区科技创新发展监测值

序号	三级指标	2021年	2022年
T1	万人R&D人员数(人年/万人)	91.92	114.94
T2	法人单位中科学研究和技术服务业的占比(%)	7.33	7.49
T3	每名R&D人员研发仪器和设备支出(万元/人)	0.94	0.57
T4	万人累计孵化企业数(个/万人)(T4)	4.90	5.13
T5	每百家工业企业中设立研发机构的比重(%)	38.46	32.14
T6	有R&D活动的企业占比(%)	33.08	40.71
T7	硕士及以上人数/R&D人员数(人/人年)	1.71	1.47
T8	企业R&D研究人员占全社会R&D研究人员的比重(%)	67.58	48.66
T9	R&D经费内部支出占GDP的比重(%)	3.48	4.80
T10	地方财政科技支出占地方财政一般预算支出的比重(%)	3.93	3.52
T11	规模以上工业企业R&D经费内部支出占主营业务收入的比重(%)	3.45	4.19
T12	规模以上工业企业技术获取和技术改造经费支出占主营业务收入的比重(%)	0.10	0.14
T13	万名R&D人员发表科技论文数(篇/万人)	751.19	330.02
T14	万人有效发明专利拥有量(件/万人)	28.57	36.01
T15	技术合同成交额占GDP的比重(%)	1.60	0.44
T16	数字经济增加值占GDP的比重(%)	18.39	12.21
T17	规模以上工业企业新产品销售收入占主营业务收入的比重(%)	69.96	65.46
T18	每万家企业法人中高新技术企业数(家/万家)	84.18	88.92
T19	高技术制造业区位熵	3.81	3.04
T20	高新技术企业营业收入占工业主营业务收入的比重(%)	190.53	164.58
T21	高新技术企业劳动生产率(万元/人)	250.73	256.18
T22	高新技术企业利润率(%)	2.07	2.61
T23	人均GDP(元/人)	162785.60	170970.00
T24	就业人员劳动生产率(万元/人)	31.76	33.45
T25	综合能耗产出率(亿元/万吨标煤)	46.93	48.60
T26	万元地区生产总值用水量(立方米/万元)	9.80	9.80
T27	空气质量优良天数占比(%)	84.93	84.38

附录一 成渝地区双城经济圈科技创新发展监测值

表 24 重庆市沙坪坝区科技创新发展监测值

序号	三级指标	2021 年	2022 年
T1	万人 R&D 人员数(人年/万人)	70.04	75.47
T2	法人单位中科学研究和技术服务业的占比(%)	5.55	5.78
T3	每名 R&D 人员研发仪器和设备支出(万元/人)	1.92	2.02
T4	万人累计孵化企业数(个/万人)(T4)	1.31	1.55
T5	每百家工业企业中设立研发机构的比重(%)	23.83	19.82
T6	有 R&D 活动的企业占比(%)	29.79	23.79
T7	硕士及以上人数/R&D 人员数(人/人年)	4.20	4.25
T8	企业 R&D 研究人员占全社会 R&D 研究人员的比重(%)	25.10	36.04
T9	R&D 经费内部支出占 GDP 的比重(%)	4.44	4.79
T10	地方财政科技支出占地方财政一般预算支出的比重(%)	0.93	1.47
T11	规模以上工业企业 R&D 经费内部支出占主营业务收入的比重(%)	0.63	0.71
T12	规模以上工业企业技术获取和技术改造经费支出占主营业务收入的比重(%)	0.11	0.16
T13	万名 R&D 人员发表科技论文数(篇/万人)	7790.33	8118.60
T14	万人有效发明专利拥有量(件/万人)	47.99	58.47
T15	技术合同成交额占 GDP 的比重(%)	1.84	2.13
T16	数字经济增加值占 GDP 的比重(%)	20.97	12.97
T17	规模以上工业企业新产品销售收入占主营业务收入的比重(%)	27.87	28.49
T18	每万家企业法人中高新技术企业数(家/万家)	50.14	67.24
T19	高技术制造业区位熵	0.24	0.23
T20	高新技术企业营业收入占工业主营业务收入的比重(%)	11.86	12.58
T21	高新技术企业劳动生产率(万元/人)	141.59	127.86
T22	高新技术企业利润率(%)	5.96	6.73
T23	人均 GDP(元/人)	71634.24	74552.00
T24	就业人员劳动生产率(万元/人)	16.19	16.75
T25	综合能耗产出率(亿元/万吨标煤)	29.73	34.52
T26	万元地区生产总值用水量(立方米/万元)	16.68	15.80
T27	空气质量优良天数占比(%)	86.30	83.01

表 25 重庆市九龙坡区科技创新发展监测值

序号	三级指标	2021年	2022年
T1	万人R&D人员数（人年/万人）	63.00	64.50
T2	法人单位中科学研究和技术服务业的占比（%）	4.37	5.18
T3	每名R&D人员研发仪器和设备支出（万元/人）	1.13	1.99
T4	万人累计孵化企业数（个/万人）（T4）	4.06	1.28
T5	每百家工业企业中设立研发机构的比重（%）	38.35	33.47
T6	有R&D活动的企业占比（%）	69.90	54.21
T7	硕士及以上人数/R&D人员数（人/人年）	1.35	1.44
T8	企业R&D研究人员占全社会R&D研究人员的比重（%）	62.41	31.49
T9	R&D经费内部支出占GDP的比重（%）	2.36	2.67
T10	地方财政科技支出占地方财政一般预算支出的比重（%）	4.01	3.53
T11	规模以上工业企业R&D经费内部支出占主营业务收入的比重（%）	2.23	1.92
T12	规模以上工业企业技术获取和技术改造经费支出占主营业务收入的比重（%）	0.23	0.10
T13	万名R&D人员发表科技论文数（篇/万人）	779.69	928.77
T14	万人有效发明专利拥有量（件/万人）	24.35	28.48
T15	技术合同成交额占GDP的比重（%）	2.08	3.24
T16	数字经济增加值占GDP的比重（%）	8.82	11.15
T17	规模以上工业企业新产品销售收入占主营业务收入的比重（%）	26.92	18.15
T18	每万家企业法人中高新技术企业数（家/万家）	92.86	104.23
T19	高技术制造业区位熵	1.45	1.08
T20	高新技术企业营业收入占工业主营业务收入的比重（%）	72.73	58.42
T21	高新技术企业劳动生产率（万元/人）	121.97	120.88
T22	高新技术企业利润率（%）	6.44	4.03
T23	人均GDP（元/人）	113727.06	115117.00
T24	就业人员劳动生产率（万元/人）	22.20	22.29
T25	综合能耗产出率（亿元/万吨标煤）	19.84	20.51
T26	万元地区生产总值用水量（立方米/万元）	11.48	11.20
T27	空气质量优良天数占比（%）	84.38	88.49

附录一 成渝地区双城经济圈科技创新发展监测值

表26 重庆市南岸区科技创新发展监测值

序号	三级指标	2021年	2022年
T1	万人R&D人员数(人年/万人)	56.92	57.45
T2	法人单位中科学研究和技术服务业的占比(%)	6.09	5.97
T3	每名R&D人员研发仪器和设备支出(万元/人)	1.83	2.33
T4	万人累计孵化企业数(个/万人)(T4)	0.44	0.51
T5	每百家工业企业中设立研发机构的比重(%)	41.11	50.57
T6	有R&D活动的企业占比(%)	52.78	50.57
T7	硕士及以上人数/R&D人员数(人/人年)	3.82	4.12
T8	企业R&D研究人员占全社会R&D研究人员的比重(%)	26.19	33.47
T9	R&D经费内部支出占GDP的比重(%)	3.29	2.92
T10	地方财政科技支出占地方财政一般预算支出的比重(%)	2.24	2.04
T11	规模以上工业企业R&D经费内部支出占主营业务收入的比重(%)	1.13	1.04
T12	规模以上工业企业技术获取和技术改造经费支出占主营业务收入的比重(%)	0.28	0.19
T13	万名R&D人员发表科技论文数(篇/万人)	4185.52	4342.03
T14	万人有效发明专利拥有量(件/万人)	44.23	59.95
T15	技术合同成交额占GDP的比重(%)	2.05	5.52
T16	数字经济增加值占GDP的比重(%)	20.37	13.15
T17	规模以上工业企业新产品销售收入占主营业务收入的比重(%)	20.54	19.34
T18	每万家企业法人中高新技术企业数(家/万家)	106.39	121.98
T19	高技术制造业区位熵	1.19	1.38
T20	高新技术企业营业收入占工业主营业务收入的比重(%)	59.38	74.84
T21	高新技术企业劳动生产率(万元/人)	142.35	144.06
T22	高新技术企业利润率(%)	5.03	5.74
T23	人均GDP(元/人)	73561.97	76462.00
T24	就业人员劳动生产率(万元/人)	16.32	16.90
T25	综合能耗产出率(亿元/万吨标煤)	43.87	46.10
T26	万元地区生产总值用水量(立方米/万元)	18.50	18.50
T27	空气质量优良天数占比(%)	84.93	82.47

表27　重庆市北碚区科技创新发展监测值

序号	三级指标	2021年	2022年
T1	万人R&D人员数(人年/万人)	101.70	99.29
T2	法人单位中科学研究和技术服务业的占比(%)	6.66	6.69
T3	每名R&D人员研发仪器和设备支出(万元/人)	1.96	3.10
T4	万人累计孵化企业数(个/万人)(T4)	1.64	2.32
T5	每百家工业企业中设立研发机构的比重(%)	17.86	25.16
T6	有R&D活动的企业占比(%)	39.29	34.47
T7	硕士及以上人数/R&D人员数(人/人年)	2.56	2.85
T8	企业R&D研究人员占全社会R&D研究人员的比重(%)	31.93	28.03
T9	R&D经费内部支出占GDP的比重(%)	5.09	5.05
T10	地方财政科技支出占地方财政一般预算支出的比重(%)	1.01	0.97
T11	规模以上工业企业R&D经费内部支出占主营业务收入的比重(%)	2.12	2.57
T12	规模以上工业企业技术获取和技术改造经费支出占主营业务收入的比重(%)	0.09	0.23
T13	万名R&D人员发表科技论文数(篇/万人)	3855.16	3766.88
T14	万人有效发明专利拥有量(件/万人)	34.65	43.27
T15	技术合同成交额占GDP的比重(%)	0.63	1.41
T16	数字经济增加值占GDP的比重(%)	28.04	28.51
T17	规模以上工业企业新产品销售收入占主营业务收入的比重(%)	36.82	28.88
T18	每万家企业法人中高新技术企业数(家/万家)	186.94	213.20
T19	高技术制造业区位熵	1.53	1.38
T20	高新技术企业营业收入占工业主营业务收入的比重(%)	76.56	74.95
T21	高新技术企业劳动生产率(万元/人)	163.87	135.42
T22	高新技术企业利润率(%)	18.10	9.42
T23	人均GDP(元/人)	85982.42	88445.00
T24	就业人员劳动生产率(万元/人)	18.16	18.57
T25	综合能耗产出率(亿元/万吨标煤)	8.37	7.71
T26	万元地区生产总值用水量(立方米/万元)	23.10	20.70
T27	空气质量优良天数占比(%)	89.04	85.21

表 28　重庆市綦江区科技创新发展监测值

序号	三级指标	2021年	2022年
T1	万人R&D人员数(人年/万人)	39.72	25.00
T2	法人单位中科学研究和技术服务业的占比(%)	2.20	3.38
T3	每名R&D人员研发仪器和设备支出(万元/人)	1.15	1.22
T4	万人累计孵化企业数(个/万人)(T4)	0.72	0.55
T5	每百家工业企业中设立研发机构的比重(%)	24.01	27.92
T6	有R&D活动的企业占比(%)	60.22	54.77
T7	硕士及以上人数/R&D人员数(人/人年)	0.48	0.65
T8	企业R&D研究人员占全社会R&D研究人员的比重(%)	58.46	26.29
T9	R&D经费内部支出占GDP的比重(%)	1.96	1.88
T10	地方财政科技支出占地方财政一般预算支出的比重(%)	1.12	1.01
T11	规模以上工业企业R&D经费内部支出占主营业务收入的比重(%)	1.86	2.46
T12	规模以上工业企业技术获取和技术改造经费支出占主营业务收入的比重(%)	0.28	0.26
T13	万名R&D人员发表科技论文数(篇/万人)	123.43	57.10
T14	万人有效发明专利拥有量(件/万人)	2.95	4.29
T15	技术合同成交额占GDP的比重(%)	0.79	1.19
T16	数字经济增加值占GDP的比重(%)	1.75	2.02
T17	规模以上工业企业新产品销售收入占主营业务收入的比重(%)	31.17	39.08
T18	每万家企业法人中高新技术企业数(家/万家)	53.42	92.84
T19	高技术制造业区位熵	0.77	0.86
T20	高新技术企业营业收入占工业主营业务收入的比重(%)	23.79	46.88
T21	高新技术企业劳动生产率(万元/人)	105.01	134.54
T22	高新技术企业利润率(%)	-43.64	-4.97
T23	人均GDP(元/人)	95722.68	76573.61
T24	就业人员劳动生产率(万元/人)	16.18	16.67
T25	综合能耗产出率(亿元/万吨标煤)	1.16	1.74
T26	万元地区生产总值用水量(立方米/万元)	32.63	33.20
T27	空气质量优良天数占比(%)	86.58	86.03

表29　重庆市大足区科技创新发展监测值

序号	三级指标	2021年	2022年
T1	万人R&D人员数(人年/万人)	34.35	36.21
T2	法人单位中科学研究和技术服务业的占比(%)	2.28	2.32
T3	每名R&D人员研发仪器和设备支出(万元/人)	1.82	0.62
T4	万人累计孵化企业数(个/万人)(T4)	0.00	0.00
T5	每百家工业企业中设立研发机构的比重(%)	14.78	33.77
T6	有R&D活动的企业占比(%)	48.66	43.64
T7	硕士及以上人数/R&D人员数(人/人年)	0.37	0.38
T8	企业R&D研究人员占全社会R&D研究人员的比重(%)	61.89	32.16
T9	R&D经费内部支出占GDP的比重(%)	1.83	2.43
T10	地方财政科技支出占地方财政一般预算支出的比重(%)	1.23	1.29
T11	规模以上工业企业R&D经费内部支出占主营业务收入的比重(%)	1.54	4.30
T12	规模以上工业企业技术获取和技术改造经费支出占主营业务收入的比重(%)	0.06	0.01
T13	万名R&D人员发表科技论文数(篇/万人)	196.92	237.98
T14	万人有效发明专利拥有量(件/万人)	3.64	4.15
T15	技术合同成交额占GDP的比重(%)	0.00	0.34
T16	数字经济增加值占GDP的比重(%)	3.83	4.54
T17	规模以上工业企业新产品销售收入占主营业务收入的比重(%)	19.71	19.10
T18	每万家企业法人中高新技术企业数(家/万家)	87.17	110.80
T19	高技术制造业区位熵	0.34	0.74
T20	高新技术企业营业收入占工业主营业务收入的比重(%)	16.82	40.11
T21	高新技术企业劳动生产率(万元/人)	95.76	106.24
T22	高新技术企业利润率(%)	6.80	4.60
T23	人均GDP(元/人)	95890.71	97822.00
T24	就业人员劳动生产率(万元/人)	23.73	23.94
T25	综合能耗产出率(亿元/万吨标煤)	24.47	24.92
T26	万元地区生产总值用水量(立方米/万元)	18.39	18.60
T27	空气质量优良天数占比(%)	91.23	89.04

表30 重庆市渝北区科技创新发展监测值

序号	三级指标	2021年	2022年
T1	万人R&D人员数(人年/万人)	77.11	86.82
T2	法人单位中科学研究和技术服务业的占比(%)	8.54	9.14
T3	每名R&D人员研发仪器和设备支出(万元/人)	2.50	3.66
T4	万人累计孵化企业数(个/万人)(T4)	2.64	5.14
T5	每百家工业企业中设立研发机构的比重(%)	36.69	33.64
T6	有R&D活动的企业占比(%)	48.20	46.91
T7	硕士及以上人数/R&D人员数(人/人年)	2.54	2.40
T8	企业R&D研究人员占全社会R&D研究人员的比重(%)	39.40	33.94
T9	R&D经费内部支出占GDP的比重(%)	4.25	5.26
T10	地方财政科技支出占地方财政一般预算支出的比重(%)	2.48	2.54
T11	规模以上工业企业R&D经费内部支出占主营业务收入的比重(%)	1.46	1.58
T12	规模以上工业企业技术获取和技术改造经费支出占主营业务收入的比重(%)	0.75	0.62
T13	万名R&D人员发表科技论文数(篇/万人)	1185.12	809.60
T14	万人有效发明专利拥有量(件/万人)	24.97	32.38
T15	技术合同成交额占GDP的比重(%)	1.29	15.49
T16	数字经济增加值占GDP的比重(%)	15.73	16.01
T17	规模以上工业企业新产品销售收入占主营业务收入的比重(%)	19.88	18.29
T18	每万家企业法人中高新技术企业数(家/万家)	144.17	160.22
T19	高技术制造业区位熵	1.27	1.19
T20	高新技术企业营业收入占工业主营业务收入的比重(%)	63.70	64.52
T21	高新技术企业劳动生产率(万元/人)	177.60	168.29
T22	高新技术企业利润率(%)	5.03	1.82
T23	人均GDP(元/人)	102012.83	103010.00
T24	就业人员劳动生产率(万元/人)	19.78	20.10
T25	综合能耗产出率(亿元/万吨标煤)	41.70	29.65
T26	万元地区生产总值用水量(立方米/万元)	14.69	15.10
T27	空气质量优良天数占比(%)	87.95	87.95

表31 重庆市巴南区科技创新发展监测值

序号	三级指标	2021年	2022年
T1	万人R&D人员数(人年/万人)	48.86	52.81
T2	法人单位中科学研究和技术服务业的占比(%)	4.47	4.38
T3	每名R&D人员研发仪器和设备支出(万元/人)	2.28	2.92
T4	万人累计孵化企业数(个/万人)(T4)	0.28	0.48
T5	每百家工业企业中设立研发机构的比重(%)	30.80	45.11
T6	有R&D活动的企业占比(%)	46.71	36.28
T7	硕士及以上人数/R&D人员数(人/人年)	1.16	1.17
T8	企业R&D研究人员占全社会R&D研究人员的比重(%)	62.70	37.18
T9	R&D经费内部支出占GDP的比重(%)	3.42	3.43
T10	地方财政科技支出占地方财政一般预算支出的比重(%)	1.64	1.98
T11	规模以上工业企业R&D经费内部支出占主营业务收入的比重(%)	3.22	2.83
T12	规模以上工业企业技术获取和技术改造经费支出占主营业务收入的比重(%)	0.44	0.13
T13	万名R&D人员发表科技论文数(篇/万人)	2027.57	1980.79
T14	万人有效发明专利拥有量(件/万人)	10.77	13.16
T15	技术合同成交额占GDP的比重(%)	0.25	0.15
T16	数字经济增加值占GDP的比重(%)	20.38	22.60
T17	规模以上工业企业新产品销售收入占主营业务收入的比重(%)	41.28	42.80
T18	每万家企业法人中高新技术企业数(家/万家)	68.04	93.14
T19	高技术制造业区位熵	1.23	0.93
T20	高新技术企业营业收入占工业主营业务收入的比重(%)	61.52	50.60
T21	高新技术企业劳动生产率(万元/人)	155.90	129.52
T22	高新技术企业利润率(%)	8.15	1.33
T23	人均GDP(元/人)	81721.01	85763.00
T24	就业人员劳动生产率(万元/人)	18.33	19.23
T25	综合能耗产出率(亿元/万吨标煤)	18.48	20.48
T26	万元地区生产总值用水量(立方米/万元)	17.68	16.40
T27	空气质量优良天数占比(%)	84.38	85.75

附录一　成渝地区双城经济圈科技创新发展监测值

表32　重庆市黔江区科技创新发展监测值

序号	三级指标	2021年	2022年
T1	万人R&D人员数(人年/万人)	7.67	7.55
T2	法人单位中科学研究和技术服务业的占比(%)	4.49	4.27
T3	每名R&D人员研发仪器和设备支出(万元/人)	1.57	1.50
T4	万人累计孵化企业数(个/万人)(T4)	4.21	4.37
T5	每百家工业企业中设立研发机构的比重(%)	14.29	18.75
T6	有R&D活动的企业占比(%)	40.82	27.08
T7	硕士及以上人数/R&D人员数(人/人年)	3.43	3.78
T8	企业R&D研究人员占全社会R&D研究人员的比重(%)	32.03	24.86
T9	R&D经费内部支出占GDP的比重(%)	0.39	0.45
T10	地方财政科技支出占地方财政一般预算支出的比重(%)	1.10	0.97
T11	规模以上工业企业R&D经费内部支出占主营业务收入的比重(%)	0.39	0.45
T12	规模以上工业企业技术获取和技术改造经费支出占主营业务收入的比重(%)	0.09	0.09
T13	万名R&D人员发表科技论文数(篇/万人)	2371.79	1724.14
T14	万人有效发明专利拥有量(件/万人)	2.48	2.15
T15	技术合同成交额占GDP的比重(%)	0.00	0.00
T16	数字经济增加值占GDP的比重(%)	0.94	5.49
T17	规模以上工业企业新产品销售收入占主营业务收入的比重(%)	6.42	5.35
T18	每万家企业法人中高新技术企业数(家/万家)	50.03	55.59
T19	高技术制造业区位熵	0.28	0.44
T20	高新技术企业营业收入占工业主营业务收入的比重(%)	14.18	23.61
T21	高新技术企业劳动生产率(万元/人)	70.95	100.61
T22	高新技术企业利润率(%)	7.79	6.13
T23	人均GDP(元/人)	55607.92	57424.00
T24	就业人员劳动生产率(万元/人)	14.06	14.51
T25	综合能耗产出率(亿元/万吨标煤)	7.90	7.62
T26	万元地区生产总值用水量(立方米/万元)	34.37	33.00
T27	空气质量优良天数占比(%)	96.71	98.36

表33 重庆市长寿区科技创新发展监测值

序号	三级指标	2021年	2022年
T1	万人R&D人员数(人年/万人)	52.25	69.38
T2	法人单位中科学研究和技术服务业的占比(%)	3.49	3.56
T3	每名R&D人员研发仪器和设备支出(万元/人)	2.56	2.96
T4	万人累计孵化企业数(个/万人)(T4)	0.00	0.00
T5	每百家工业企业中设立研发机构的比重(%)	23.21	27.50
T6	有R&D活动的企业占比(%)	46.43	42.86
T7	硕士及以上人数/R&D人员数(人/人年)	0.31	0.34
T8	企业R&D研究人员占全社会R&D研究人员的比重(%)	62.47	33.32
T9	R&D经费内部支出占GDP的比重(%)	2.88	2.50
T10	地方财政科技支出占地方财政一般预算支出的比重(%)	1.41	1.34
T11	规模以上工业企业R&D经费内部支出占主营业务收入的比重(%)	1.35	1.38
T12	规模以上工业企业技术获取和技术改造经费支出占主营业务收入的比重(%)	1.93	1.25
T13	万名R&D人员发表科技论文数(篇/万人)	475.61	358.53
T14	万人有效发明专利拥有量(件/万人)	14.37	20.73
T15	技术合同成交额占GDP的比重(%)	0.56	0.31
T16	数字经济增加值占GDP的比重(%)	4.94	1.86
T17	规模以上工业企业新产品销售收入占主营业务收入的比重(%)	28.15	27.54
T18	每万家企业法人中高新技术企业数(家/万家)	108.79	132.32
T19	高技术制造业区位熵	0.46	0.47
T20	高新技术企业营业收入占工业主营业务收入的比重(%)	22.79	25.66
T21	高新技术企业劳动生产率(万元/人)	124.53	139.57
T22	高新技术企业利润率(%)	8.07	9.74
T23	人均GDP(元/人)	93266.24	133164.00
T24	就业人员劳动生产率(万元/人)	20.24	21.23
T25	综合能耗产出率(亿元/万吨标煤)	0.82	0.85
T26	万元地区生产总值用水量(立方米/万元)	30.74	29.60
T27	空气质量优良天数占比(%)	87.95	87.67

附录一 成渝地区双城经济圈科技创新发展监测值

表34 重庆市江津区科技创新发展监测值

序号	三级指标	2021年	2022年
T1	万人R&D人员数(人年/万人)	36.93	36.90
T2	法人单位中科学研究和技术服务业的占比(%)	3.73	4.22
T3	每名R&D人员研发仪器和设备支出(万元/人)	2.04	1.42
T4	万人累计孵化企业数(个/万人)(T4)	0.22	0.27
T5	每百家工业企业中设立研发机构的比重(%)	24.07	27.60
T6	有R&D活动的企业占比(%)	40.30	36.98
T7	硕士及以上人数/R&D人员数(人/人年)	0.53	0.58
T8	企业R&D研究人员占全社会R&D研究人员的比重(%)	73.89	27.07
T9	R&D经费内部支出占GDP的比重(%)	2.10	2.11
T10	地方财政科技支出占地方财政一般预算支出的比重(%)	1.24	1.30
T11	规模以上工业企业R&D经费内部支出占主营业务收入的比重(%)	1.41	1.39
T12	规模以上工业企业技术获取和技术改造经费支出占主营业务收入的比重(%)	0.07	0.12
T13	万名R&D人员发表科技论文数(篇/万人)	1680.84	1923.41
T14	万人有效发明专利拥有量(件/万人)	14.18	17.06
T15	技术合同成交额占GDP的比重(%)	0.37	0.16
T16	数字经济增加值占GDP的比重(%)	2.51	3.35
T17	规模以上工业企业新产品销售收入占主营业务收入的比重(%)	19.30	19.58
T18	每万家企业法人中高新技术企业数(家/万家)	117.81	128.04
T19	高技术制造业区位熵	0.68	0.65
T20	高新技术企业营业收入占工业主营业务收入的比重(%)	33.96	35.16
T21	高新技术企业劳动生产率(万元/人)	143.50	139.47
T22	高新技术企业利润率(%)	4.97	4.16
T23	人均GDP(元/人)	92524.61	97918.00
T24	就业人员劳动生产率(万元/人)	20.27	21.18
T25	综合能耗产出率(亿元/万吨标煤)	3.05	3.27
T26	万元地区生产总值用水量(立方米/万元)	76.98	78.00
T27	空气质量优良天数占比(%)	79.73	85.21

表35 重庆市合川区科技创新发展监测值

序号	三级指标	2021年	2022年
T1	万人R&D人员数(人年/万人)	15.63	13.45
T2	法人单位中科学研究和技术服务业的占比(%)	3.18	3.24
T3	每名R&D人员研究仪器和设备支出(万元/人)	0.54	1.21
T4	万人累计孵化企业数(个/万人)(T4)	0.00	0.01
T5	每百家工业企业中设立研发机构的比重(%)	14.88	18.08
T6	有R&D活动的企业占比(%)	27.34	28.46
T7	硕士及以上人数/R&D人员数(人/人年)	1.43	1.85
T8	企业R&D研究人员占全社会R&D研究人员的比重(%)	50.78	20.58
T9	R&D经费内部支出占GDP的比重(%)	0.58	0.59
T10	地方财政科技支出占地方财政一般预算支出的比重(%)	0.62	0.75
T11	规模以上工业企业R&D经费内部支出占主营业务收入的比重(%)	1.13	1.04
T12	规模以上工业企业技术获取和技术改造经费支出占主营业务收入的比重(%)	0.15	0.54
T13	万名R&D人员发表科技论文数(篇/万人)	2724.35	2161.78
T14	万人有效发明专利拥有量(件/万人)	8.62	9.38
T15	技术合同成交额占GDP的比重(%)	0.20	0.06
T16	数字经济增加值占GDP的比重(%)	1.30	1.62
T17	规模以上工业企业新产品销售收入占主营业务收入的比重(%)	19.15	17.08
T18	每万家企业法人中高新技术企业数(家/万家)	91.63	101.98
T19	高技术制造业区位熵	0.98	0.93
T20	高新技术企业营业收入占工业主营业务收入的比重(%)	49.25	50.46
T21	高新技术企业劳动生产率(万元/人)	94.75	95.43
T22	高新技术企业利润率(%)	3.60	4.92
T23	人均GDP(元/人)	78204.19	80782.00
T24	就业人员劳动生产率(万元/人)	12.94	13.05
T25	综合能耗产出率(亿元/万吨标煤)	3.13	3.42
T26	万元地区生产总值用水量(立方米/万元)	27.41	25.40
T27	空气质量优良天数占比(%)	82.47	79.18

附录一 成渝地区双城经济圈科技创新发展监测值

表36 重庆市永川区科技创新发展监测值

序号	三级指标	2021年	2022年
T1	万人R&D人员数(人年/万人)	42.97	37.05
T2	法人单位中科学研究和技术服务业的占比(%)	3.63	3.85
T3	每名R&D人员研发仪器和设备支出(万元/人)	2.19	1.99
T4	万人累计孵化企业数(个/万人)(T4)	0.27	0.22
T5	每百家工业企业中设立研发机构的比重(%)	7.31	32.76
T6	有R&D活动的企业占比(%)	49.12	42.24
T7	硕士及以上人数/R&D人员数(人/人年)	0.78	0.99
T8	企业R&D研究人员占全社会R&D研究人员的比重(%)	47.39	21.08
T9	R&D经费内部支出占GDP的比重(%)	2.37	2.04
T10	地方财政科技支出占地方财政一般预算支出的比重(%)	1.52	1.40
T11	规模以上工业企业R&D经费内部支出占主营业务收入的比重(%)	1.43	1.21
T12	规模以上工业企业技术获取和技术改造经费支出占主营业务收入的比重(%)	0.03	0.04
T13	万名R&D人员发表科技论文数(篇/万人)	2080.87	1986.83
T14	万人有效发明专利拥有量(件/万人)	9.95	11.39
T15	技术合同成交额占GDP的比重(%)	0.00	0.06
T16	数字经济增加值占GDP的比重(%)	10.95	8.41
T17	规模以上工业企业新产品销售收入占主营业务收入的比重(%)	11.17	7.67
T18	每万家企业法人中高新技术企业数(家/万家)	130.03	139.46
T19	高技术制造业区位熵	0.75	0.65
T20	高新技术企业营业收入占工业主营业务收入的比重(%)	37.52	35.41
T21	高新技术企业劳动生产率(万元/人)	143.30	140.69
T22	高新技术企业利润率(%)	11.07	10.03
T23	人均GDP(元/人)	99588.36	104777.00
T24	就业人员劳动生产率(万元/人)	20.90	21.77
T25	综合能耗产出率(亿元/万吨标煤)	8.66	10.16
T26	万元地区生产总值用水量(立方米/万元)	29.96	24.70
T27	空气质量优良天数占比(%)	88.49	88.22

表37 重庆市南川区科技创新发展监测值

序号	三级指标	2021年	2022年
T1	万人R&D人员数(人年/万人)	22.87	27.33
T2	法人单位中科学研究和技术服务业的占比(%)	2.68	2.28
T3	每名R&D人员研发仪器和设备支出(万元/人)	1.11	2.62
T4	万人累计孵化企业数(个/万人)(T4)	0.07	0.35
T5	每百家工业企业中设立研发机构的比重(%)	51.15	67.86
T6	有R&D活动的企业占比(%)	47.33	59.29
T7	硕士及以上人数/R&D人员数(人/人年)	0.61	0.56
T8	企业R&D研究人员占全社会R&D研究人员的比重(%)	44.96	26.14
T9	R&D经费内部支出占GDP的比重(%)	1.37	1.70
T10	地方财政科技支出占地方财政一般预算支出的比重(%)	1.05	1.08
T11	规模以上工业企业R&D经费内部支出占主营业务收入的比重(%)	1.59	2.13
T12	规模以上工业企业技术获取和技术改造经费支出占主营业务收入的比重(%)	0.09	0.00
T13	万名R&D人员发表科技论文数(篇/万人)	593.70	352.11
T14	万人有效发明专利拥有量(件/万人)	3.44	4.03
T15	技术合同成交额占GDP的比重(%)	0.00	0.00
T16	数字经济增加值占GDP的比重(%)	1.02	2.12
T17	规模以上工业企业新产品销售收入占主营业务收入的比重(%)	8.14	19.82
T18	每万家企业法人中高新技术企业数(家/万家)	26.51	43.76
T19	高技术制造业区位熵	0.30	0.41
T20	高新技术企业营业收入占工业主营业务收入的比重(%)	14.98	21.96
T21	高新技术企业劳动生产率(万元/人)	94.12	116.55
T22	高新技术企业利润率(%)	7.35	-4.72
T23	人均GDP(元/人)	71367.66	73655.00
T24	就业人员劳动生产率(万元/人)	16.21	16.53
T25	综合能耗产出率(亿元/万吨标煤)	2.31	3.36
T26	万元地区生产总值用水量(立方米/万元)	37.90	35.20
T27	空气质量优良天数占比(%)	92.60	92.88

表38　重庆市潼南区科技创新发展监测值

序号	三级指标	2021年	2022年
T1	万人R&D人员数(人年/万人)	20.37	25.90
T2	法人单位中科学研究和技术服务业的占比(%)	3.27	4.63
T3	每名R&D人员研发仪器和设备支出(万元/人)	1.47	0.62
T4	万人累计孵化企业数(个/万人)(T4)	0.61	0.63
T5	每百家工业企业中设立研发机构的比重(%)	18.27	7.73
T6	有R&D活动的企业占比(%)	41.62	56.52
T7	硕士及以上人数/R&D人员数(人/人年)	1.03	0.90
T8	企业R&D研究人员占全社会R&D研究人员的比重(%)	43.07	25.14
T9	R&D经费内部支出占GDP的比重(%)	1.12	1.50
T10	地方财政科技支出占地方财政一般预算支出的比重(%)	2.83	2.35
T11	规模以上工业企业R&D经费内部支出占主营业务收入的比重(%)	1.13	6.20
T12	规模以上工业企业技术获取和技术改造经费支出占主营业务收入的比重(%)	0.04	0.05
T13	万名R&D人员发表科技论文数(篇/万人)	4.91	0.00
T14	万人有效发明专利拥有量(件/万人)	6.35	6.79
T15	技术合同成交额占GDP的比重(%)	0.01	0.08
T16	数字经济增加值占GDP的比重(%)	4.08	8.09
T17	规模以上工业企业新产品销售收入占主营业务收入的比重(%)	12.28	20.02
T18	每万家企业法人中高新技术企业数(家/万家)	46.37	52.47
T19	高技术制造业区位熵	0.36	1.03
T20	高新技术企业营业收入占工业主营业务收入的比重(%)	18.13	55.84
T21	高新技术企业劳动生产率(万元/人)	104.97	104.61
T22	高新技术企业利润率(%)	6.69	8.44
T23	人均GDP(元/人)	78382.88	81445.00
T24	就业人员劳动生产率(万元/人)	14.49	14.90
T25	综合能耗产出率(亿元/万吨标煤)	10.22	11.13
T26	万元地区生产总值用水量(立方米/万元)	28.79	27.90
T27	空气质量优良天数占比(%)	90.14	89.86

表39　重庆市铜梁区科技创新发展监测值

序号	三级指标	2021年	2022年
T1	万人R&D人员数(人年/万人)	57.42	47.91
T2	法人单位中科学研究和技术服务业的占比(%)	2.15	2.18
T3	每名R&D人员研发仪器和设备支出(万元/人)	1.61	1.18
T4	万人累计孵化企业数(个/万人)(T4)	0.32	0.32
T5	每百家工业企业中设立研发机构的比重(%)	27.06	40.26
T6	有R&D活动的企业占比(%)	52.52	51.79
T7	硕士及以上人数/R&D人员数(人/人年)	0.32	0.42
T8	企业R&D研究人员占全社会R&D研究人员的比重(%)	64.98	24.23
T9	R&D经费内部支出占GDP的比重(%)	2.04	2.39
T10	地方财政科技支出占地方财政一般预算支出的比重(%)	1.22	1.68
T11	规模以上工业企业R&D经费内部支出占主营业务收入的比重(%)	1.80	2.29
T12	规模以上工业企业技术获取和技术改造经费支出占主营业务收入的比重(%)	0.05	0.08
T13	万名R&D人员发表科技论文数(篇/万人)	122.33	212.85
T14	万人有效发明专利拥有量(件/万人)	6.80	7.69
T15	技术合同成交额占GDP的比重(%)	0.09	0.16
T16	数字经济增加值占GDP的比重(%)	5.36	6.07
T17	规模以上工业企业新产品销售收入占主营业务收入的比重(%)	17.71	24.01
T18	每万家企业法人中高新技术企业数(家/万家)	109.39	136.09
T19	高技术制造业区位熵	0.57	0.60
T20	高新技术企业营业收入占工业主营业务收入的比重(%)	28.45	32.37
T21	高新技术企业劳动生产率(万元/人)	89.27	92.00
T22	高新技术企业利润率(%)	5.42	5.28
T23	人均GDP(元/人)	102741.27	106525.00
T24	就业人员劳动生产率(万元/人)	22.48	23.13
T25	综合能耗产出率(亿元/万吨标煤)	12.32	13.09
T26	万元地区生产总值用水量(立方米/万元)	22.38	22.80
T27	空气质量优良天数占比(%)	88.77	85.21

附录一 成渝地区双城经济圈科技创新发展监测值

表40 重庆市荣昌区科技创新发展监测值

序号	三级指标	2021年	2022年
T1	万人R&D人员数(人年/万人)	40.06	43.91
T2	法人单位中科学研究和技术服务业的占比(%)	5.76	5.93
T3	每名R&D人员研发仪器和设备支出(万元/人)	1.14	2.14
T4	万人累计孵化企业数(个/万人)(T4)	2.36	2.57
T5	每百家工业企业中设立研发机构的比重(%)	34.05	42.03
T6	有R&D活动的企业占比(%)	44.77	39.49
T7	硕士及以上人数/R&D人员数(人/人年)	0.61	0.61
T8	企业R&D研究人员占全社会R&D研究人员的比重(%)	70.00	29.77
T9	R&D经费内部支出占GDP的比重(%)	1.83	2.19
T10	地方财政科技支出占地方财政一般预算支出的比重(%)	1.79	1.76
T11	规模以上工业企业R&D经费内部支出占主营业务收入的比重(%)	1.12	3.33
T12	规模以上工业企业技术获取和技术改造经费支出占主营业务收入的比重(%)	0.03	0.07
T13	万名R&D人员发表科技论文数(篇/万人)	315.50	369.94
T14	万人有效发明专利拥有量(件/万人)	10.04	10.99
T15	技术合同成交额占GDP的比重(%)	0.41	0.26
T16	数字经济增加值占GDP的比重(%)	3.39	3.55
T17	规模以上工业企业新产品销售收入占主营业务收入的比重(%)	21.90	53.30
T18	每万家企业法人中高新技术企业数(家/万家)	106.72	125.02
T19	高技术制造业区位熵	0.47	1.21
T20	高新技术企业营业收入占工业主营业务收入的比重(%)	23.69	65.68
T21	高新技术企业劳动生产率(万元/人)	102.50	114.90
T22	高新技术企业利润率(%)	12.61	11.85
T23	人均GDP(元/人)	121594.32	122168.00
T24	就业人员劳动生产率(万元/人)	26.61	26.44
T25	综合能耗产出率(亿元/万吨标煤)	16.53	20.17
T26	万元地区生产总值用水量(立方米/万元)	14.01	14.30
T27	空气质量优良天数占比(%)	79.73	81.37

表 41 重庆市璧山区科技创新发展监测值

序号	三级指标	2021 年	2022 年
T1	万人 R&D 人员数(人年/万人)	84.78	74.35
T2	法人单位中科学研究和技术服务业的占比(%)	3.04	3.67
T3	每名 R&D 人员研发仪器和设备支出(万元/人)	2.28	3.28
T4	万人累计孵化企业数(个/万人)(T4)	0.24	0.24
T5	每百家工业企业中设立研发机构的比重(%)	35.01	34.76
T6	有 R&D 活动的企业占比(%)	52.40	51.50
T7	硕士及以上人数/R&D 人员数(人/人年)	0.35	0.44
T8	企业 R&D 研究人员占全社会 R&D 研究人员的比重(%)	82.64	29.18
T9	R&D 经费内部支出占 GDP 的比重(%)	3.10	2.82
T10	地方财政科技支出占地方财政一般预算支出的比重(%)	1.78	2.12
T11	规模以上工业企业 R&D 经费内部支出占主营业务收入的比重(%)	2.58	2.14
T12	规模以上工业企业技术获取和技术改造经费支出占主营业务收入的比重(%)	0.10	0.17
T13	万名 R&D 人员发表科技论文数(篇/万人)	205.72	116.14
T14	万人有效发明专利拥有量(件/万人)	13.40	16.38
T15	技术合同成交额占 GDP 的比重(%)	0.14	0.41
T16	数字经济增加值占 GDP 的比重(%)	9.83	7.09
T17	规模以上工业企业新产品销售收入占主营业务收入的比重(%)	34.65	24.82
T18	每万家企业法人中高新技术企业数(家/万家)	197.35	214.62
T19	高技术制造业区位熵	0.95	0.83
T20	高新技术企业营业收入占工业主营业务收入的比重(%)	47.32	44.91
T21	高新技术企业劳动生产率(万元/人)	100.27	97.36
T22	高新技术企业利润率(%)	7.22	8.13
T23	人均 GDP(元/人)	115679.51	121066.00
T24	就业人员劳动生产率(万元/人)	23.89	24.92
T25	综合能耗产出率(亿元/万吨标煤)	18.44	20.63
T26	万元地区生产总值用水量(立方米/万元)	14.11	14.20
T27	空气质量优良天数占比(%)	81.92	78.90

附录一 成渝地区双城经济圈科技创新发展监测值

表42 重庆市梁平区科技创新发展监测值

序号	三级指标	2021年	2022年
T1	万人R&D人员数(人年/万人)	15.73	13.09
T2	法人单位中科学研究和技术服务业的占比(%)	1.91	1.86
T3	每名R&D人员研发仪器和设备支出(万元/人)	1.92	1.18
T4	万人累计孵化企业数(个/万人)(T4)	0.36	0.40
T5	每百家工业企业中设立研发机构的比重(%)	40.83	34.62
T6	有R&D活动的企业占比(%)	53.33	41.54
T7	硕士及以上人数/R&D人员数(人/人年)	0.86	1.14
T8	企业R&D研究人员占全社会R&D研究人员的比重(%)	86.01	29.56
T9	R&D经费内部支出占GDP的比重(%)	0.81	0.82
T10	地方财政科技支出占地方财政一般预算支出的比重(%)	0.68	0.69
T11	规模以上工业企业R&D经费内部支出占主营业务收入的比重(%)	1.55	2.56
T12	规模以上工业企业技术获取和技术改造经费支出占主营业务收入的比重(%)	0.01	0.01
T13	万名R&D人员发表科技论文数(篇/万人)	0.00	0.00
T14	万人有效发明专利拥有量(件/万人)	2.49	2.77
T15	技术合同成交额占GDP的比重(%)	0.02	0.01
T16	数字经济增加值占GDP的比重(%)	3.37	4.20
T17	规模以上工业企业新产品销售收入占主营业务收入的比重(%)	15.03	26.39
T18	每万家企业法人中高新技术企业数(家/万家)	86.61	91.23
T19	高技术制造业区位熵	0.31	0.44
T20	高新技术企业营业收入占工业主营业务收入的比重(%)	15.53	23.63
T21	高新技术企业劳动生产率(万元/人)	74.71	73.69
T22	高新技术企业利润率(%)	4.96	3.18
T23	人均GDP(元/人)	85145.47	89593.00
T24	就业人员劳动生产率(万元/人)	16.47	17.15
T25	综合能耗产出率(亿元/万吨标煤)	18.85	24.18
T26	万元地区生产总值用水量(立方米/万元)	29.42	27.30
T27	空气质量优良天数占比(%)	92.05	95.07

表 43 重庆市丰都县科技创新发展监测值

序号	三级指标	2021 年	2022 年
T1	万人 R&D 人员数(人年/万人)	6.10	6.38
T2	法人单位中科学研究和技术服务业的占比(%)	2.48	2.55
T3	每名 R&D 人员研发仪器和设备支出(万元/人)	1.34	1.05
T4	万人累计孵化企业数(个/万人)(T4)	0.00	0.02
T5	每百家工业企业中设立研发机构的比重(%)	28.05	23.17
T6	有 R&D 活动的企业占比(%)	39.02	21.95
T7	硕士及以上人数/R&D 人员数(人/人年)	1.80	1.90
T8	企业 R&D 研究人员占全社会 R&D 研究人员的比重(%)	47.73	26.60
T9	R&D 经费内部支出占 GDP 的比重(%)	0.36	0.36
T10	地方财政科技支出占地方财政一般预算支出的比重(%)	0.17	0.29
T11	规模以上工业企业 R&D 经费内部支出占主营业务收入的比重(%)	0.72	0.88
T12	规模以上工业企业技术获取和技术改造经费支出占主营业务收入的比重(%)	0.02	0.01
T13	万名 R&D 人员发表科技论文数(篇/万人)	72.64	0.00
T14	万人有效发明专利拥有量(件/万人)	1.11	1.42
T15	技术合同成交额占 GDP 的比重(%)	0.00	0.00
T16	数字经济增加值占 GDP 的比重(%)	2.34	2.01
T17	规模以上工业企业新产品销售收入占主营业务收入的比重(%)	4.94	2.19
T18	每万家企业法人中高新技术企业数(家/万家)	14.01	18.48
T19	高技术制造业区位熵	0.10	0.13
T20	高新技术企业营业收入占工业主营业务收入的比重(%)	5.07	6.97
T21	高新技术企业劳动生产率(万元/人)	46.36	50.90
T22	高新技术企业利润率(%)	0.31	2.78
T23	人均 GDP(元/人)	67356.37	70545.00
T24	就业人员劳动生产率(万元/人)	13.36	13.89
T25	综合能耗产出率(亿元/万吨标煤)	3.47	3.01
T26	万元地区生产总值用水量(立方米/万元)	35.61	33.90
T27	空气质量优良天数占比(%)	92.05	93.97

附录一 成渝地区双城经济圈科技创新发展监测值

表44 重庆市垫江县科技创新发展监测值

序号	三级指标	2021年	2022年
T1	万人R&D人员数(人年/万人)	16.35	12.01
T2	法人单位中科学研究和技术服务业的占比(%)	3.77	4.17
T3	每名R&D人员研发仪器和设备支出(万元/人)	0.74	0.83
T4	万人累计孵化企业数(个/万人)(T4)	0.00	0.05
T5	每百家工业企业中设立研发机构的比重(%)	23.78	17.12
T6	有R&D活动的企业占比(%)	41.96	35.62
T7	硕士及以上人数/R&D人员数(人/人年)	0.69	1.04
T8	企业R&D研究人员占全社会R&D研究人员的比重(%)	68.38	27.97
T9	R&D经费内部支出占GDP的比重(%)	0.65	0.50
T10	地方财政科技支出占地方财政一般预算支出的比重(%)	1.27	1.26
T11	规模以上工业企业R&D经费内部支出占主营业务收入的比重(%)	1.30	1.07
T12	规模以上工业企业技术获取和技术改造经费支出占主营业务收入的比重(%)	0.02	0.15
T13	万名R&D人员发表科技论文数(篇/万人)	23.78	45.13
T14	万人有效发明专利拥有量(件/万人)	2.66	3.00
T15	技术合同成交额占GDP的比重(%)	0.00	0.00
T16	数字经济增加值占GDP的比重(%)	0.74	2.32
T17	规模以上工业企业新产品销售收入占主营业务收入的比重(%)	23.00	21.24
T18	每万家企业法人中高新技术企业数(家/万家)	33.31	42.52
T19	高技术制造业区位熵	0.51	0.50
T20	高新技术企业营业收入占工业主营业务收入的比重(%)	25.73	27.15
T21	高新技术企业劳动生产率(万元/人)	82.91	92.94
T22	高新技术企业利润率(%)	11.30	14.30
T23	人均GDP(元/人)	77236.41	81884.00
T24	就业人员劳动生产率(万元/人)	13.50	14.07
T25	综合能耗产出率(亿元/万吨标煤)	14.67	15.68
T26	万元地区生产总值用水量(立方米/万元)	34.23	32.20
T27	空气质量优良天数占比(%)	89.59	94.79

表45 重庆市忠县科技创新发展监测值

序号	三级指标	2021年	2022年
T1	万人R&D人员数（人年/万人）	5.26	6.57
T2	法人单位中科学研究和技术服务业的占比(%)	2.72	3.02
T3	每名R&D人员研发仪器和设备支出（万元/人）	1.32	0.93
T4	万人累计孵化企业数（个/万人）(T4)	0.00	0.00
T5	每百家工业企业中设立研发机构的比重(%)	17.24	35.29
T6	有R&D活动的企业占比(%)	33.33	37.65
T7	硕士及以上人数/R&D人员数（人/人年）	2.45	2.16
T8	企业R&D研究人员占全社会R&D研究人员的比重(%)	60.82	19.95
T9	R&D经费内部支出占GDP的比重(%)	0.44	0.75
T10	地方财政科技支出占地方财政一般预算支出的比重(%)	0.58	0.53
T11	规模以上工业企业R&D经费内部支出占主营业务收入的比重(%)	1.12	1.93
T12	规模以上工业企业技术获取和技术改造经费支出占主营业务收入的比重(%)	0.20	0.14
T13	万名R&D人员发表科技论文数（篇/万人）	53.62	12.27
T14	万人有效发明专利拥有量（件/万人）	1.08	1.90
T15	技术合同成交额占GDP的比重(%)	0.00	0.00
T16	数字经济增加值占GDP的比重(%)	3.82	3.87
T17	规模以上工业企业新产品销售收入占主营业务收入的比重(%)	11.36	9.48
T18	每万家企业法人中高新技术企业数（家/万家）	18.99	20.84
T19	高技术制造业区位熵	0.78	0.83
T20	高新技术企业营业收入占工业主营业务收入的比重(%)	38.98	45.24
T21	高新技术企业劳动生产率（万元/人）	272.76	292.16
T22	高新技术企业利润率(%)	9.79	10.73
T23	人均GDP（元/人）	67760.35	70726.00
T24	就业人员劳动生产率（万元/人）	10.90	11.29
T25	综合能耗产出率（亿元/万吨标煤）	6.89	7.13
T26	万元地区生产总值用水量（立方米/万元）	16.75	16.70
T27	空气质量优良天数占比(%)	93.70	95.89

附录一 成渝地区双城经济圈科技创新发展监测值

表46 重庆市开州区科技创新发展监测值

序号	三级指标	2021年	2022年
T1	万人R&D人员数(人年/万人)	7.32	5.33
T2	法人单位中科学研究和技术服务业的占比(%)	2.97	2.94
T3	每名R&D人员研发仪器和设备支出(万元/人)	0.25	0.71
T4	万人累计孵化企业数(个/万人)(T4)	0.19	0.30
T5	每百家工业企业中设立研发机构的比重(%)	17.28	28.57
T6	有R&D活动的企业占比(%)	44.44	34.78
T7	硕士及以上人数/R&D人员数(人/人年)	1.39	2.11
T8	企业R&D研究人员占全社会R&D研究人员的比重(%)	95.40	25.16
T9	R&D经费内部支出占GDP的比重(%)	0.61	0.47
T10	地方财政科技支出占地方财政一般预算支出的比重(%)	0.40	0.40
T11	规模以上工业企业R&D经费内部支出占主营业务收入的比重(%)	1.05	1.07
T12	规模以上工业企业技术获取和技术改造经费支出占主营业务收入的比重(%)	0.24	0.26
T13	万名R&D人员发表科技论文数(篇/万人)	159.57	17.67
T14	万人有效发明专利拥有量(件/万人)	1.54	1.94
T15	技术合同成交额占GDP的比重(%)	0.20	0.05
T16	数字经济增加值占GDP的比重(%)	2.26	3.23
T17	规模以上工业企业新产品销售收入占主营业务收入的比重(%)	31.93	35.89
T18	每万家企业法人中高新技术企业数(家/万家)	36.77	39.14
T19	高技术制造业区位熵	0.31	0.39
T20	高新技术企业营业收入占工业主营业务收入的比重(%)	15.73	21.06
T21	高新技术企业劳动生产率(万元/人)	86.03	81.11
T22	高新技术企业利润率(%)	4.24	3.61
T23	人均GDP(元/人)	49885.61	55073.00
T24	就业人员劳动生产率(万元/人)	13.52	14.68
T25	综合能耗产出率(亿元/万吨标煤)	8.88	7.81
T26	万元地区生产总值用水量(立方米/万元)	37.86	34.30
T27	空气质量优良天数占比(%)	96.71	96.99

表 47 重庆市云阳县科技创新发展监测值

序号	三级指标	2021 年	2022 年
T1	万人 R&D 人员数(人年/万人)	2.67	3.55
T2	法人单位中科学研究和技术服务业的占比(%)	2.10	1.84
T3	每名 R&D 人员研发仪器和设备支出(万元/人)	1.16	0.87
T4	万人累计孵化企业数(个/万人)(T4)	0.00	0.00
T5	每百家工业企业中设立研发机构的比重(%)	13.01	20.86
T6	有 R&D 活动的企业占比(%)	20.33	20.86
T7	硕士及以上人数/R&D 人员数(人/人年)	4.10	3.39
T8	企业 R&D 研究人员占全社会 R&D 研究人员的比重(%)	23.57	22.34
T9	R&D 经费内部支出占 GDP 的比重(%)	0.37	0.47
T10	地方财政科技支出占地方财政一般预算支出的比重(%)	0.49	0.44
T11	规模以上工业企业 R&D 经费内部支出占主营业务收入的比重(%)	0.78	0.92
T12	规模以上工业企业技术获取和技术改造经费支出占主营业务收入的比重(%)	0.70	0.42
T13	万名 R&D 人员发表科技论文数(篇/万人)	346.82	0.00
T14	万人有效发明专利拥有量(件/万人)	0.37	0.57
T15	技术合同成交额占 GDP 的比重(%)	0.00	0.00
T16	数字经济增加值占 GDP 的比重(%)	1.00	2.51
T17	规模以上工业企业新产品销售收入占主营业务收入的比重(%)	12.32	6.82
T18	每万家企业法人中高新技术企业数(家/万家)	9.99	13.52
T19	高技术制造业区位熵	0.09	0.09
T20	高新技术企业营业收入占工业主营业务收入的比重(%)	4.66	4.98
T21	高新技术企业劳动生产率(万元/人)	52.92	54.35
T22	高新技术企业利润率(%)	5.06	2.82
T23	人均 GDP(元/人)	56849.24	60060.00
T24	就业人员劳动生产率(万元/人)	10.31	10.78
T25	综合能耗产出率(亿元/万吨标煤)	51.13	44.83
T26	万元地区生产总值用水量(立方米/万元)	28.18	26.50
T27	空气质量优良天数占比(%)	96.44	97.81

附录二

成渝地区双城经济圈科技创新发展指数值及变化情况

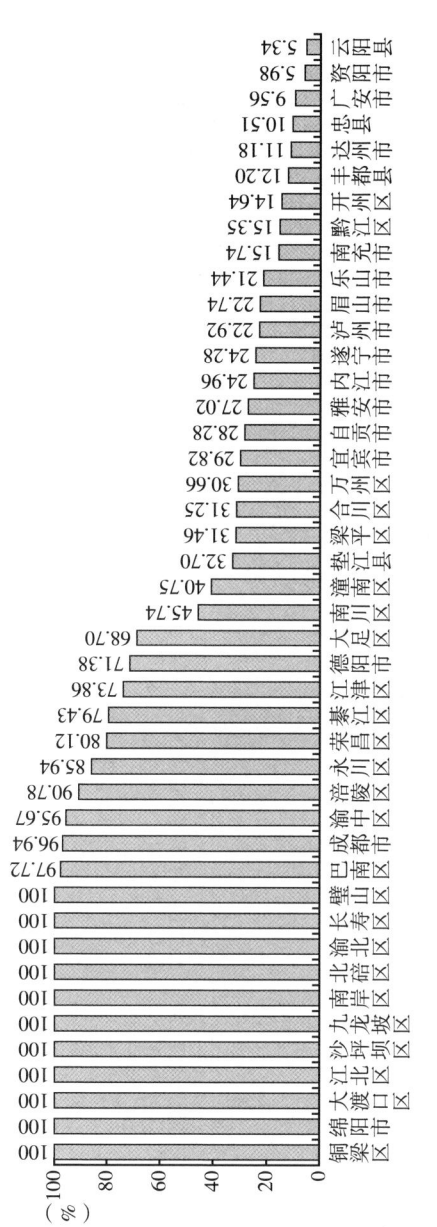

图1 2021年万人R&D人员数的指数值

成渝蓝皮书

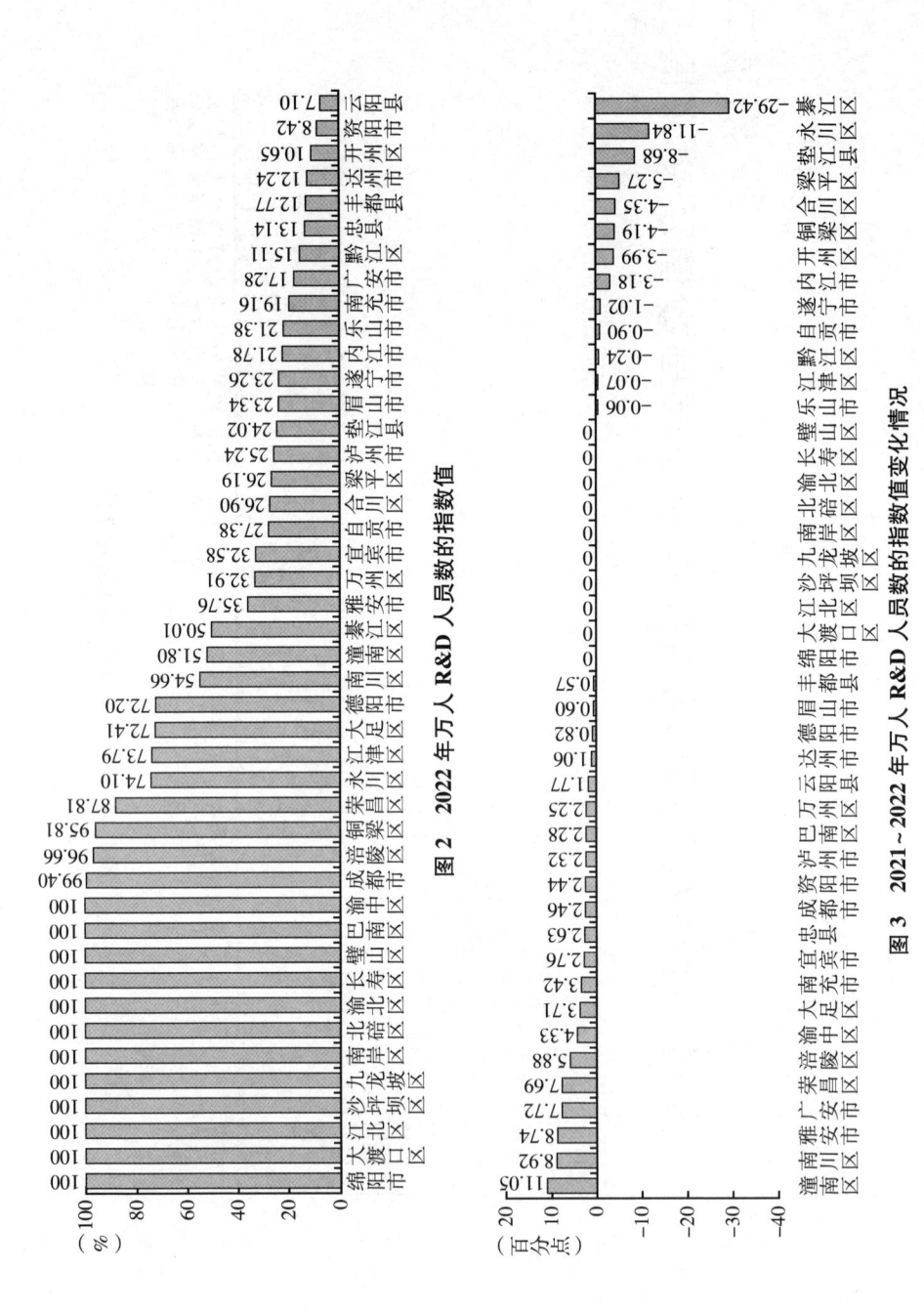

图2 2022年万人R&D人员数的指数值

图3 2021~2022年万人R&D人员数的指数值变化情况

附录二　成渝地区双城经济圈科技创新发展指数值及变化情况

图 4　2021 年法人单位中科学研究和技术服务业的占比指数值

图 5　2022 年法人单位中科学研究和技术服务业的占比指数值

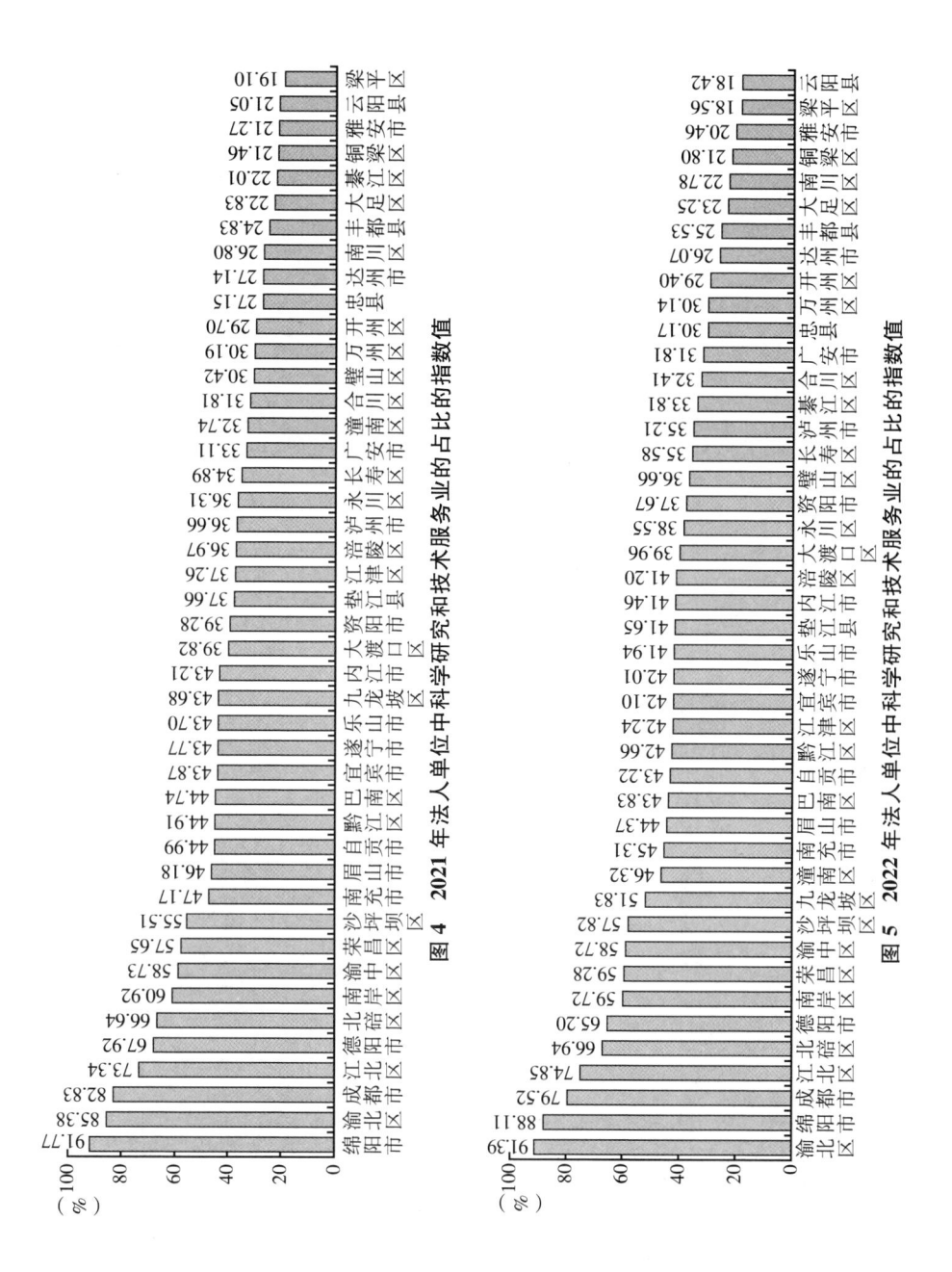

成渝蓝皮书

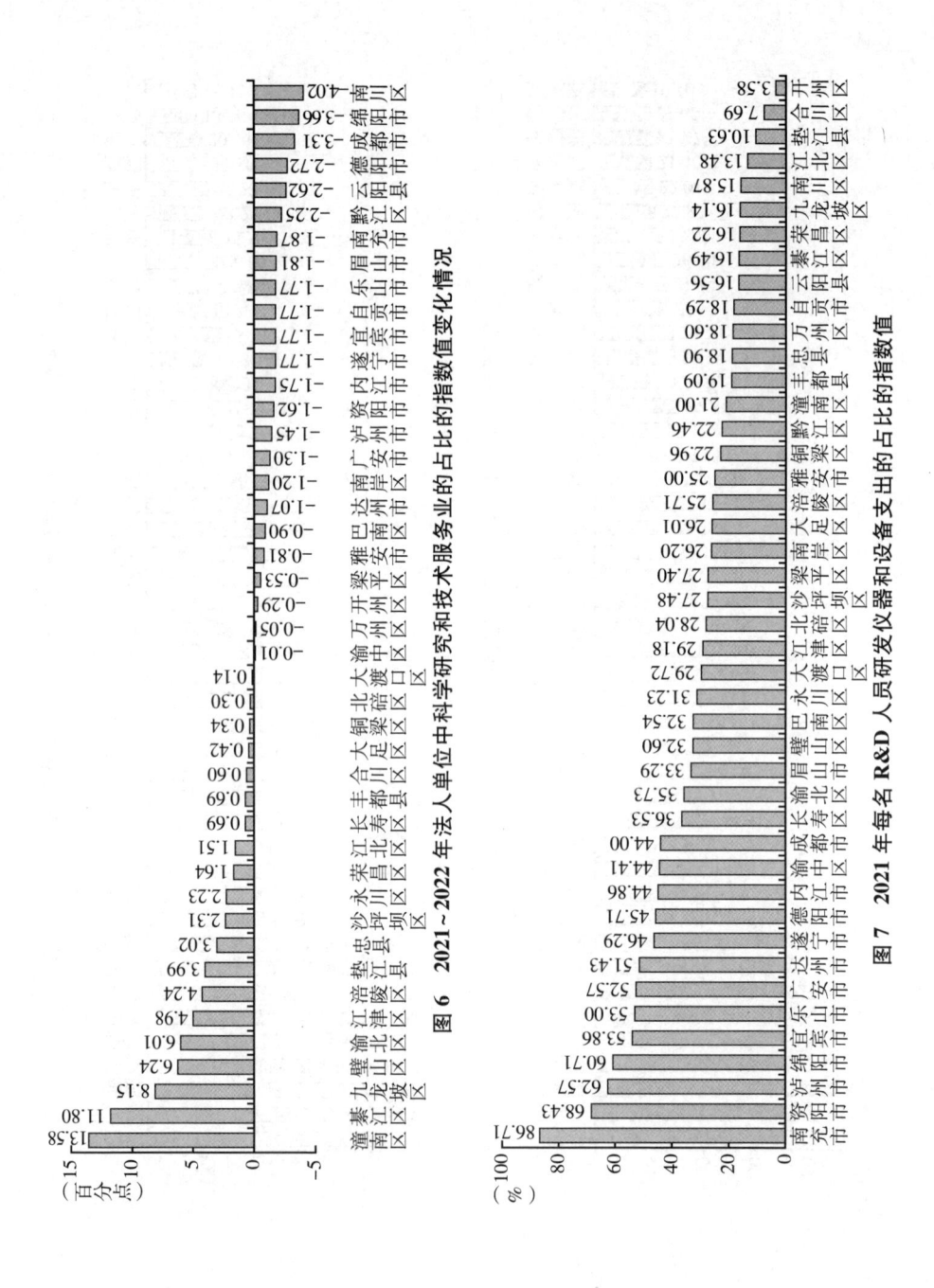

图6 2021~2022年法人单位中科学研究和技术服务业的占比的指数值变化情况

图7 2021年每名R&D人员研发仪器和设备支出的占比的指数值

附录二　成渝地区双城经济圈科技创新发展指数值及变化情况

图 8　2022 年每名 R&D 人员研发仪器和设备支出的占比指数值

图 9　2021~2022 年每名 R&D 人员研发仪器和设备支出的占比指数值变化情况

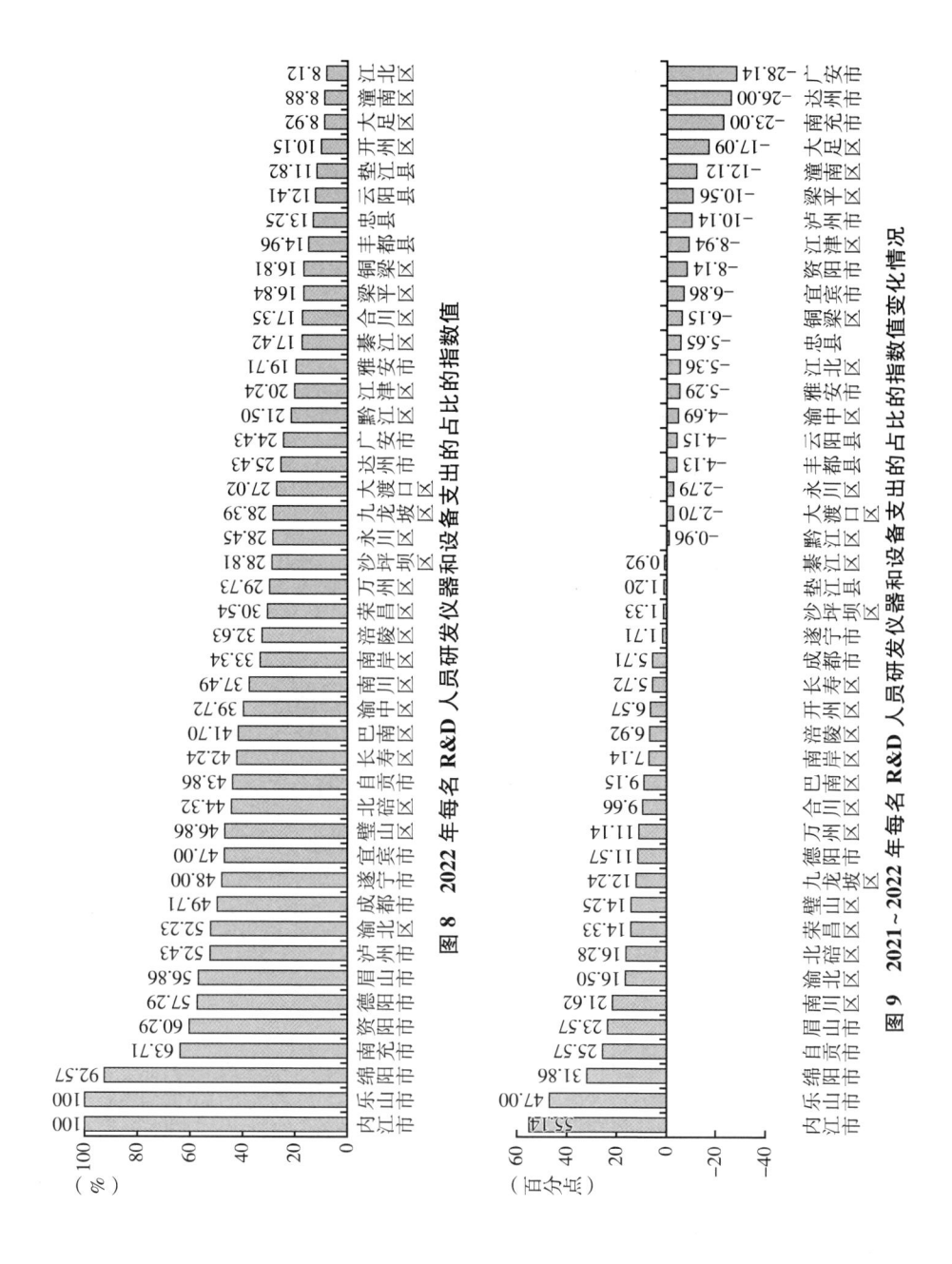

成渝蓝皮书

图10 2021年万人累计孵化企业数的占比的指数值

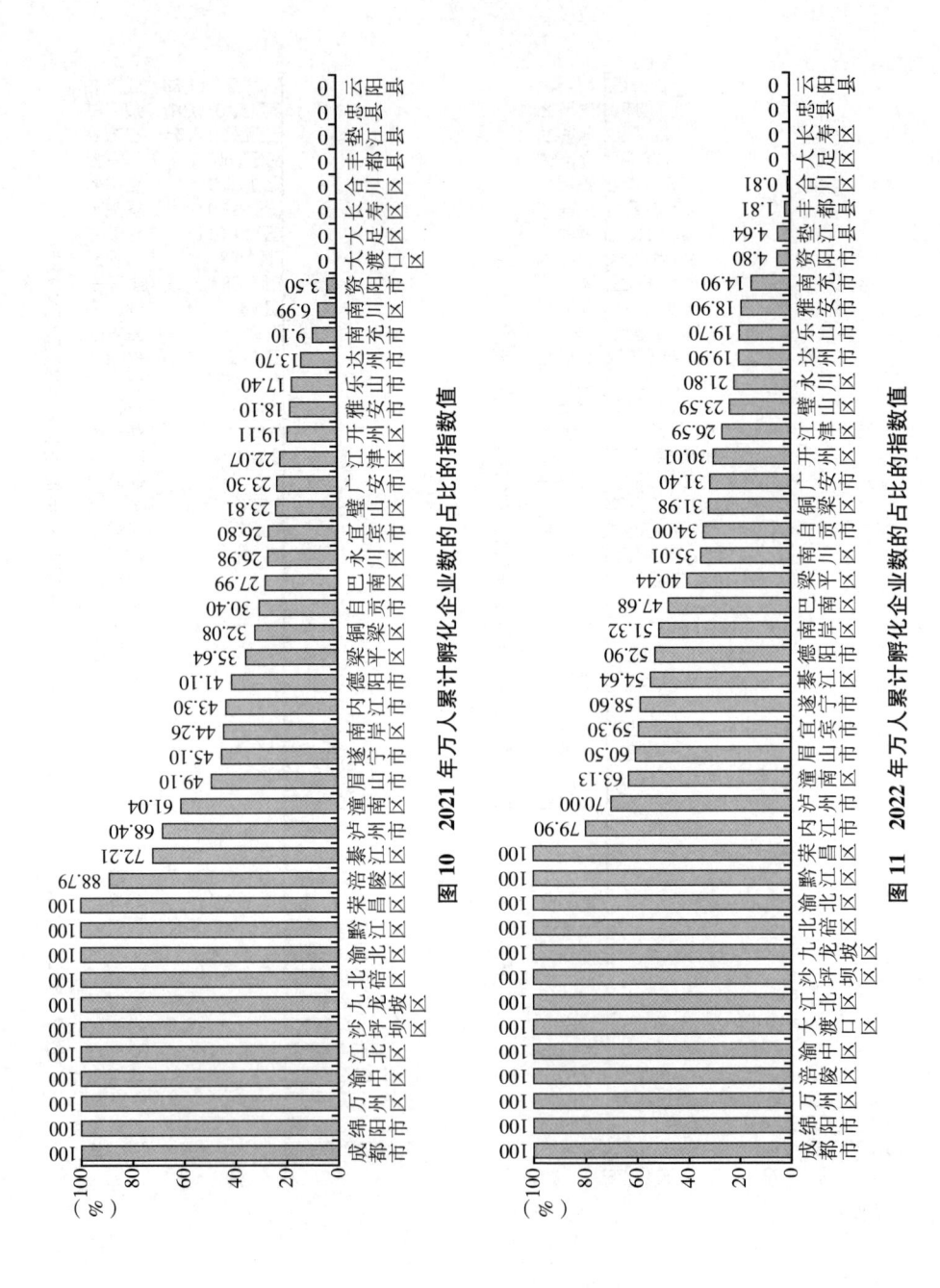

图11 2022年万人累计孵化企业数的占比的指数值

附录二　成渝地区双城经济圈科技创新发展指数值及变化情况

图12　2021~2022年万人累计孵化企业数的占比的指数值变化情况

图13　2021年每百家工业企业中设立研发机构的比重的指数值

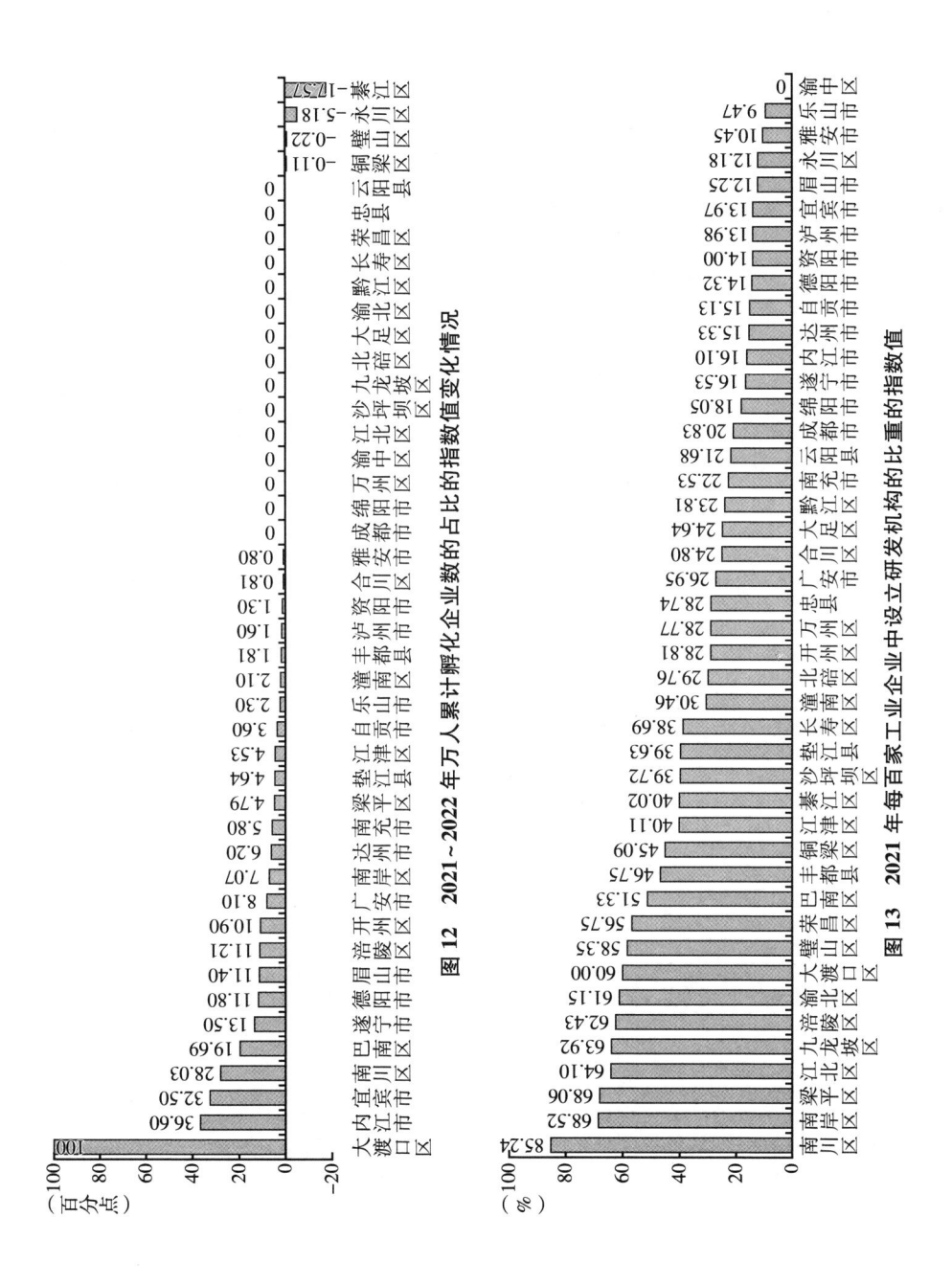

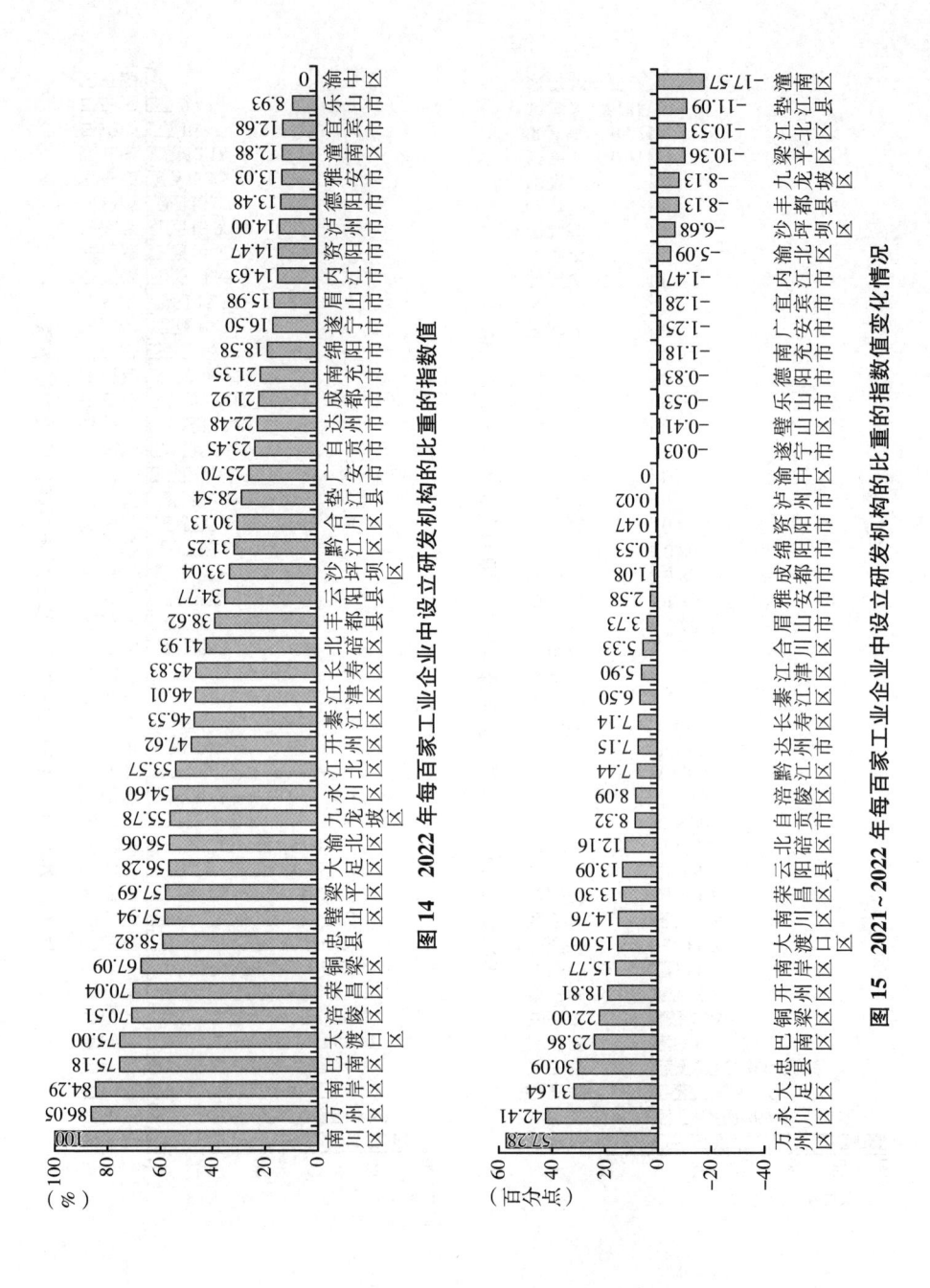

图 14 2022年每百家工业企业中设立研发机构的指数值

图 15 2021~2022年每百家工业企业中设立研发机构的比重的指数值变化情况

附录二 成渝地区双城经济圈科技创新发展指数值及变化情况

图 16　2021 年有 R&D 活动的企业占比的指数值

图 17　2022 年有 R&D 活动的企业占比的指数值

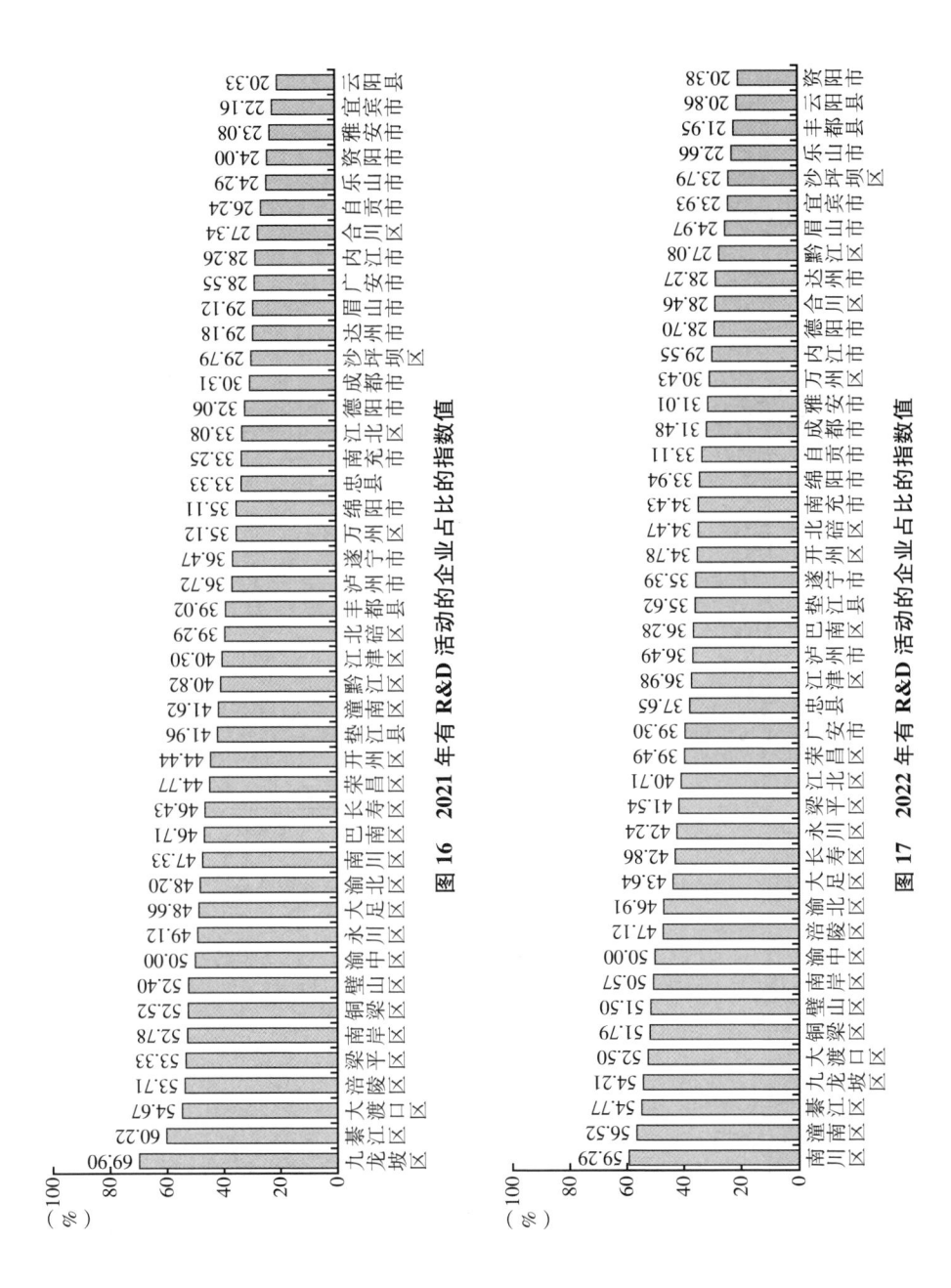

成渝蓝皮书

图 18 2021~2022 年有 R&D 活动的企业占比的指数值变化情况

图 19 2021 年硕士及以上人数/R&D 人员数的比重的指数值

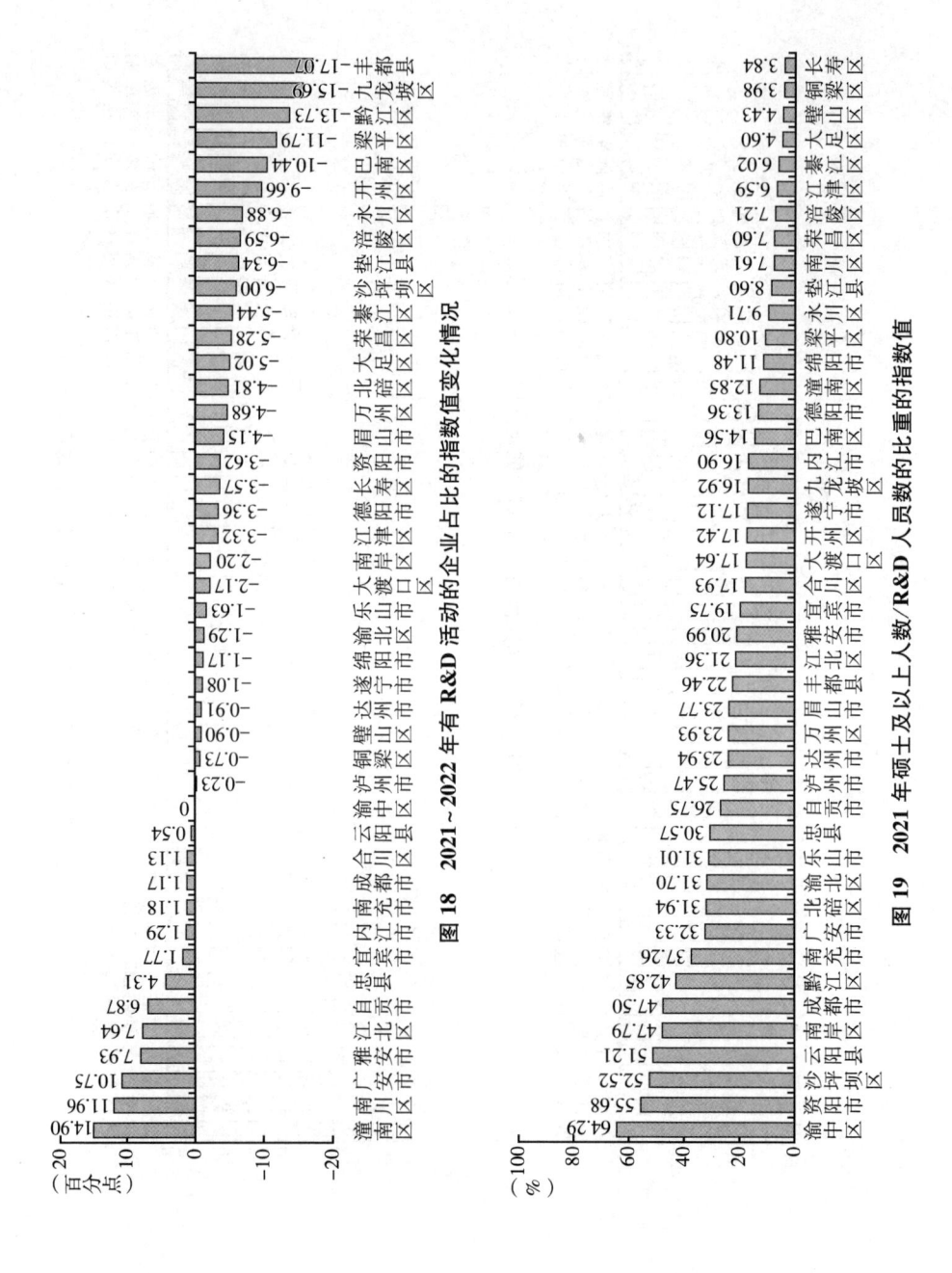

附录二　成渝地区双城经济圈科技创新发展指数值及变化情况

图20　2022年硕士及以上人数/R&D人员数的比重的指数值

图21　2021~2022年硕士及以上人数/R&D人员数的比重的指数值变化情况

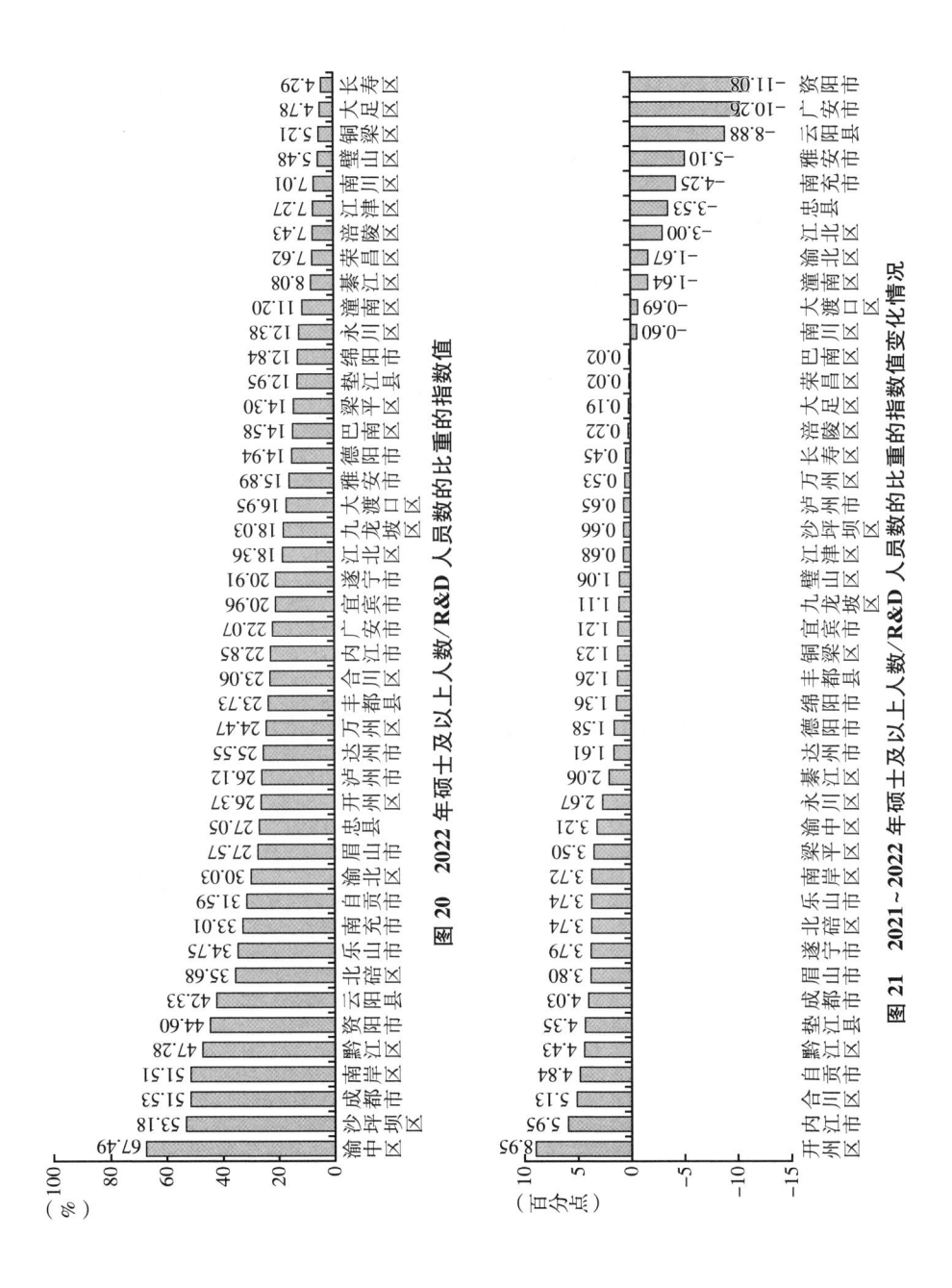

317

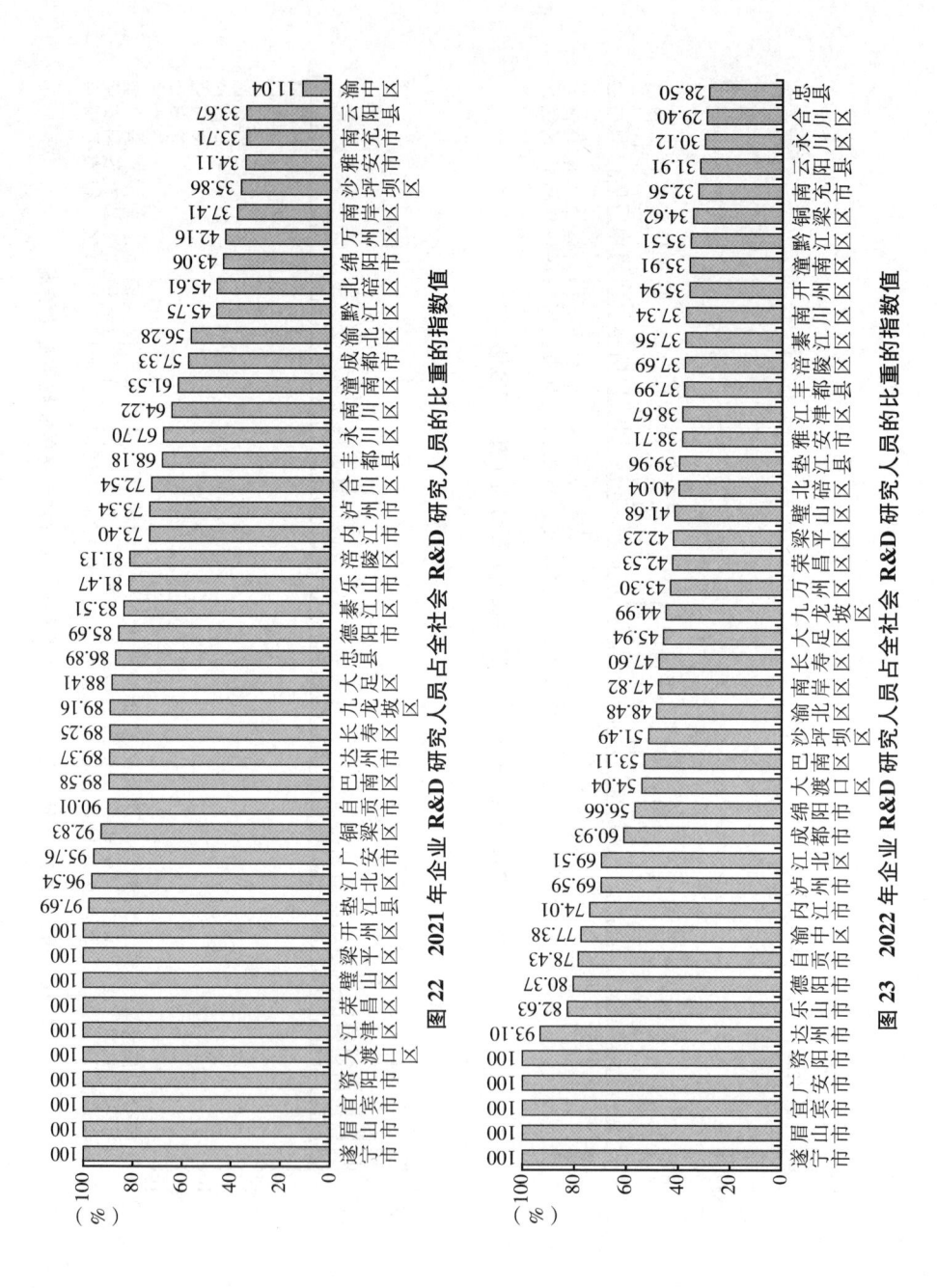

图 22 2021 年企业 R&D 研究人员占全社会 R&D 研究人员的比重的指数值

图 23 2022 年企业 R&D 研究人员占全社会 R&D 研究人员的比重的指数值

附录二 成渝地区双城经济圈科技创新发展指数值及变化情况

图 24 2021~2022 年企业 R&D 研究人员占全社会 R&D 研究人员的比重的指数值变化情况

图 25 2021 年 R&D 经费支出占 GDP 的比重的指数值

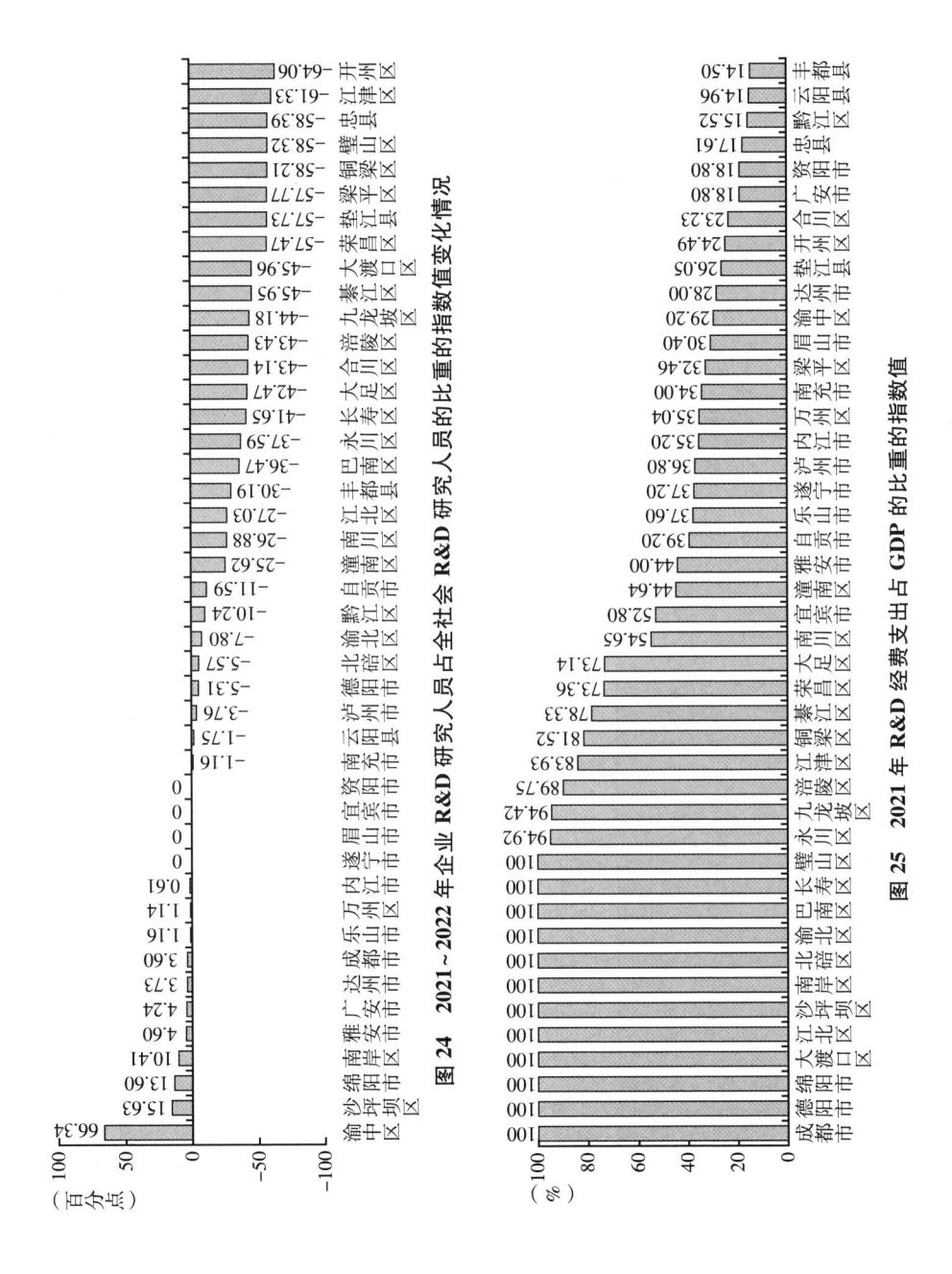

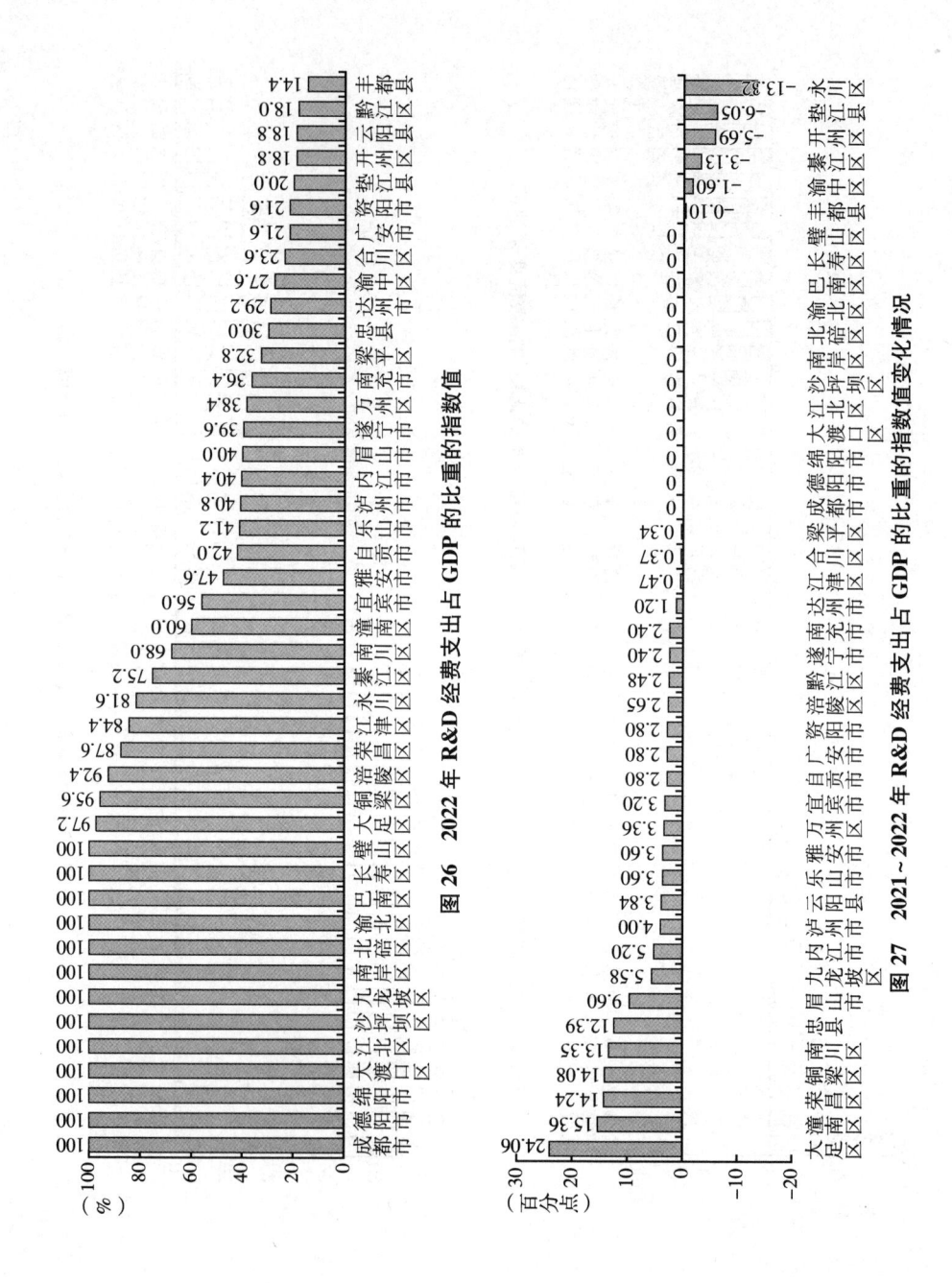

图 26 2022 年 R&D 经费支出占 GDP 的比重的指数值

图 27 2021~2022 年 R&D 经费支出占 GDP 的比重的指数值变化情况

附录二 成渝地区双城经济圈科技创新发展指数值及变化情况

图28　2021年地方财政科技支出占财政一般预算支出的比重的指数值

图29　2022年地方财政科技支出占财政一般预算支出的比重的指数值

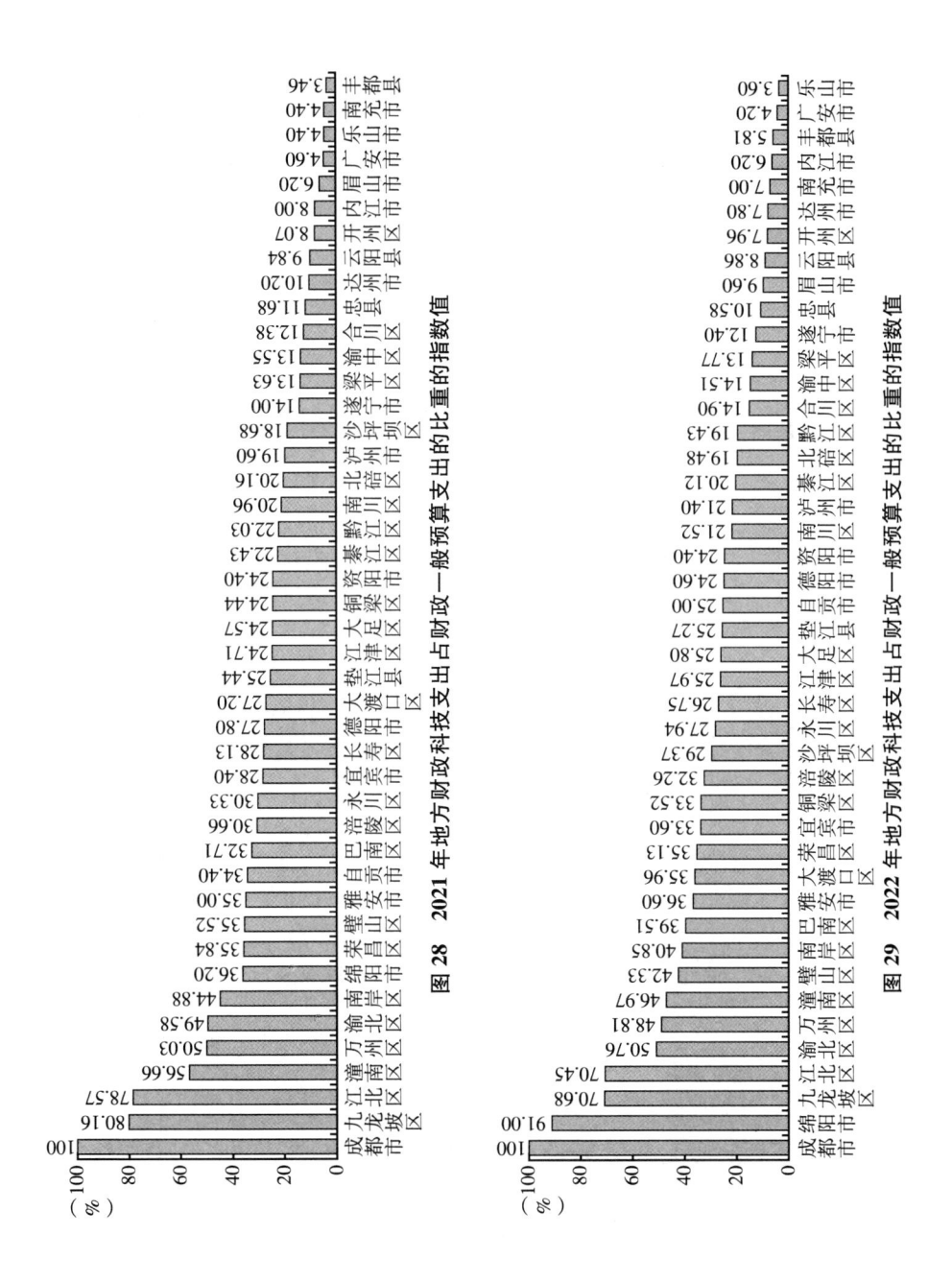

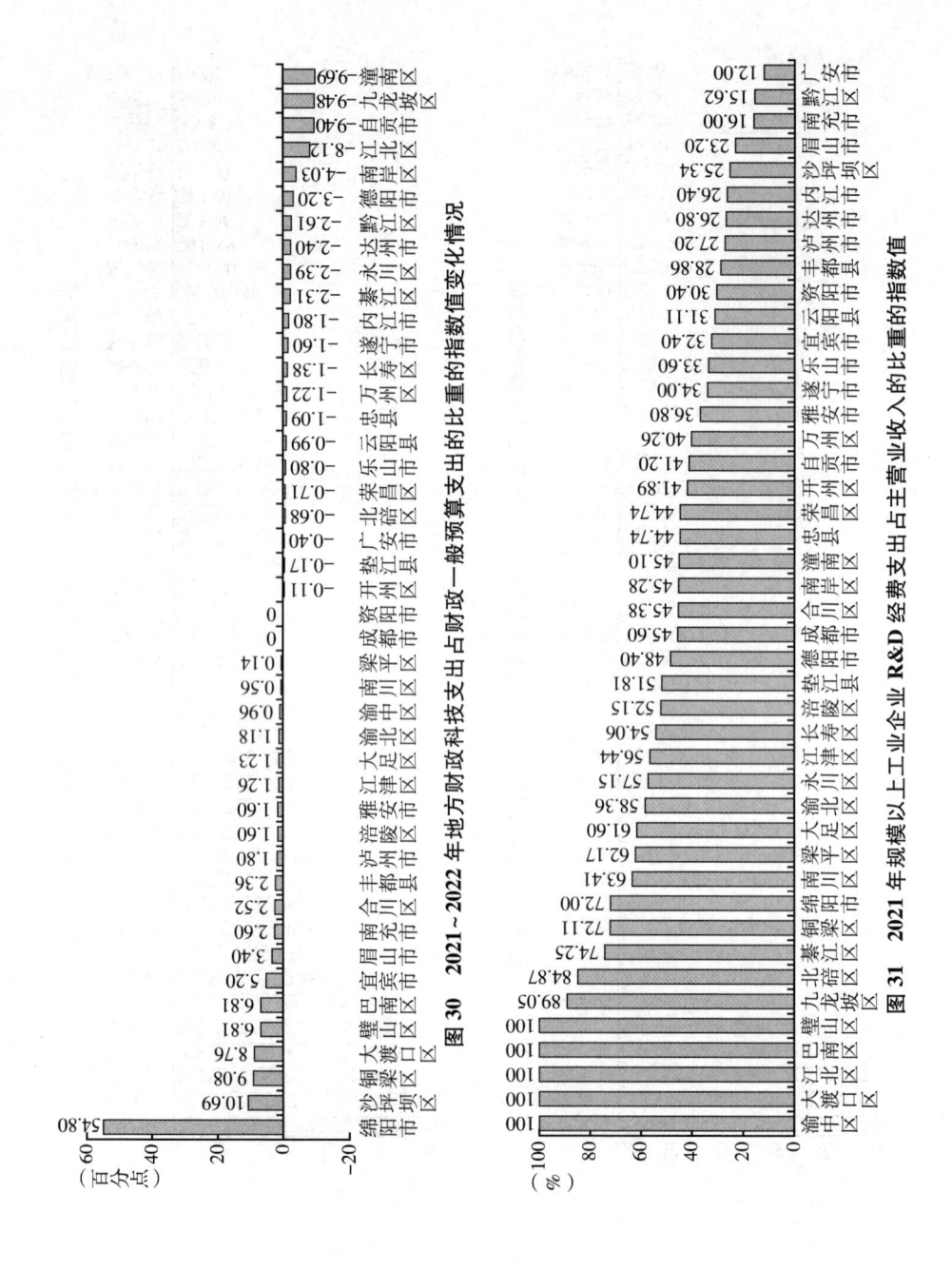

图 30 2021~2022年地方财政科技支出占财政一般预算支出的比重的指数值变化情况

图 31 2021年规模以上工业企业R&D经费支出占主营业收入的比重的指数值

附录二 成渝地区双城经济圈科技创新发展指数值及变化情况

图 32 2022年规模以上工业企业R&D经费支出占主营业收入的比重的指数值

图 33 2021~2022年规模以上工业企业R&D经费支出占主营业收入的比重的指数值变化情况

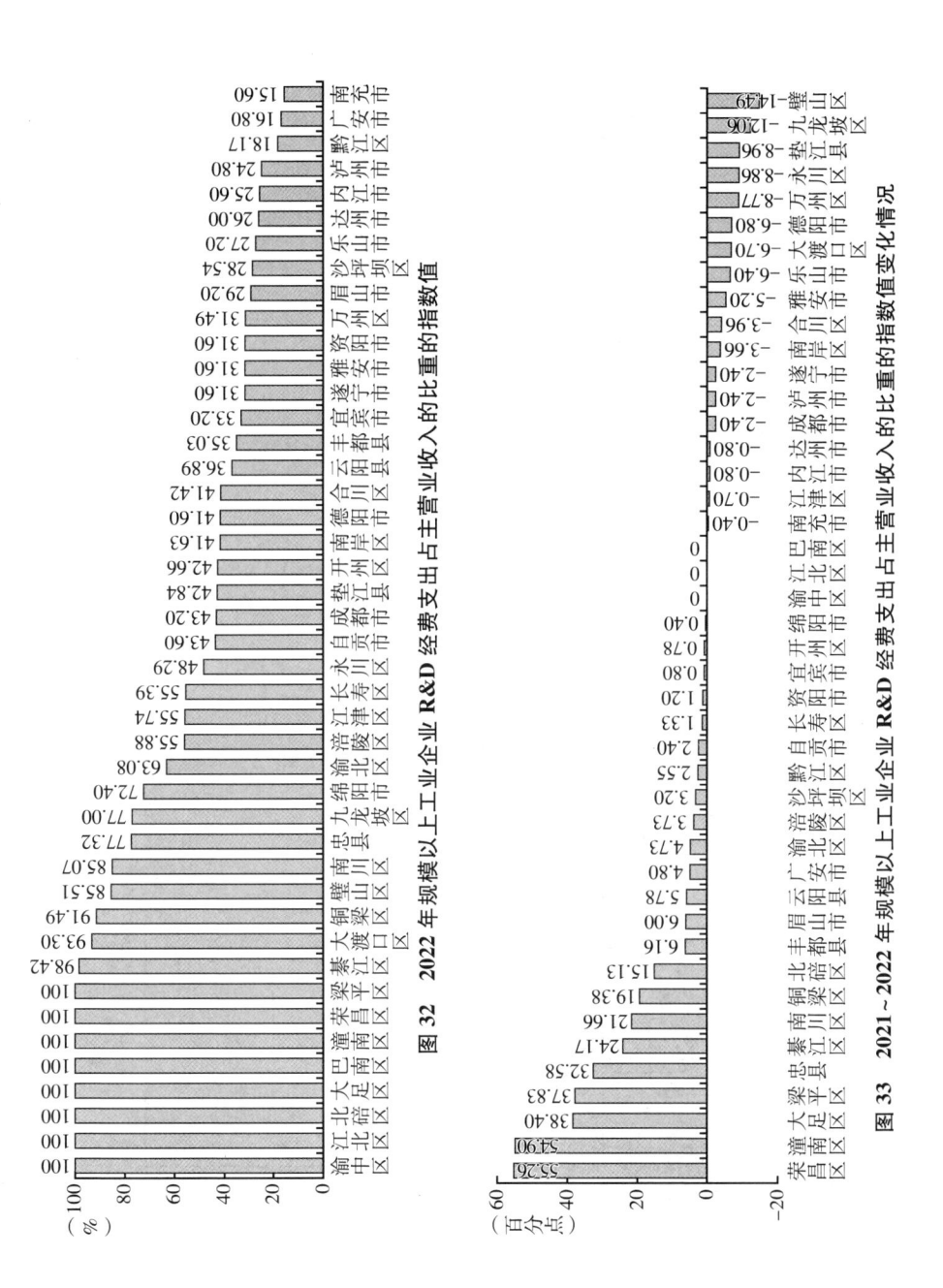

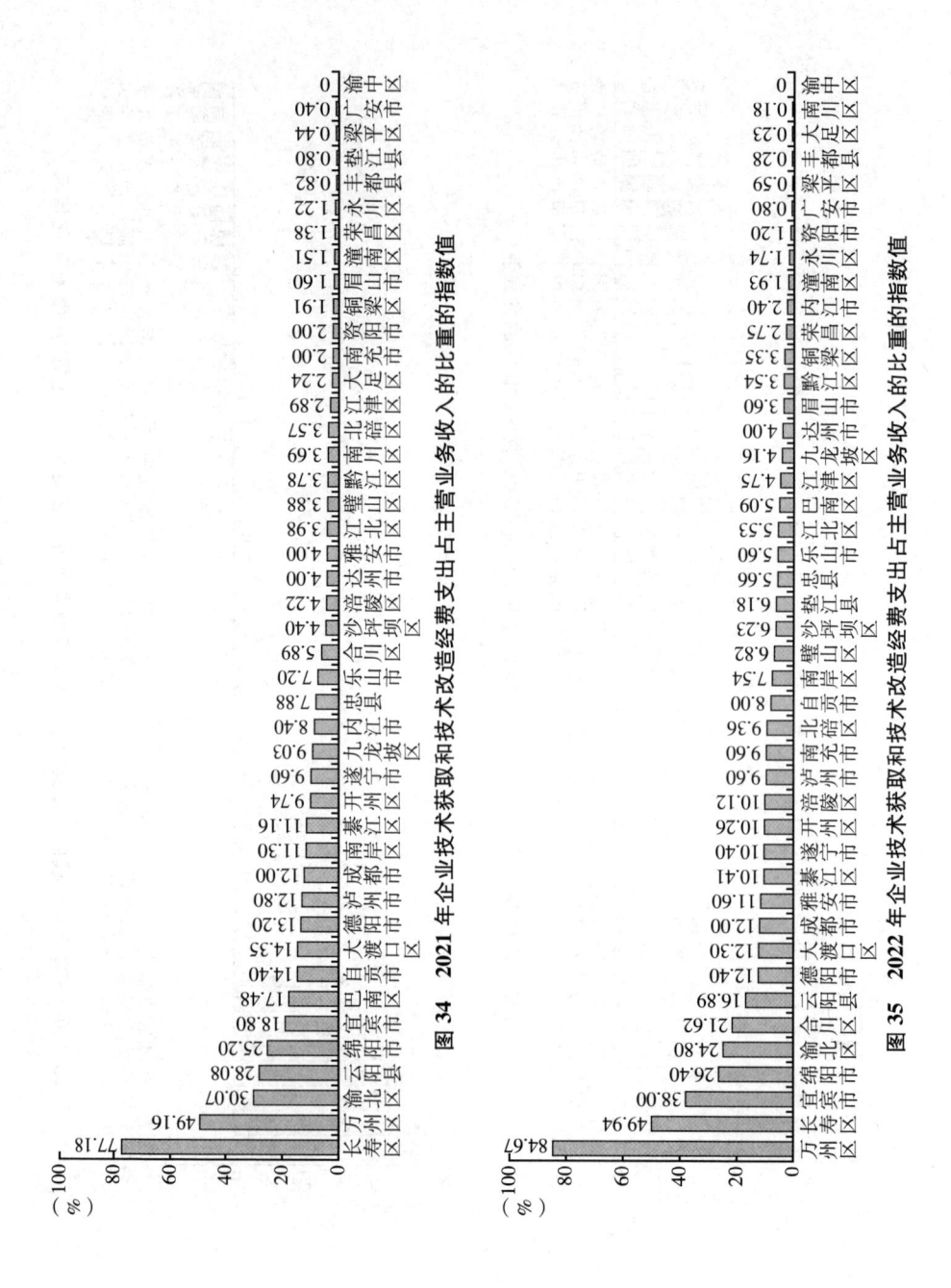

图 34　2021 年企业技术获取和技术改造经费支出占主营业务收入比重的指数值

图 35　2022 年企业技术获取和技术改造经费支出占主营业务收入的比重的指数值

附录二　成渝地区双城经济圈科技创新发展指数值及变化情况

图 36　2021~2022 年企业技术获取和技术改造经费支出占主营业务收入的比重的指数值变化情况

图 37　2021 年万名 R&D 人员发表科技论文数的比重的指数值

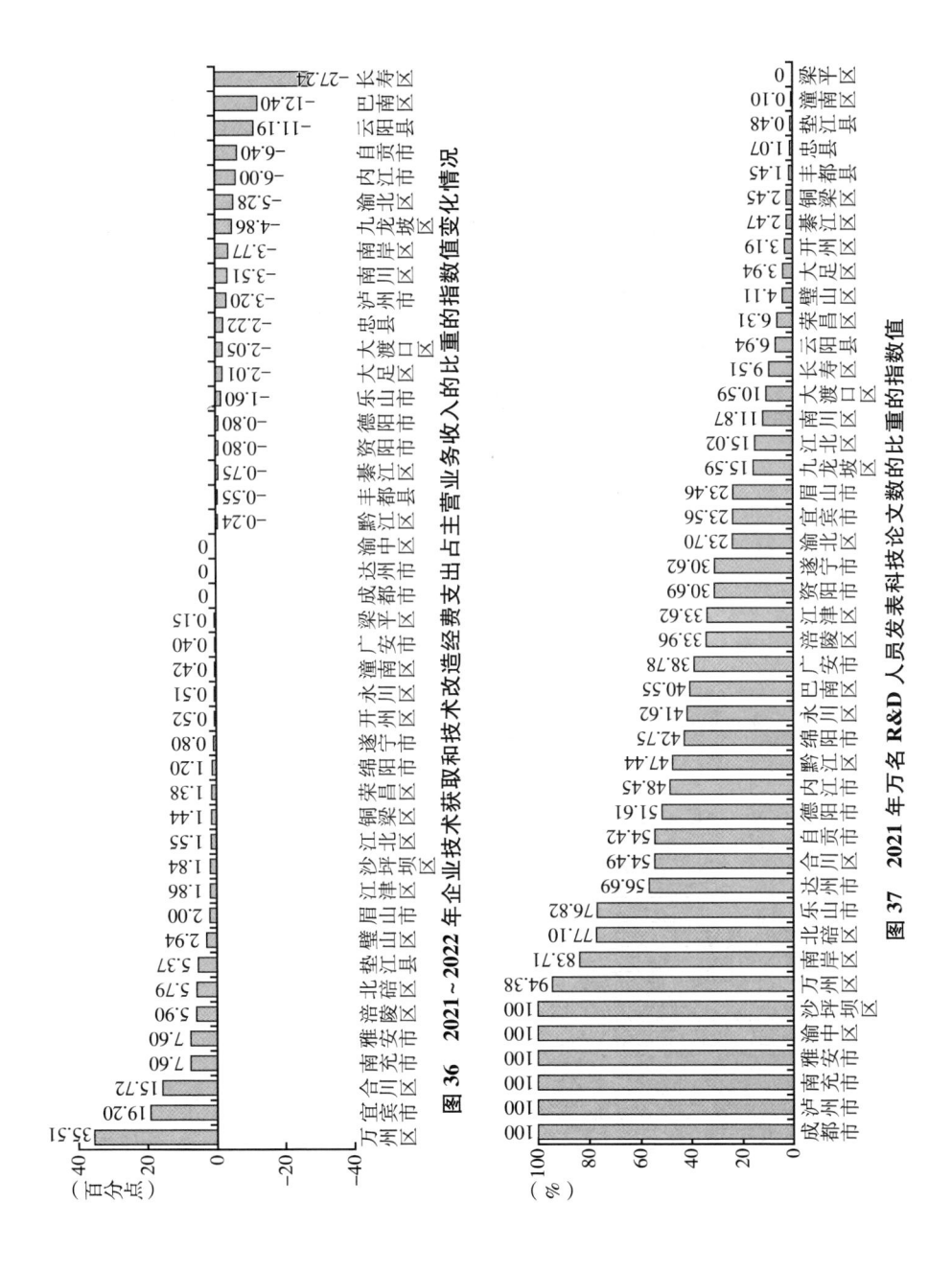

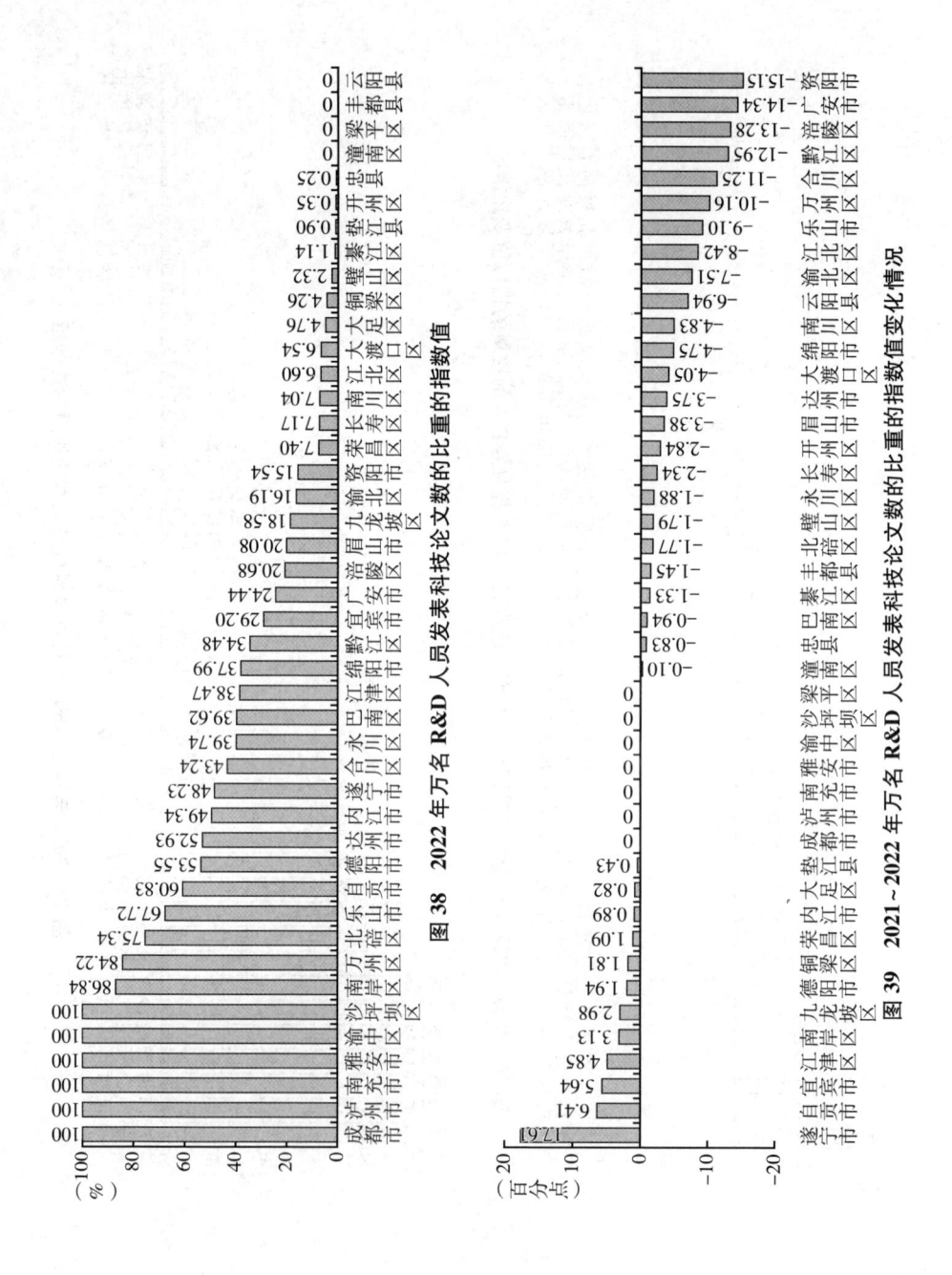

图 38 2022 年万名 R&D 人员发表科技论文数的比重的指数值

图 39 2021~2022 年万名 R&D 人员发表科技论文数的比重的指数值变化情况

附录二 成渝地区双城经济圈科技创新发展指数值及变化情况

图 40 2021年万人有效发明专利拥有量的比重的指数值

图 41 2022年万人有效发明专利拥有量的比重的指数值

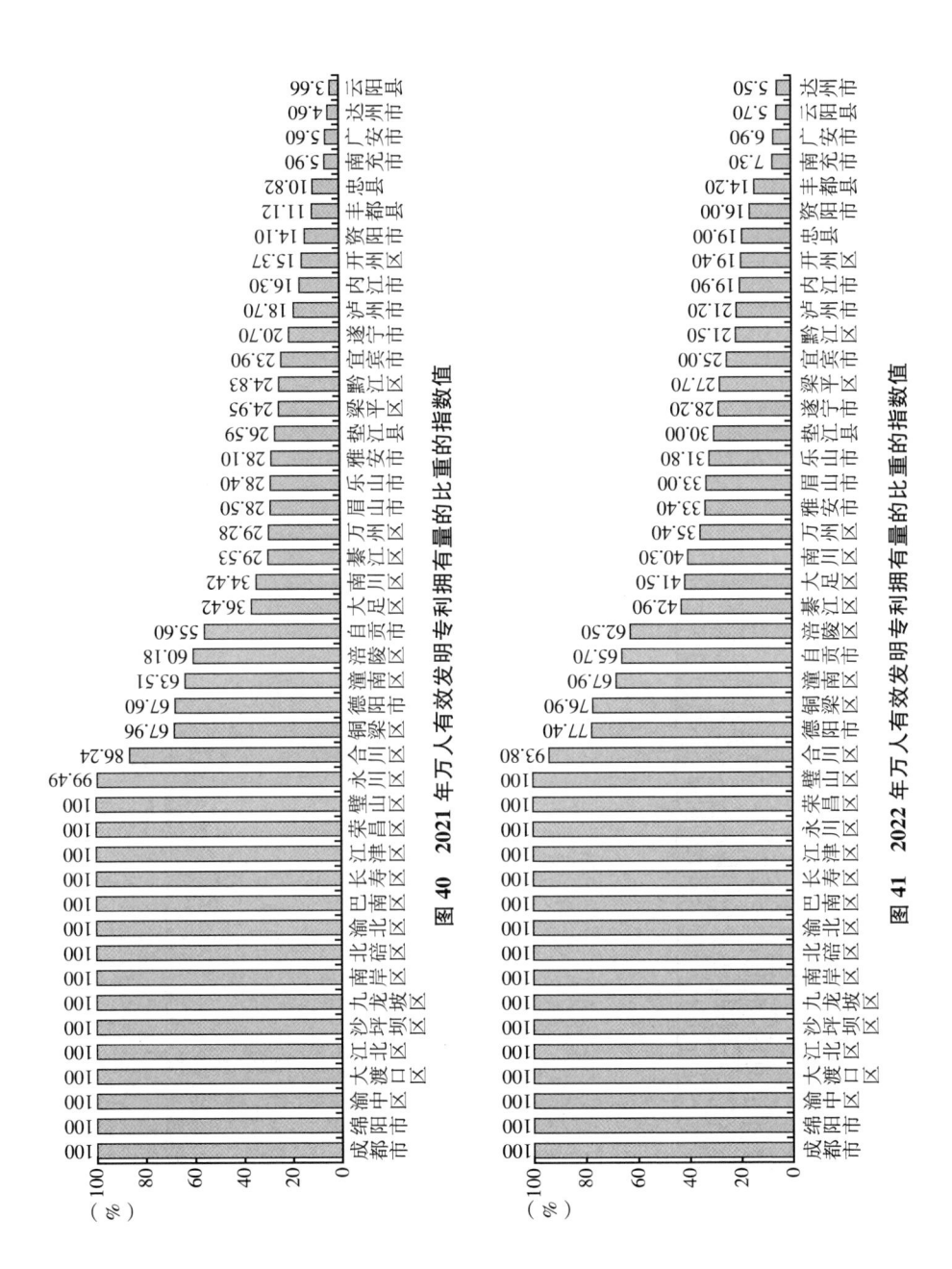

成渝蓝皮书

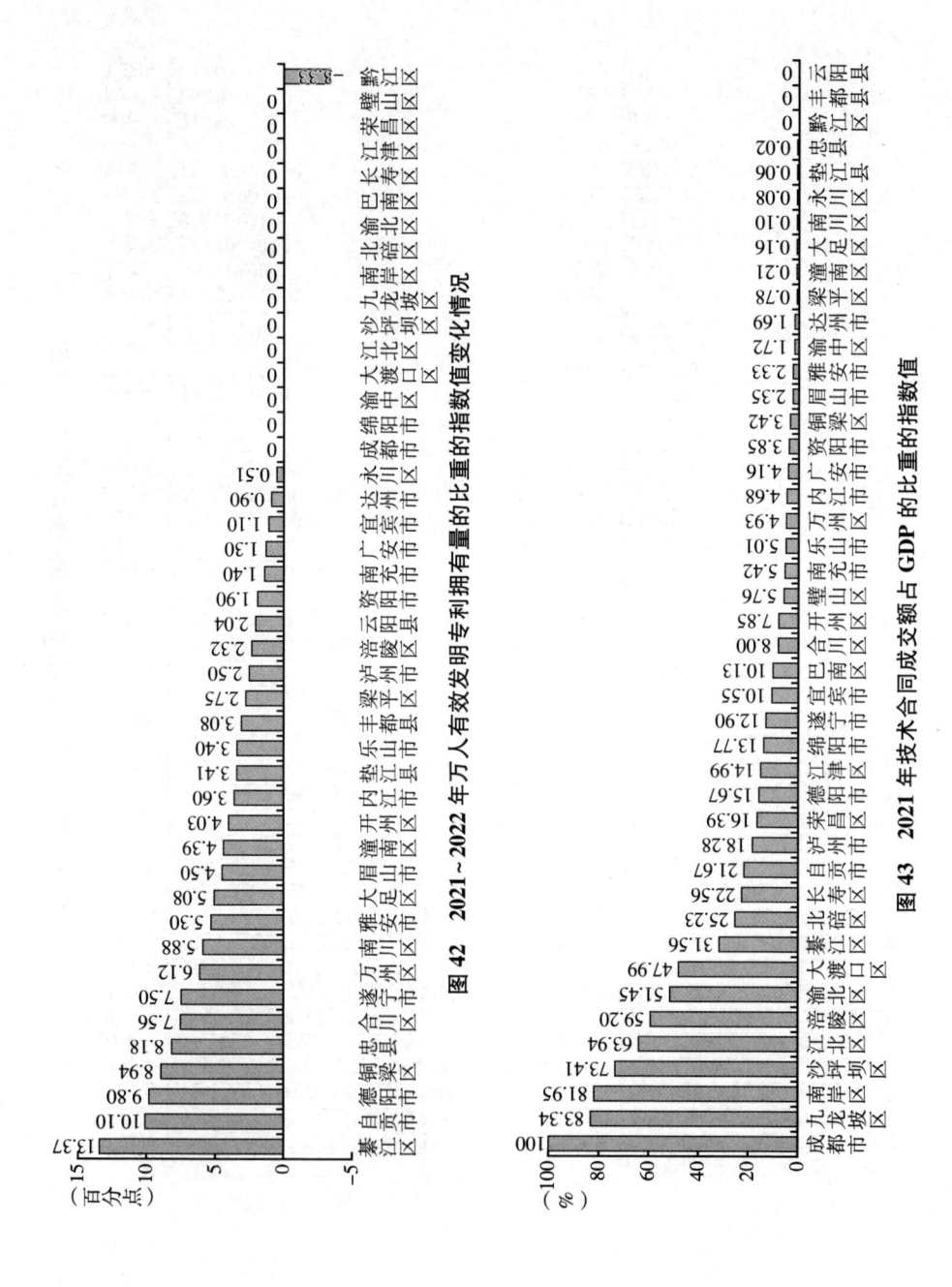

图 42 2021~2022年万人有效发明专利拥有量的比重的指数值变化情况

图 43 2021年技术合同成交额占GDP的比重的指数值

328

附录二　成渝地区双城经济圈科技创新发展指数值及变化情况

图 44　2022年技术合同成交额占GDP的比重的指数值

图 45　2021~2022年技术合同成交额占GDP的比重的指数值变化情况

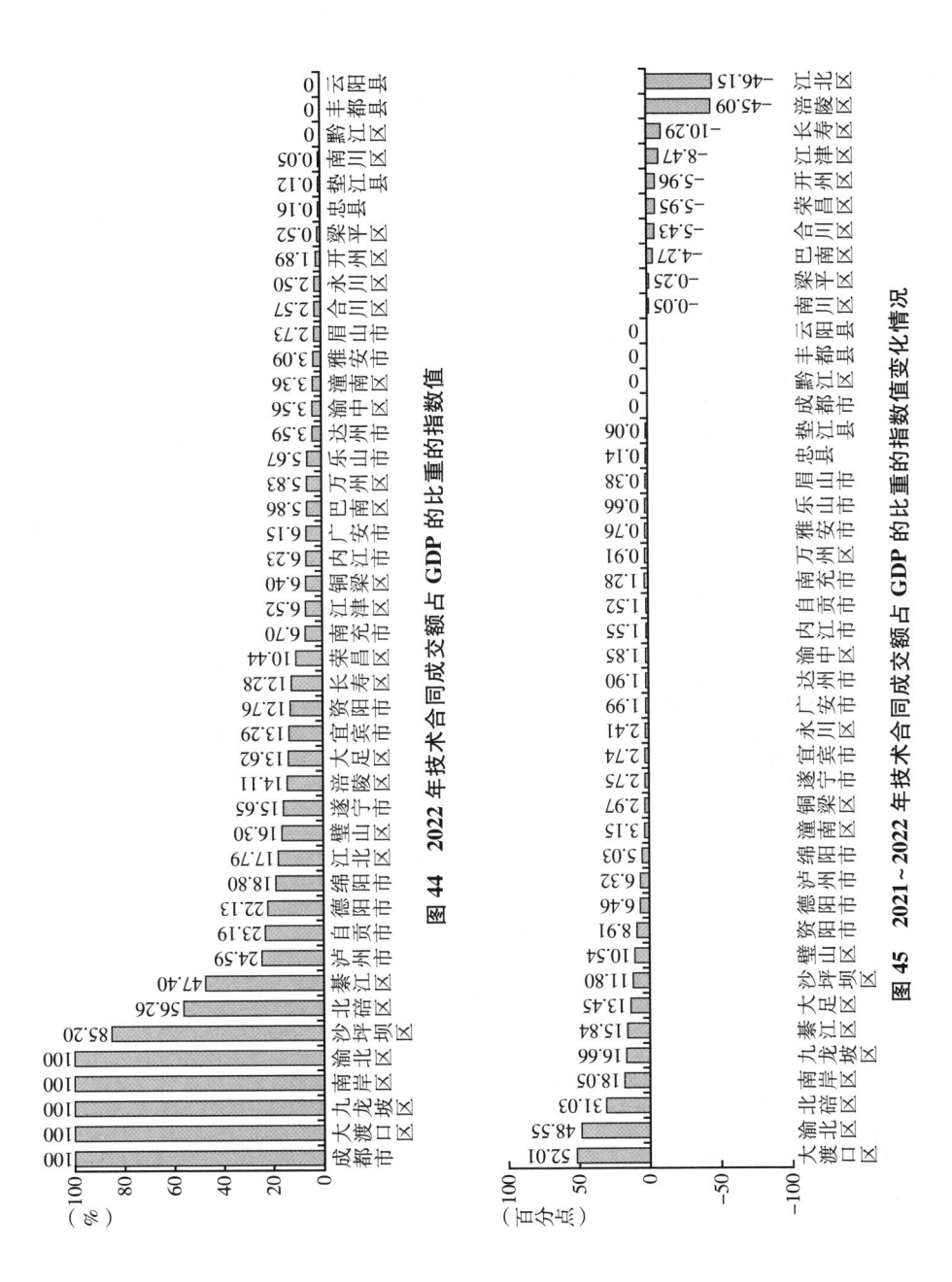

成渝蓝皮书

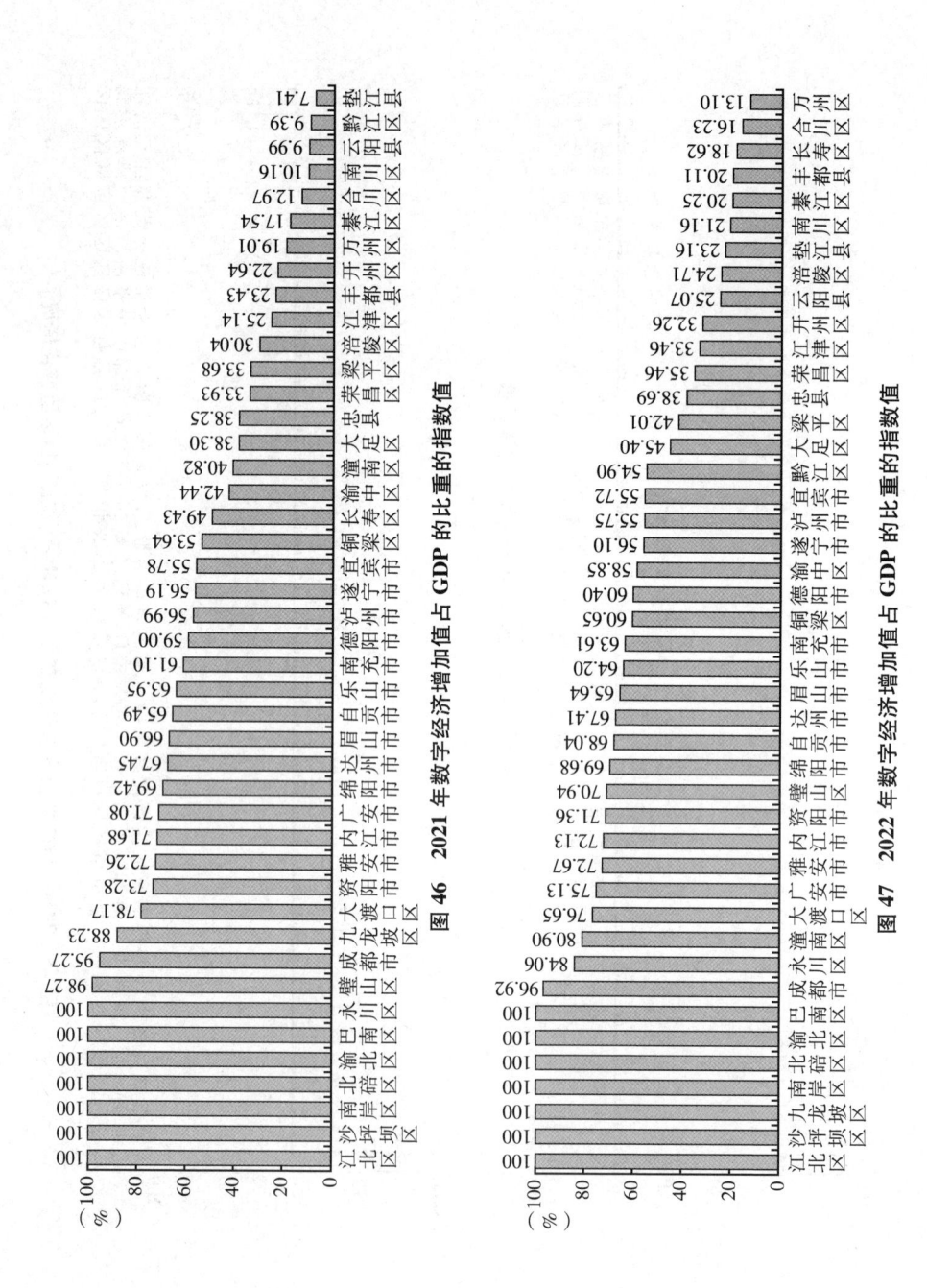

图46 2021年数字经济增加值占GDP的比重的指数值

图47 2022年数字经济增加值占GDP的比重的指数值

附录二 成渝地区双城经济圈科技创新发展指数值及变化情况

图48 2021~2022年数字经济增加值占GDP的比重的指数值变化情况

图49 2021年规模以上工业企业新产品销售收入占主营业务收入的比重的指数值

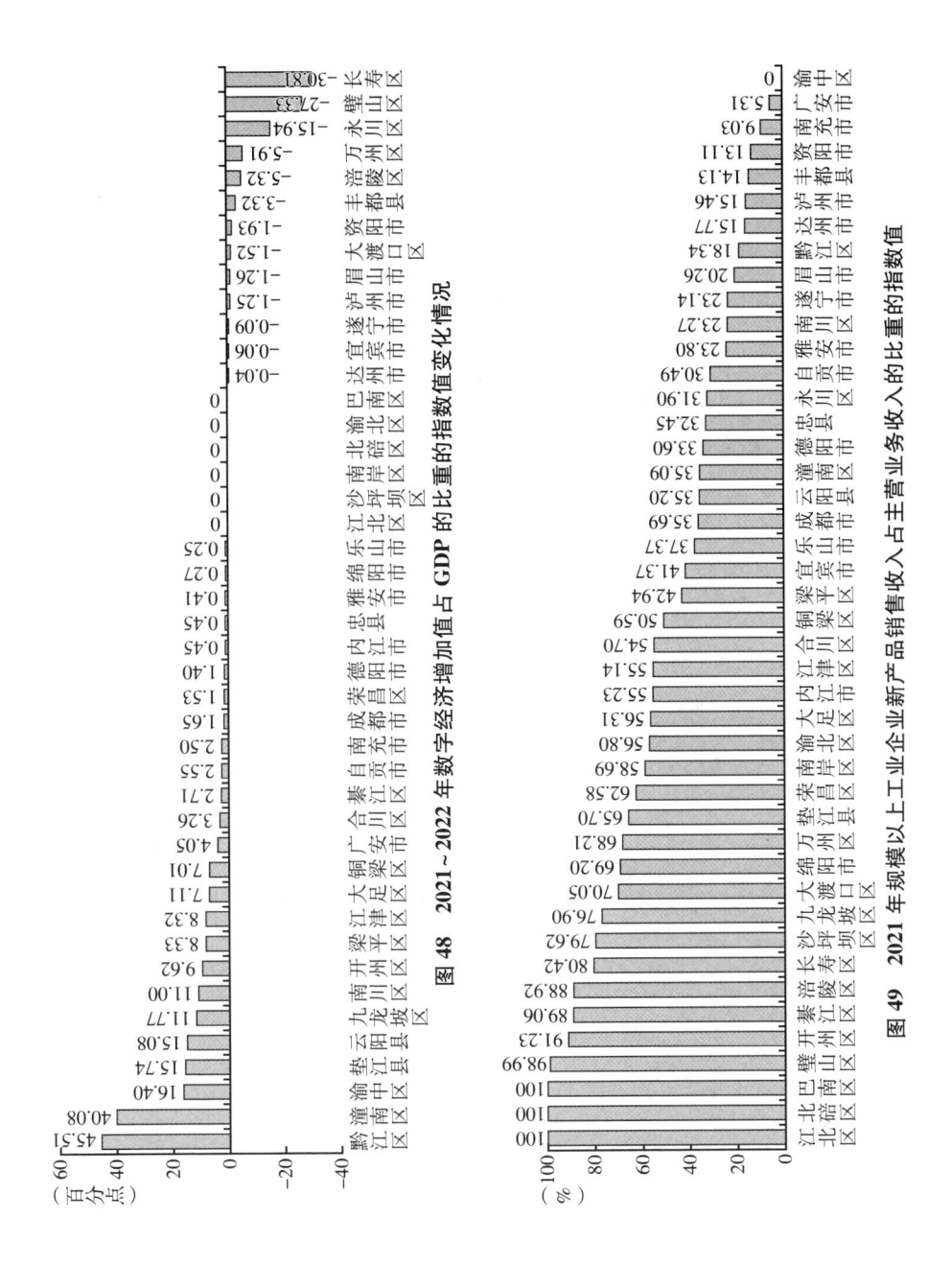

331

成渝蓝皮书

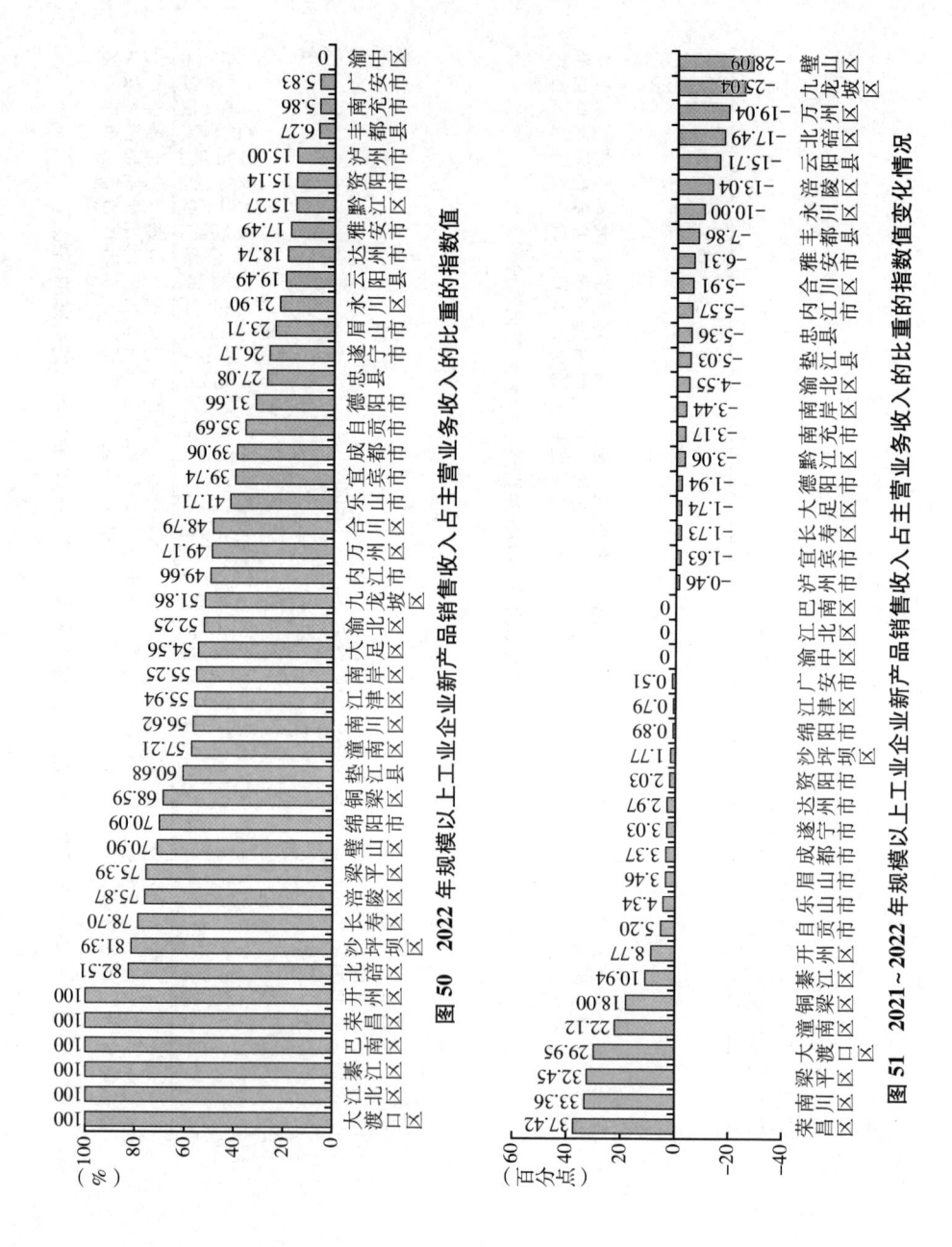

图 50 2022年规模以上工业企业新产品销售收入占主营业务收入的比重的指数值

图 51 2021~2022年规模以上工业企业新产品销售收入占主营业务收入比重的指数值变化情况

附录二 成渝地区双城经济圈科技创新发展指数值及变化情况

图 52 2021 年每万家企业法人中高新技术企业数的比重的指数值

图 53 2022 年每万家企业法人中高新技术企业数的比重的指数值

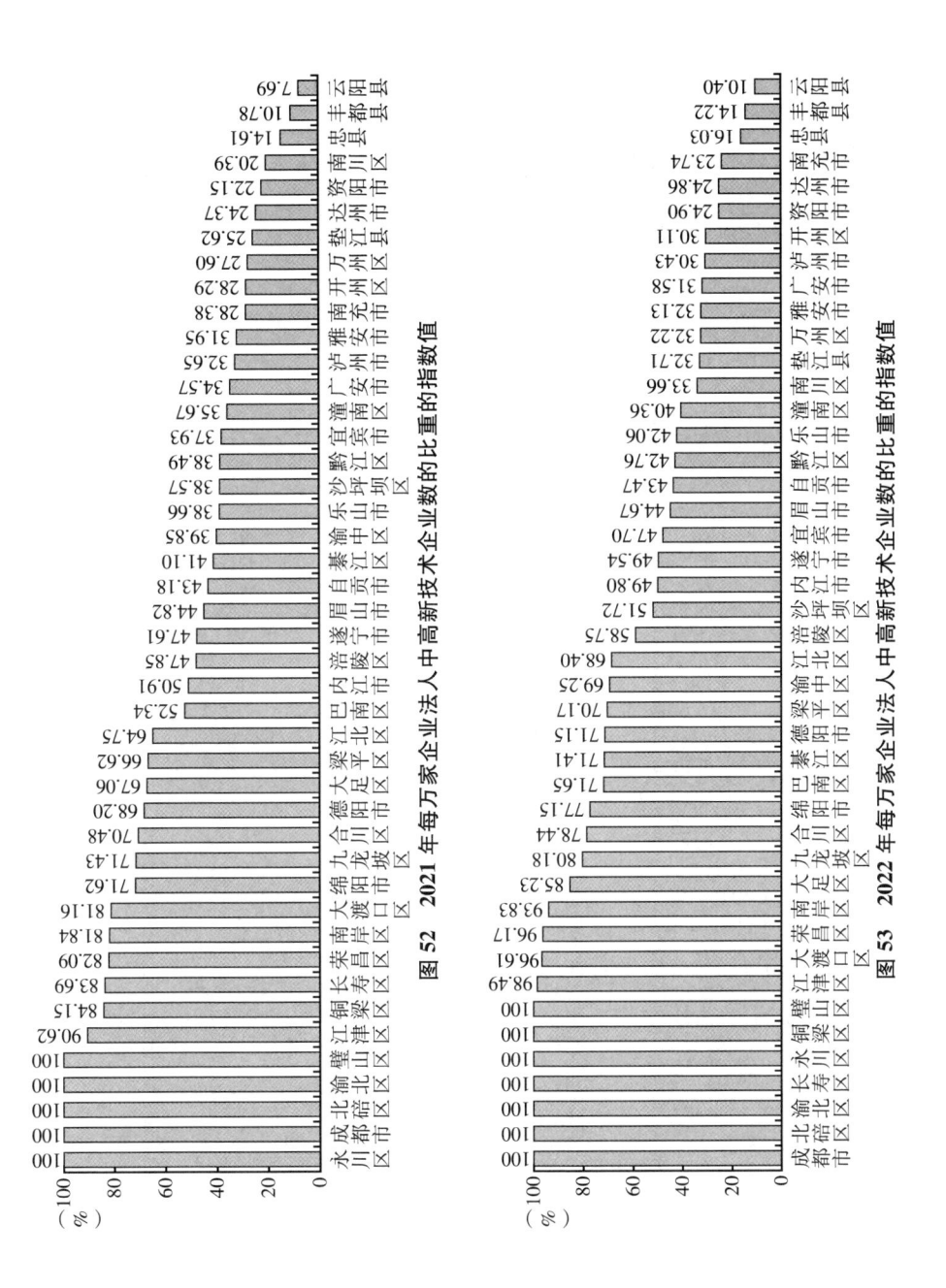

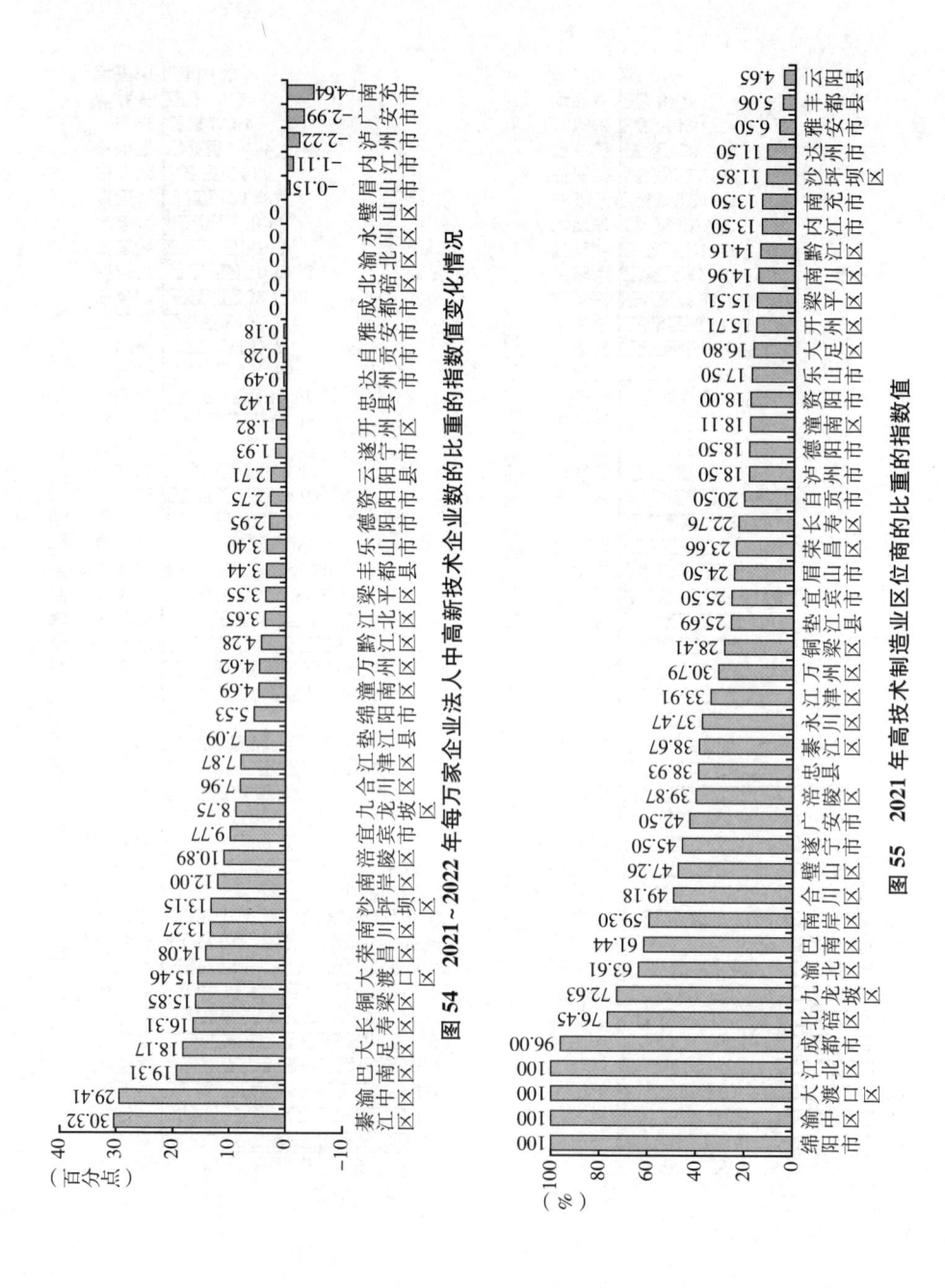

图 54　2021~2022 年每万家企业法人中高新技术企业数的比重的指数值变化情况

图 55　2021 年高技术制造业区位商的比重的指数值

附录二 成渝地区双城经济圈科技创新发展指数值及变化情况

图56 2022年高技术制造业区位商的比重的指数值

图57 2021～2022年高技术制造业区位商的比重的指数值变化情况

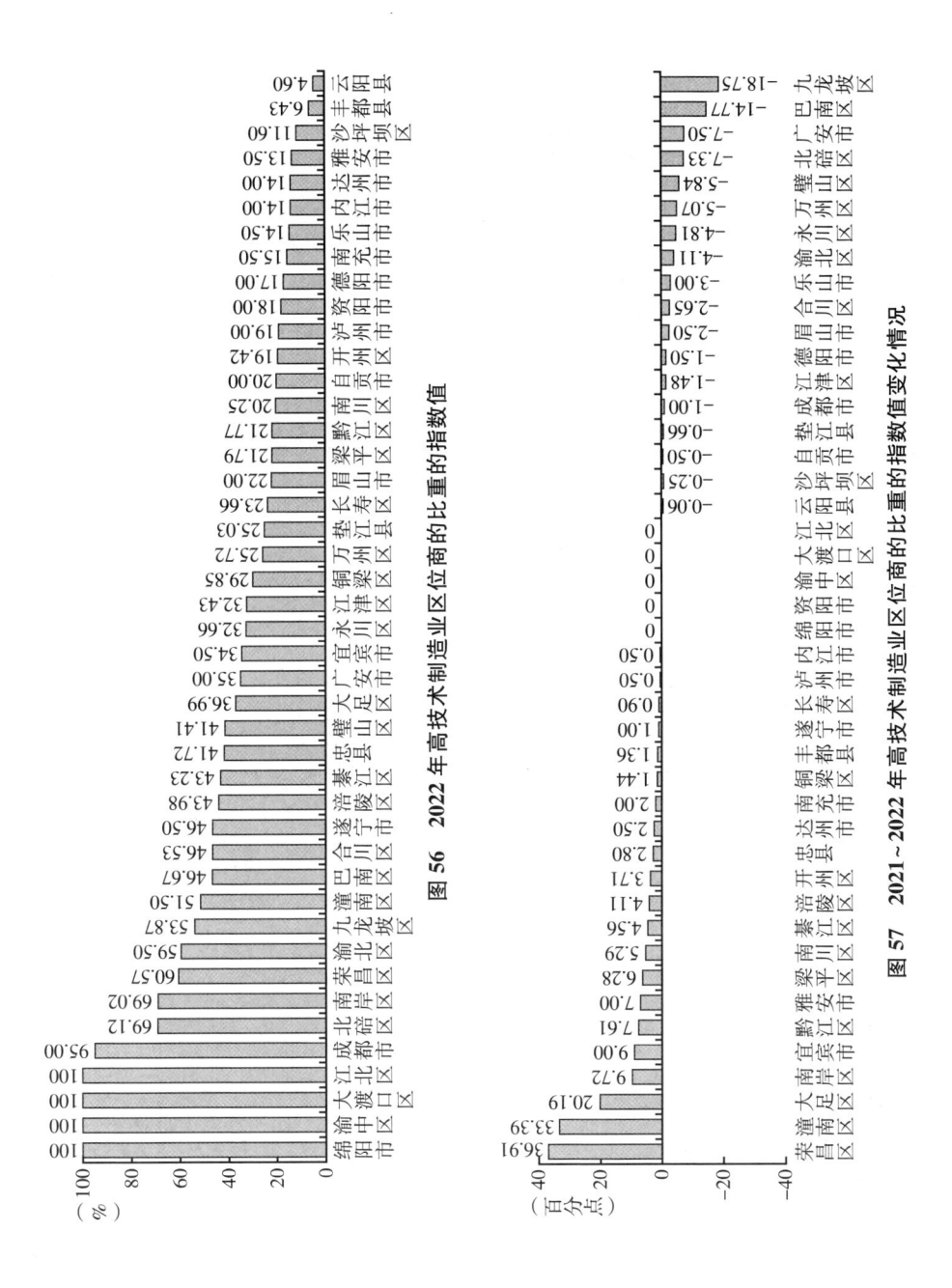

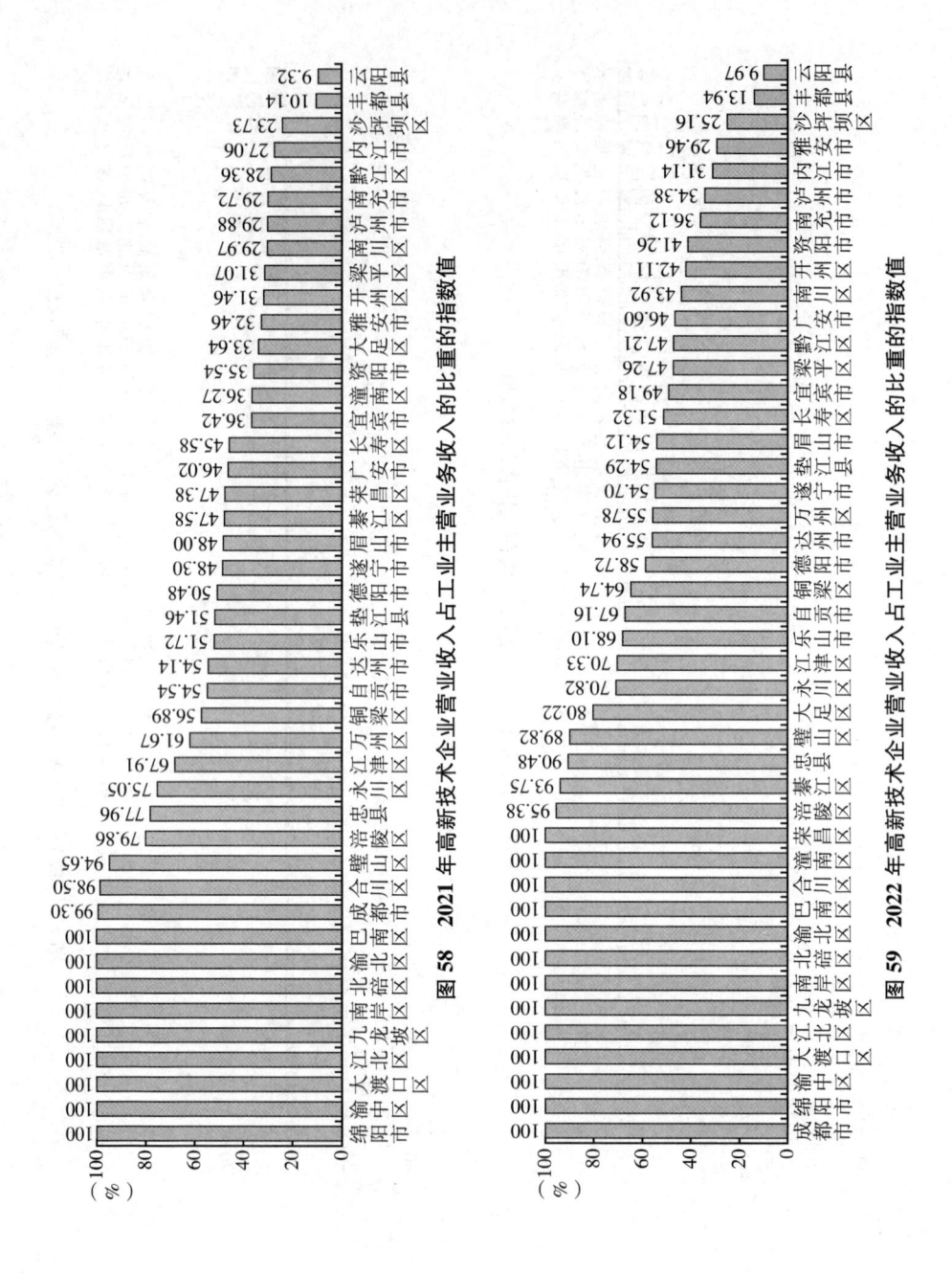

图 58　2021 年高新技术企业营业收入占工业主营业务收入的比重的指数值

图 59　2022 年高新技术企业营业收入占工业主营业务收入的比重的指数值

附录二　成渝地区双城经济圈科技创新发展指数值及变化情况

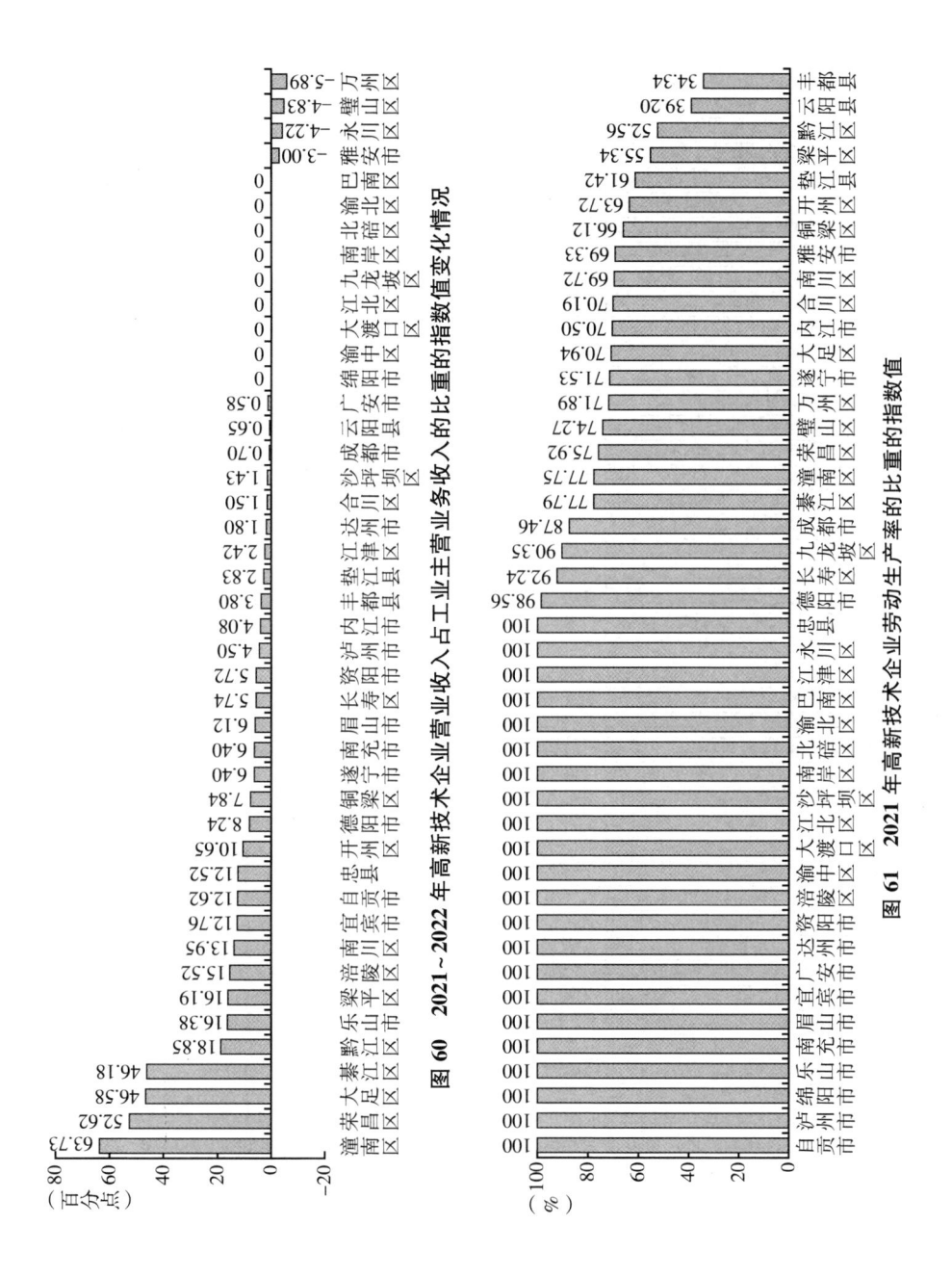

图60　2021～2022年高新技术企业主营业务收入占工业主营业务收入的比重的指数值变化情况

图61　2021年高新技术企业劳动生产率的比重的指数值

337

成渝蓝皮书

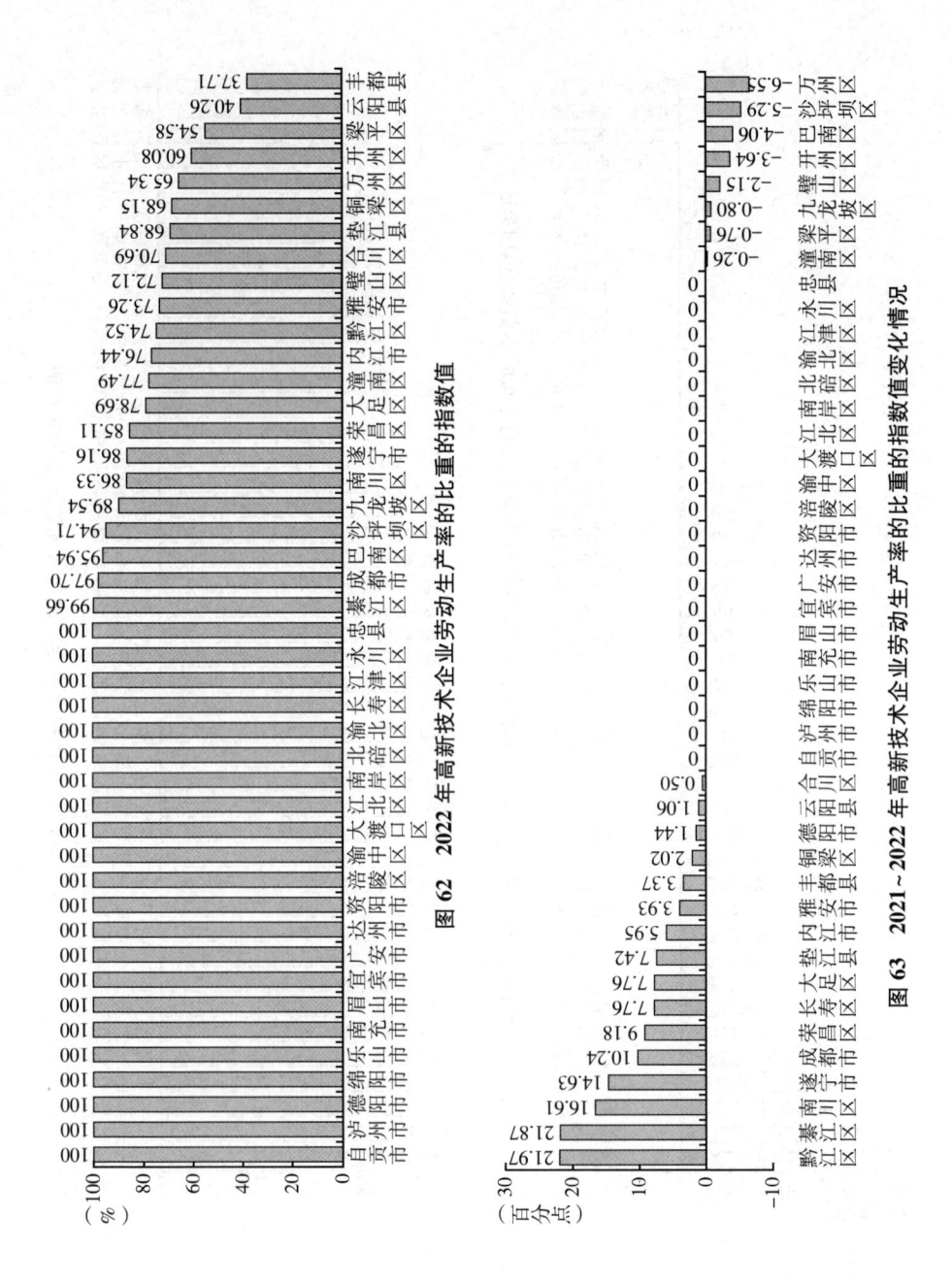

图62 2022年高新技术企业劳动生产率的比重的指数值

图63 2021~2022年高新技术企业劳动生产率的比重的指数值变化情况

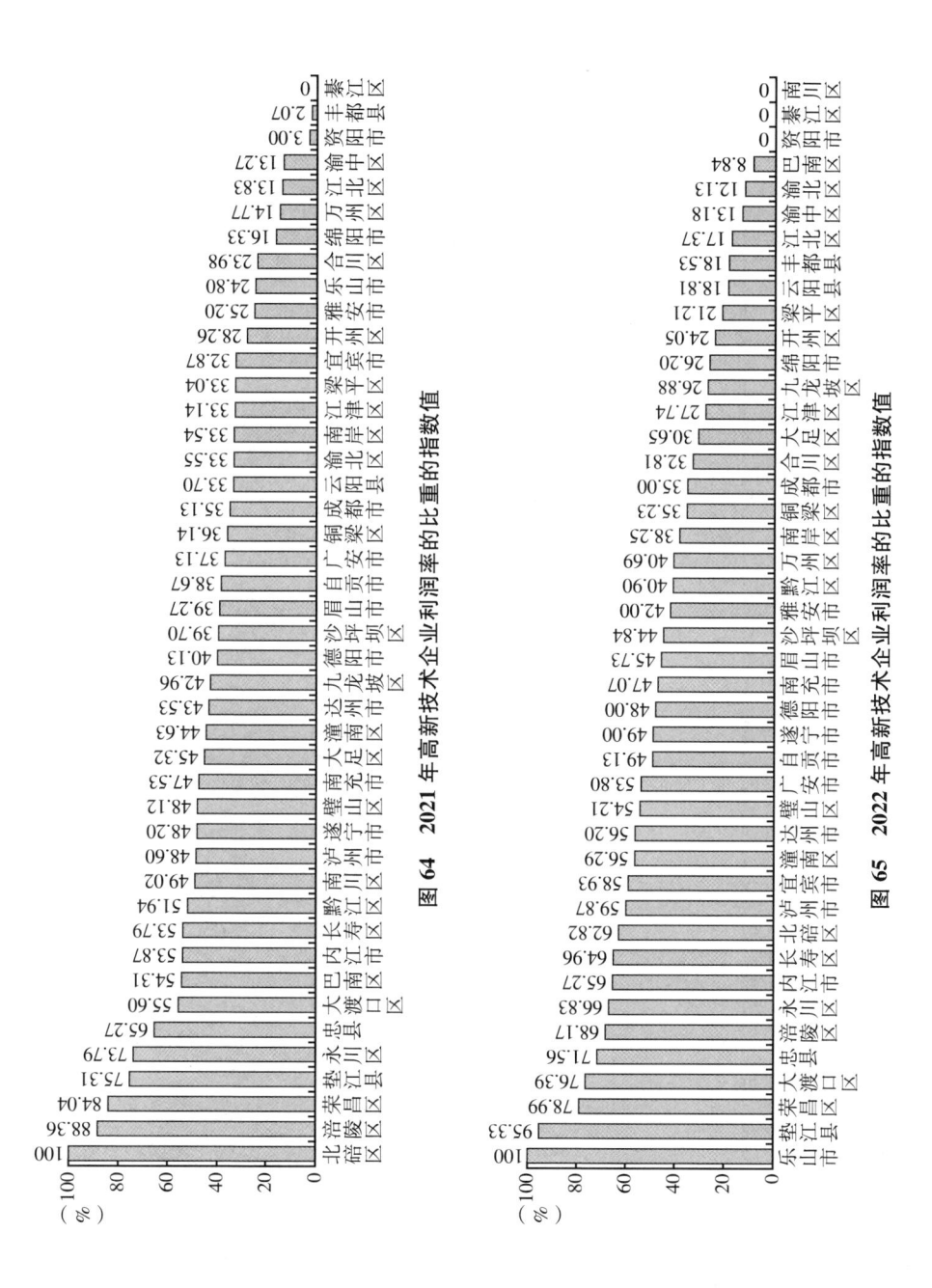

附录二 成渝地区双城经济圈科技创新发展指数值及变化情况

图 64 2021 年高新技术企业利润率的比重的指数值

图 65 2022 年高新技术企业利润率的比重的指数值

成渝蓝皮书

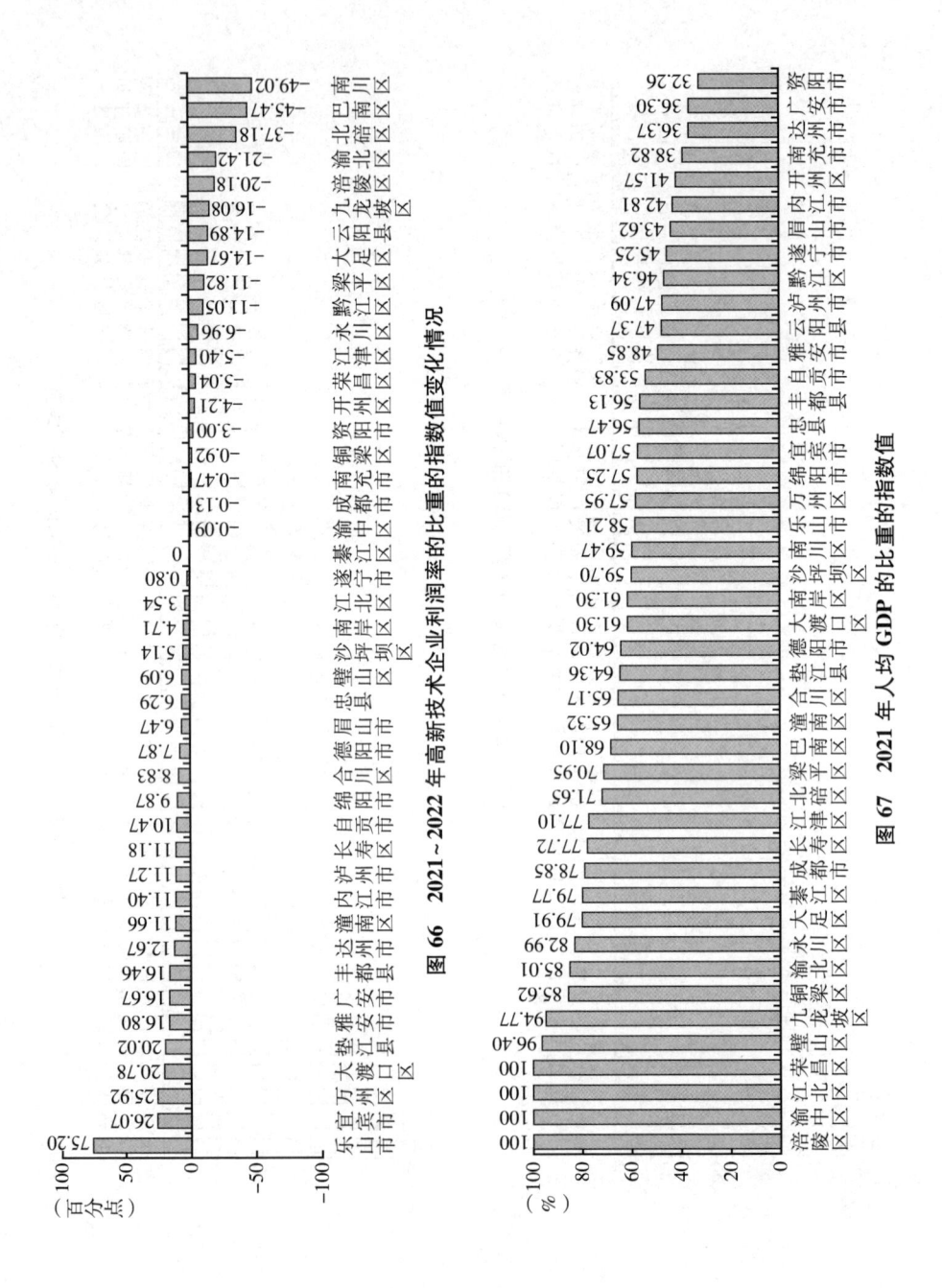

图 66 2021~2022 年高新技术企业利润率的比重指数值变化情况

图 67 2021 年人均 GDP 的比重指数值

340

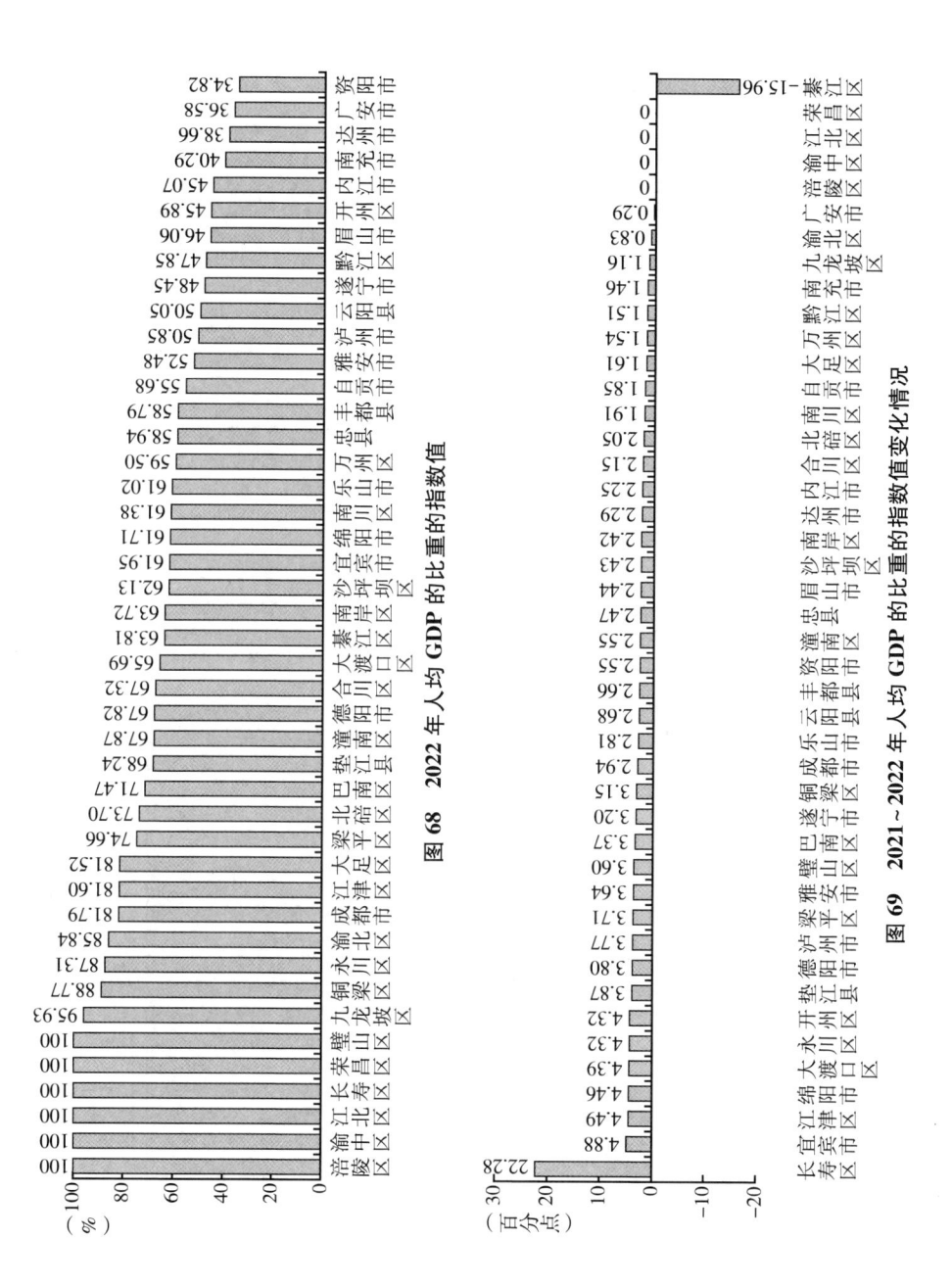

附录二 成渝地区双城经济圈科技创新发展指数值及变化情况

图 68　2022 年人均 GDP 的比重的指数值

图 69　2021~2022 年人均 GDP 的比重的指数值变化情况

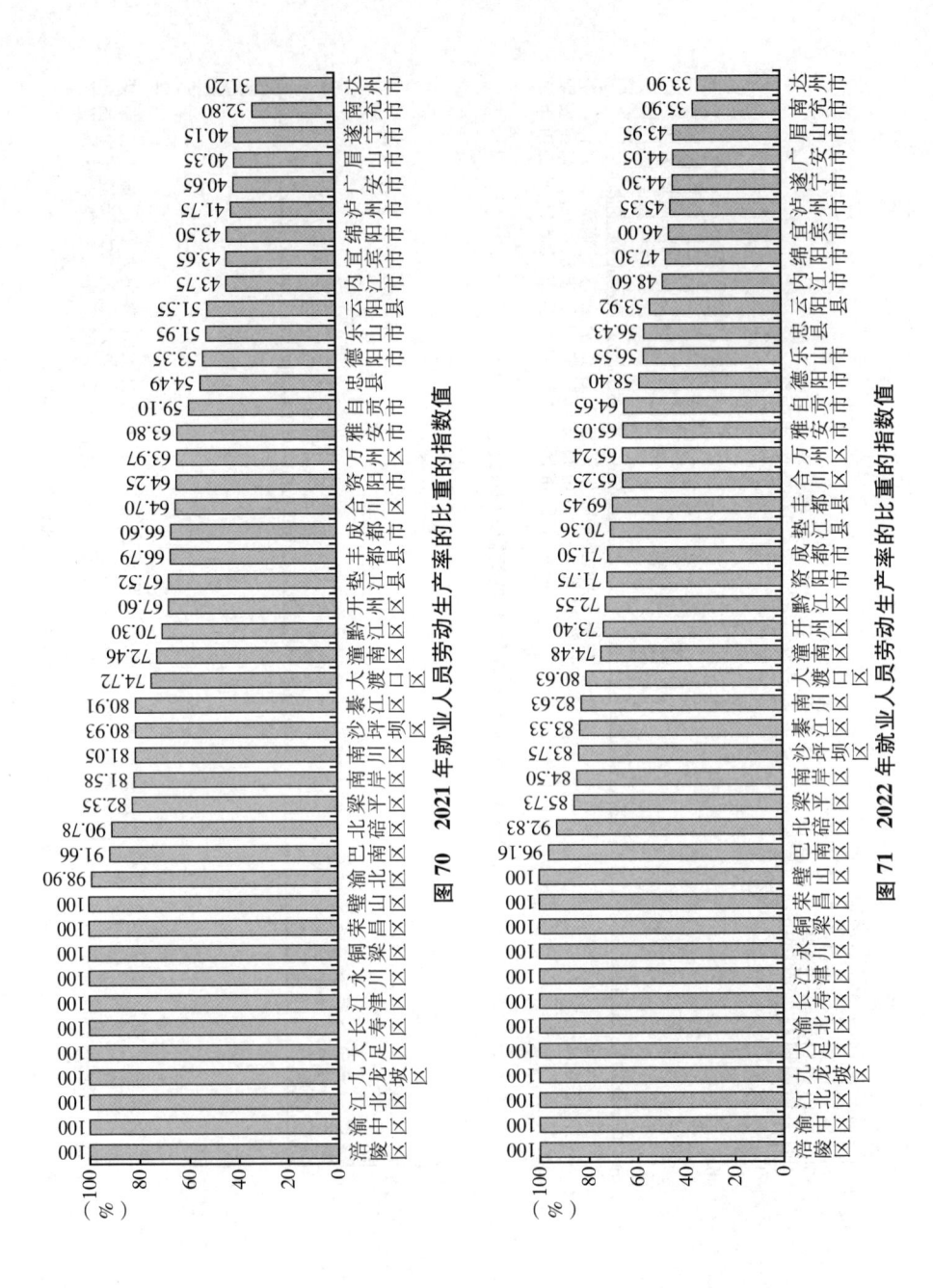

图 70 2021年就业人员劳动生产率的比重的指数值

图 71 2022年就业人员劳动生产率的比重的指数值

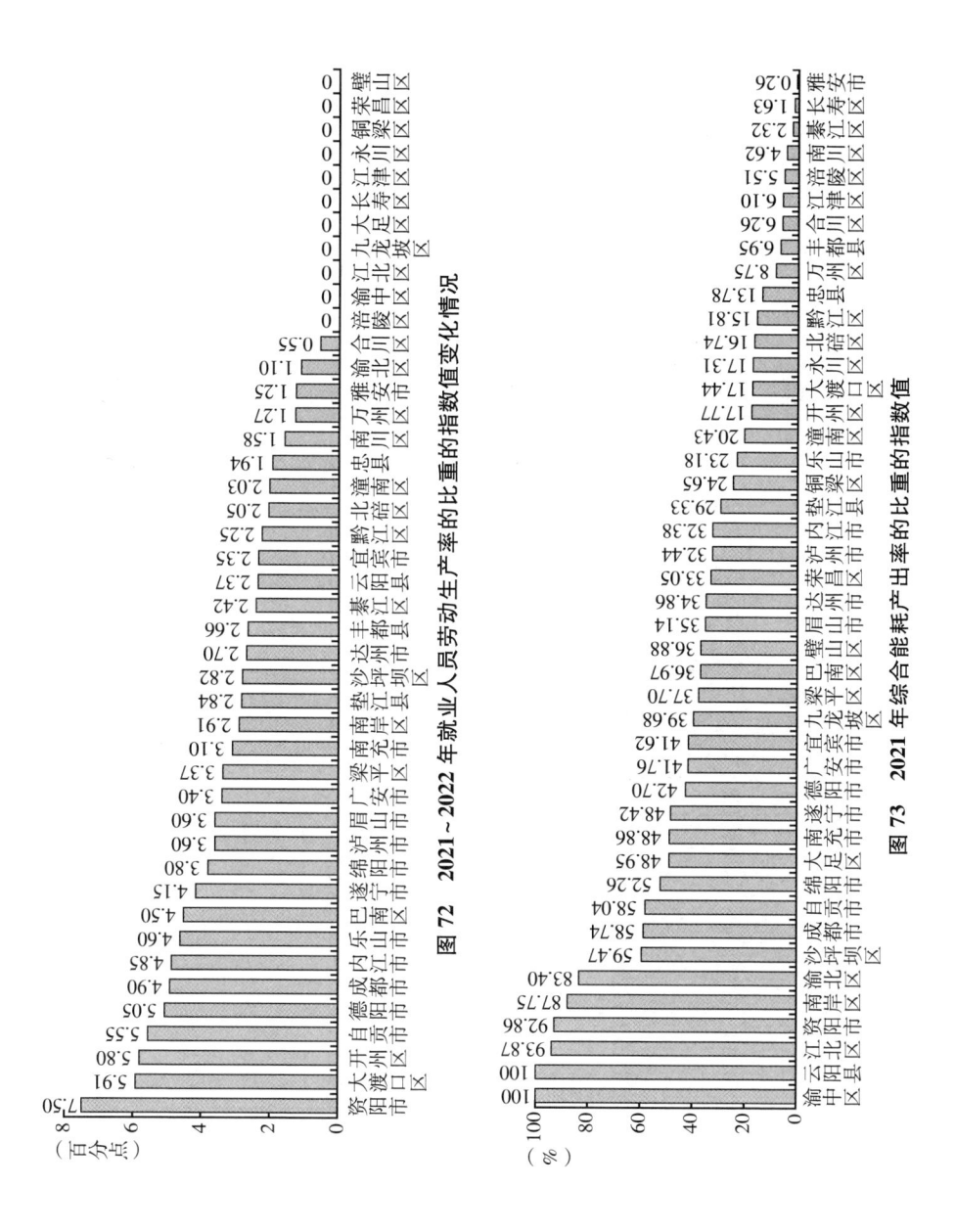

附录二　成渝地区双城经济圈科技创新发展指数值及变化情况

图 72　2021~2022 年就业人员劳动生产率的比重率的指数值变化情况

图 73　2021 年综合能耗产出率的比重的指数值

成渝蓝皮书

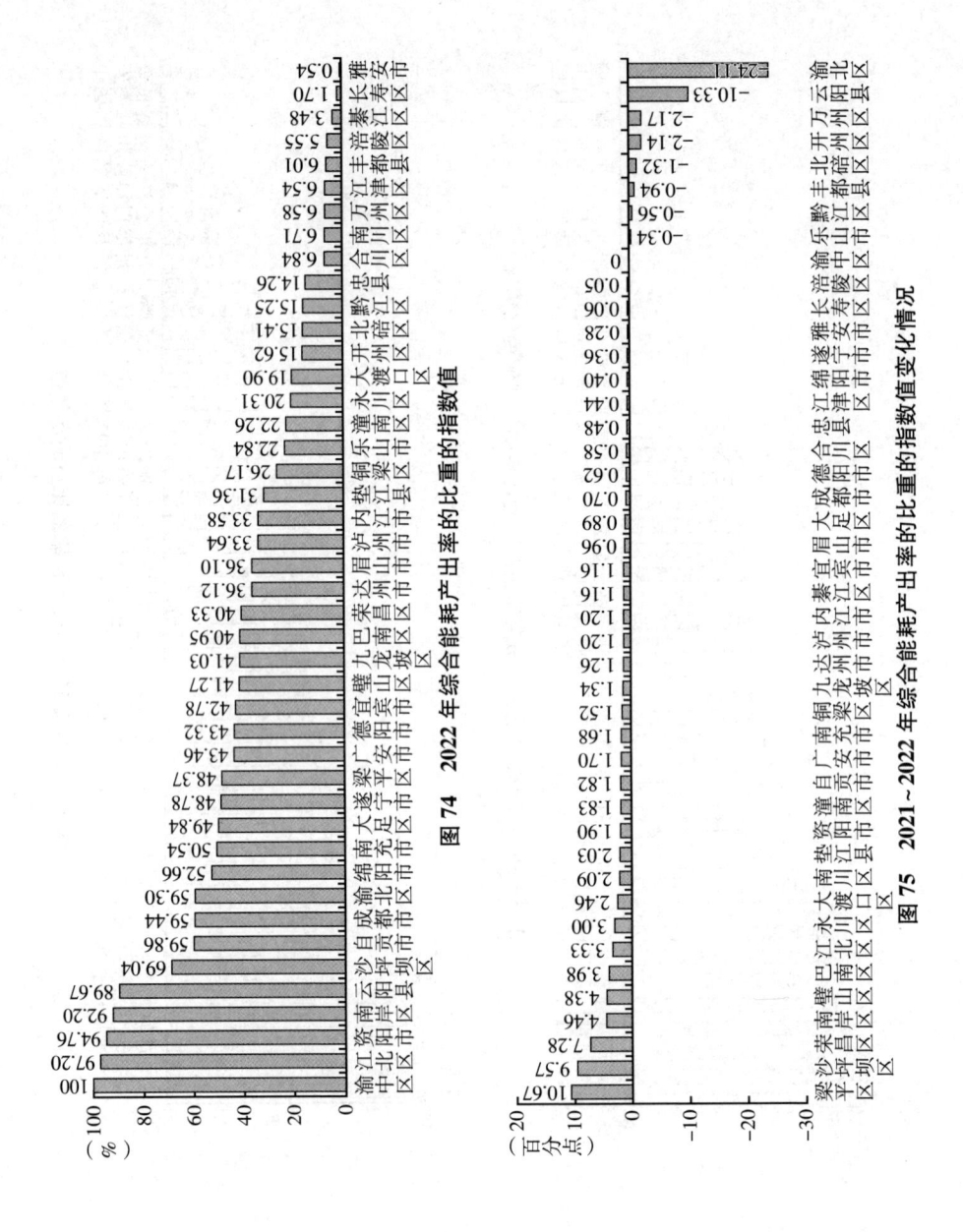

图74 2022年综合能耗产出率的比重的指数值

图75 2021~2022年综合能耗产出率的比重的指数值变化情况

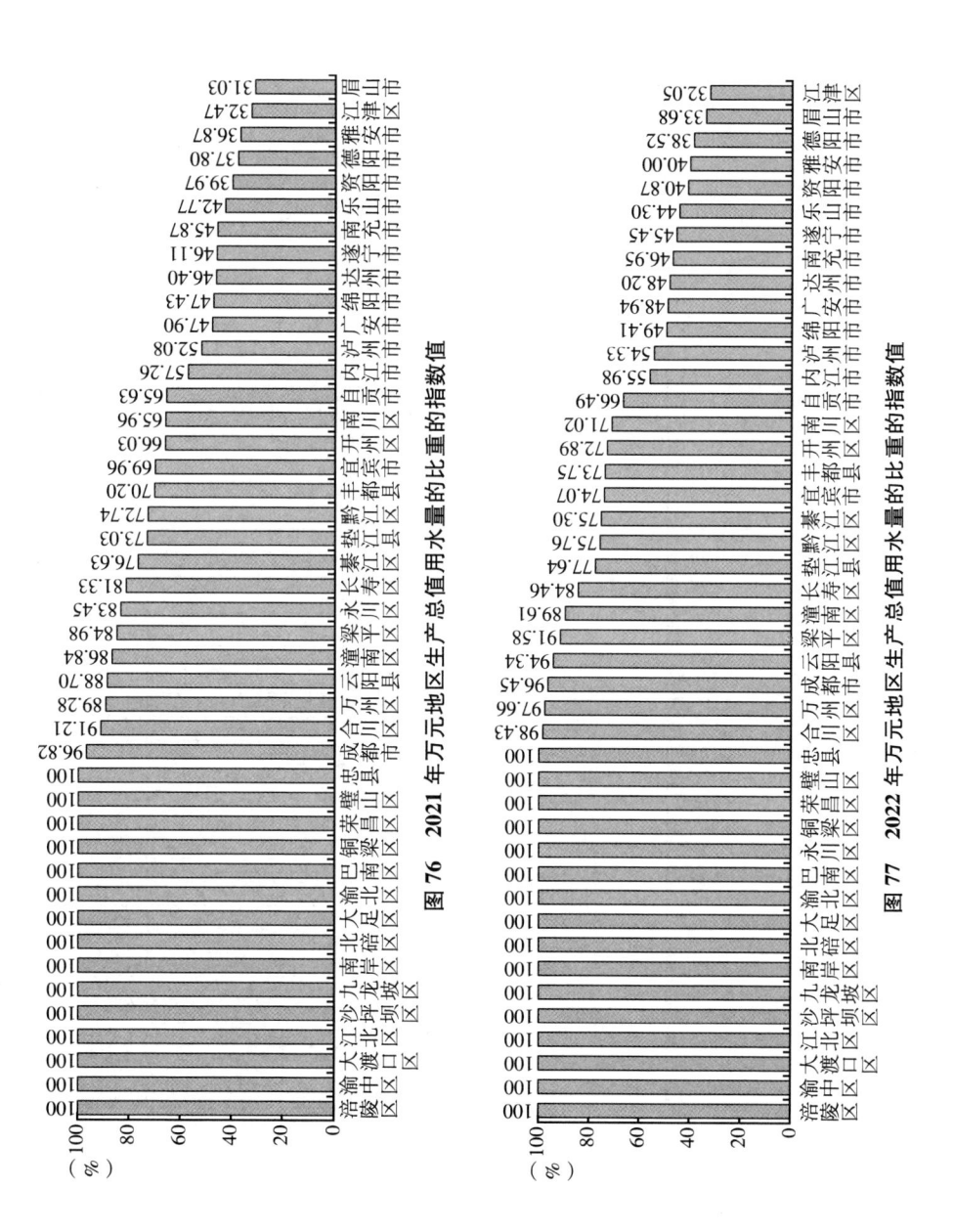

附录二 成渝地区双城经济圈科技创新发展指数值及变化情况

图76 2021年万元地区生产总值用水量的比重的指数值

图77 2022年万元地区生产总值用水量的比重的指数值

成渝蓝皮书

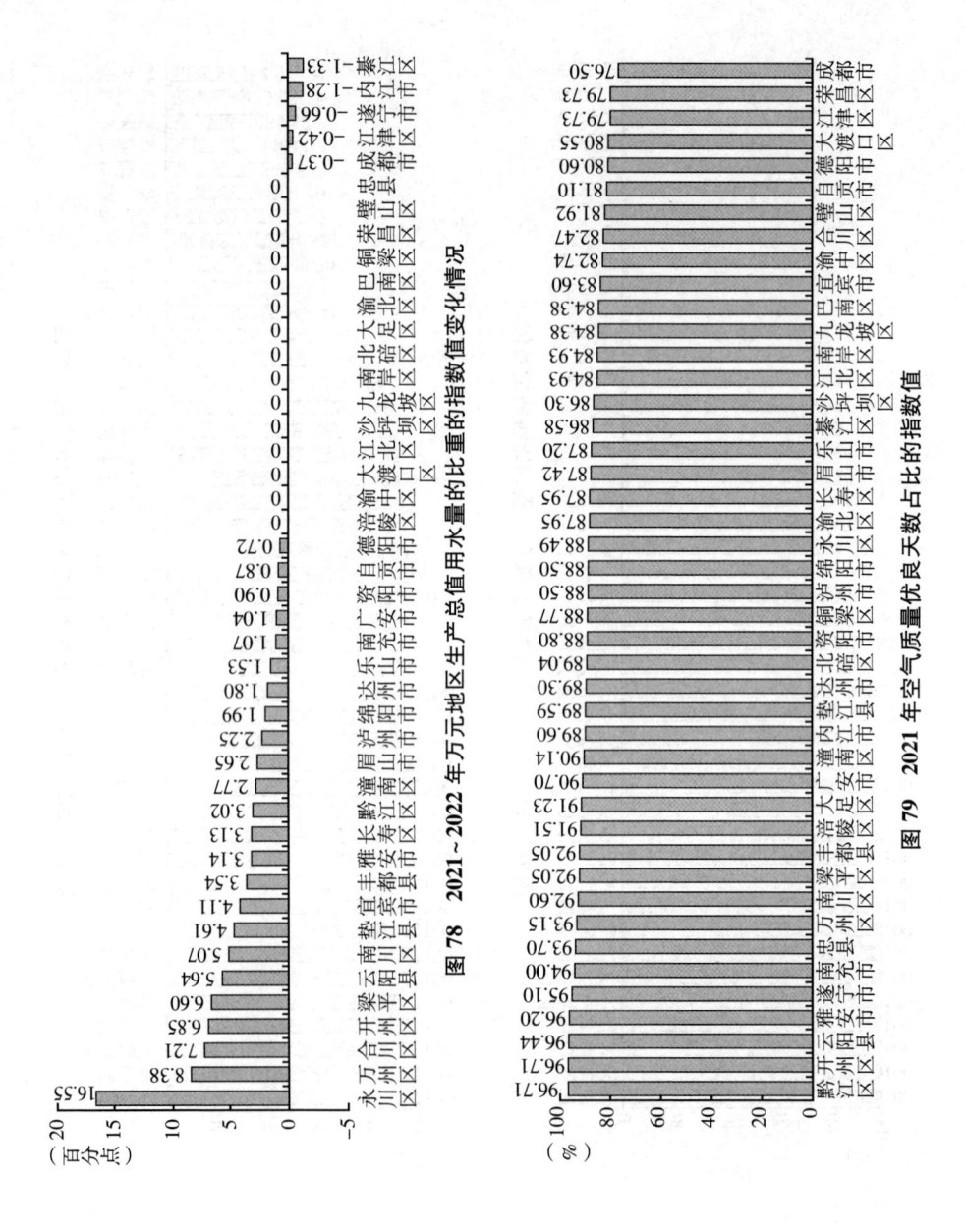

图78 2021~2022年万元地区生产总值用水量的比重的指数值变化情况

图79 2021年空气质量优良天数占比的指数值

346

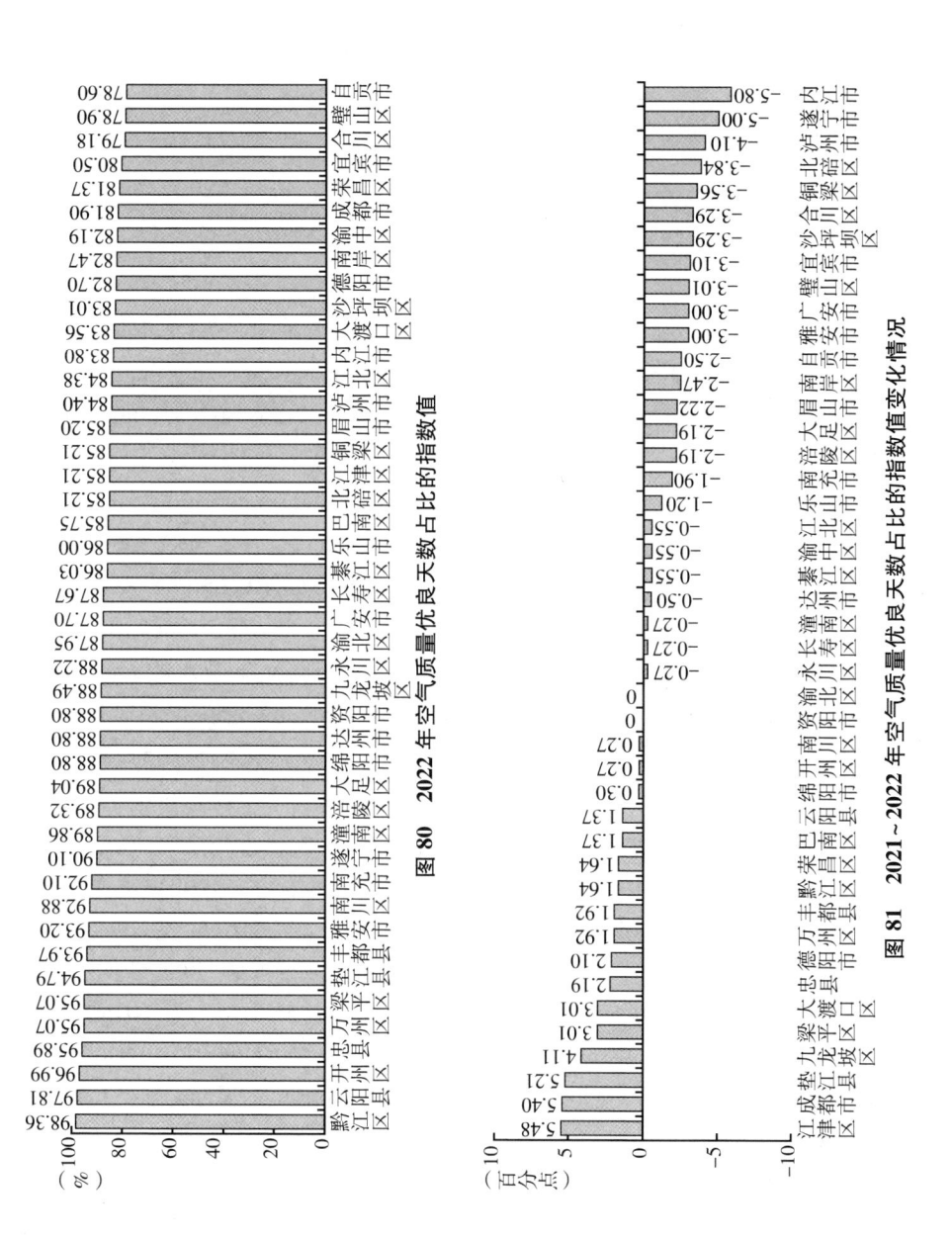

附录二　成渝地区双城经济圈科技创新发展指数值及变化情况

图 80　2022 年空气质量优良天数占比的指数值

图 81　2021~2022 年空气质量优良天数占比的指数值变化情况

Abstract

In the new journey to build China into a modern socialist country in all respects, Chengdu-Chongqing Economic Zone shoulders the important task of constructing a science and technology innovation center with national influence. In 2022, Chengdu-Chongqing Economic Zone made a series of achievements in the fields related to the development of science and technology innovation, effectively supporting high-quality economic and social development. To meet the national strategic needs, based on the reality of Chengdu-Chongqing Economic Zone, this report studies the development trend and spatial distribution characteristics of science and technology innovation with it as the main line, and makes an overall analysis of the development of science and technology innovation in Chengdu-Chongqing Economic Zone from input-output efficiency of science and technology innovation, technology development comparative advantage, science and technology personnel support as well as industrial development support.

This report is divided into four parts: general report, evaluation reports, regional reports and special reports. The general report review and summarize the achievements and policy support of Chengdu-Chongqing Economic Zone construction, analyze the current status and characteristics of science and technology innovation, its future perspective, and conclude that science and technology innovation in Chengdu-Chongqing Economic Zone has a strong momentum of growth, the "dual-core" leading continuous improvement of the regional science and technology innovation. On this basis, it is proposed that opportunities and challenges of the development of science and technology innovation in Chengdu-Chongqing Economic Zone will coexist in the future, and it is necessary to grasp the development advantages, seize the opportunities of the

Abstract

times, meet the challenges cautiously and make up for shortcomings timely. Continuing from the general reports, the evaluation reports construct indicators for the development of science and technology innovation, covering five first-level indicators, namely, science and technology innovation environment, input in science and technology activity, output of science and technology activity, science and technology industrialization, and promoting economic and social development by science and technology, as well as 11 second-level indicators and 27 third-level indicators, so as to calculate the indexes and fractal dimension indicators for the development of science and technology innovation in Chengdu-Chongqing Economic Zone. Based on the data of evaluation reports, the regional reports compare and analyze the differences of science and technology innovation from Chongqing metropolitan area, Chengdu metropolitan area, the north wing and the south wing of Chengdu-Chongqing Economic Zone, and conclude that there are certain differences in the development of science and technology innovation in different regions, manifesting a "core-periphery" distribution feature driven by Chongqing metropolitan area and Chengdu metropolitan area. On the basis of previous reports, the special reports study the input-output efficiency of science and technology innovation, comparative advantage, current status of scientists and technicians, and current status of high-tech industries in Chengdu-Chongqing Economic Zone. By measuring the variation trend of input-output efficiency of science and technology innovation, analyzing its comparative advantages in different regions, the scale and structure of scientists and technicians, and successful experience of high-tech industries development, it is concluded that the input-output efficiency of science and technology innovation in Chengdu-Chongqing Economic Zone is improving under the guidance of technological progress, which plays a supporting role in the steady increase of the number of scientists and technicians, and provides a good carrier for the development of high-tech industries.

This study shows that, on the whole, Chengdu-Chongqing Economic Zone witnesses a sound development of science and technology innovation, in which has formed certain regional advantages, with the environment continuously optimized, input in science and technology activities continuously improved, output of science and technology activities constantly increased, industrialization of science and technology steadily enhanced, and an optimistic prospect of promoting economic and social development by science and technology. The development of science and technology innovation in Chongqing City and Sichuan Province is much the same, but there is a gap among different cities, showing an "olive-shaped structure" distribution feature. Regionally, science and technology innovation in Chongqing metropolitan area maintains a good momentum of growth, with more than half of the urban science and technology innovation indicators higher than the average value of Chengdu-Chongqing Economic Zone; science and technology innovation in Chengdu metropolitan area shows a "core-periphery" distribution feature, with Chengdu City ranking first in Chengdu-Chongqing Economic Zone, while the development level of science and technology innovation in the north and south wings is relatively low. Meanwhile, the input-output efficiency and development comparative advantages of science and technology innovation in different regions show different characteristics. The development of science and technology innovation in Chengdu-Chongqing Economic Zone is guided by CPC Central Committee, the State Council and Sichuan-Chongqing governments with policy assistance, and supported by the solid high-tech industrial base and strong team of scientists and technicians. In the future, it will face both opportunities and challenges, therefore, internal innovation resources should be integrated constantly to enhance the radiation-driven ability of science and technology innovation, and build the science and technology innovation growth pole in the west.

Keywords: Science and Technology Innovation; Indicators for the Development of Science and Technology Innovation; Scientists and Technicians; High-tech Industry; Chengdu-Chongqing Economic Zone

Contents

I General Report

B.1 The Development Science and Technology Innovation
in Chengdu-Chongqing Economic Zone: Current Status
and Outlook (2023-2024)   *Bai Qun, Liao Yuanhe* / 001

Abstract: This report reviews and summarizes the achievements and policy support of the construction of Chengdu-Chongqing Economic Zone. The policy analysis shows that under the support of CPC Central Committee, the State Council and Sichuan-Chongqing governments, thanks to thorough top-level design, abundant resource input, solid industrial support and cross-regional cooperation, the construction of Chengdu-Chongqing Economic Zone has achieved remarkable results, with a sound development of science and technology innovation, forming a regional advantage of science and technology innovation. Further analysis shows that there is still a gap between the development of science and technology innovation in Chengdu-Chongqing Economic Zone and the east coastal areas. Future opportunities and challenges coexist, so it is necessary to grasp the development advantages, seize the opportunities of the times, meet the challenges cautiously and make up for shortcomings timely. To this end, we should promote the building of science and technology innovation growth pole in the west, enhance the radiation driving force of science and technology innovation, and optimize the internal innovation resources of Chengdu-

Chongqing Economic Zone.

Keywords: Science and Technology Innovation; Synergistic Development of Science and Technology; Chengdu-Chongqing Economic Zone

Ⅱ Evaluation Reports

B.2 Indicators for the Evaluation and Calculation Method on the Development of Science and Technology Innovation in Chengdu-Chongqing Economic Zone

Bai Qun, Ding Huangyan / 031

Abstract: Indicators for the evaluation on the development of science and technology innovation has wide sources, many levels and big differences. Different indicators for the evaluation cannot complement and replace each other. Considering the reality of Chengdu-Chongqing Economic Zone, a three-level evaluation system on the development of science and technology innovation must be constructed. Based on the existing indicators for the evaluation, this report uses analytic hierarchy process (AHP) and outlier method to construct evaluation indicators for Chengdu-Chongqing Economic Zone, covering five first-level indicators, namely, science and technology innovation environment, input in science and technology activity, output of science and technology activity, science and technology industrialization, and promoting economic and social development by science and technology, as well as 11 second-level indicators and 27 third-level indicators. Through subjective and objective comprehensive weight setting method, the weight of indicators for the evaluation on the development of science and technology innovation in Chengdu-Chongqing Economic Zone is calculated, and the standard value of three-level indicators is set on the basis of standard values assignment of Chongqing Municipality and Sichuan Province.

Keywords: Science and Technology Innovation; Indicators for the Evaluation on the Development of Science and Technology Innovation; Multidimensional Evaluation on Science and Technology Innovation: Chengdu-Chongqing Economic Zone

B.3 Comprehensive Index Evaluation on the Development of Science and Technology Innovation in Chengdu-Chongqing Economic Zone (2023-2024)

Peng Jinsong, Chen Yuannan / 048

Abstract: Based on the results of index for the development of science and technology innovation in Chengdu-Chongqing Economic Zone, by using descriptive statistical analysis and comparative analysis method, this report depicts an overall prospect of science and technology innovation in Chengdu-Chongqing Economic Zone, and contrasts the development of science and technology innovation among regions at different levels. Relevant data shows that science and technology innovation in Chengdu-Chongqing Economic Zone keeps a good momentum of growth, with the environment continuously optimized, input in science and technology activities improved, output of science and technology activities constantly increased, industrialization of science and technology steadily enhanced, and an optimistic prospect of promoting economic and social development by science and technology. The development of science and technology innovation in Chongqing City and Sichuan Province is much the same. In 2022, the index for the development of science and technology innovation reached 60.66% in Chongqing City and 60.28% in Sichuan Province, in which Chongqing's growth rate is slightly faster than that of Sichuan Province. There is a gap between different districts in Chongqing and prefecture-level cities in Sichuan Province, showing an "olive-shaped" distribution feature. The number of regions with high and low index for the development of science and technology innovation is small, and most regions are in the middle level range of 30.00% -60.15%.

Keywords: Science and Technology Innovation; Index for the Development of Science and Technology Innovation; Chengdu-Chongqing Economic Zone

B.4 Fractal Dimension Indicators for the Evaluation on the Development of Science and Technology Innovation in Chengdu-Chongqing Economic Zone (2023-2024)

Ding Huangyan, He Hongrun / 057

Abstract: Based on the results of index for the development of science and technology innovation in Chengdu-Chongqing Economic Zone, by using descriptive statistical analysis and comparative analysis method, this report contrasts the variation trend of the first-level and second-level indicators for the development of science and technology innovation in different cities respectively. Relevant data shows that there are differences in the performance of different cities in the first-level indicators for the development of science and technology innovation, and the number of cities reaching the average level in each first-level indicator is different. Many cities can reach the average level of the index for promoting economic and social development by science and technology, among which 31 cities' indexes are higher than the average. There are relatively few cities with the index for science and technology innovation environment and index for science and technology industrialization above the average, with 14 cities and 12 cities respectively. Only a few cities can reach the average level of input index and output index for science and technology activities, with 7 cities and 3 cities respectively.

Keywords: Science and Technology Innovation; Level of Science and Technology Innovation in Cities; Chengdu-Chongqing Economic Zone

Contents

III Regional Reports

B.5 Report on the Development of Science and Technology Innovation in Chongqing Metropolitan Area (2023-2024)
Liao Yuanhe, Wang Yiming / 103

Abstract: Based on the results of index for the development of science and technology innovation in Chengdu-Chongqing Economic Zone, by using descriptive statistical analysis and comparative analysis method, this report compares and analyzes the development of science and technology innovation in Chongqing metropolitan area in 2022 and its changes relative to 2021 by index comparison; Through relative value, it analyzes the development of Chongqing metropolitan area from five dimensions: science and technology innovation environment, input in science and technology activity, output of science and technology activity, science and technology industrialization, and promoting economic and social development by science and technology. Relevant data shows that the science and technology innovation in Chongqing metropolitan area keeps a good momentum of growth, with more than half of index for the development of science and technology innovation higher than the average value of Chengdu-Chongqing Economic Zone. Chongqing metropolitan area has comparative advantages in science and technology innovation environment, science and technology industrialization, and promoting economic and social development by science and technology, with fractal dimension index of more than half of the regions higher than the average value of Chengdu-Chongqing Economic Zone. There are some differences in the development of science and technology innovation in different regions of Chongqing metropolitan area, in which 14 districts' index has increased, especially in Dadukou District, Tongnan District and Rongchang District.

Keywords: Index for the Development of Science and Technology Innovation; Science and Technology Innovation Capability; Chongqing Metropolitan Area

B.6 Report on the Development of Science and Technology Innovation in Chengdu Metropolitan Area (2023-2024)

Liao Zujun, Li Bingjie / 130

Abstract: Based on the results of index for the development of science and technology innovation in Chengdu-Chongqing Economic Zone, by using descriptive statistical analysis and comparative analysis method, this report compares and analyzes the development of science and technology innovation of 4 cities in Chengdu metropolitan area in 2022 and its changes relative to 2021 by index comparison; through relative value, it also analyzes the development of the 4 cities from five dimensions: science and technology innovation environment, input in science and technology activity, output of science and technology activity, science and technology industrialization, and promoting economic and social development by science and technology. Relevant data shows that the development of science and technology innovation in Chengdu metropolitan area presents a "core-periphery" distribution feature. The development level of science and technology innovation in Chengdu is relatively high, that of Deyang City is slightly higher than the average level of Chengdu-Chongqing Economic Zone, and that of Meishan City and Ziyang City is relatively low. In Chengdu metropolitan area, Chengdu City and Deyang City are higher than the average level with respect to four dimensions: science and technology innovation environment, input in science and technology activity, output of science and technology activity, and promoting economic and social development by science and technology. Chengdu shows obvious advantages in science and technology industrialization, while the other three cities are lower than the average level. Chengdu City firmly occupies first in Chengdu-Chongqing Economic Zone, and there is an increase in the index for the development of science and technology innovation in Deyang City and Meishan City.

Keywords: Science and Technology Innovation; Science and Technology Innovation Capability; Chengdu Metropolitan Area

Contents

B.7 Report on the Development of Science and Technology Innovation in the North Wing of Chengdu-Chongqing Economic Zone (2023-2024)   *Liu Han, Zhao Tingting* / 140

Abstract: Based on the results of index for the development of science and technology innovation in Chengdu-Chongqing Economic Zone, by using descriptive statistical analysis and comparative analysis method, this report compares and analyzes the development of science and technology innovation in the north wing of Chengdu-Chongqing Economic Zone in 2022 and its changes relative to 2021 by index comparison; through relative value, it also analyzes the development of the north wing of Chengdu-Chongqing Economic Zone from five dimensions: science and technology innovation environment, input in science and technology activity, output of science and technology activity, science and technology industrialization, and promoting economic and social development by science and technology. Relevant data shows that there is a gap in the north wing regarding the development of science and technology innovation, in which the development level of Mianyang City and Wanzhou District is relatively high, while others are lower than the average level of Chengdu-Chongqing Economic Zone. The overall development of science and technology innovation needs to be improved. Mianyang City and Wanzhou District reach 56.47% and 46.68% respectively, which both enjoy advantages in science and technology innovation. Mianyang City, Wanzhou District and Suining City, which are located in the north wing, have seen a large increase in the index of science and technology innovation, and maintained a good momentum of growth.

Keywords: Science and Technology Innovation; Science and Technology Innovation Capability; Chengdu-Chongqing Economic Zone

B.8 Report on the Development of Science and Technology Innovation in the South Wing of Chengdu-Chongqing Economic Zone (2023-2024)   *Liu Han, Gao Yi* / 157

Abstract: Based on the results of index for the development of science and technology innovation in Chengdu-Chongqing Economic Zone, by using descriptive statistical analysis and comparative analysis method, this report compares and analyzes the development of science and technology innovation of 6 cities in the south wing of Chengdu-Chongqing Economic Zone in 2022 and theirs changes relative to 2021 by index comparison; through relative value, it also analyzes the development of these 6 cities from five dimensions: science and technology innovation environment, input in science and technology activity, output of science and technology activity, science and technology industrialization, and promoting economic and social development by science and technology. Relevant data shows that the index for the development of science and technology innovation of these 6 cities is lower than the average level of the Chengdu-Chongqing Economic Zone, and the overall development of science and technology innovation needs to be improved. The south wing performs well in the input and output of science and technology activities, in which 2 cities' index of input in science and technology activity is higher than the average value, and 3 cities' index of output of science and technology activity is higher than the average. The overall development of science and technology innovation in the south wing shows a good momentum, and there is an increase in the index for the development of science and technology innovation in 6 cities.

Keywords: Science and Technology Innovation; Science and Technology Innovation Capability; Chengdu-Chongqing Economic Zone

IV Special Reports

B.9 Study on Input-Output Efficiency of Science and Technology Innovation in Chengdu-Chongqing Economic Zone (2023-2024) *Wang Jing, Peng Yujia* / 168

Abstract: Based on the input and output data of science and technology innovation in Chengdu-Chongqing Economic Zone, this report measures the input and output efficiency of science and technology innovation in 44 cities and counties in Chengdu-Chongqing Economic Zone by using data envelopment analysis, and dynamically analyzes the evolution trend of input and output efficiency of science and technology innovation by adopting Malmquist index. The results show that 21 urban counties in Chengdu-Chongqing Economic Zone are in the optimal state of input-output efficiency of science and technology innovation, and 23 urban counties have not yet reached the frontier level. In 2022, 14 urban counties saw the increase of the input-output efficiency of science and technology innovation compared with that in 2021, among which Yubei District, Jiulongpo District, Dadukou District and Leshan City increased rapidly; 11 urban counties decreased in input-output efficiency of science and technology innovation, while 19 urban counties remained unchanged. The improvement of the input-output efficiency of science and technology innovation in Chengdu-Chongqing Economic Zone is mainly due to the expansion of the output frontier brought about by technology progress. The index for technology progress in 18 urban counties is greater than 1, and only 7 urban counties' is less than 1.

Keywords: Science and Technology Innovation; Input-Output Efficiency; Chengdu-Chongqing Economic Zone

B.10 A Comparative Study on the Development of Science and Technology Innovation in Chengdu-Chongqing Economic Zone (2023-2024)

Ding Huangyan, Ouyang Yuwei / 188

Abstract: Based on the index data of science and technology industrialization and promoting economic and social development by science and technology in Chengdu-Chongqing Economic Zone, this report analyzes the comparative advantages of the development of science and technology innovation in 44 urban counties by using Boston matrix analysis. Relevant data shows that Chongqing metropolitan area has comparative advantages in science and technology transformation, and science and technology promotion, with the former more prominent in 2022. Among the 22 urban counties, 11 are located in the "high-high" area of comparative advantage, 8 urban districts are located in the "high-low" area of comparative advantage, and only 2 urban districts are located in the "low-low" area of comparative advantage. In Chengdu metropolitan area, Chengdu has comparative advantages in science and technology transformation and promotion, Ziyang City has certain advantages in science and technology promotion, while Deyang City and Meishan City are in the "low-low" area of comparative advantages. The north wing and south wing of Chengdu-Chongqing Economic Zone have no obvious advantages in science and technology transformation and promotion, among which 7 of the 12 urban counties in the north wing are located in the "low-low" area of comparative advantage, 4 of 6 cities in the south wing are located in the "low-low" area of comparative advantage.

Keywords: Science and Technology Innovation; Comparative Advantage; Science and Technology Transformation; Science and Technology Promotion

Contents

B.11 Study on Current Status of Scientists and Technicians
in Chengdu-Chongqing Economic Zone (2023-2024)
Bai Qun, Yang Senmei / 204

Abstract: This report defines the related concepts and statistical caliber of scientists and technicians, calculates the number of scientists and technicians in Chengdu-Chongqing Economic Zone based on professional and technical statistical caliber, and analyzes the structural feature of scientists and technicians from age, occupation and education. Relevant data shows that the number of scientists and technicians in Chengdu-Chongqing Economic Zone has increased steadily, and the proportion in the total employment has continued to increase. Among them, most are young scientists and technicians aged 16-45, whose occupation are mainly engineering technology and teaching, the number with postgraduate or above has increased significantly. Scientists and technicians in Chengdu-Chongqing Economic Zone are mainly distributed in Chongqing metropolitan area and Chengdu metropolitan area, and the number in the 9 districts of Chongqing and Chengdu City is more than that in other areas. In the north wing of Chengdu-Chongqing Economic Zone, Mianyang City and Wanzhou District have more scientists and technicians; while in the south wing, scientists and technicians are mainly concentrated in Yibin City.

Keywords: Scientists and Technicians; Professional Skills; Chengdu-Chongqing Economic Zone

B.12 Study on Current Status of Science and Technology Industry
in Chengdu-Chongqing Economic Zone (2023-2024)
Bai Qun, Yang Senmei / 236

Abstract: This report analyzes the current status of electronic information industry, biomedical industry, aerospace industry, new material industry and high-tech service industry in Chengdu-Chongqing Economic Zone; by case study, it analyzes the typical cases of scientific and technological enterprises and parks. The overall development of high-tech industries in Chengdu-Chongqing Economic Zone keeps a good momentum, with stable development of advantageous industries and rapid development of emerging industries, which has become the new driving force for the economic development in Chengdu-Chongqing Economic Zone. Electronic information industry, new energy automobile industry and equipment manufacturing industry have developed well. Science and technology industry radiates outward around the regional center, and the high-tech products are mainly concentrated in the suburbs, which shows an uneven development. Therefore, it is necessary to explore and practice the path and mode of catching up with the development, and increase investment in innovation; advantageous industries should be integrated based on key industries such as new energy vehicles and electronic information, so as to promote the cluster development of high-tech industries and high-quality development of high-tech industries; differentiated innovation development strategies should be made by taking regional central cities as the core, innovation development as the guidance, and relying on small towns.

Keywords: Science and Technology Industry; Scientific and Technological Enterprises; High-tech Industrial Park; Chengdu-Chongqing Economic Zone

社会科学文献出版社

皮 书
智库成果出版与传播平台

✤ 皮书定义 ✤

皮书是对中国与世界发展状况和热点问题进行年度监测，以专业的角度、专家的视野和实证研究方法，针对某一领域或区域现状与发展态势展开分析和预测，具备前沿性、原创性、实证性、连续性、时效性等特点的公开出版物，由一系列权威研究报告组成。

✤ 皮书作者 ✤

皮书系列报告作者以国内外一流研究机构、知名高校等重点智库的研究人员为主，多为相关领域一流专家学者，他们的观点代表了当下学界对中国与世界的现实和未来最高水平的解读与分析。

✤ 皮书荣誉 ✤

皮书作为中国社会科学院基础理论研究与应用对策研究融合发展的代表性成果，不仅是哲学社会科学工作者服务中国特色社会主义现代化建设的重要成果，更是助力中国特色新型智库建设、构建中国特色哲学社会科学"三大体系"的重要平台。皮书系列先后被列入"十二五""十三五""十四五"时期国家重点出版物出版专项规划项目；自2013年起，重点皮书被列入中国社会科学院国家哲学社会科学创新工程项目。

皮书网

（网址：www.pishu.cn）

发布皮书研创资讯，传播皮书精彩内容
引领皮书出版潮流，打造皮书服务平台

栏目设置

◆ **关于皮书**
何谓皮书、皮书分类、皮书大事记、
皮书荣誉、皮书出版第一人、皮书编辑部

◆ **最新资讯**
通知公告、新闻动态、媒体聚焦、
网站专题、视频直播、下载专区

◆ **皮书研创**
皮书规范、皮书出版、
皮书研究、研创团队

◆ **皮书评奖评价**
指标体系、皮书评价、皮书评奖

所获荣誉

◆ 2008 年、2011 年、2014 年，皮书网均在全国新闻出版业网站荣誉评选中获得"最具商业价值网站"称号；

◆ 2012 年，获得"出版业网站百强"称号。

网库合一

2014年，皮书网与皮书数据库端口合一，实现资源共享，搭建智库成果融合创新平台。

皮书网

"皮书说"
微信公众号

权威报告·连续出版·独家资源

皮书数据库
ANNUAL REPORT(YEARBOOK)
DATABASE

分析解读当下中国发展变迁的高端智库平台

所获荣誉

- 2022年，入选技术赋能"新闻+"推荐案例
- 2020年，入选全国新闻出版深度融合发展创新案例
- 2019年，入选国家新闻出版署数字出版精品遴选推荐计划
- 2016年，入选"十三五"国家重点电子出版物出版规划骨干工程
- 2013年，荣获"中国出版政府奖·网络出版物奖"提名奖

皮书数据库　　"社科数托邦"微信公众号

成为用户

登录网址www.pishu.com.cn访问皮书数据库网站或下载皮书数据库APP，通过手机号码验证或邮箱验证即可成为皮书数据库用户。

用户福利

- 已注册用户购书后可免费获赠100元皮书数据库充值卡。刮开充值卡涂层获取充值密码，登录并进入"会员中心"—"在线充值"—"充值卡充值"，充值成功即可购买和查看数据库内容。
- 用户福利最终解释权归社会科学文献出版社所有。

数据库服务热线：010-59367265
数据库服务QQ：2475522410
数据库服务邮箱：database@ssap.cn
图书销售热线：010-59367070/7028
图书服务QQ：1265056568
图书服务邮箱：duzhe@ssap.cn

社会科学文献出版社　皮书系列
卡号：674668828373
密码：

S 基本子库
SUB DATABASE

中国社会发展数据库（下设 12 个专题子库）

紧扣人口、政治、外交、法律、教育、医疗卫生、资源环境等 12 个社会发展领域的前沿和热点，全面整合专业著作、智库报告、学术资讯、调研数据等类型资源，帮助用户追踪中国社会发展动态、研究社会发展战略与政策、了解社会热点问题、分析社会发展趋势。

中国经济发展数据库（下设 12 专题子库）

内容涵盖宏观经济、产业经济、工业经济、农业经济、财政金融、房地产经济、城市经济、商业贸易等 12 个重点经济领域，为把握经济运行态势、洞察经济发展规律、研判经济发展趋势、进行经济调控决策提供参考和依据。

中国行业发展数据库（下设 17 个专题子库）

以中国国民经济行业分类为依据，覆盖金融业、旅游业、交通运输业、能源矿产业、制造业等 100 多个行业，跟踪分析国民经济相关行业市场运行状况和政策导向，汇集行业发展前沿资讯，为投资、从业及各种经济决策提供理论支撑和实践指导。

中国区域发展数据库（下设 4 个专题子库）

对中国特定区域内的经济、社会、文化等领域现状与发展情况进行深度分析和预测，涉及省级行政区、城市群、城市、农村等不同维度，研究层级至县及县以下行政区，为学者研究地方经济社会宏观态势、经验模式、发展案例提供支撑，为地方政府决策提供参考。

中国文化传媒数据库（下设 18 个专题子库）

内容覆盖文化产业、新闻传播、电影娱乐、文学艺术、群众文化、图书情报等 18 个重点研究领域，聚焦文化传媒领域发展前沿、热点话题、行业实践，服务用户的教学科研、文化投资、企业规划等需要。

世界经济与国际关系数据库（下设 6 个专题子库）

整合世界经济、国际政治、世界文化与科技、全球性问题、国际组织与国际法、区域研究 6 大领域研究成果，对世界经济形势、国际形势进行连续性深度分析，对年度热点问题进行专题解读，为研判全球发展趋势提供事实和数据支持。

法律声明

"皮书系列"（含蓝皮书、绿皮书、黄皮书）之品牌由社会科学文献出版社最早使用并持续至今，现已被中国图书行业所熟知。"皮书系列"的相关商标已在国家商标管理部门商标局注册，包括但不限于LOGO（ ）、皮书、Pishu、经济蓝皮书、社会蓝皮书等。"皮书系列"图书的注册商标专用权及封面设计、版式设计的著作权均为社会科学文献出版社所有。未经社会科学文献出版社书面授权许可，任何使用与"皮书系列"图书注册商标、封面设计、版式设计相同或者近似的文字、图形或其组合的行为均系侵权行为。

经作者授权，本书的专有出版权及信息网络传播权等为社会科学文献出版社享有。未经社会科学文献出版社书面授权许可，任何就本书内容的复制、发行或以数字形式进行网络传播的行为均系侵权行为。

社会科学文献出版社将通过法律途径追究上述侵权行为的法律责任，维护自身合法权益。

欢迎社会各界人士对侵犯社会科学文献出版社上述权利的侵权行为进行举报。电话：010-59367121，电子邮箱：fawubu@ssap.cn。

社会科学文献出版社